AUTOMOTIVE CHASSIS

MAINTENANCE PRACTICE

자동차 섀시 정비 실습

구민사

저자약력 | **김홍성**
경기과학기술대학교 미래전기자동차과 교수
조성철
국제대학교 미래자동차과 교수
봉필준
서영대학교 미래자동차공학과 교수
최병희
조선이공대학교 미래자동차학부 교수

자동차 섀시 정비 실습

친환경

초판 인쇄 | 2022년 7월 15일
초판 발행 | 2022년 7월 25일

저 자 | 김홍성·조성철·봉필준·최병희
발행인 | 조규백
발행처 | 도서출판 구민사
(07293) 서울특별시 영등포구 문래북로 116, 604호(문래동3가 46, 트리플렉스)
전화 | (02) 701-7421(~2)
팩스 | (02) 3273-9642
홈페이지 | www.kuhminsa.co.kr

신고번호 | 제2012-000055호 (1980년 2월 4일)
ISBN | 979-11-6875-070-8 93550

값 30,000원

PREFACE

머리말

자동차 섀시는 엔진에서 발생된 동력을 타이어까지 전달하는 동력전달장치와 자동차의 주행 방향을 제어하는 조향장치, 차체와 바퀴를 연결하여 주행 중 노면의 충격을 완화해 주고 차량전체의 운동을 제어하여 주는 현가장치가 해당된다. 또한, 주행 중 필요에 따라 차량의 속도를 줄이거나 정차하는데 사용하는 제동장치로 구성된다.

자동차에 관심이 있어서 자가 정비를 하고픈 개인, 자동차 정비 학문에 임하는 학생들 및 현장근무자 까지 섀시작업을 이해하기 쉽게 내용을 구성 하여 편집을 하였으며, 구독자 여러분들이 이해하기 쉽게 섀시 작업에 관한 내용을 모두 칼라 사진을 삽입하였고, 섀시 각 부분의 고장시 증상과 점검방법을 수록하여 점검·진단하여 조정·수리 및 교환할 수 있도록 하였다. NCS 및 과정평가와 자격증 시험에 필요한 내용도 삽입하였고, 본 교재는 다음과 같이 수록하였다.

chapter 01 **자동차 섀시 정비 기본 공구 및 장비.** 자동차 섀시 정비시 필요한 기본 공구 및 장비를 수록하였다.

chapter 02 **클러치 및 수동변속기.** 클러치 및 수동변속기에 대하여 점검·진단하여 조정·수리 및 교환할 수 있도록 하였다.

chapter 03 **자동변속기.** 자동변속기에 대하여 점검·진단하여 조정·수리 및 교환할 수 있도록 하였다.

chapter 04 **드라이브 샤프트와 액슬 및 차동장치.** 드라이브 샤프트와 액슬 및 차동장치에 대하여 점검·진단하여 조정·수리 및 교환할 수 있도록 하였다.

chapter 05 **조향장치 및 타이어.** 조향장치 및 타이어에 대하여 점검·진단하여 조정·수리 및 교환할 수 있도록 하였다.

chapter 06 **현가장치.** 현가장치에 대하여 점검·진단하여 조정·수리 및 교환할 수 있도록 하였다.

chapter 07 **제동장치.** 제동장치에 대하여 점검 · 진단하여 조정 · 수리 및 교환 할 수 있도록 하였다.

필자는 독자 여러분에게 보다 쉽고, 알찬 내용을 많이 수록하고자 하였으나 지면 관계 상 부족한 부분은 여러분의 조언과 관심으로 이 책을 수정과 보완의 기회가 주어지리라 믿습니다. 끝으로 이 책을 집필하는데 많은 도움과 출판을 위해 적극적인 노력을 하여 주신 구민사 조규백 사장님과 직원 여러분에게 감사를 표하며 아울러 독자 여러분에게 알찬 내용의 교재가 되었기를 바랍니다.

저자 일동

CONTENTS

차례

Chapter 01 자동차 섀시 정비 기본 공구 및 장비

Chapter 04

드라이브 샤프트와 액슬 및 차동장치

Chapter
05

조향장치 및 타이어

Chapter 06

현가장치

Chapter 07

제동장치

Chapter 01

자동차 섀시 정비 기본 공구 및 장비

01 수공구

02 기타 공구

03 작업용 장비

04 측정공구 및 섀시 전용공구

05 측정기기의 사용법

01 수공구

1.1. 스크루 드라이버(Screw Driver)

스크루 드라이버는 각종 나사를 죄고 푸는 데 사용되는 공구로, 강철제(鋼鐵製) 몸체에 나무 또는 플라스틱의 손잡이가 붙어 있다. 드라이버의 끝 모양에 따라 끝이 일직선으로 되어 있는 ⊖자형 및 끝이 십자형으로 되어 있는 ⊕자형이 있고, 생크와 손잡이의 결합방법에 따라 보통형과 관통형으로 구별된다.

1.1.1. 표준 스크루 드라이버(Standard Screw Driver)

일반적인 드라이버로 손잡이 부분이 약간 볼록하게 나온 드라이버이며 일자와 십자로 나뉜다.

1.1.2. 양용 스크루 드라이버(Insert Changeable Screw Driver)

일자와 십자를 겸용으로 사용할 수 있는 드라이버이다.

[그림 1] 표준 스크루 드라이버

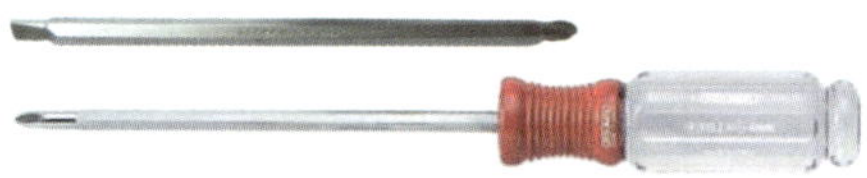

[그림 2] 양용 스크루 드라이버

1.1.3. 해머 스크루 드라이버(Hammer Screw Driver)

나사에 녹이 나서 빠지지 않을 때 해머 드라이버와 해머를 사용하여 고정된 나사에 충격을 가하면서 나사를 뺄 때 사용하며 드라이버 손잡이부분(머리)에 강철이 있어서 해머로 타격을 가할 수 있는 드라이버로 전기 작업을 하면 감전의 위험이 있다.

1.1.4. 정밀 스크루 드라이버(Precision Screw Driver)

주로 정밀한 드라이버를 사용해야 하는 경우에 많이 사용하는 것으로 시계 드라이버라고도 한다. 1~3.0mm등 굵기가 3.0mm이하의 드라이버이다.

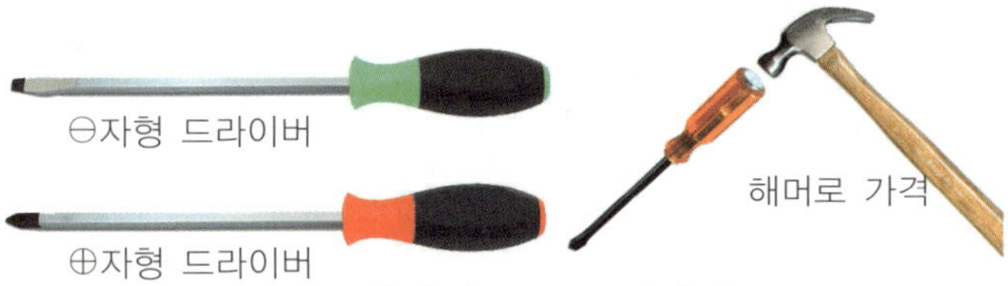

[그림 3] **해머 스크루 드라이버**

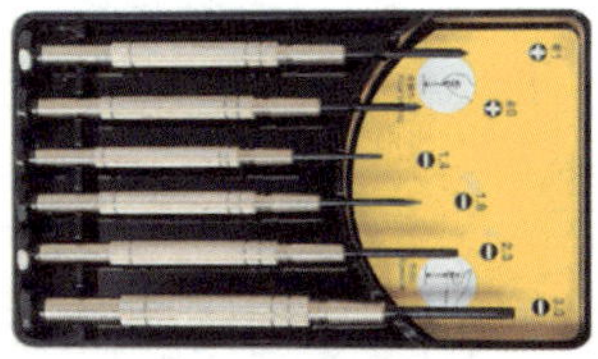

[그림 4] **정밀 스크루 드라이버**

1.1.5. 별 스크루 드라이버(Torx Screw Driver)

볼 드라이버처럼 끝이 별모양으로 되어 있다.

[그림 5] **별 스크루 드라이버**

1.1.6. 미니(주먹) 스크루 드라이버(Stubby Screw Driver)

크기가 주먹크기와 비슷해서 붙여진 이름이다. 주로 협소한 공간에서의 작업에 사용한다.

[그림 6] **미니(주먹) 스크루 드라이버**

1.1.7. 자동 스크루 드라이버(Automatic Screw Driver)

자동 드라이버는 박음과 빼기가 자동으로 되며 핸들의 조정장치의 선택에 따라 왼쪽 또는 오른쪽으로 돌게 하거나 보통 드라이버처럼 고정시켜 사용할 수 있다.

[그림 7] **자동 스크루 드라이버**

1.1.8. 토크 드라이버(Torque Driver)

조이려고 하는 스크루 토크를 토크 드라이버에 있는 마이크로미터 눈금으로 맞추고 조이면 조정 값에 이르러 "딱"하고 소리가 나면서 더 이상 조임이 안 된다.

1.1.9. 휘어지는 정밀 스크루 드라이버(Professional Screw Driver)

깊고 협소한 공간에서 편리하게 작업을 하고 앞으로 뒤로 옆으로 휘어지는 드라이버로 손잡이 뒤편에는 L(Left)로 돌리면 왼쪽방향으로 만 돌고, R(Right)로 돌리면 드라이버가 오른쪽방향으로 돌게 된다.

[그림 8] **토크 드라이버**

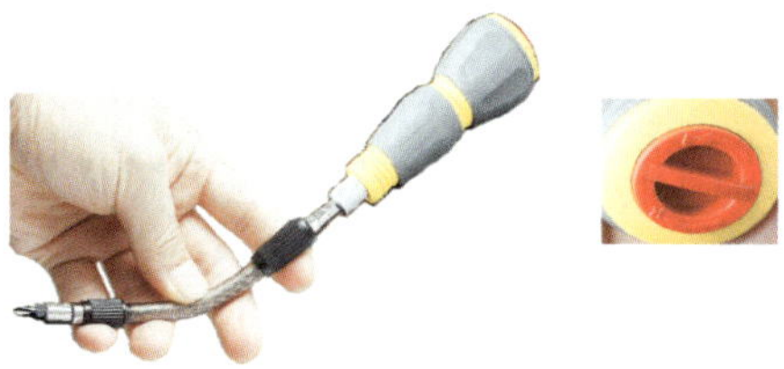

[그림 9] **휘어지는 정밀 스크루 드라이버**

1.1.10. 전동 스크루 드라이버(Electric Screw Driver)

전원에 코드를 꽂아 직접 연결하여 사용하는 것과 충전을 하여 무선으로 사용할 수 있는 충전방식이 있으며 전동 드라이버는 전동기의 힘을 이용하여 나사를 조이거나 풀 때 쉽고 빠르게 작업할 수 있고 토크 조정도 가능하다.

[그림 10] **충전식 스크루 드라이버**

1.1.11. 에어 스크루 드라이버(Air Screw Driver)

이 공기식 스크루 드라이버는 중량이 가볍고 적은 용적으로 최대의 토크를 낼 수 있고 과부하로 인한 고장이 없어 전동공구와 비교하여 소형으로 고속회전을 얻을 수 있고 회전방향을 좌우로 조정하는 조정기와 공기량을 조정하는 노브가 있다.

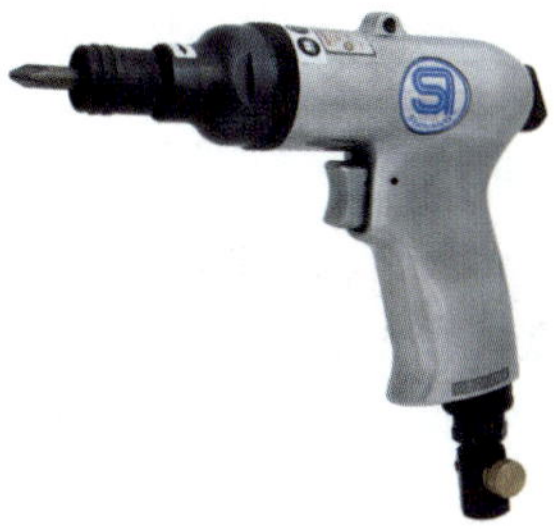

(a) 에어 임팩 드라이버

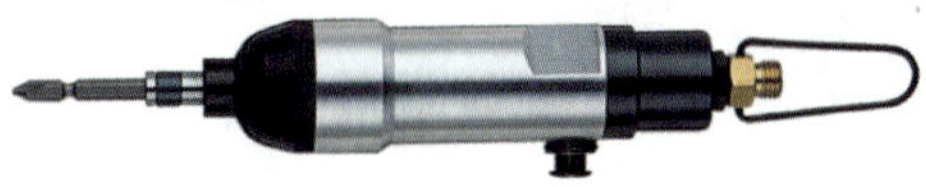

(b) 에어 스크루 드라이버

[그림 11] **에어 스크루 드라이버**

1.1.12. 임팩 드라이버(Impact Driver)

부식되고 찌들어서 빠지지 않는 ⊕, ⊖자 볼트를 망치 등으로 타격하여 풀어낸다.

[그림 12] **임팩 드라이버**

1.2. 플라이어(Plier)

플라이어는 레버의 원리를 이용해서 악력(握力)을 배가시키는 작업용 공구로 작은 부품이나 금속편을 잡고, 구부리고, 잡아당기고 선재(線材)를 절단할 때 사용하는 공구이다.

1.2.1. 조합 플라이어(Combination Plier)

조합 플라이어는 일반적으로 플라이어라고 부르며, 가장 사용횟수가 많은 플라이어로 물체의 크기에 알맞게 조우의 폭을 변화시킬 수 있도록 지지점의 구멍이 2단으로 되어 있기 때문에 큰 것과 작은 것 모두 잡을 수 있다.

조우(jaw)에는 세레이션이 있기 때문에 미끄러지지 않으며, 지지점 부근의 안쪽에는 철사를 자를 수 있도록 되어 있다.

1.2.2. 롱 노즈 플라이어(Long Nose Plier)

끝이 가늘게 길게 되어 있으며 조합 플라이어로 잡을 수 없는 구멍 속 또는 좁은 곳의 작업에 용이하며 철사나 전선을 구부리거나 접거나 절단하는데 사용한다.

[그림 13] **조합 플라이어**

[그림 14] **롱 노즈 플라이어**

1.2.3. 다이고널 컷팅 플라이어(Diagonal Cutting Plier, Cutting Nippers)

이 플라이어는 동선류나 철선류의 절단 및 전선류의 절단이나 피복을 벗기는데 사용하며 록 핀, 분할 핀의 절단에 사용하며 일명 니퍼라고도 한다.

1.2.4. 엔드 니퍼 플라이어(End Cutting Nipper & Plier)

와이어 끝부분이나 작은 물체를 뽑아내거나 다듬기에 사용된다.

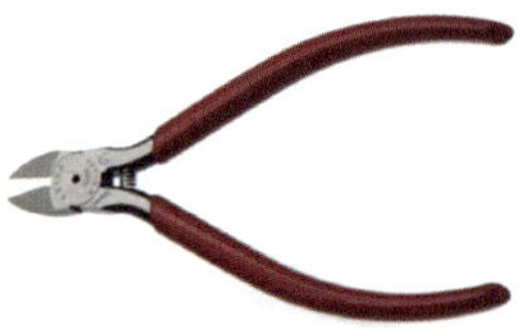

[그림 15] **다이고널 컷팅 플라이어(니퍼)**

[그림 16] **엔드 니퍼 플라이어**

1.2.5. 전공 플라이어(Side Cutting Plier, Pincers)

주로 구리선이나 철선류를 굽히거나 절단하고 물체를 잡는데 사용한다.

[그림 17] **전공 플라이어**

1.2.6. 워터펌프 플라이어(Water Pump Plier)

잡는 물체의 크기에 대하여 입의 크기를 크게 변화시킬 수 있으며 물펌프 패킹을 떼어 내거나 설치하는데 사용하며 배관작업에 많이 사용한다.

[그림 18] **워터펌프 플라이어**

1.2.7. 바이스 그립 플라이어(Vise-Grip Plier)

플라이어와 손 바이스를 합친 기능이 있으며 압착간격 조정이 용이하고 2중 레버로 되어 있어 집는 힘이 강하여 스패너, 파이프렌치 등으로 사용이 가능하고 고착된 볼트를 풀 때 유용하다. 잠김 기능이 있어 대상 물체를 고정시킨 후 두 손을 자유로이 사용하여 작업이 가능하다.

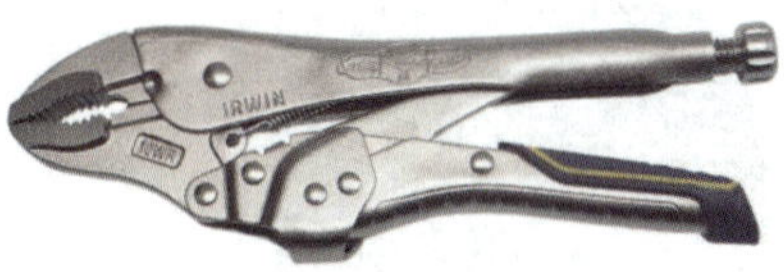

[그림 19] **바이스 그립 플라이어**

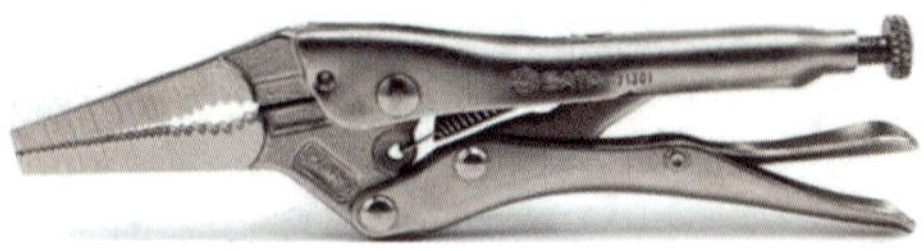

[그림 20] **롱 노즈 바이스 그립 플라이어**

1.2.8. 스냅 링 플라이어(Snap Ring Plier)

축 외부에 설치된 스냅 링을 빼내거나 끼우는 축용과 축 내부 스냅 링을 빼내거나 끼우는 구멍형이 있으며 오므리거나 벌릴 때 사용하는 것과 겸용으로 사용하는 것이 있다.

[그림 21] **스냅 링 플라이어**

1.2.9. 호스 반도 플라이어(Hose Clamp Plier)

플라이어 이빨이 호스 클립이 미끄러지지 않게 하며 좁은 곳에서도 사용할 수 있는 스프링식 호스 클립의 탈착작업 전용이다.

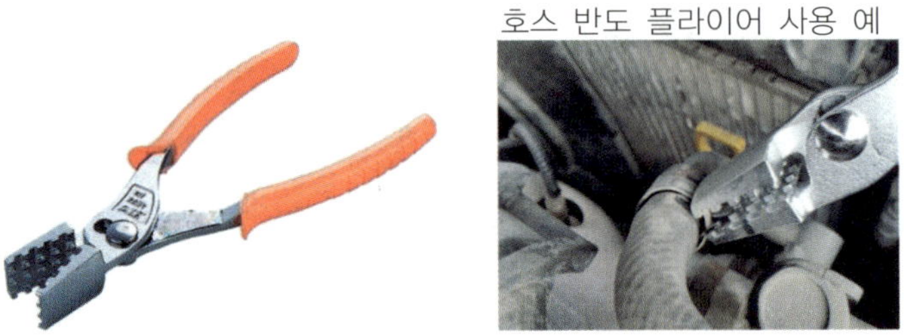

[그림 22] **호스 반도 플라이어**

1.2.10. 머플러 탈거 플라이어(Muffler Remover Plier)

차량의 머플러교환 시 머플러 고무 및 정비 시 손쉽게 탈착하는데 사용한다.

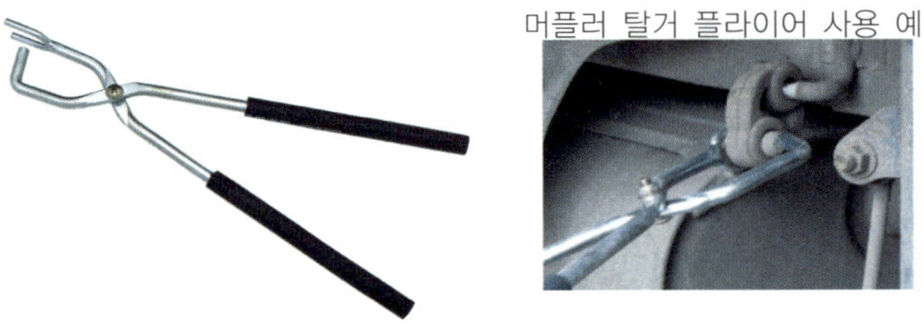

[그림 23] **머플러 탈거 플라이어**

1.2.11. 도어 판넬 플라이어(Door Panels Plier)

차량의 도어 판넬 탈거 시 차량에 손상 없이 손쉽게 작업할 수 있다.

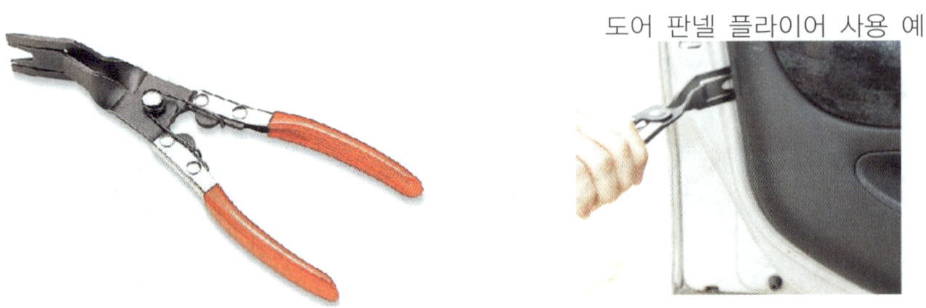

[그림 24] **도어 판넬 플라이어**

1.2.12. 브레이크 스프링 플라이어(Break Spring Plier)

드럼 브레이크에서 브레이크슈 리턴 스프링을 탈착과 설치하는데 사용한다.

[그림 25] **브레이크 스프링 플라이어**

1.3. 렌치(Wrench)

렌치는 스패너(spanner)라고도 하며 볼트, 너트, 나사 등을 조이거나 풀 때 사용한다.

1.3.1. 오픈 엔드 렌치(Open End Wrench)

양구 스패너, 양쪽에 물림입이 달린 스패너로 양쪽 끝이 열려있다. 복스렌치 보다는 큰 힘을 줄 수는 없지만 복스렌치나 소켓렌치를 사용할 수 없는 곳이나 작은 힘으로 볼트 너트를 풀 수 있으며 복스렌치나 소켓렌치보다 빠르게 볼트, 너트를 조이거나 풀 수 있으며 연료파이프 라인의 피팅(연결부)을 풀고 조일 때 사용한다. 이 렌치는 볼트 너트의 6각 가운데서 2각만 입 부분에 걸리게 되므로 복스렌치나 소켓렌치보다 볼트 너트에 상처를 내기 쉽고 렌치의 일부분도 마멸되기 쉽다.

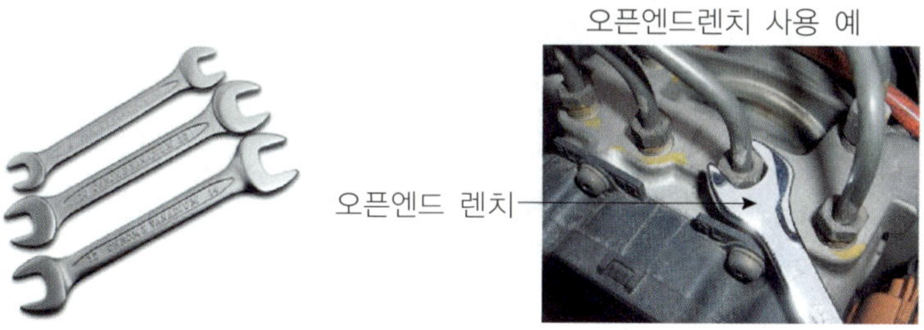

[그림 26] **오픈엔드렌치**

1.3.2. 복스렌치(Box Wrench)

[그림 27] **복스렌치**

복스렌치는 강제 막대의 한 대의 한끝을 둥글게 하고 그 안쪽에 6각 또는 8각 12각 렌치 홈을 판 것으로 볼트나 너트 주위를 완전히 감싸게 되어 있어 고른 힘이 분산되어 사용도중 미끄러지지 않고 큰 힘으로 풀거나 조일 수 있다. 일명 더블 옵셋렌치(Double Off Set Wrench)이나 일반적으로 복스렌치라 한다.

1.3.3. 조합렌치(Combination Wrench)

조합렌치는 한쪽은 오픈 엔드렌치로 하고 다른 쪽은 복스렌치로 되어 있어서 오픈 엔드렌치의 장점과 복스렌치의 장점을 하나로 만든 렌치이다. 가조임은 스패너 쪽으로 본 조임은 옵셋쪽으로 사용하여 하나로 두 가지의 기능을 한다.

[그림 28] **조합렌치**

1.3.4. 라쳇 복스렌치(Rachet Box Wrench)

소켓과 라쳇 핸들이 일체화된 렌치로 회전부분에 라쳇(rachet)이라는 기어장치가 있고 구멍은 6각 또는 12각의 것이 있다.

[1] 기어렌치(Gear Wrench)

소켓 라쳇 핸들과 같이 자동으로 반대방향으로 돌아가게 할 수 없으나 렌치를 뒤집어 사용하면 조이기와 풀기, 양 작업을 할 수 있다. 예를 들면 시동전동기 탈착작업 등에서 렌치를 빼고 끼울 필요 없이 끝날 때까지 연속적으로 사용가능하다.

(a) 기어렌치　　　　(b) 더블 기어렌치

[그림 29] **기어 렌치**

[2] 플렉시블 기어 렌치(Flexible Gear Wrench)

굴절형 기어렌치로 헤드부분에 힌지가 있어 헤드부분이 180°회전이 가능하여 각도 조절하면서 작업할 수 있다.

(a) 플렉시블 기어렌치　　　　(b) 더블 플렉시블 기어렌치

[그림 30] **플렉시블 기어렌치**

[3] 슈퍼 라쳇 렌치(Super Rachet Wrench)

양쪽의 치수가 틀리며(예, 17mm, 19mm) 조이기와 풀기방향으로 조절할 수 있어 오일 교환 작업 시 드레인 플러그를 풀거나 조일 때 많이 사용한다.

[그림 31] **슈퍼 라쳇 렌치**

1.3.5. 너트렌치(Nut Wrench)

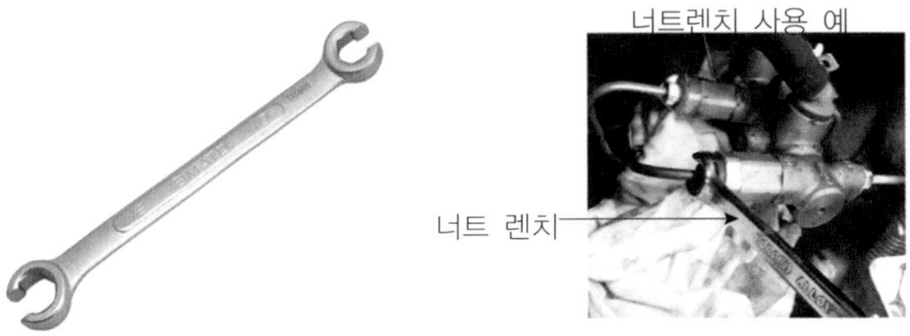

[그림 32] **너트렌치**

복스렌치를 둘로 나눈 형식의 것과 플레어 너트에 쓰이는 동관 치수에 입의 벌어짐을 맞추고 벌어진 입을 통해서 너트에 끼우는 것이 있다. 주로 브레이크나 연료파이프를 풀거나 조일 때 많이 사용한다.

1.3.6. 조정렌치(Adjustable Wrench)

조정렌치는 몽키 스패너라고도 불리며 볼트나 너트의 크기에 따라서 한쪽의 조(jaw)의 크기를 조정할 수 있게 되어 있다.

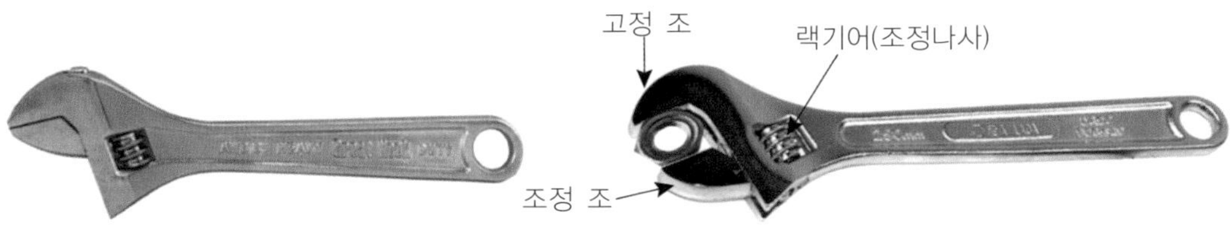

[그림 33] **조정렌치**

이 렌치는 볼트 또는 너트의 크기에 따라 조의 크기를 조정할 수 있어 편리하기는 하나 사용 중 물림 턱 조절 나사산(웜과 랙 기어)의 여유가 많아 가동부분이 파손되기 쉽고 또 볼트 또는 너트의 모서리도 마멸되기 쉬우므로 복스렌치 등이 맞지 않는 특수한 볼트 또는 너트를 돌리는 데만 사용하는 것이 원칙이다. 조의 크기는 랙 기어(rack gear)를 돌려서 조정한다.

1.3.7. 조정 파이프렌치(Adjustable Pipe Wrench)

[그림 34] **조정 파이프렌치 및 사용법**

조정 파이프렌치를 간단히 파이프렌치라고도 한다. 평행하지 않은 두께의 조(jaw)로 되어있고 이 조에는 톱니모양의 이(serration)가 있어 자국을 내므로 모서리가 둥글게 되어 있는 파이프 등과 같이 매끄러운 것을 물려서 고정 또는 회전시킬 때 사용한다. 이의 방향을 참고해서 한쪽방향으로만 회전시켜야 하고 조정은 조정너트로 한다. 휠 얼라이먼트 토인조정 시 고착된 타이로드 연결부를 풀 때 유용하다.

1.3.8. 오일필터 렌치(Oil Filter Wrench)

오일필터 렌치는 자동차나 건설기계의 오일필터나 연료필터를 탈거 하거나 조립할 때 사용된다. 오일필터 렌치는 제작회사별로 여러 가지가 있으나 사용방법은 거의 같고 오일 필터의 종류에 알맞은 것을 선택하여 사용한다.

[그림 35] **오일필터 렌치**

1.3.9. 체인렌치(Adjustable Chain Pipe Wrench)

지름이 큰 파이프의 조임 작업에 사용하나 주로 오일필터, 연료필터 교환 시에 많이 사용한다.

체인렌치 사용 예

[그림 36] **체인렌치**

1.3.10. 소켓렌치(Socket Wrench)

라쳇 핸들, 힌지핸들 같은 렌치형 수동 구동공구에 끼워서 볼트 또는 너트를 각 사이즈에 맞는 소켓렌치를 자유로이 선택할 수 있는 편리한 점이 있다. 그러나 볼트 또는 너트의 크기에 관계없이 렌치의 길이가 거의 일정하기 때문에 크기에 따라 렌치에 가해지는 손의 힘을 가감할 필요가 있으며 전기나 압축에어를 이용하는 임팩 소켓도 있다.

(a) 6각

(b) 8각

(c) 12각

(d) 톡스 비트 소켓

(e) 임팩 비트 홀더 소켓

(f) 헤드 소켓

(g) 별 소켓

(h) 플레어 너트 소켓

[그림 37] **소켓렌치의 종류**

1.3.11. 소켓렌치 어댑터의 종류

[1] 연결대(Extension Bar)

연결대는 힌지핸들, T-핸들, 라쳇핸들, 스피드핸들, 유니버셜조인트 등에 복스 소켓, 오일필터 캡 등을 끼워 용도에 알맞게 연결 사용한다.

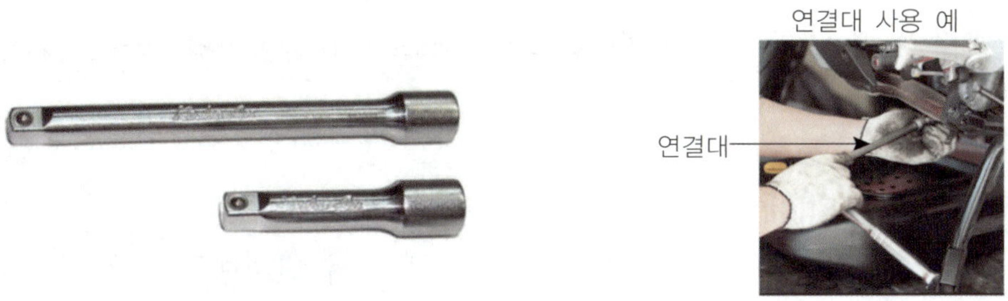

[그림 38] **연결대**

[2] 힌지핸들(Hinged Handle)

힌지핸들은 소켓핸들 또는 복스대라고도 하며 최대의 지렛대 원리로 많은 힘으로 단단히 조여져 있는 실린더 헤드 볼트나 너트 등을 풀고 조일 때 사용하는 핸들로서 볼트나 너트를 처음 풀 경우와 토크렌치로 최종적으로 조이기 직전까지 사용한다.

[그림 39] **힌지핸들**

[3] 스피드 핸들(Speed Handle)

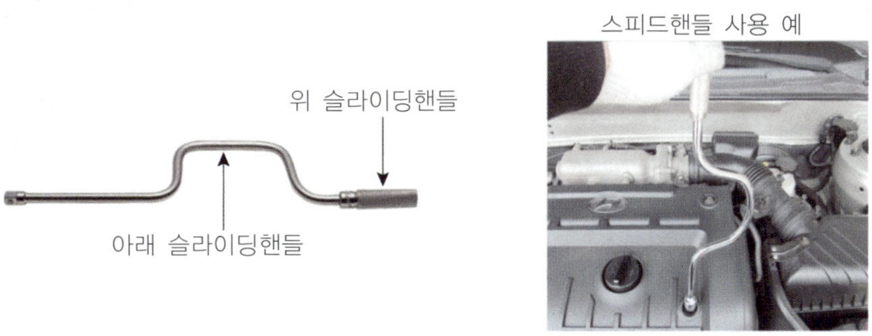

[그림 40] **스피드핸들**

볼트나 너트를 신속하게 풀거나 조일 때 사용하며 작업공간이 충분하고 볼트나 너트가 많을 경우 빠르게 작업할 수 있다. 아래 볼트나 너트를 풀 때 핸들을 90° 로 수직으로 세워 오른손으로 슬라이딩핸들 윗부분을 손바닥으로 조금 누른 상태에서 핸들을 가볍게 잡고 왼손으로 아래 슬라이딩핸들을 잡고 아래 슬라이딩을 왼손으로 돌린다. 10㎜ 이상은 힌지핸들로 푼 뒤 스피드핸들로 작업한다. 옆 볼트나 너트를 풀 때는 오른손으로 아래 슬라이딩핸들을 잡고 왼손으로 위 슬라이딩 핸들을 가볍게 잡고 밀면서 푼다.

[4] 슬라이딩 T-핸들(Sliding T-handle)

양 끝에 똑같은 힘을 가할 수 있고, 한쪽으로 몰아서 힌지핸들 대용으로 사용할 수 있다. 길이를 조절하여 필요한 토크로 조일 수 있으므로 볼트, 너트를 무리한 힘으로부터 보호할 수 있다.

[그림 41] 슬라이딩 T-핸들

[5] 라쳇 핸들(Ratchet Handle)

라쳇 핸들은 볼트나 너트에서 소켓렌치를 빼내지 않고 계속 한쪽방향으로 볼트나 너트를 조이거나 풀 때 가장 많이 사용한다.

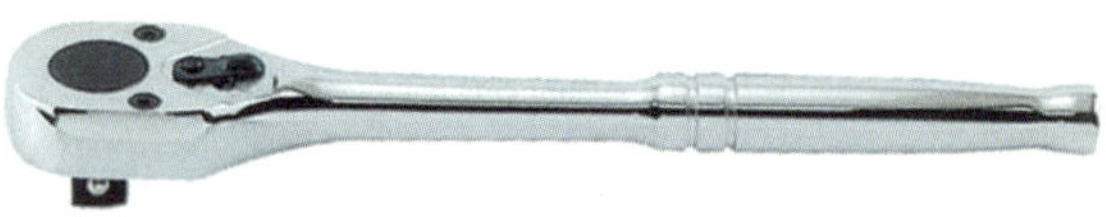

라쳇 핸들 사용 예

[그림 42] 라쳇 핸들

라쳇 리버싱 레버(rachet reversing lever)는 소켓을 한쪽방향으로 회전시키고, 그 반대 방향으로 고정시키는 레버이며 큰 토크가 필요치 않는 작업에 사용해야 하며 볼트나 너트를 강하고 단단하게 조이거나 강하게 조여 있는 볼트나 너트에 사용하면 톱니바퀴(기어)가 손상이 된다.

[6] 유니버셜 조인트(Universal Joint)

두 축의 각도를 자유롭게 바꿀 수 있는 이음(조인트)공구이다. 각도가 있는 비스듬한 작업 공간 또는 작업이 원활하지 않은 복잡한 작업공간에서 소켓과 라쳇 핸들사이에 연결하여 각도 변화를 주어서 경사진 곳에서 조임이나 풀기작업이 가능하다. 소켓렌치의 핸들의 굴절 각도는 45° 까지 자유롭게 할 수 있다.

유니버셜 조인트 사용 예

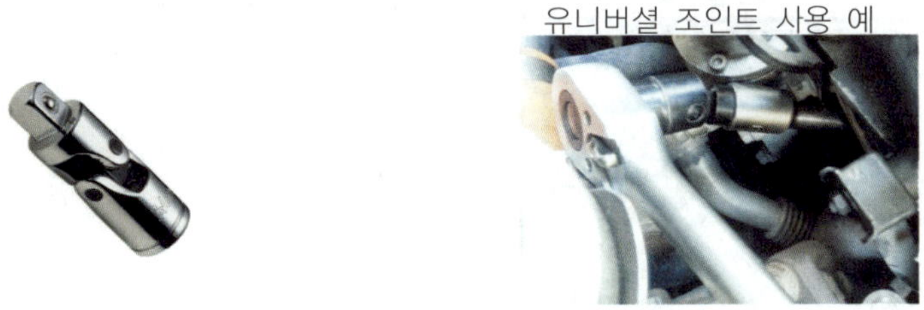

[그림 43] **유니버셜 조인트**

1.3.12. 토크렌치(Torque Wrench)

토크렌치는 볼트나 너트를 규정값 으로 조일 때 사용하며, 모든 기계의 볼트나 너트를 규정토크로 조이지 않으면 사용 중 볼트나 너트가 풀리거나 변형이 된다. 규정토크 이상으로 조이면 부품의 변형 및 파손, 볼트의 부러짐이나 변형이 되므로 토크렌치는 이러한 것을 방지하기 위하여 사용한다.

볼트나 너트에 가해지는 토크 정도를 지침으로 표시되는 것(스케일형과 다이얼형)과 미리 규정 토크 값을 조정하여 두는 프리세트 토크렌치가 있다. 프리세트는 볼트나 너트가 규정 토크 값이 되었을 때 "딸깍" 소리가 난다.

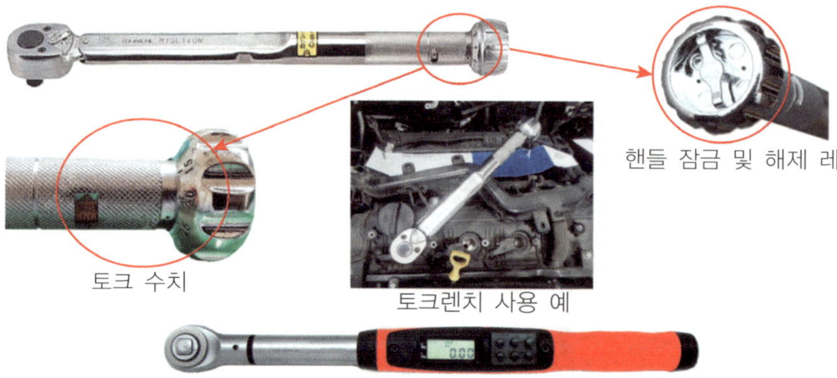

(a) 프리세트식

(b) 다이얼식

[그림 44] **토크렌치**

1.3.13. 특수 렌치

[1] T-형 핸들(T-type Handle)

T-형 렌치는 토크가 일정한 곳의 볼트나 너트의 조임이나 풀기에 사용하며 소켓과 T자 모양의 핸들을 한 몸통으로 만들어 놓은 것과 러그에 소켓이나 유니버셜 소켓을 끼워서 사용하는 것이 있으며, 주로 힘을 많이 주지 않아도 되는 작은 볼트나 너트를 조이거나 풀 때 많이 사용한다.

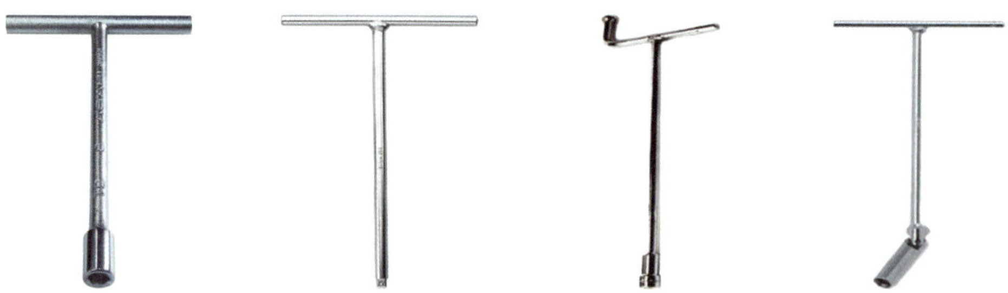

(a) 고정식 T- 핸들　(b) 소켓 연결 T-핸들　(c) 스피드 T-핸들　(d) 유니버셜 T-핸들

[그림 45] **T-형 핸들**

[2] 육각렌치(Hex Head Wrench)

알렌렌치라고도 하며 자동차 등에 사용되는 육각형의 볼트를 조이거나 풀 때 사용한다. 사용시 볼트에 렌치를 직각으로 삽입해야 볼트 및 렌치의 손상을 막을 수 있다.

[그림 46] **육각렌치**

[3] 톡스 렌치(Torx Wrench)

별 모양으로 생겼다고 하여 별 렌치(star wrench)라고도 불리며, 별 모양의 볼트를 조이거나 풀 때, 사용한다. 사용할 때는 볼트에 별 렌치를 직각으로 삽입해야 볼트 및 렌치의 손상을 막을 수 있습니다.

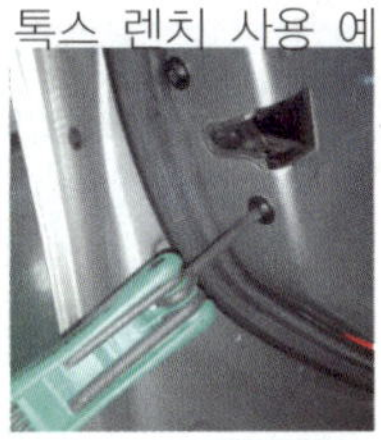

[그림 47] **톡스 렌치**

02 기타 공구

2.1. 해머(Hammer)

2.1.1. 볼 핀 해머(Ball Peen Hammer)

가장 많이 사용되는 것으로 판금작업 등 물체를 타격할 때 사용되는 공구로 핀이 볼모양으로 둥글게 되어 있다.

2.1.2. 슬레지 해머(Sledge Hammer)

슬래지 해머는 고착된 부분을 타격하여 분리할 때 무척 유용하며 암석이나 콘크리트를 부술 때, 볼트작업, 끌(chisel)의 타격에 사용한다.

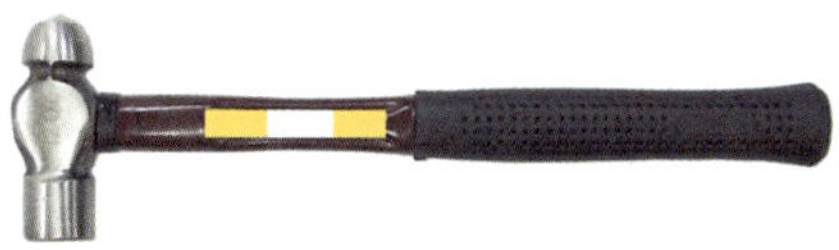

[그림 48] **볼 핀 해머**

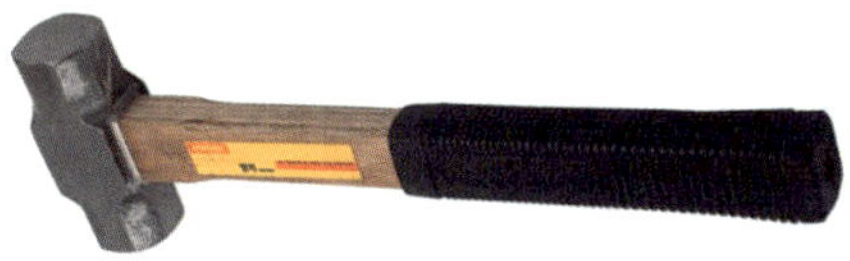

[그림 49] **슬레지 해머**

2.1.3. 연질해머(Soft Face Hammer)

물체에 손상을 주지 않고 충격만 가할 때 사용하는 공구로 고무해머, 우레탄 해머, 나무해머 등이 있다.

(a) 고무 해머

(b) 우레탄 해머

(c) 나무 해머

[그림 50] **연질 해머**

2.1.4. 목공 해머(Carpenter's Hammer)

강철의 머리와 나무자루로 된 것으로 해머머리 뒤에는 못 빼기 등에 사용되는 글로우(glow)가 있다.

2.1.5. 검사용 해머(Test Hammer)

검사용 해머는 머리에 긴 나무자루를 꽂은 것으로 타격음에 의하여 부품의 상태를 검사하는데 쓰인다.

[그림 51] **목공 해머**

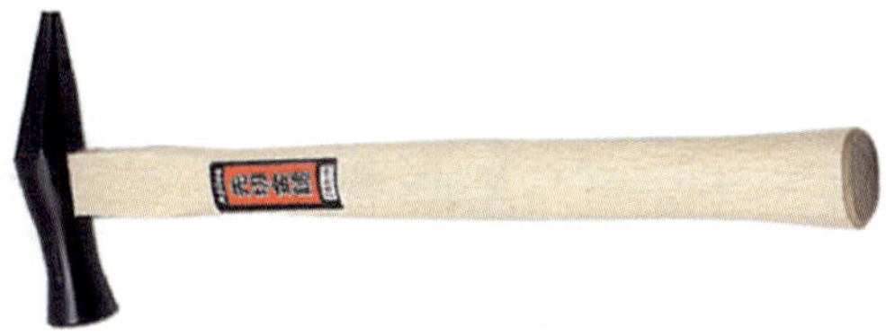

[그림 52] **검사용 해머**

2.2. 펀치(Punch)

펀치는 금속, 가죽, 종이 및 기타의 물질에 구멍을 뚫거나 금속편에 표시를 할 때 핀이나 리벳을 떼어낼 때 또는 구멍을 맞출 때 사용한다.

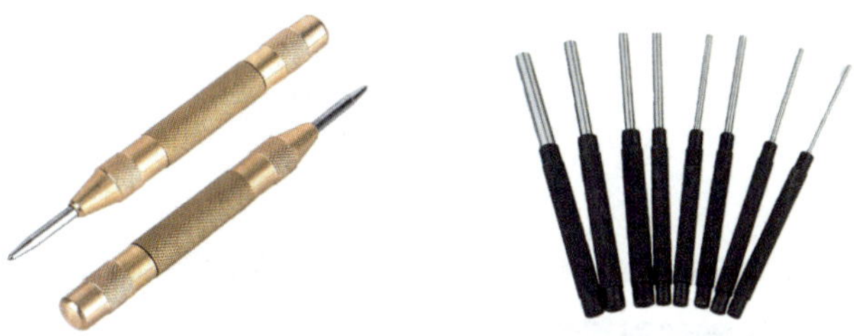

(a) 센터 펀치 (b) 핀 펀치

[그림 53] **펀치**

2.2.1. 센터 펀치(Center Punch)

센터 펀치는 포인트 부가 원뿔형으로 되고 팁(tip)은 90°의 원뿔로 되어 있다. 스톡은 8각 또는 4각형이고 드릴작업의 구멍위치, 중심위치, 분해하여 다시 조립할 때 제위치에 설치할 수 있도록 표시하는데 사용된다.

자동 센터 펀치(automatic center punch)는 보통 펀치처럼 해머로 타격하지 않고 내부기구에 의해 작업자의 필요한 손의 힘으로 누르기만 하면 자동 타격하게 되어 있다.

2.2.2. 핀 펀치(Pin Punch)

스트레이트 핀이나 테이퍼 핀을 떼어낼 때에 사용되며 표준형의 것은 포인트 쪽으로 테이퍼되어 있고 어떤 형식의 핀 펀치는 테이퍼되어 있지 않고 곧게 되어있다.

2.3. 스크레이퍼(Scraper)

스크레이퍼는 접촉부분의 굳은 부분에 붙어있는 개스킷이나 접착제 등을 떼어내는데 주로 사용한다.

[그림 54] **스크레이퍼**

2.4. 치즐(Chisel)

치즐은 리벳머리, 녹슨 볼트 및 너트 등을 떼어내기 및 철이나 비철금속의 홈파기 가공, 절단가공 등에 사용한다. 치즐은 팁의 형태에 따라 플랫형(flat type), 케이프형(cape type), 둥근형(round type), 다이아몬드형(diamond type)등이 있으며 일종의 끌이다.

[그림 55] **치즐**

2.5. 핸드 탭과 다이스(Hand Tap & Dies)

핸드 탭은 금속이나 플라스틱 등에 볼트를 끼울 수 있게 암나사를 내는데 사용되고 다이스는 수나사를 내는데 사용된다.

2.6. 줄(File)

줄은 금속판을 깎거나 표면을 매끈하게 다듬질 할 때, 모따기를 하기 위해 사용된다. 표면에 줄 날을 무수히 세워 날을 세운 방법에 따라 한 줄날, 두 줄날, 세 줄날이 있고 날의 거칠기에 따라 거친 날, 중간 날, 고운 날 등으로 구별된다. 또, 단면의 모양에 따라 각형, 평형, 삼각형, 원형, 반원형 등이 있다. 전진 행정 시에만 압력을 가하고 후진 행정시에는 줄을 약간 든다. 이렇게 하지 않으면 줄이 곧 무더지게 된다.

(a) 핸드 탭 (b) 다이스

[그림 56] **핸드 탭 & 다이스**

[그림 57] **줄**

2.7. 클립공구(Clip Remover)

차량의 내장수지, 클립 분리 시 사용된다. 차량의 도어, 백, 플로어 등 내장에 사용하기 적합하다.

2.8. 오링 풀러(Awls, Hook, Picks)

차량의 오링 및 리테이너 제거 및 인두작업 시 납제거, 단품의 구석과 벌어진 틈 청소 시 사용한다.

클립공구 사용 예

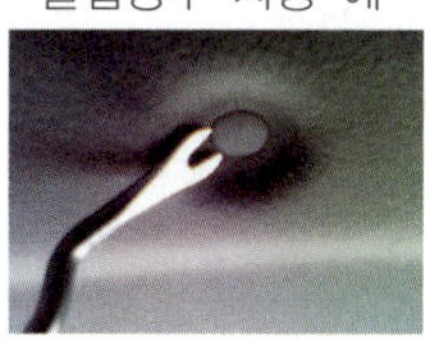

[그림 58] **클립공구**

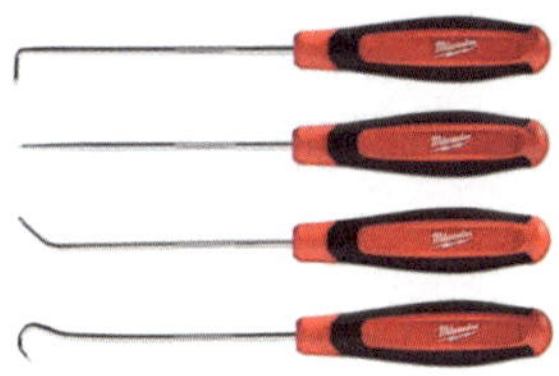

[그림 59] **오링 풀러**

03 작업용 장비

3.1. 이동식 크레인(Mobile Floor Crane)

이동식 크레인은 중량물을 들어 올리는데 사용되는 것으로 주로 작업장 내의 엔진이나 변속기 등 무거운 것을 들어서 옮기는데 사용한다. 물건을 들어 올릴 때는 유압 밸브를 잠그고 레버를 상하로 작동시키면서 오일이 압축되어 마운팅 지프가 상승하고 유압 밸브를 풀면 로프팅 지프(lofting jeep)가 내려온다.

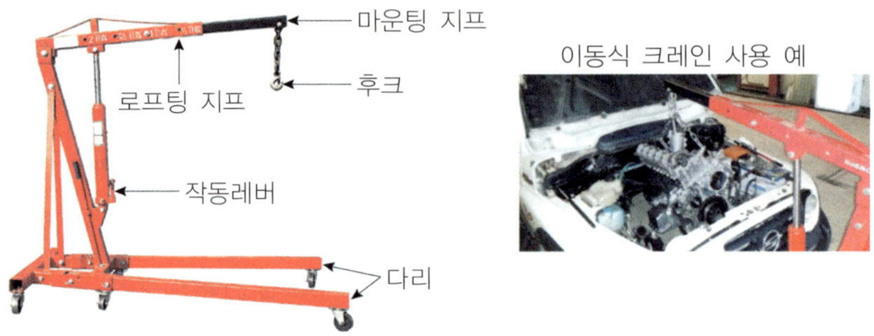

[그림 60] **이동식 크레인**

3.2. 잭(Jack)

3.2.1. 가레지 잭(Hydraulic Garage Jack)

가레지 잭은 공작 잭이라고도 하며 안정성이 있고 작동이 정확하여 차고나 정비공장 등에서 자동차를 들어 올릴 때 널리 사용된다. 잭의 조정레버를 당겨 핸드레버 홈에 걸고 작동레버를 상하로 작동시키거나 풋 페달을 상하로 밟으면 암이 상승하고 조정 레버를 홈에서 빼내어 밑으로 밀면 암은 하강한다.

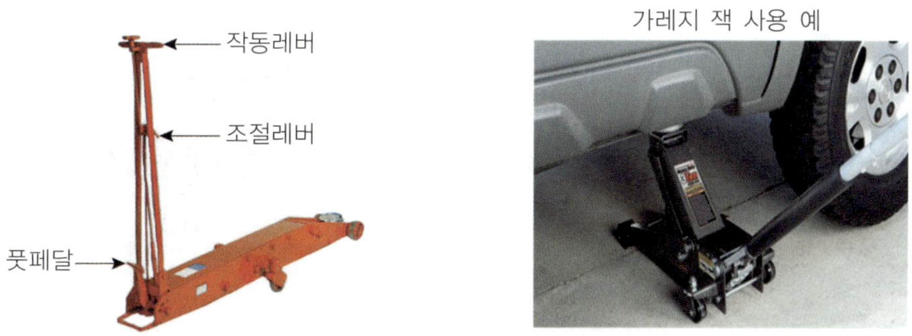

[그림 61] **가레지 잭**

3.2.2. 이동식 유압잭(Portable hydraulic jack)

이동식 유압잭은 유압을 이용하여 유압 실린더를 움직여 차량을 들어 올리는데 사용된다. 유압잭은 잭을 고일 지점에 잭을 똑바로 세우고 높이가 맞지 않을 경우에는 높이 조정 스크루를 알맞게 풀거나 조여서 조정한 뒤 유압밸브를 잠그고 작동레버를 상・하로 작동시키면 피스톤을 상승시킨다. 작업이 끝난 뒤 잭의 유압밸브를 풀면 피스톤이 하강한다.

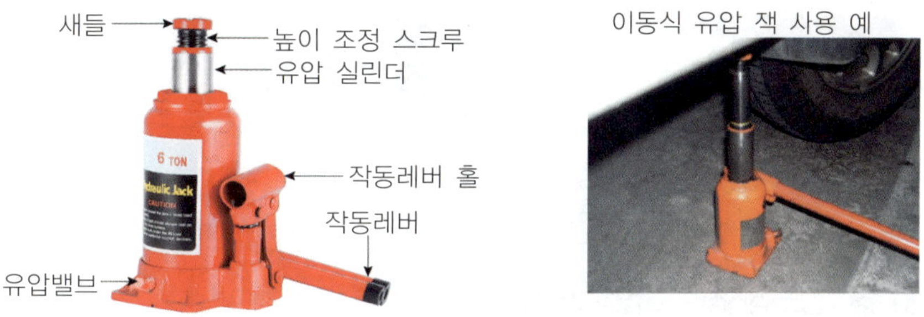

[그림 62] **이동식 유압 잭**

3.2.3. 휠 척 잭(Wheel Chuck Jack)

자동차에 휴대하고 다니면서 타이어펑크 시 타이어를 교환하는데 주로 사용된다. 사용방법은 구동러그에 핸들의 러그를 설치하고 오른쪽으로 돌리면 시트가 상승하고 왼쪽으로 돌리면 시트가 하강한다.

[그림 63] **휠 척 잭**

3.2.4. 리지드 잭(Ridged Jack, 안전 잭)

리지드 잭은 안전 잭이라고도 하고 잭으로 잭업(jack up)을 한 뒤 차를 안전하게 고일 때 사용한다. 잭업 작업 시에는 자동차를 평탄한 곳에서 설치를 해야 하고 잭업 시에는 고임목을 고인다.

[그림 64] **리지드 잭**

3.3. 카 클리퍼(Car Creeper, 작업침대)

자동차 밑에서 정비, 검사 시 사용하는 작업침대이다. 자유자재로 이동할 수 있도록 작업침대 밑에는 롤러가 설치되어 있고 내구성이 강하다.

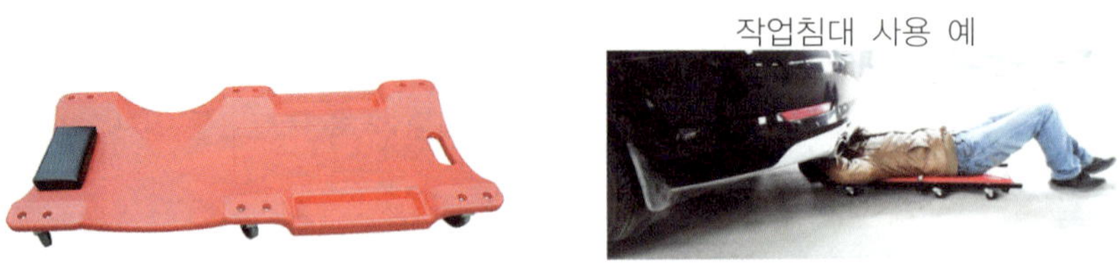

[그림 65] **작업침대**

3.4. 풀러(Puller)

기어, 베어링, 부싱 등을 축 또는 케이스에서 빼낼 때 사용한다.

3.4.1. 기어 풀러(Gear Puller)

(a) 2조우 곡선형 (b) 3조우 곡선형 (c) 유압식

[그림 66] **기어 풀러**

기어 풀러는 각종 기어를 빼내거나 설치하는데 사용한다.

3.4.2. 푸시 풀러(Push Puller)

푸시 풀러는 레그를 교환하여 필요에 따라 축에서 기어나 베어링을 빼내는데 사용한다.

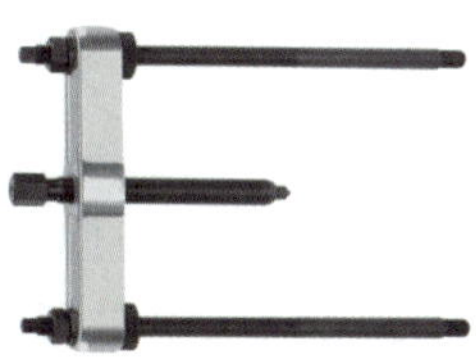

[그림 67] **푸시 풀러**

3.4.3. 베어링 세퍼레이터(Bearing Separator)

베어링 풀러 앞쪽에 설치하여 베어링의 직경에 따라 너트를 풀어 반원 판의 크기를 조정하고 아래 그림과 설치하여 푸시 풀러를 이용하여 베어링을 빼어낸다.

베어링 세퍼레이터와 푸시 풀러 사용 예

[그림 68] **베어링 세퍼레이터**

3.4.4. 슬라이드 해머 풀러(Slide Hammer Puller)

슬라이드 해머는 기어를 좌우로 설치한 후 자루에 설치된 슬라이드 해머로 타격을 주어 와셔나 핀을 뽑기도 하고 기어나 베어링을 빼내는데 사용도 하며 리무브 어댑터를 교환하여 패널에 직접 걸어 힘을 가해 인출 판금에 사용하기도 한다.

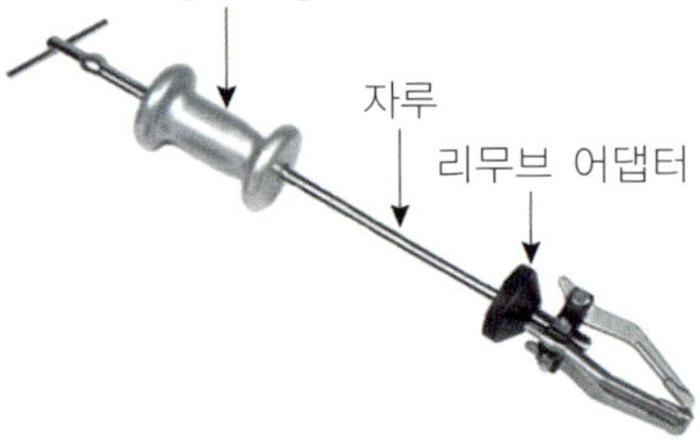

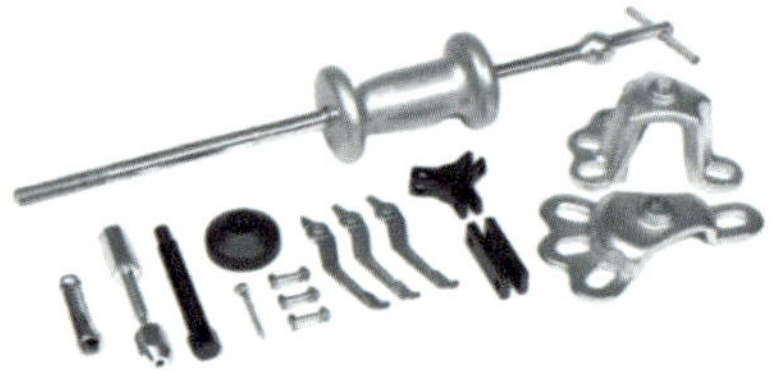

각종 리무브 어댑터

[그림 69] **슬라이드 해머 풀러**

3.4.5. 스티어링 휠 풀러(Steering Wheel Puller)

자동차의 스티어링 휠을 탈거하는데 사용하는 전용 풀러이며 각종 풀러를 탈거하는데 사용되기도 한다.

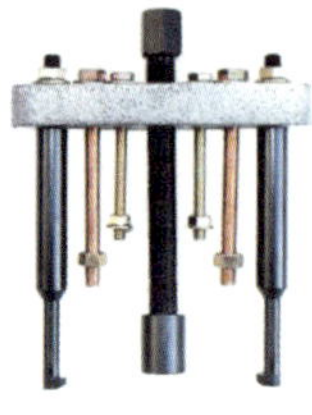

스티어링 휠 풀러 사용 예

[그림 70] **스티어링 휠 풀러**

3.5. 그리스 건(Grease Gun)

(a) 수동식 (b) 배터리 구동형 (c) 에어식

[그림 71] **그리스 건**

그리스 건은 그리스 니플로 부터 주유구를 통하여 베어링에 그리스를 주입하는 주입기로서, 그리스 건에 설치되어 있는 핸드 레버를 작동시키거나 핸드 펌프를 작동시켜 주입하는 기구이다. 수동식 및 에어식과 배터리 구동형 자동 그리스 건이 있다.

3.6. 작업 등(Work Light)

어두운 곳에서도 일하는 자리를 밝게 비추어 작업을 원활히 할 수 있도록 하려고 켜는 등으로 일반등, 형광등, 할로겐등, LED등이 있으나 이동이 편리하고 충전식인 LED등을 많이 사용한다.

(a) 일반(백열전구) (b) 할로겐 (c) LED (d) LED(충전식)

[그림 72] **작업 등**

3.7. 에어 릴, 전선 릴(Air Reel, Code Reel)

에어 호스 및 전선길이를 자유자재로 이용하고 사용치 않을 때는 자동 되감기된다.

[그림 73] 에어 릴, 전선 릴

3.8. 와이어 브러시(Wire Brush)

매우 가는 강철 줄로 이루어진 기구이며, 녹 등을 닦아낼 때 사용한다.

[그림 74] 와이어 브러시

3.9. 자석 자바라(Magnetic Flexible)

제품 하단부에 강력 영구자석이 내장되어 있고 유연하게 휘어지기 때문에 공구 및 볼트나 너트가 좁은 공간으로 떨어 졌을 때 손쉽게 꺼낼 수가 있다.

3.10. 반사경(Telescoping Mirror)

거울의 길이 조정 및 각도 조절이 가능하여 차량정비 시 시야확보가 힘든 곳에 사용한다.

3.11. 금속 청진기(Automotive Stethoscope)

자동차의 엔진, 변속기, 뒤 차축, 트랜스케이스 등 소음의 원인을 찾을 때 소리를 듣고 진단하는 청진기이다.

[그림 75] 자석 자바라

[그림 76] 반사경

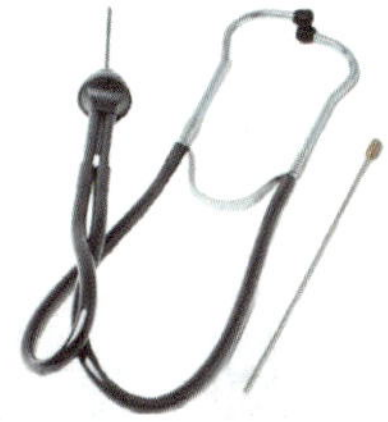

[그림 77] 금속청진기

3.12. 전기식 벤치 그라인더(Electric Bench Grinder)

회전하는 숫돌차를 보통 한쪽에는 고운 것을 끼우고 또 한쪽에는 거친 것을 설치하고 공작물을 연마하는 기계이다. 이 형식의 연마기는 작업대 위에 볼트나 너트로 고정한다.

3.13. 핸드 그라인더(Portable Electric Grinder)

숫돌바퀴를 회전시키는 전동공구이다. 재료를 잘라낸 후의 버 제거나 용접가공을 한 후의 표면성형 및 가는 파이프나 철골의 절단 등에 사용한다. 또한 숫돌바퀴를 회전식의 와이어 브러시 등에 바꿔달 수 있어 녹 제거 등 연마작업도 할 수 있다.

3.14. 고속 절단기(High Speed Cutter)

고속 전단기는 환봉, 파이프, 형강, 앵글 등을 자르는데 사용된다.

[그림 78] 전기식 벤치 그라인더

[그림 79] 핸드 그라인더

[그림 80] 고속 절단기

3.15. 전기드릴(Cord Drill)

전기 드릴은 벤치 드릴로 하기 어려운 작업에 주로 사용하고 공작물을 고정시켜 놓고 드릴 날을 결합하여 필요한 위치에 구멍을 뚫는다.

3.16. 열풍기(Heal Guns)

높은 발열량을 낼 수 있어 젖은 부품 등을 건조시킬 때 사용한다.

(a) 전기 드릴　　(b) 충전 드릴

[그림 81] 드릴

[그림 82] 열풍기

3.17. 바이스(Vise)

바이스는 공작물을 절단하기 위해 쇠톱질(톱질)하거나 줄작업, 공작물에 구멍을 뚫을 때 또는 리벳 등을 하기 위해 공작물을 잡는 일을 한다. 바이스는 사용하지 않을 때에는 조우를 약간의 사이를 두고 붙여두며 핸들은 수직위치로 한다. 조우는 공작물이 미끄러지지 않게 하도록 거칠게 되어있기 때문에 연한 금속물을 조우에 물릴 때는 금속물이 손상되지 않도록 연한 금속면을 조우에 대어야 한다.

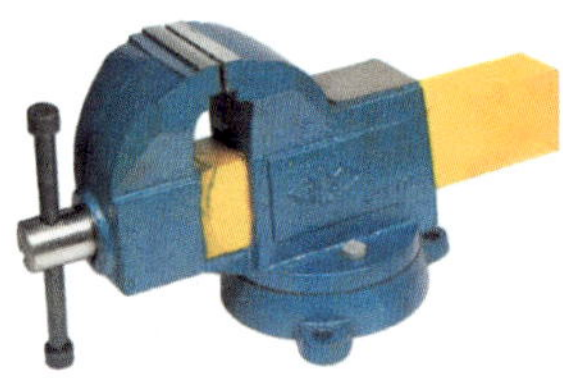

[그림 83] 바이스

3.18. 멀티 프레스(Multi Press)

자동차에서 사용하는 프레스 종류는 에어식 프레스와 유압식 프레스를 주로 사용한다. 프레스는 베어링, 부싱, 축 등의 빼내기와 설치하기, 축의 굽음을 수정하는데 사용한다.

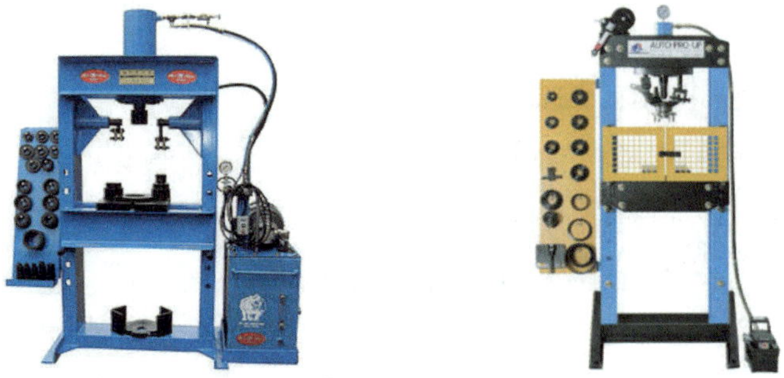

[그림 84] **프레스**

3.19. 리프트(Lift)

자동차 정비용 리프트는 하중 적재장치에 차량을 들어 올려 점검 및 정비작업에 사용되는 장치이다.

(a) 2주식 기둥형 리프트

(b) 2주식 대문형 리프트

(c) X타입 지상형 리프트

(d) 시저스 리프트

(e) 4주식 리프트

[그림 85] **리프트**

3.20. 에어 공구

3.20.1. 에어 라쳇렌치(Air Rachet Wrench)

에어 라쳇렌치는 압축공기의 압력을 이용하여 소켓을 돌려 볼트나 너트를 조이거나 푸는데 사용하는 자동차 정비에서 흔히 사용하는 공구이다. 회전방향을 바꿀 때는 리버싱 레버로 하고 총길이가 125mm, 170mm, 260mm, 299mm 등 다양하기 때문에 좁은 공간에서 작업이 용이하고 큰 힘을 들이지 않고 신속하게 작업을 할 수 있다.

3.20.2. 에어 임팩트 렌치(Air Impact Wrench)

에어 라쳇렌치처럼 압축공기의 압력을 이용하여 소켓을 돌려 볼트나 너트를 조이거나 푸는데 사용하는 공구로 에어 라쳇렌치보다는 힘이 좋으므로 충격렌치라고도 하며 회전방향을 바꿀 때는 전환 스위치로 하고 크기도 다양하여 작업에 맞는 것을 사용하면 된다. 압축공기의 압력을 조절할 수가 있어 볼트나 너트를 조일 때 부하가 많이 걸리면 구동축이 스톱되어 볼트나 너트를 과부하로부터 보호할 수 있다.

3.20.3. 에어 드릴(Air Drill)

에어를 이용하여 간편하게 드릴작업을 할 수 있다.

[그림 86] **에어 라쳇렌치**

[그림 87] **에어 임팩트 렌치**

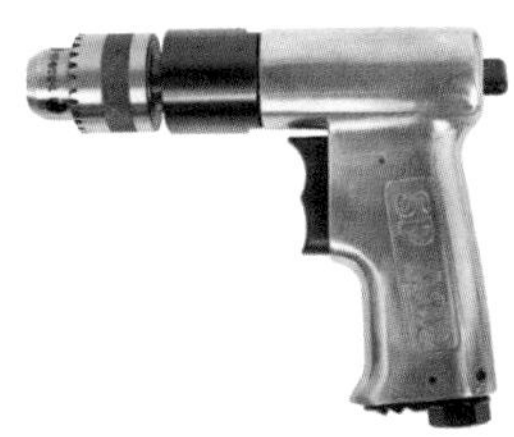

[그림 88] **에어 드릴**

3.20.4. 에어 샌더(Air Sander)

차량의 페인트(도장), 녹, 헤드 개스킷 표면 연마, 제거, 광택작업, 부드러운 테두리 작업에 사용한다. 비좁고 협소한 공간에서도 작업이 가능하다.

[그림 89] **에어 샌더**

3.20.5. 에어 다이그라인더(Air Die Grinder)

추지석이나 여러 가지 모양의 숫돌을 장착하여 연삭작업에 사용하며, 타이어 내면 가공, 연마작업, 금형수리, 용접 클리닝 등에 주로 사용한다.

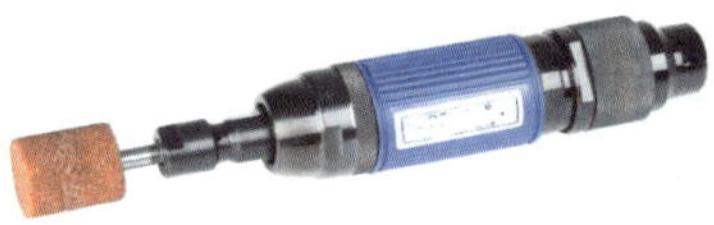

에어 다이그라인더 사용 예

[그림 90] **에어 다이그라인더**

3.20.6. 엔진건, 컵(Engine Cleaner Gun, Cup)

차량의 변속기 및 각종 부위 세척 시 사용한다.

3.20.7. 에어 더스트 건(Air Duster Gun)

압축공기를 이용하여 차량의 각종 섀시 제품의 세척 및 구석진 곳 등의 청소 시에 많이 사용한다.

3.20.8. 코일호스(Coil Hose)

에어 작업용으로 사용되며 코일 모양으로 생긴 호스로 주 에어 라인호스와 연결하여 주 에어 라인호스와 가까운 곳에 작업을 할 때 주로 사용한다. 코일 모양으로 되어 있기 때문에 길게 늘어날 수 있으며, 5M, 7.5M, 10M 등 길이도 다양하게 있다.

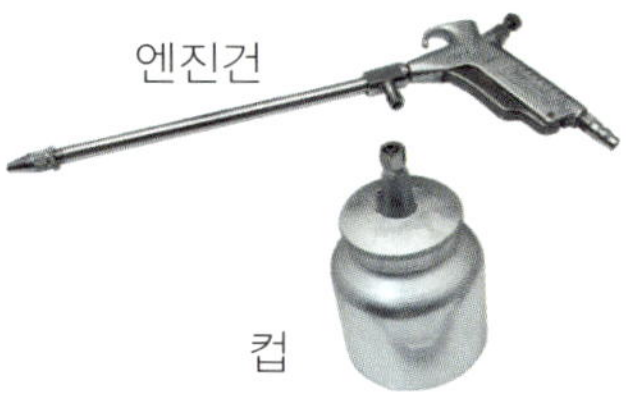

[그림 91] **엔진건, 컵**

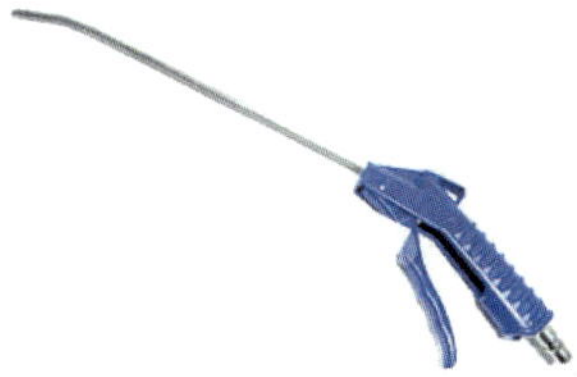

[그림 92] **에어 더스트 건(에어건)**

[그림 93] **코일 호스**

3.20.9. 에어 컴프레서(Air Compressor)

공압 공구에 공급하는 공기를 압축하고 저장하는 기계로 주기적으로 컴프레서 아래 워터 드레인으로 물을 빼주어야 한다.

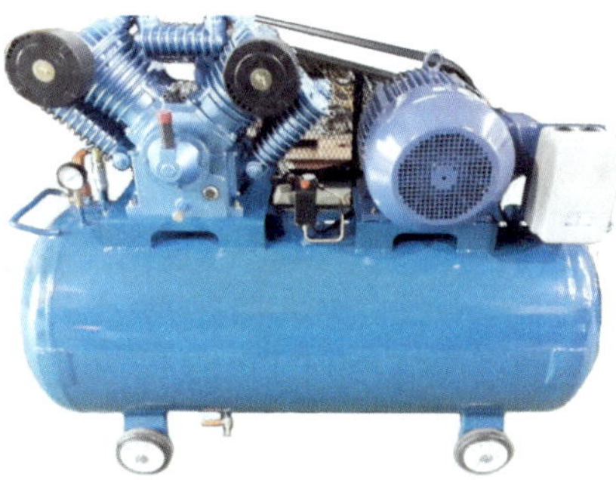

[그림 94] **에어 컴프레서**

04 측정공구 및 섀시 전용공구

4.1. 측정공구

4.1.1. 스캐너(Scanner)

자동차의 전자제어시스템에 대한 자기진단, 센서고장여부, 센서의 작동상태 등을 점검할 수 있는 장비로 자기진단과 동시에 멀티미터 및 오실로스코프기능 등을 부여하여 다양하게 전자제어 자동차를 진단 점검기록을 모니터 화면에 나타내주어 고장진단을 할 수 있는 장비이다. 주요기능은 다음과 같다.

① 국내 차량 통신기능
② 2개 기능 동시구현 가능한 듀얼모드 기능
③ 정밀 오실로스코프기능(전압, 전류, 압력측정)
④ 자동설정 오실로스코프기능(연결, 분석, 파형 등의 정보 제공)
⑤ 멀티미터기능(전압, 저항, 주파수, 듀티, 펄스폭, 전류, 압력측정)
⑥ 액추에이터 강제구동 기능
⑦ 센서 시뮬레이션기능
⑧ 접지/제어선 검사기능
⑨ 주행데이터 검색기능
⑩ 차량 정비정보 기능(고장 판단조건, 기준 값, 단품회로도 포함)
⑪ USB통신을 이용한 고속 프로그램 다운로드 기능
⑫ PC 통신기능

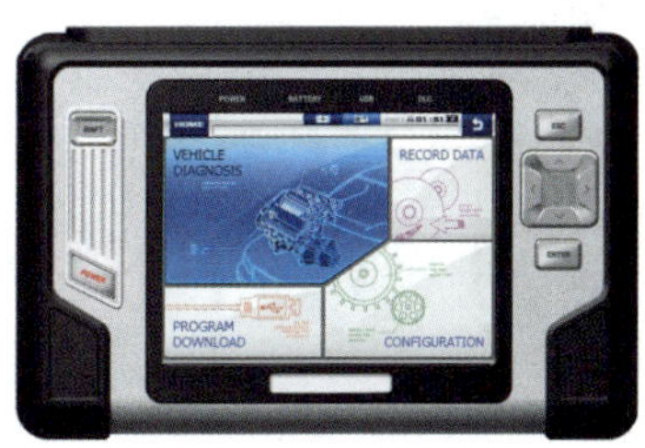

[그림 95] 스캐너

4.1.2. 디크니스 게이지(Thickness Gauge)

여러 가지 두께를 가진 강제의 판을 조합한 게이지로 보통 0.02~1.0㎜까지의 두께를 가진 9~26장이 한 조로 되어 나사로 고정하고 강판에는 각각 두께가 표시되어 있다. 필러 게이지(feeler gauge, 길이가 길다), 간극 게이지 라고도 하며 틈새간극을 측정한다.

(a) 디크니스 게이지 (b) 필러 게이지

[그림 96] **디크니스 게이지**

4.1.3. 다이얼 게이지(Dial Gauge)

다이얼 게이지는 다이얼 인디케이터(dial indicator)라고도 한다. 측정물의 길이를 직접 측정하는 것이 아니라 길이를 비교하기 위한 것으로, 평면의 요철(凹凸), 공작물 부착 상태, 유격, 축 중심의 흔들림, 직각의 흔들림 등을 검사하는데 사용한다.

4.1.4. 버니어 캘리퍼스(Vernier Calipers)

고정된 어미자와 움직이는 아들자로 구성되어 아들자를 움직여 움직인 길이를 측정한다. 일반적인 길이 측정뿐 아니라 철판의 두께, 또는 틈 사이의 간격이나 파이프의 직경이나 내경, 파인 구멍의 깊이도 측정할 수 있다.

[그림 97] **다이얼 게이지**

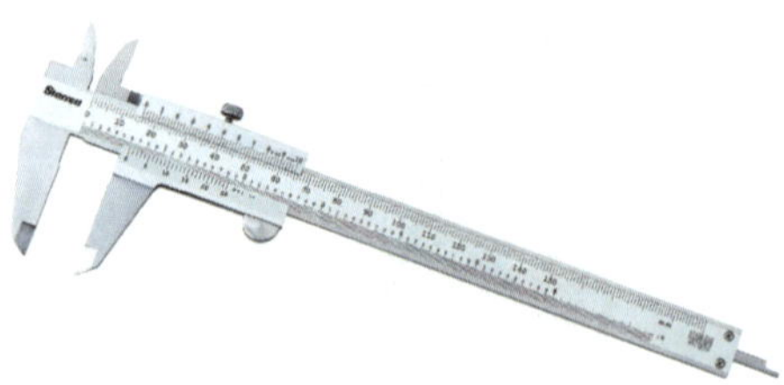

[그림 98] **버니어 캘리퍼스**

4.1.5. 외측마이크로 미터(External Micrometer)

피치가 정확한 나사를 이용하여 외경(外徑) 등 바깥쪽 치수를 측정하는 데 사용하는 간단한 측정구이다.

4.1.6. 텔레스코우핑 게이지(Telescoping gage)

텔레스코핑 게이지는 내경측정을 할 때 사용되는 게이지로 텔레스코핑 게이지의 사용방법은 우선 내경에 맞는 텔레스코핑 게이지를 선택하여 내경을 맞춘 다음 마이크로미터등으로 텔레스코핑의 값을 측정하는 방법으로 많이 사용된다.

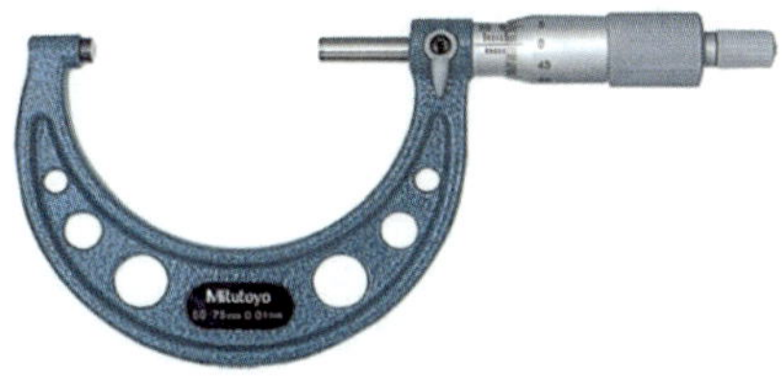

[그림 99] **외측마이크로 미터**

[그림 100] **텔레스코우핑 게이지**

4.1.7. 멀티 테스터(Multi Tester)

멀티 테스터기는 바늘의 움직임으로 DC전압, AC전압, DC전류, 저항, 데시벨 등의 값을 하나의 계기로 측정할 수 있게 만든 기기로, 회로시험기라고도 한다. 멀티 테스터기로는 단락점검과 다이오드, TR 및 기타 여러 가지 전자부품도 점검할 수 있다.

4.1.8. 디지털 테스터(Digital Tester)

디지털 테스터는 단위가 발광다이오드로 직접 표시되는 것으로, 전압, 전류, 저항 모두 측정 범위가 넓고, 정확도도 높으며, 자동 레인지 전환식으로 되어 있다.

4.1.9. 디지털 클램프 미터 테스터(Digital Clamp-ON Meter Tester)

교류전압(0~600V), 직류전압(0~600V), 교류전류(0~1000A), 직류전류(0~1000A) 등 비교적 높은 전압과 전류를 측정할 수 있으며 전압은 리드선을 이용하여 측정을 하고 전류는 측정할 배선에 클램프를 걸어 측정을 한다.

[그림 101] **멀티 테스터**

[그림 102] **디지털 테스터**

[그림 103] **디지털 클램프 미터 테스터**

4.1.10. 휠 밸런스(Wheel Balancer)

타이어의 휠 밸런스를 점검 또는 수정 시 사용한다.

4.1.11. 휠 얼라이먼트(Wheel Alignment)

자동차의 캠버, 토우, 캐스터, 셋백, 부분 토우, 총 토우 등을 점검하는데 사용한다.

[그림 104] **휠 밸런스**

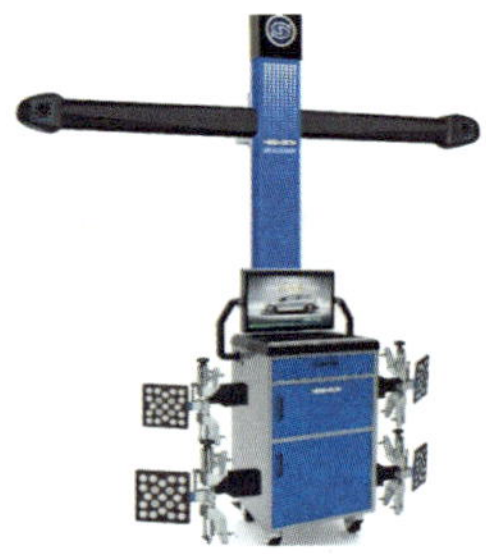

[그림 105] **휠 얼라이먼트**

4.2. 섀시 전용공구

4.2.1. 엔진 홀더(Engine Support)

엔진룸의 팬더를 지지하여 변속기 탈거 시 등에 엔진을 탈거하고 엔진을 고정할 수 있는 리프팅 공구이다.

[그림 106] **엔진 홀더**

4.2.2. 오일필터 캡(Oil Filter Cap)

자동 변속기 오일을 교환할 때 자동 변속기 필터 탈거 및 조립 시 사용한다.

4.2.3. 오일팬 세퍼레이터(Oil Fan Separator)

자동 변속기 오일팬은 실리콘으로 마감되어 있어 무리한 작업으로 오일팬을 분리시에는 오일팬 및 변속기의 변형 및 훼손을 가져오므로 오일팬 세퍼레이터는 오일팬 분리작업을 쉽게 할 수 있게 한다.

[그림 107] **오일 필터 캡**

[그림 108] **오일팬 세퍼레이터**

4.2.4. 오일 깔때기(Oil Funnel)

트랜스미션 오일교환 및 보충 시 사용한다.

4.2.5. 오일 드레인(Oil Drain)

변속기 오일교환 시 배출 오일을 받는 통으로 높이 조절이 가능하다.

4.2.6. 타이어밸브 코어 탈착기(Tire Valve Core Tool)

타이어교환 시 밸브코어의 탈착작업에 사용한다.

4.2.7. 타이어 압력게이지(Tire Inflation Pressure Gauge)

타이어의 공기압을 측정하거나 타이어에 에어를 빼거나 에어를 보충할 때 사용한다.

[그림 109] **타이어밸브 코어 탈착기**

[그림 110] **타이어 압력게이지**

4.2.8. 타이어 공기량 자동주입기(Tire Automatic Inflation Kit)

원하는 타이어 공기압을 자동으로 주입 및 배출한다.

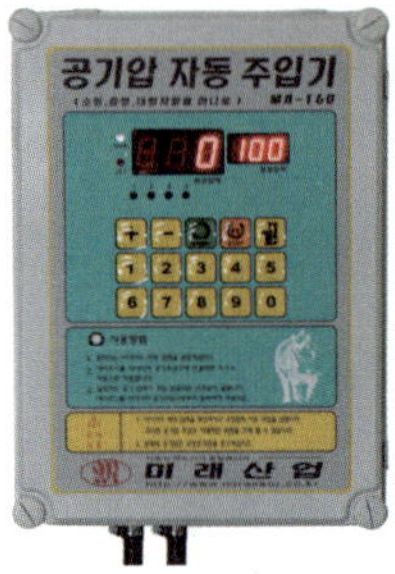

[그림 111] **타이어 공기량 자동 주입기**

4.2.9. 밸런스 납(Balance Weight)

타이어 휠 밸런스 불량 시 수정하는 것이다.

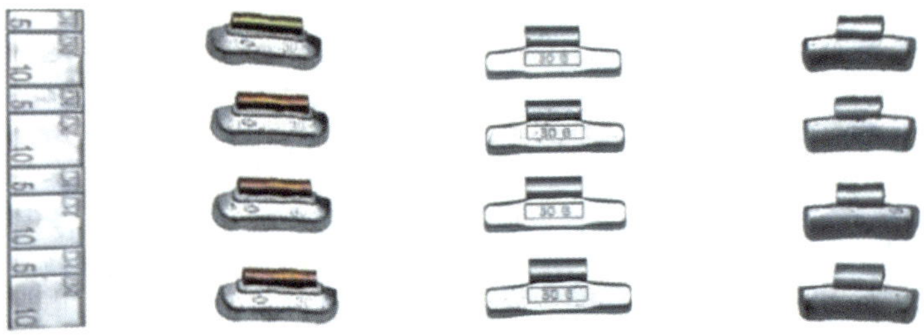

(a) 붙이는 납 (b) 스틸 휠 납 (c) 강재식 휠 납 (d) 알루미늄 납

[그림 112] **밸런스 납**

4.2.10. 납 망치(Wheel Balance Weight Hammer)

휠 교정 플라이어 라고도 불리며 타이어 휠 밸런스 불량 시 밸런스 납을 타이어에 부착할 때 및 탈거할 때 사용한다.

4.2.11. 탈착기 레버(Tire Lever)

일반 타이어를 타이어 탈착기에서 탈착 시 사용한다.

[그림 113] 납 망치

[그림 114] 탈착기 레버

4.2.12. 패치(Tire Repair Patches)

바이어스 타이어 펑크 시 타이어 안쪽에 붙여서 수리한다.

4.2.13. 패치 콤비(Prema Combi Repair Patches)

레이디얼, 바이어스 타이어에 공용으로 트래드 손상에 사용한다.

[그림 115] 패치

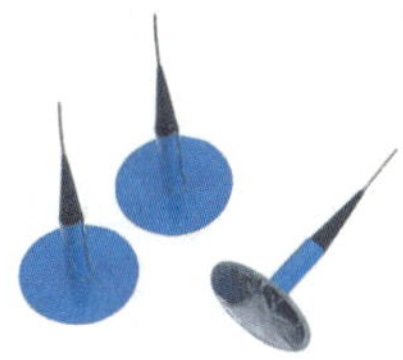

[그림 116] 패치 콤비

4.2.14. 타이어 수리공구(Tire Repair Tool)

타이어 펑크시 타이어를 탈거하지 않고 펑크수리 시 사용한다. 에어 임팩식(Air Impact Type)은 에어를 이용하여 펑크수리 시 사용한다.

[그림 117] 타이어 수리공구

[그림 118] 타이어 수리공구(에어 임팩식)

4.2.15. 브레이크 패드 교환기(Brake Lining Pad Changer)

캘리퍼 브레이크에서 브레이크패드교환 시 캘리퍼 피스톤을 안쪽으로 밀어 넣을 때 사용한다.

4.2.16. 볼 조인트 풀러(Ball Joint Puller)

타이로드 엔드 또는 로워 암 등의 볼 조인트를 탈거할 때 사용한다.

(a) 싱글, 더블 겸용 (b) ABS 차량용

[그림 119] **브레이크패드 교환기**

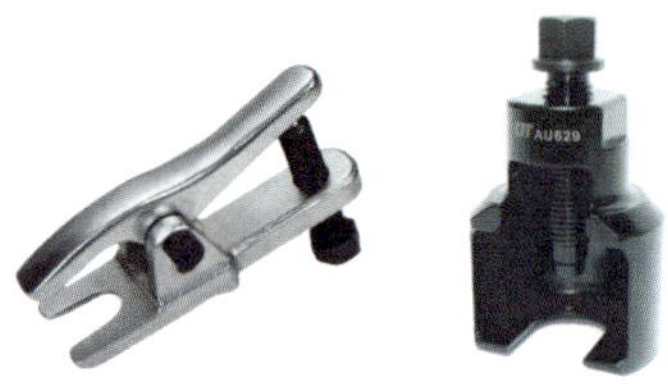

[그림 120] **볼 조인트 풀러**

4.2.17. 허브 베어링 풀러(Hub Bearing Puller)

차량의 허브 베어링 탈거 시 사용한다.

4.2.18. 등속 조인트 탈거기(C.V Joint Puller)

차량의 볼 조인트, 등속조인트 등을 탈거 시 사용한다.

[그림 121] **허브 베어링 풀러**

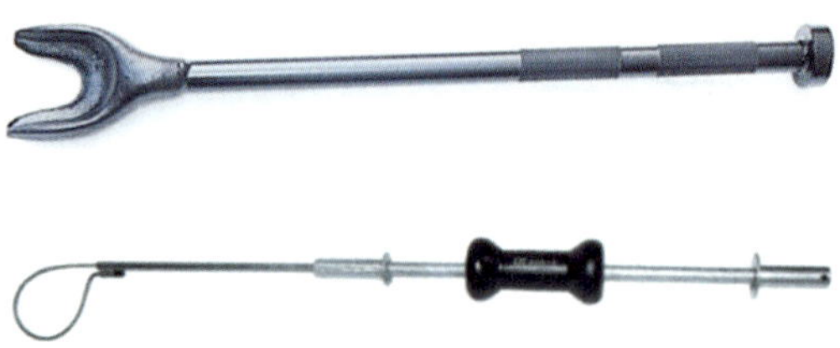

[그림 122] **등속조인트 탈거기**

4.2.19. 쇼버 잭(Coil Spring Compressor)

자동차의 쇽업쇼버의 코일스프링 탈거 시 사용을 한다.

4.2.20. 트랜스미션 잭(Transmission Jack)

승용차 및 소형화물 트랜스미션 탈부착 시 사용한다.

4.2.21. 타이어 탈착기(Tire Changer)

타이어를 휠에서 탈·부착할 때 사용한다.

[그림 123] **쇼바 잭**

[그림 124] **트랜스미션 잭**

(a) 헬퍼 부착형

(b) 일반형

[그림 125] **타이어 탈착기**

4.2.22. 오일교환기(Oil Exchanger)

[1] 오토미션 오일교환기(Auto Mission Oil Exchanger)

자동변속기 오일교환 시 사용한다.

[2] 브레이크액 교환기(Brake Fluid Exchanger)

브레이크 오일교환 시 자동으로 작업을 할 수 있으며 수분 및 에어침투가 되지 않아 에어빼기가 불필요하다. ABS차량도 작업이 가능하다.

[그림 126] **오토미션 오일교환기**

[그림 127] **브레이크액 교환기**

[3] 파워스티어링 오일교환기(Power Steering Oil Exchanger)

파워스티어링 오일교환 시 사용하며 엔진 정지 상태에서 호스를 탈거하지 않고도 오일을 교환할 수 있다.

[그림 128] **파워스티어링 오일교환기**

05 측정기기의 사용법

5.1. 버니어캘리퍼스(vernier calipers)

5.1.1. 버니어캘리퍼스의 구조

피 측정물을 측정 조(jaw)에 물리고 주척(어미자)눈금과 부척(아들자)눈금에 의해 한 번에 정확히 측정할 수 있는 구조로 되어 있다. 버니어캘리퍼스는 바깥지름, 안지름, 깊이를 측정할 수 있는 공구이다.

버니어캘리퍼스(vernier calipers)는 아날로그방식과 디지털방식이 있으며 디지털방식은 LCD에 표시되는 숫자를 있는 그대로 읽으면 된다. 그러나 디지털방식은 측정을 하기 전에 "0"점 조정을 한 후에 측정하여야 한다. 아날로그 버니어캘리퍼스의 종류에는 M형과 CM형이 있으며 M형은 M1과 M2로 분류된다. 미세 조정장치가 있는 타입이 M2형이다. CM형은 외측 측정부에 내측 측정부가 있으며 미세 조정장치가 부착되어 있고 최소눈금이 0.02㎜이다.

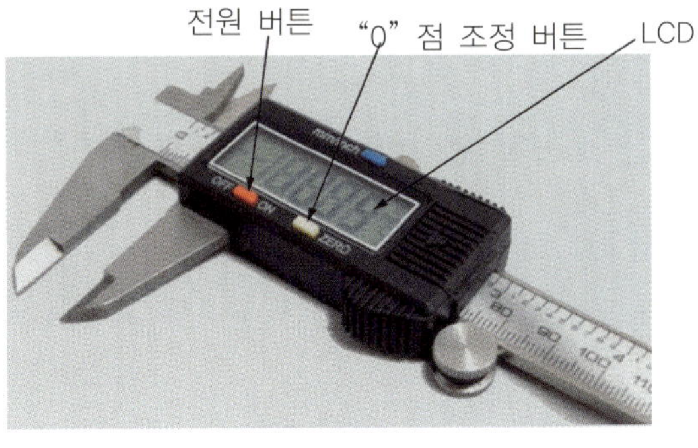

[그림 129] 디지털 버니어캘리퍼스

(a) M1형　　　　(b) CM형

[그림 130] **아날로그 버니어캘리퍼스**

(a) 0.05㎜ 눈금　　　　(b) 0.02㎜ 눈금

[그림 131] **버니어캘리퍼스의 눈금**

5.1.2. 버니어캘리퍼스의 눈금 기입방법

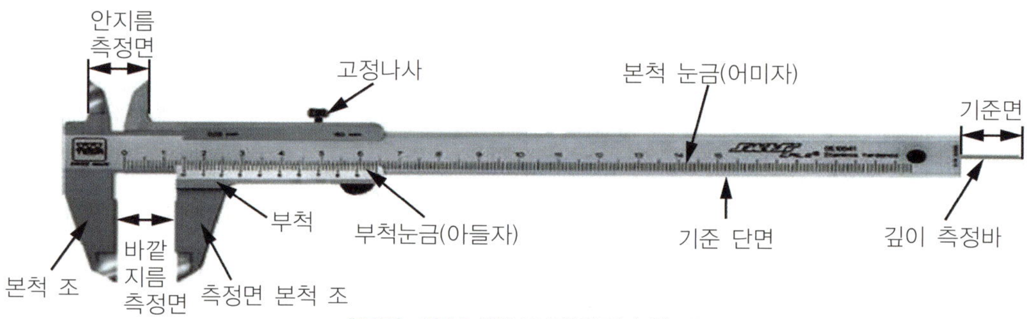

[그림 132] **버니어캘리퍼스의 구조**

5.1.3. 눈금읽기 방법

[1] 최소눈금 0.05㎜인 경우

아들자 0눈금의 왼쪽의 어미자 눈금을 정수로 읽는(그림에서 7㎜) 다음 어미자와 아들자가 일치하는 곳을 찾는다(아래 그림의 경우 2이고, 4칸이므로 한 칸이 0.05㎜이므로 4×0.05 = 0.20㎜이다). 따라서 전체 치수는 7㎜+0.20㎜으로 7.20㎜이다.

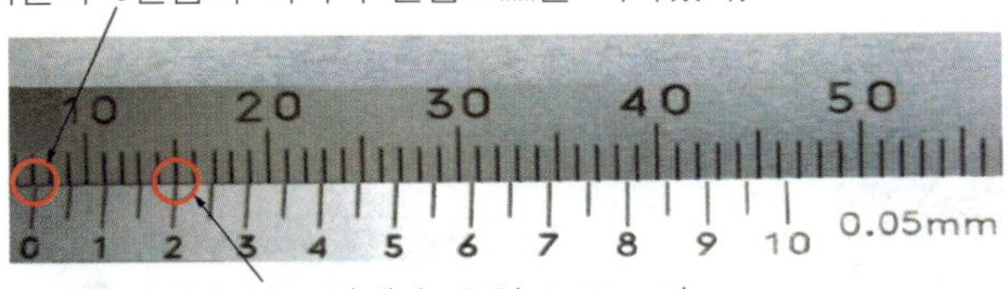

[그림 133] **최소눈금 0.05㎜인 경우**

[2] 최소눈금 0.02㎜인 경우

아들자 0눈금의 왼쪽 어미자 눈금은 7㎜이다. 아들자의 눈금 0.86이 어미자의 눈금과 일치하고 있으므로 0.86㎜라 읽는다. 따라서 전체 치수는 7+0.86= 7.86㎜이다.

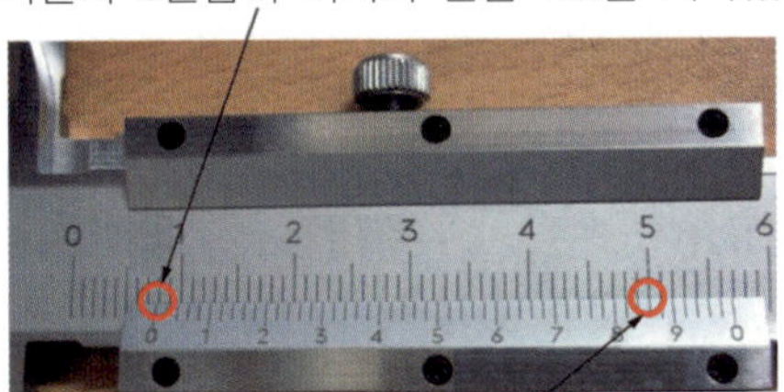

[그림 134] **최소눈금 0.02㎜인 경우**

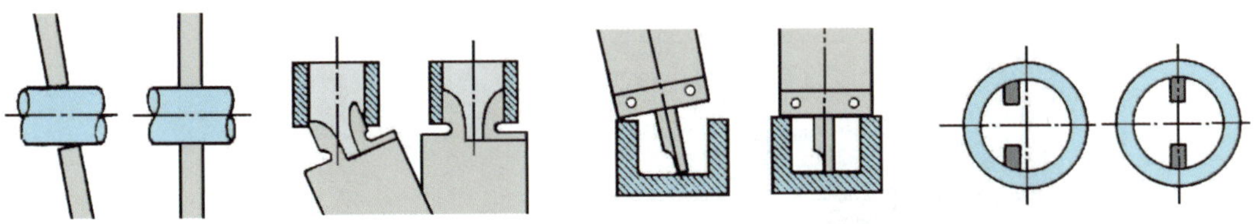

[그림 135] **버니어캘리퍼스 측정 예**

5.2. 외측 마이크로미터(external micrometer)

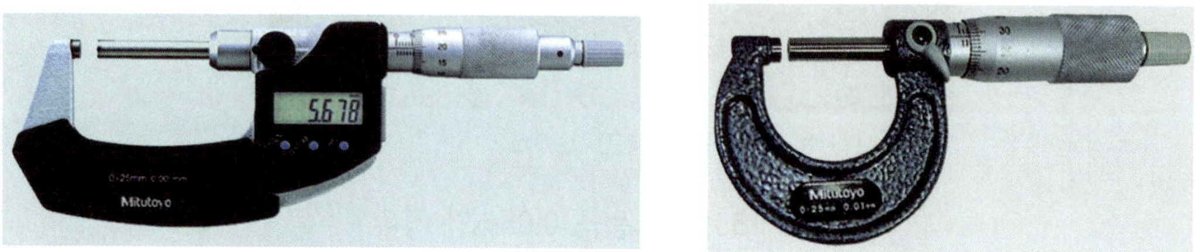

(a) 디지털방식　　(b) 아날로그방식

[그림 136] **외측 마이크로미터**

5.2.1. 구조 및 측정원리

마이크로미터는 길이의 변위를 나사의 회전각과 지름에 의해 확대하여 그 확대된 길이에 눈금을 새겨 작은 길이의 변위를 읽도록 한 측정기이다. 슬리브에는 1㎜ 간격의 눈금이 새겨져 있고, 딤블(thimble)의 원주면은 50등분, 그리고 나사의 피치는 0.5㎜이므로 딤블의 1눈금은 0.01㎜를 나타낸다.

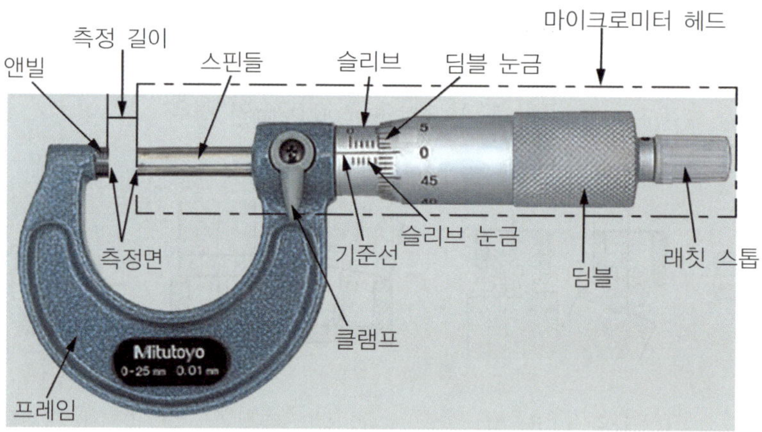

[그림 137] **마이크로미터의 구조**

5.2.2. 눈금읽기

① 슬리브 눈금을 읽는다.

② 슬리브 기선과 만나는 딤블의 눈금을 읽는다.

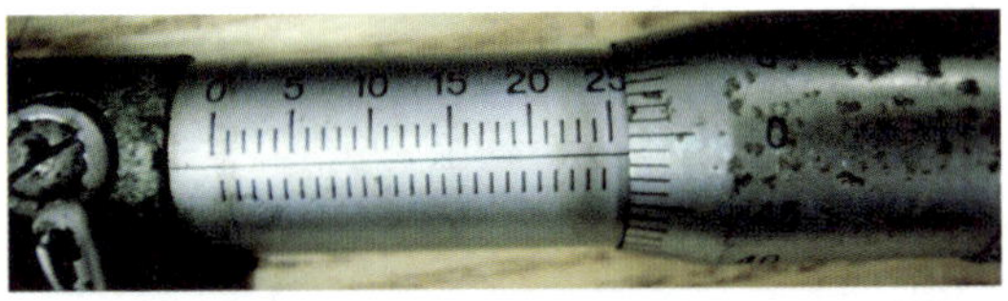

슬리브 눈금이 25.00㎜, 슬리브 기선과 만나는 딤블 눈금이 0.49이므로 25+0.49= 25.49㎜이다.

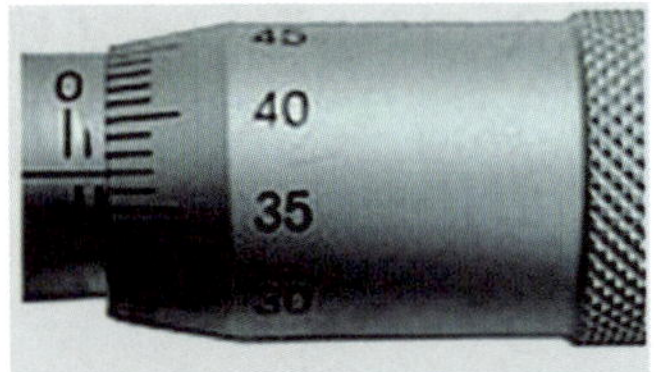

슬리브 눈금이 1.50㎜, 슬리브 기선과 만나는 딤블 눈금이 0.37이므로 1.50+0.37= 1.87㎜이다.

[그림 138] **마이크로미터의 눈금 읽기**

5.2.3. 마이크로미터의 0점 조정

① 양측정면을 깨끗이 닦고 세팅바(setting bar)를 접촉시켜 "0"점을 확인한다.

② 클램프로 스핀들을 고정시킨다.

③ 슬리브 기선의 바로 뒤에 있는 구멍에 조정용 키를 끼워 슬리브를 돌려 기선을 딤블의 0점에 맞춘다.

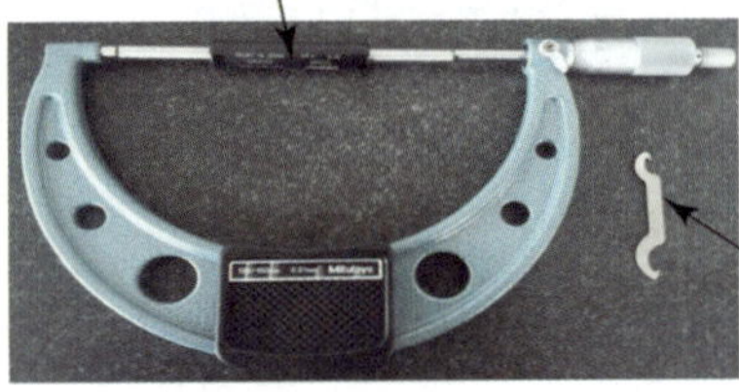

[그림 139] **세팅바 접촉 후 0점 확인**

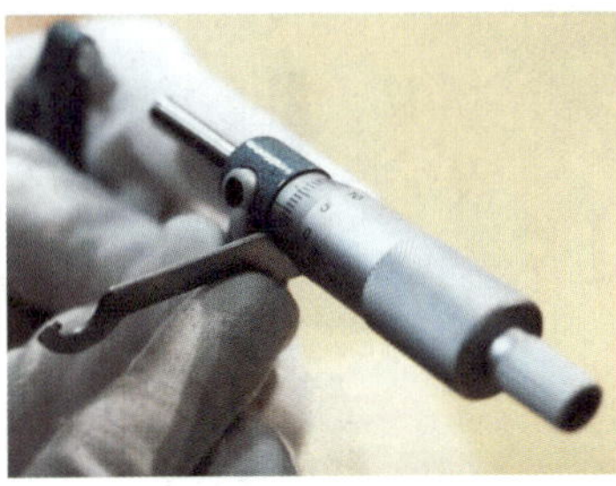

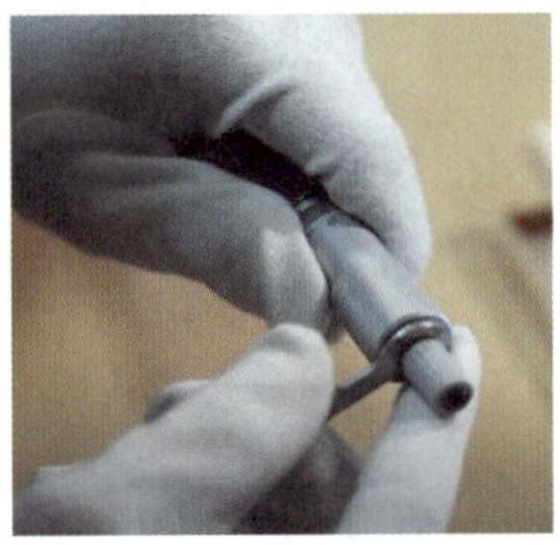

[그림 140] **마이크로미터의 0점 조정**

5.2.4. 측정시 주의사항

① 측정시 왼손으로 프레임을 잡고 오른손으로 래칫스톱을 가만히 돌려 양쪽 측정면이 완전히 닿아 "따르륵" 소리가 2~3회 나고, 래칫스톱은 1~2회전하는 정도의 힘만을 가한다.

② 눈금을 읽을 때 눈금 면에 수직이 되는 위치에서 읽어 시차가 생기지 않도록 한다.
③ 측정 면과 측정물은 바르고 완전히 접촉하도록 한다.

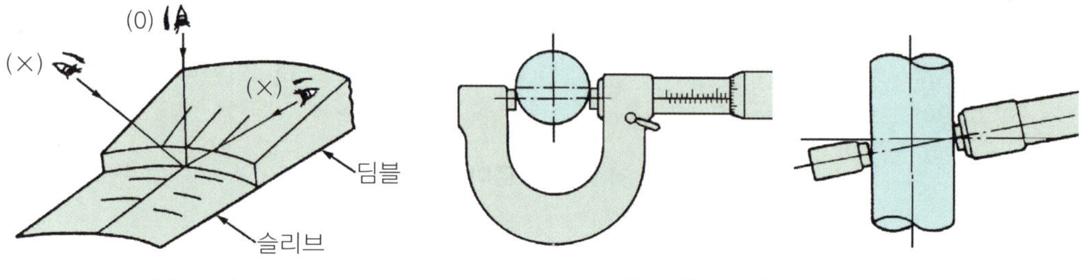

[그림 141] **마이크로미터 측정시 유의사항**

5.2.5. 취급 및 보수

① 사용 중 떨어뜨리거나 큰 충격을 주지 않도록 한다.
② 사용 후에 앤빌과 스핀들을 밀착시켜 두지 말 것.
③ 먼지가 없는 보관함에 보관하고, 습도가 낮고 진동이 없는 곳에 보관한다.
④ 사용 후 청소하고, 방청유를 발라 둔다.

5.3. 다이얼 게이지(dial gauge)

5.3.1. 측정원리 및 구조

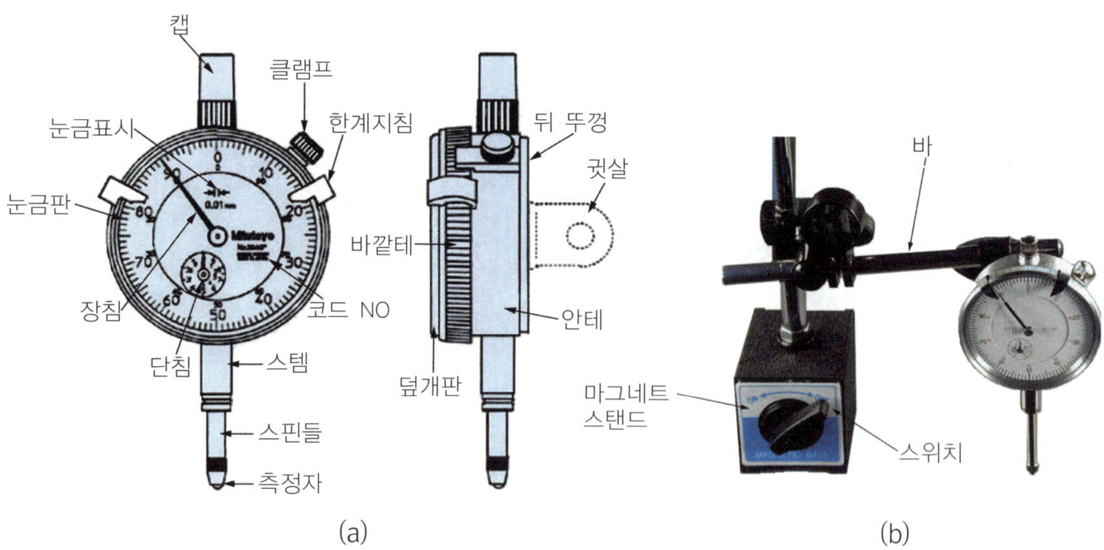

[그림 142] **다이얼게이지의 구조 및 명칭**

다이얼 게이지는 기어장치로 미소한 변위를 확대하여 길이나 변위를 정밀 측정하는 계기이며 평면의 요철이나 공작물의 결합의 적부, 축 중심의 흔들림, 진원도 측정, 런아웃, 백래시, 캠 양정, 축의 휨, 엔드플레이등 소량의 오차를 검사하는데 사용된다.

측정자와 연결된 회전용 기어의 움직임을 이용하여 바늘로 눈금을 가르키는 구조로 되어 있으며, 최소 눈금은 1/100㎜이며, 측정자가 1㎜ 움직이면 큰바늘이 1회전하는 구조로 되어 있다. 또 표시바늘 외부의 눈금자의 테두리가 회전하므로 0점 셋팅이 가능하다. 사용은 별도의 계측기 고정장치와 다른 계측기의 지지대를 이용하여 사용한다. 일반적인 것이 마그네트스탠드이다. 스위치를 ON하면 내장된 자석이 움직여 고정된다.

5.3.2. 측정방법

① 다이얼게이지를 측정물에 직각으로 설치한다.
② 마그네트스탠드의 스위치를 ON 하여 다이얼 게이지를 고정시킨다.
③ 바깥 테를 움직여 장침에 "0"점 조정한다.
④ 측정물의 측정항목을 측정한다.
⑤ 장침과 단침의 움직인 양을 판독한다. 휨을 측정시에는 측정값의 1/2이다.

Chapter

02

클러치 및 수동변속기

01 클러치 관련부품 교환

02 수동변속기 관련 부품 교환

03 변속기 탈부착 및 클러치 커버와 디스크 교환

04 클러치 정비 및 점검

05 변속기 정비 및 점검

01 클러치 관련부품 교환

1.1. 클러치 릴리스 실린더(오페라 실린더) 교환(EF 소나타)

① 배터리를 탈거 한다. 퓨즈 박스 와 에어크리너 케이스 사이에 에어크리너 케이스 고정 볼트가 있어 배터리를 탈거해야 에어크리너 케이스 고정 볼트를 탈거할 수 있다.

② 에어크리너 호스의 클램프를 풀고, 에어크리너 호스를 바디에서 탈거한다.

[그림 1] 배터리 탈거

[그림 2] 에어크리너 호스 탈거

③ 에어크리너 박스 핀 4개를 제겨서 에어크리너 박스를 탈거한다.

[그림 3] 에어크리너 박스 탈거

④ 에어크리너 케이스를 원활히 탈거하기 위해서 퓨즈박스의 고정 볼트 들을 탈거하고 퓨즈박스는 탈거 하지 않는다. 에어크리너 케이스 탈거 시에 공간을 만들어 주기 위함이다.

⑤ 에어크리너 케이스의 고정 나사가 우측(운전석 휀더측)에도 있으므로 탈거한다.

[그림 4] **퓨즈박스 고정 볼트 탈거**

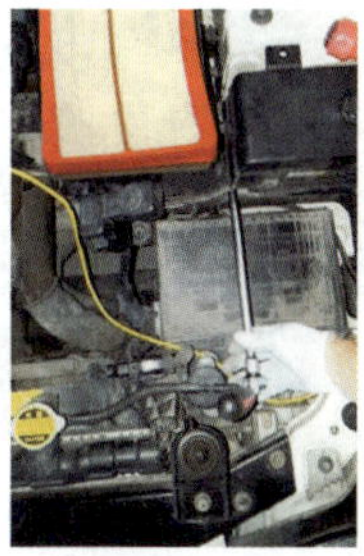

[그림 5] **흡기필터 케이스 고정 볼트 탈거**

⑥ 에어크리너 케이스 고정나사를 풀고 탈거 한다. 탈거 후 릴리스 실린더가 보인다.

[그림 6] **에어크리너 케이스 탈거**

[그림 7] **릴리스 실린더**

⑦ 바이스 플라이어를 클러치 오일 플렉시블 호스에 물어준다.
⑧ 릴리스 포크와 연결된 코터 핀을 플라이어 등을 이용하여 잡아당겨서 탈거하고, 고정나사를 탈거한다.

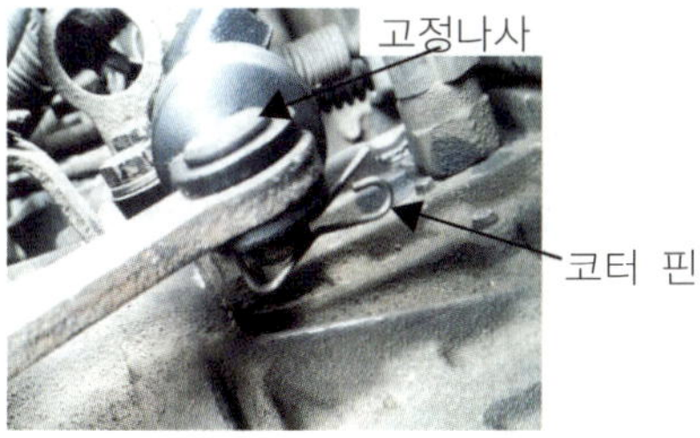

[그림 8] **코터 핀 및 고정나사 탈거**

⑨ 릴리스 실린더 유압호스를 탈거한다. 유압호스의 너트를 탈거하면 동 와셔가 2개 있으므로 탈거 시에 분실하지 않도록 주의 한다. 호스 탈거 시 오일이 누유되므로 걸레 등을 준비하여 오일이 흐르면 닦아낸다.

⑩ 릴리스 실린더 고정 볼트를 풀고 릴리스 실린더를 탈거한다.

[그림 9] 유압호스 탈거

[그림 10] 릴리스 실린더 고정 볼트 탈거

⑪ 신품 릴리스 실린더를 탈거의 역순으로 조립하고 바이스 플라이어를 클러치 오일 플렉시블 호스에서 탈거하고 클러치 오일(브레이크 오일)을 리저브 탱크에 보충하고 에어빼기를 한다.

1.2. 클러치 마스터 실린더 교환

① 클러치 페달에서 코터 핀을 화살표 방향으로 잡아 당겨 나사를 탈거한다.
② 마스터 실린더 고정 너트를 탈거한다.

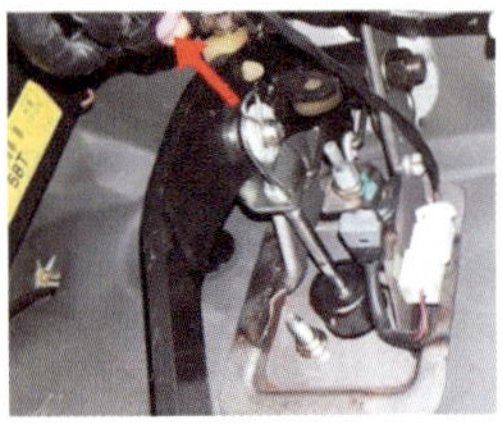

[그림 11] 코터핀 탈거

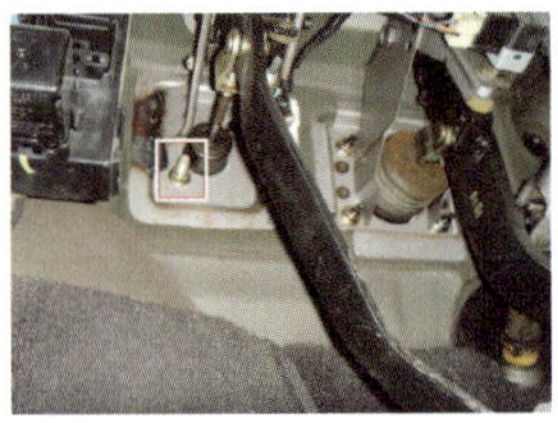

[그림 12] 고정너트 탈거

③ 리저브 탱크에 있는 오일을 주사기 등을 이용하여 배출한다.
④ 엔진룸에서 운전석 쪽에 보면 마스터 실린더의 고정 너트를 탈거한다.
⑤ 마스터 실린더 유압호스를 플레어 너트 렌치로 탈거한다. 오일이 누유 되므로 걸레 등으로 오일이 흐르지 않게 한다. 작업 시 주의사항은 클러치 오일(브레이크 오일)이 독성이 강하므로 피부에 닿지 않도록 주의해야 한다. 차량 도색 면에 닿으면 도색이 벗겨질 정도이다.
⑥ 신품 마스터 실린더를 교체할 때 구품 푸시로드 길이와 비교하여 길이가 틀리면 고정너트를 풀고 길이를 조정하고 고정너트를 조인 후 탈거의 역순으로 조립하고 클러치 오일을 리저브 탱크에 보충하고 에어빼기를 한다. 클러치 간극은 페달을

완전히 밟은 상태에서 2cm~3cm정도 놓으면 차량이 서서히 출발해야하며 5cm범위 안에서는 완벽하게 물려 회전되어야 한다. 5cm~7cm정도는 페달의 자유간극으로 보면 된다.

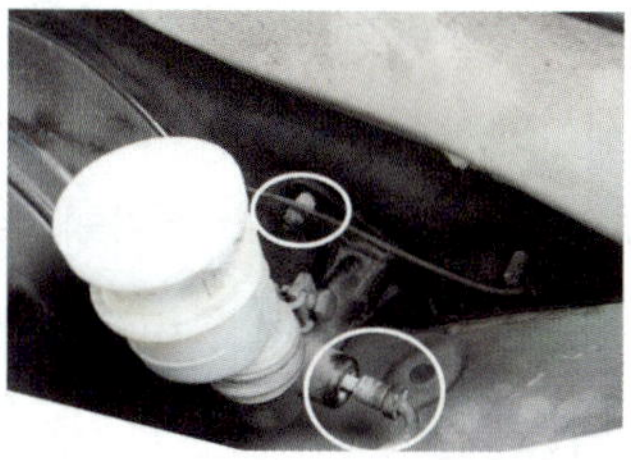

[그림 13] **고정너트 및 유압호스 탈거**

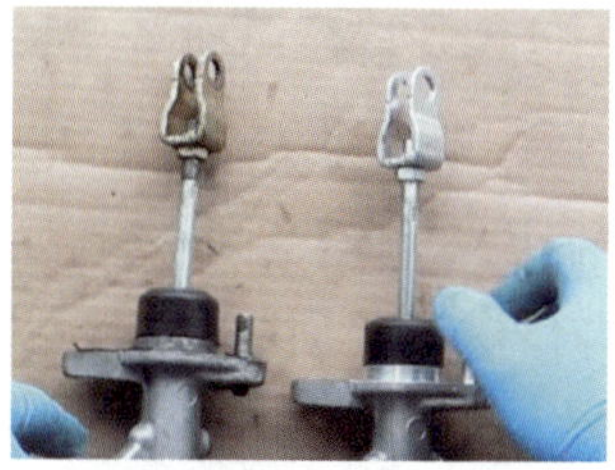

[그림 14] **푸시로드 조정**

1.3. 클러치 에어빼기

① 공기빼기 작업을 위해 클러치 릴리스실린더의 에어브리더 스크루에 공구를 끼운 후 클러치 액이 외부로 튀는 것을 방지하기 위하여 투명 호스를 끼고 한쪽 끝은 용기에 담는다.

[그림 15] **에어브리더 스크류**

[그림 16] **공구설치 및 투명호스설치**

[그림 17] **용기설치**

② 클러치 마스터실린더 리저브 탱크 캡을 열어 클러치 액을 채운다.

③ 차량을 들어 올린 후 1명은 운전석에 앉아 클러치 페달을 여러 번 나누어 밟아 잔압이 형성되도록 한 후 클러치를 밟은 상태에서 차량 아래쪽 사람에게 신호를 준다.

④ 신호를 받은 차량 아래쪽 사람은 클러치 릴리스 실린더 에어브리더 스크루를 돌려 공기를 배출하고 잠근 후 운전석 사람에게 신호를 준다. 계통내의 공기가 모두 빠지고 클러치 액만 나올때 까지 ②번부터 ④번 항목을 수차례 반복한다.

⑤ 공기빼기가 완료되면 에어빼기 투명호스를 제거하고 에어브리더 스크루를 고정한 다음 유압계통에 오일누출 유무를 점검한다.

⑥ 클러치 마스터 실린더 리저브 탱크에 규정의 오일 량으로 보충한다.

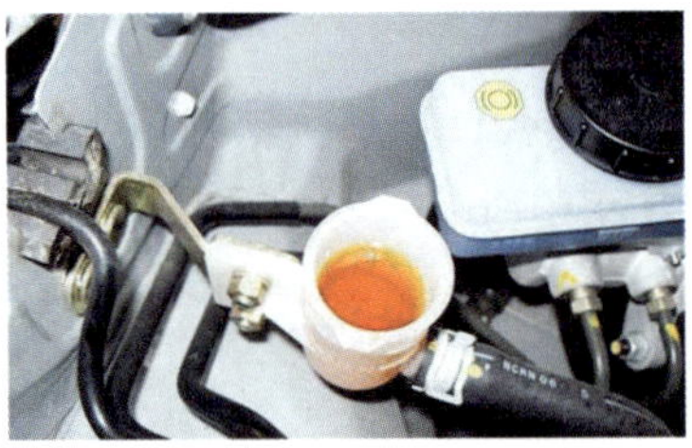

[그림 18] **클러치 액 보충**

[그림 19] **클러치 페달 밟아주기**

1.4. 클러치 페달 탈·부착

[1] 탈거

① 클러치 이그니션 로크 스위치를 분리한다.

[그림 20] **이그니션 로크 스위치**

② 클러치 릴리스 실린더 푸시로드를 페달에서 분리한다.

③ 클러치 페달 장착너트를 풀고 클러치 페달을 탈거한다.

[그림 21] **클러치 페달 구성부품**

[2] 점검

① 페달 축 부싱과 패드의 손상 및 마멸 등에 대하여 점검하고 이상이 있으면 교환한다.

② 페달의 휨과 비틀림에 대하여 점검하고 결함이 있으면 수정하거나 교환한다.

③ 리턴 스프링의 변형 및 손상에 대하여 점검하고 이상이 있으면 교환한다.

[3] 부착

① 그리스를 페달 축, 부싱의 안쪽과 바깥쪽 면, 클레비스 핌과 스플리트 핀에 바른 후 분해의 반대 순서로 조립한다.

② 클러치 페달 축 고정너트를 규정 토크로 조인다.

③ 클러치 페달의 높이와 자유간극을 조정한다.

02 수동변속기 관련 부품 교환

2.1. 수동변속기 오일 교환

변속기 오일이 부족하거나 오일이 변질되면 기어변속기 잘 안되고 기어가 뻑뻑하게 들어가고 급가속시 기어 울림이 심하게 발생한다.

① 리프트로 차량을 진입 시킨다.

② 리프트로 차량을 상승시키기 전 차체 손상 방지를 위해 리프트 고무 받침대를 받힌다.

[그림 22] **차량진입**

[그림 23] **고무 받침대 설치**

③ 리프트로 차량을 작업이 편할 정도로 상승시킨다.

[그림 24] **리프트 상승**

④ 차량을 상승시킨 후 하부 언더커버 및 옆쪽 사이드 커버를 탈거한다.

[그림 25] **언더커버 및 사이드 커버 탈거**

⑤ 변속기 오일을 받을 오일 회수통을 설치한다.

[그림 26] **오일 회수통 설치**

⑥ 변속기 오일 주입구 볼트를 풀어준다. 오일 주입구를 풀어주어야 오일배출이 잘 된다.

⑦ 변속기 오일 교환 드레인 볼트를 탈거한다.

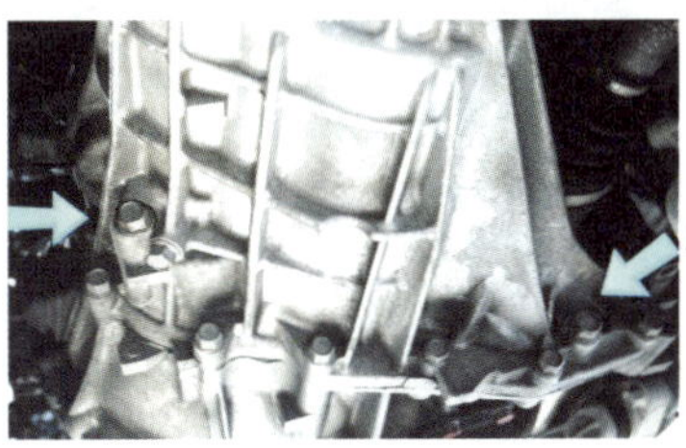

[그림 27] **오일 주입구 볼트 및 오일 드레인 볼트**

⑧ 오일 배출시 뜨거운 오일로 인한 화상에 조심해야 하고, 오일이 신체에 묻지 않도록 조심해야 한다.

⑨ 오일배출이 끝나면 신품 드레인 볼트와 와셔를 규정토크로 장착한다.

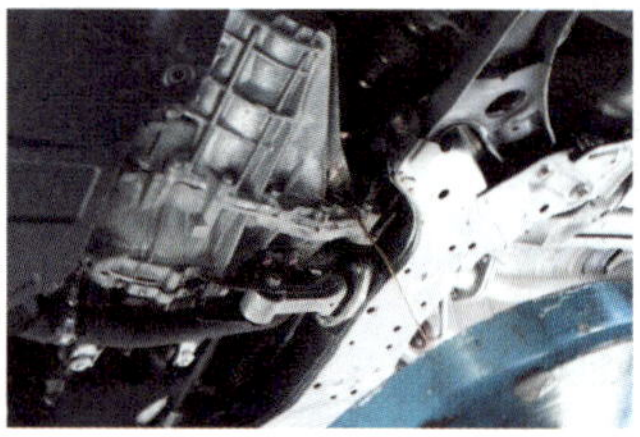
[그림 28] 변속기 오일 배출

[그림 29] 드레인 볼트 장착

⑩ 신품 오일을 오일 주입구로 차량의 정비지침서를 참고로 하고, 오일 주입구에서 흘러넘칠 때 까지 천천히 주입한다.

⑪ 오일 주입 후 신품 주입구 볼트(레벨링 볼트)와 와셔를 규정토크로 장착한다.

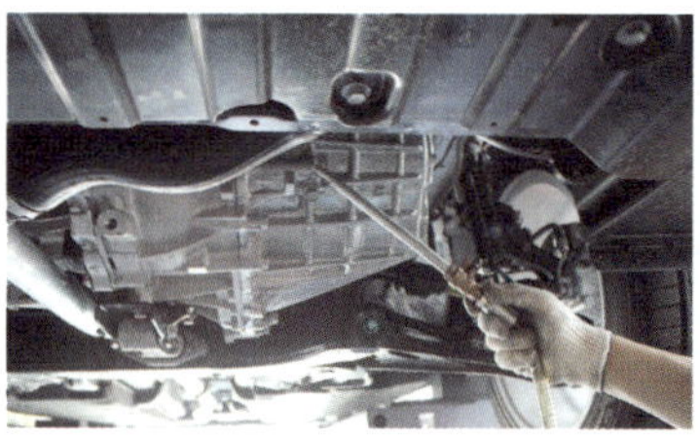
[그림 30] 오일 주입

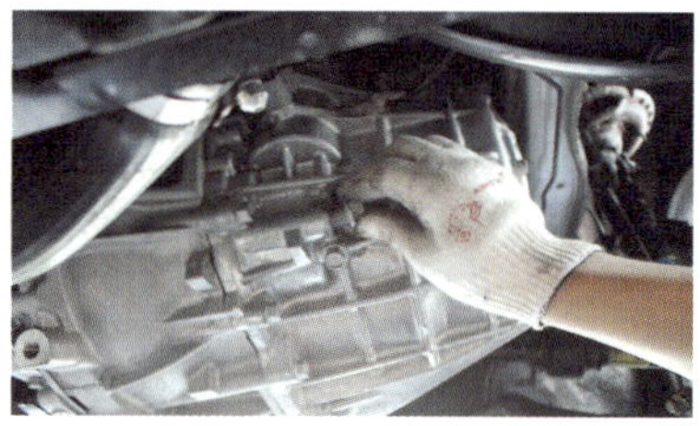
[그림 31] 주입구 볼트 장착

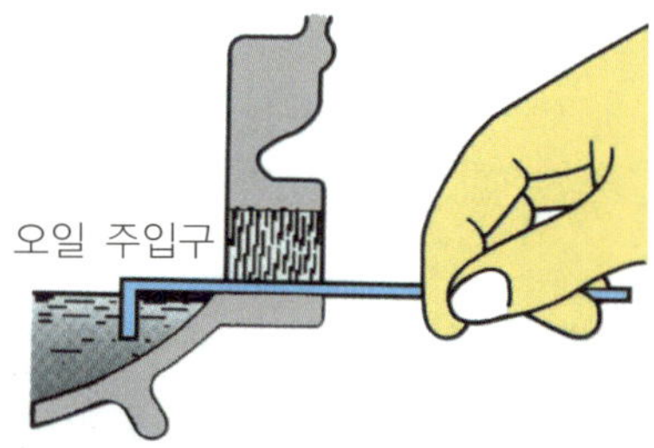

[그림 32] 변속기 오일 적정수준

⑫ 변속기 폐유를 받은 오일 회수통을 안전한 곳으로 이동 시킨다.

⑬ 하부 언더커버 및 옆쪽 사이드 커버를 장착한다.

⑭ 시동을 걸고 오일 누유상태를 점검한다.

⑮ 리프트를 하강 시킨 후 시운전을 해본다.

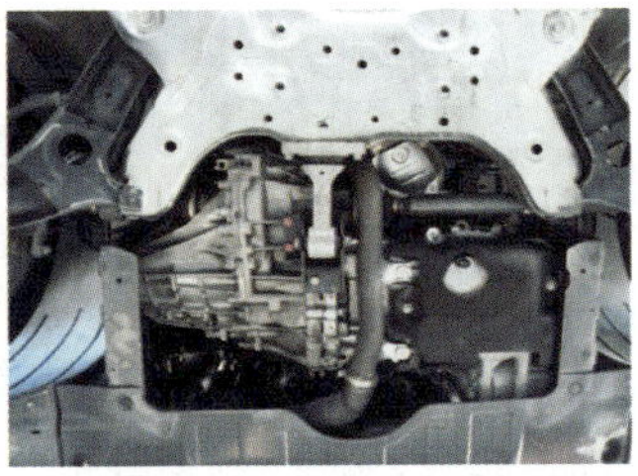

[그림 33] 오일 누유 확인

[그림 34] 리프트 하강

2.2. 차속센서 교환

어느 때에는 계기판 속도계가 시동 걸고 출발함과 동시에 잘 작동하다가, 또 어떤 때에는 출발 하여 한참을 주행하는 도중 "띵" 하는 차임벨 음과 함께 작동하기 시작하기도 하고, 또 며칠 동안 전혀 작동하지 않는 경우도 있다. 엔진제어 컴퓨터에 차량 속도신호가 입력되지 않으면 최적제어를 하지 못하고 기본적인 데이터만 가지고 엔진이 동작하도록 하는데, 그래서 속도계가 동작하지 않는 때는 연비도 떨어지고, 회전수가 부조를 보이거나 아이들로 복귀하지 않는 현상을 보인다. 가속 시 충격이 크고 울컥거리는 현상이 심하게 나온다.

① 기어 박스의 센서 주변을 청소한다.
② 잠금장치를 꽉 쥐고 커넥터를 탈거한다.

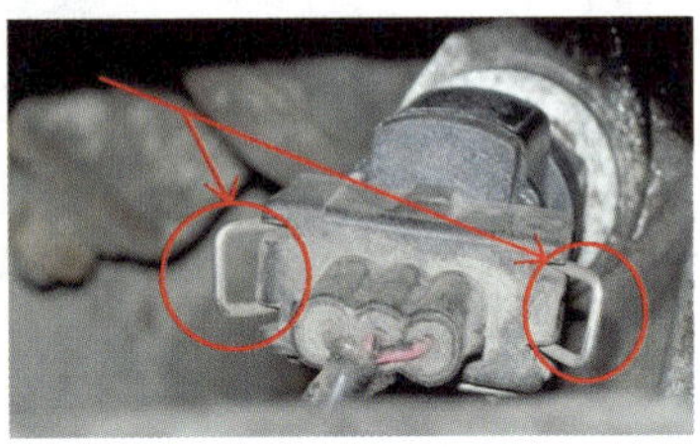

[그림 35] 잠금장치

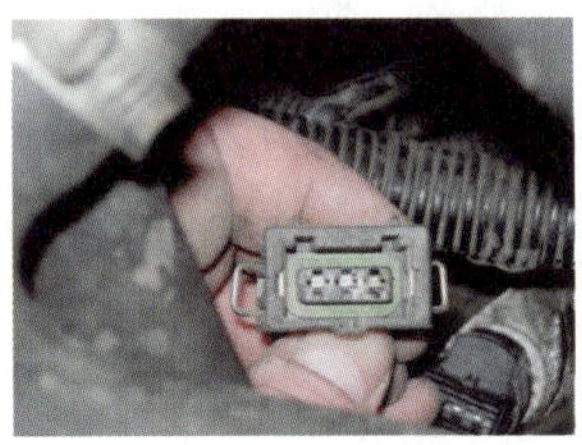

[그림 36] 커넥터 탈거

③ 센서를 시계 반대 방향으로 돌려 나사를 탈거한다.
④ 드라이브에 고장이 있으면 드라이브를 탈거한다. 10㎜볼트를 탈거하고, 드라이브를 조심스럽게 탈거하고 변속기 안에 이물질이 들어가지 않도록 주의한다.

[그림 37] 센서 탈거

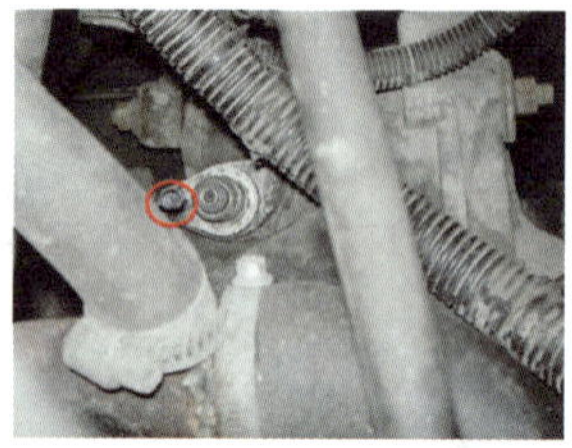

[그림 38] 드라이브 고정 볼트

⑤ 신품 드라이브를 조립한다. 드라이브가 확실히 조립 되었나 확인하고 10㎜볼트를 조립해야 한다. 조립이 안 된 상태이거나 너무 세게 10㎜볼트를 조이면 드라이브가 부러지는 경우가 생긴다. 신품 속도 센서를 시계 방향으로 돌려서 조립한다. 커넥터를 연결하고 주행 테스트를 실시한다.

2.3. 후진등 스위치 교환

후진등 스위치 고장 시는 후진 시 후진등이 들어오지 않거나, 후진등이 상시 점등되며, 후방카메라 설치 차량은 후방 카메라가 미 작동 또는 계속 작동을 한다.

① 차량을 리프트에 진입시키고 리프트로 차량을 상승 시킨다.

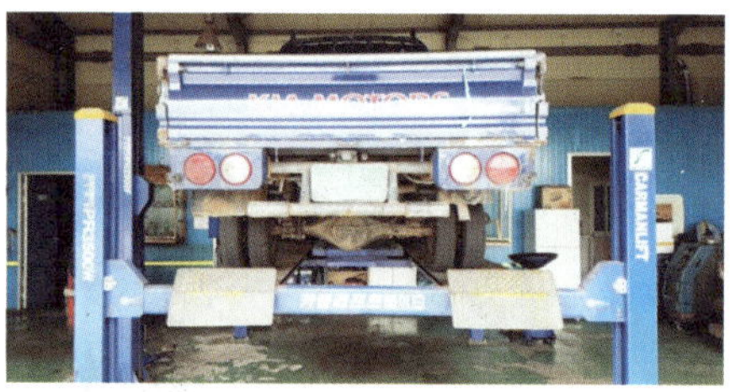

[그림 39] 차량 상승

[그림 40] 후진등 스위치 설치위치

② 후진등 스위치 교환 시 커넥터의 버튼을 눌러 커넥터를 탈거한다.

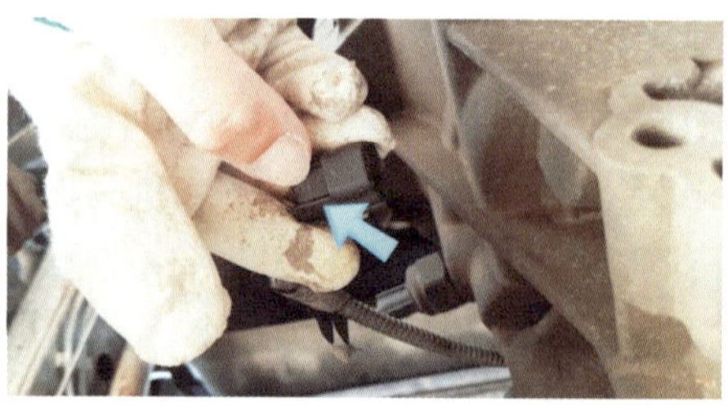

[그림 41] 커넥터 탈거

③ 후진등 스위치 크기에 맞는 스패너를 이용하여 후진등 스위치를 시계 반대 방향으로 탈거한다.

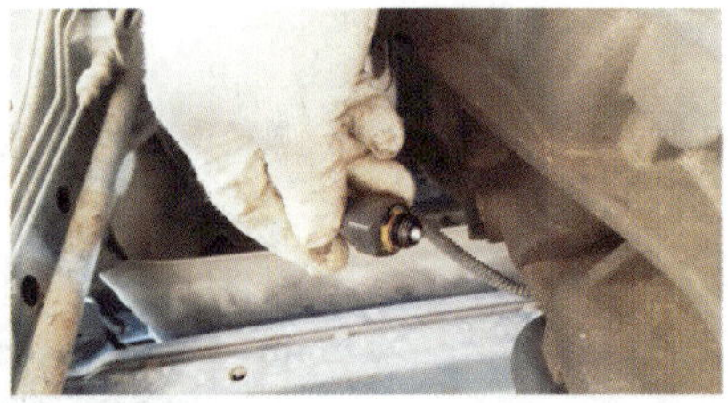

[그림 42] **후진등 스위치 탈거**

④ 신품 후진등 스위치를 손으로 가조립 하고 스패너를 이용하여 시계방향으로 규정토크로 장착한다.

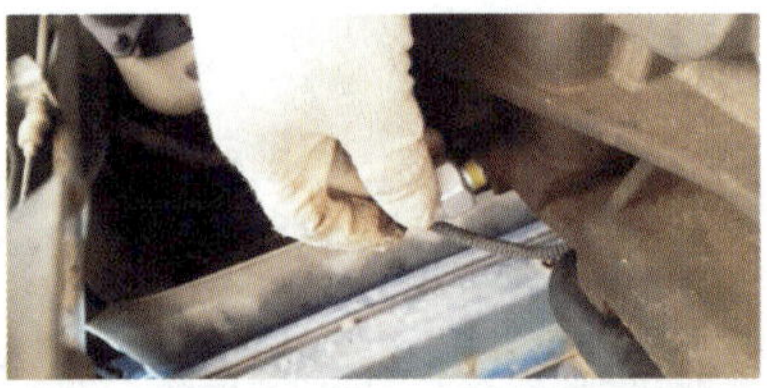

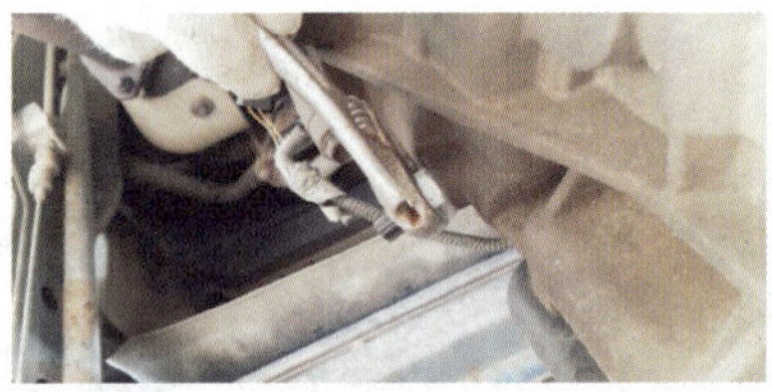

[그림 43] **신품 후진등 스위치 장착**

⑤ 탈거했던 커넥터를 딸깍 소리가 날 때 까지 장착한다.

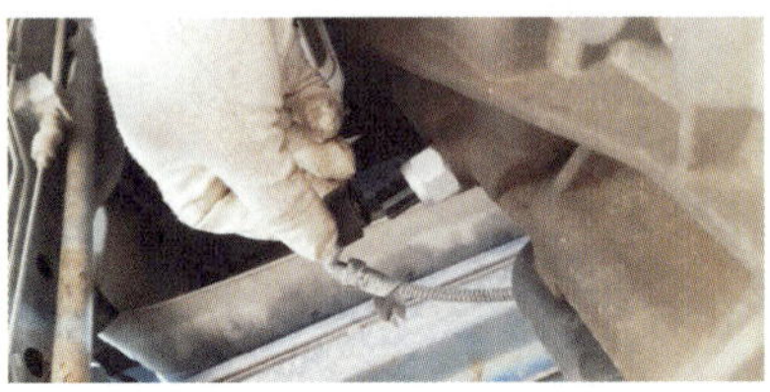

[그림 44] **커넥터 장착**

⑥ 후진등 스위치 작동상태를 점검한다.
⑦ 리프트를 하강시킨다.

2.4. 수동변속기 변속레버 어셈블리 및 변속 컨트롤 케이블 탈·부착

2.4.1. 탈거

① 기어봉 주변 커버를 손으로 당기면서 탈거한다.

[그림 45] 커버 탈거

② 헤라를 이용해 어퍼컨솔을 들어준다.

③ 기어봉 가죽부츠를 들어 올려준다.

[그림 46] 어퍼컨솔박스 탈거

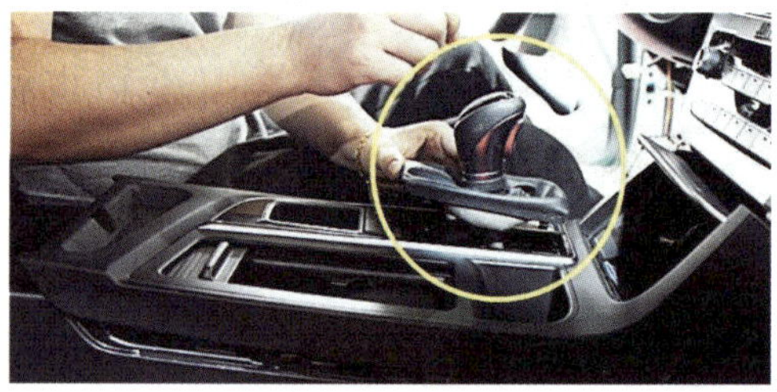

[그림 47] 가죽부츠 들어올리기

④ 변속기 기어 상태는 중립 상태에서 기어봉 버튼을 누른 상태에서 힘껏 위로 탈거한다.

⑤ 어퍼컨솔 안쪽에 있는 커넥터를 분리 후 완전히 탈거한다.

[그림 48] 기어봉 탈거

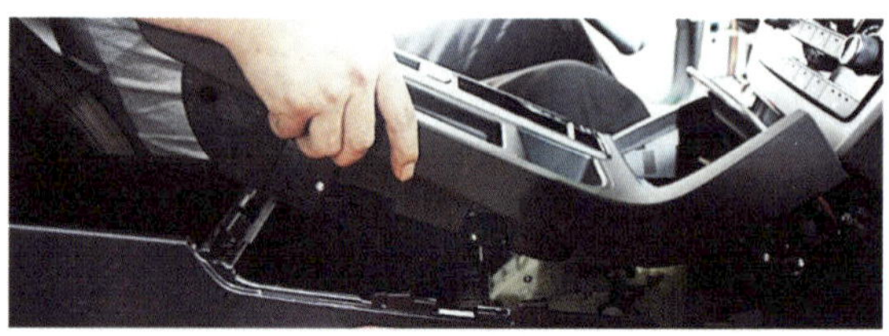

[그림 49] 어퍼컨솔 탈거

⑥ 컨솔박스 안쪽에 10㎜ 볼트 2개를 탈거한다.
⑦ 스플리트 핀과 클립을 탈거한다.

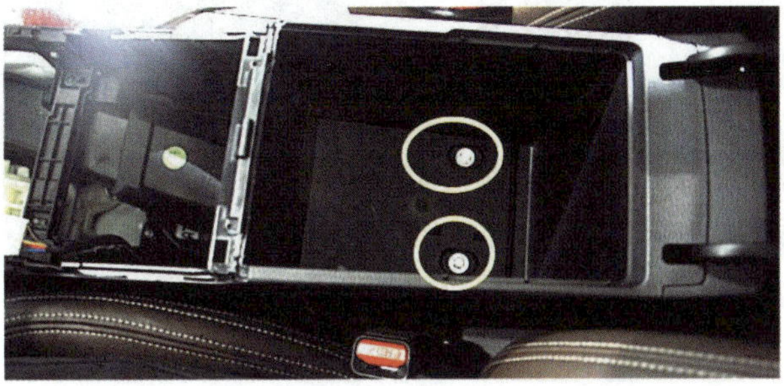

[그림 50] **볼트 탈거**

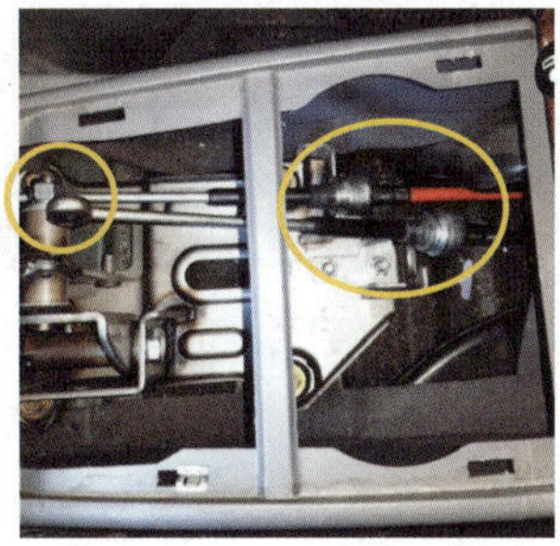

[그림 51] **스플리트 핀과 클립 탈거**

⑧ 피스 2개와 커넥터를 탈거한다.
⑨ 시트를 앞쪽으로 밀어서 뒤쪽 피스 1개를 탈거한다. 조수석도 시트를 앞쪽으로 밀려 있는 상태에서 피스 1개를 탈거한다.
⑩ 뒤쪽 컨솔박스를 탈거한다.
⑪ 피스 1개를 탈거한다.
⑫ 앞쪽 컨솔박스를 탈거한다. 앞쪽 컨솔박스는 핀 타입이기 때문에 뒷좌석으로 힘껏 당기면서 들어준다.

[그림 52] **피스 및 커넥터 탈거**

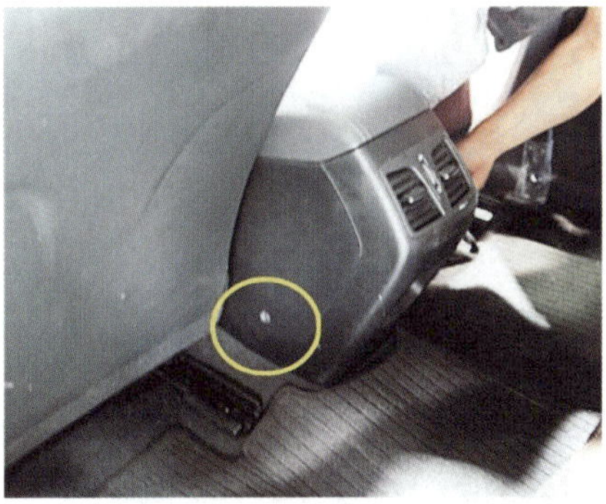

[그림 53] **뒤쪽 피스 탈거**

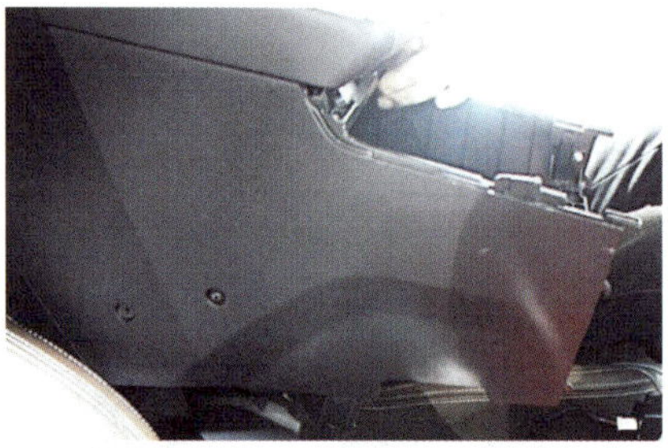

[그림 54] 뒤쪽 컨솔박스 탈거

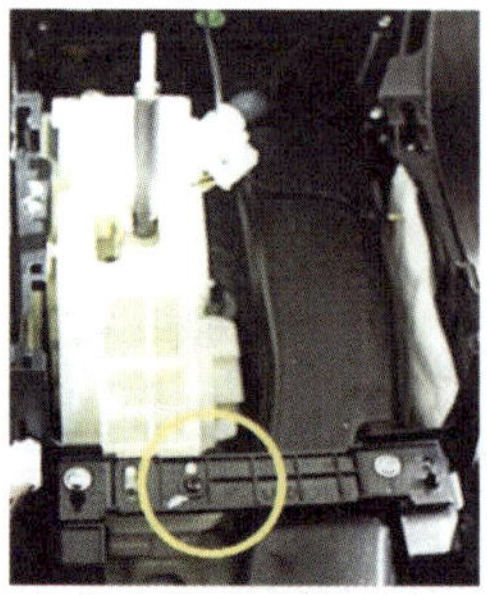

[그림 55] 피스 탈거

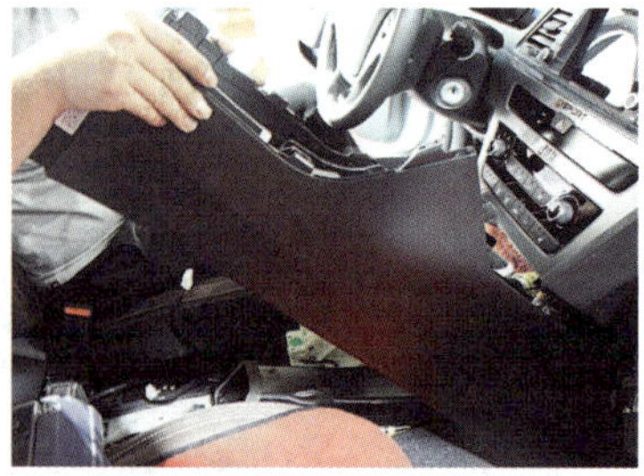

[그림 56] 앞쪽 컨솔박스 탈거

⑬ 에어컨 통풍구 옆쪽에 10㎜ 볼트를 탈거한다.

⑭ 12㎜ 볼트 4개를 탈거한다.

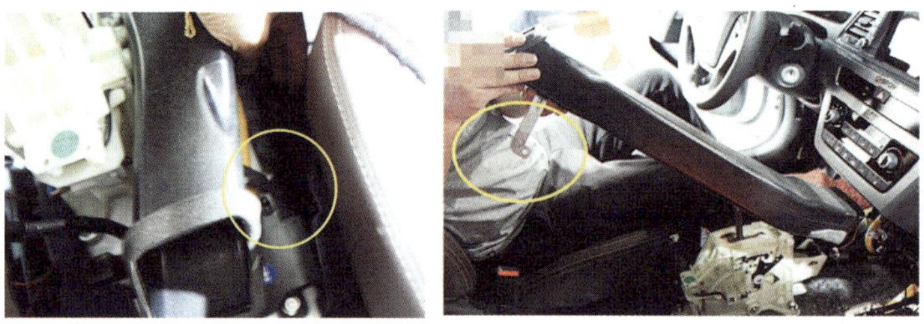

[그림 57] 에어컨 통풍구 옆쪽 볼트 탈거

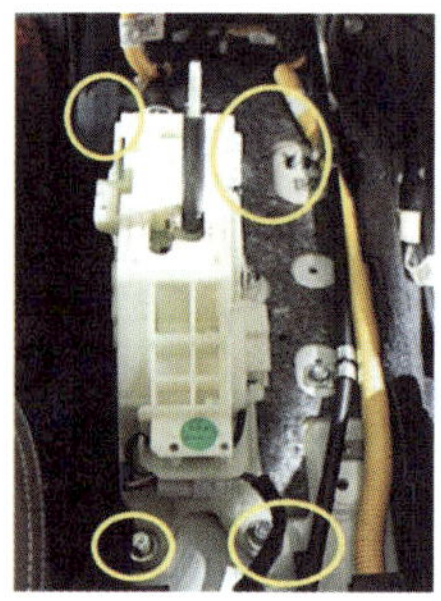

[그림 58] 볼트 4개 탈거

⑮ 변속 레버 어셈블리를 분리한다.

⑯ 리테이너와 볼트를 탈거한다.

⑰ 트랜스액슬 축에서 변속케이블과 셀렉트 케이블의 스플리트 핀과 클립을 빼낸다.

[그림 59] 리테이너와 볼트 탈거

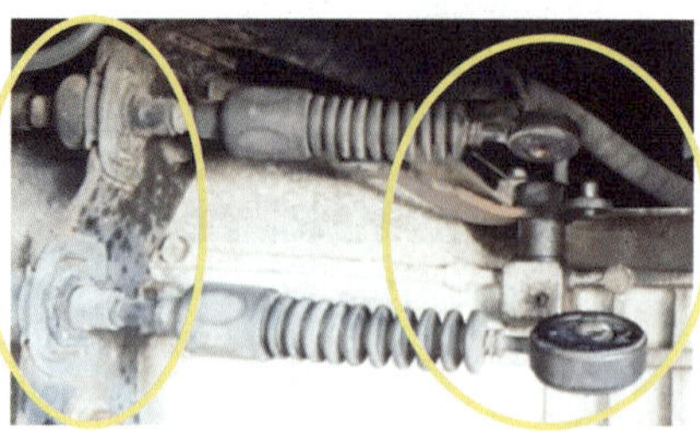

[그림 60] 스플리트 핀과 클립 탈거

⑱ 변속(shift) 케이블과 셀렉트(select) 케이블을 탈거한다.

[그림 61] 케이블 탈거

2.4.2. 검사

① 셀렉트 케이블의 작동상태와 손상을 점검한다.
② 변속 케이블의 작동상태와 손상을 점검한다.
③ 부트의 손상을 점검한다.
④ 부싱의 마모, 손상을 점검한다.
⑤ 스프링의 약화와 손상을 점검한다.

2.4.3. 장착

① 변속레버 어셈블리를 장착한다.
② 변속레버는 셀렉트 케이블 엔드부위와 부싱이 플랜지축과 레버단면에 닿도록 확실하게 장착하여야 한다.
③ 기어봉 조립시에는 기어봉을 잡은 상태에서 좌우로 살짝 살짝 흔들면서 넣어주면 어느 정도 들어갔을 때 홈에 걸리는 느낌이 들면서 좌우로 움직이는게 틀린 느낌이 들게 된다. 그 상태가 되면 한손으로 기어봉을 감싸고 다른 손으로 기어봉을 감싼 손을 딱 소리가 나게 기어봉을 꽂아준다.

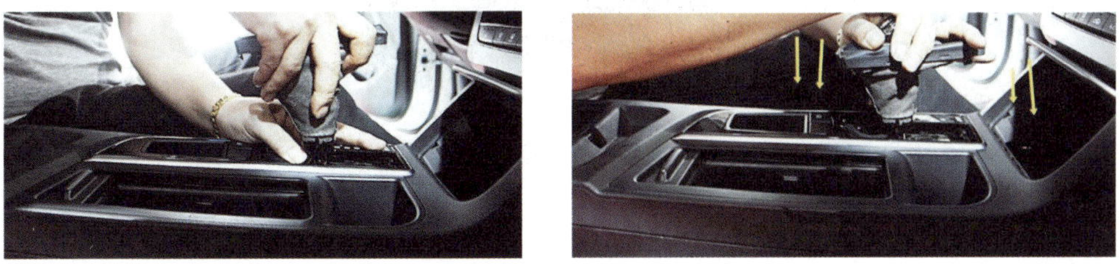

[그림 62] 기어봉 조립

④ 변속레버를 중립위치에 놓은 다음 케이블을 탈거의 역순으로 장착한다.
⑤ 베어링과 하우징 및 각종 연결부위에 다목적 그리스를 충분히 바른다.

03 변속기 탈부착 및 클러치 커버와 디스크 교환

클러치 디스크가 마모되었거나 과격한 조작으로 태워먹었을 때 나타나는 증상으로, 초기에는 시동을 걸고 기어가 들어간 상태에서 클러치 페달이 거의 다 올라올 때 쯤에 돼서야 차가 움직이려 하거나 동력이 전달되어 떨리기 시작한다. 좀 더 마모가 진행되면, 시동상태에서 기어 중립에서 클러치 페달을 놓으면 지이익 하는 소음이 난다. 그리고 소음의 크기와는 다르게 작은 미세한 떨림이 온다. 중립에서 악셀을 밟으면 그 떨림과 소음이 더 커지거나, 오히려 언제 그랬냐는듯 소음과 진동이 사라진다. 디스크가 얇아지는 만큼 유격이 늘어나게 되고, 접촉이 불완전해지면서 생기는 현상이다. 때문에, 불규칙 마모가 아니라면 클러치 페달을 밟았을 때 소음 진동이 사라진다. 마모가 더욱 진행되면, 주행할 때 평상시보다 같은 속도에서 RPM이 더 높게 나오거나 흔히 밟아도 차가 잘 안 나가는 상황이 발생한다.

3.1. 후륜 수동변속기

① 차량을 리프트에 진입 시킨 후 작업하기 편안한 높이로 상승시킨다.

② 배터리 (-) 단자를 탈거한다.

[그림 63] 배터리 (-) 단자 탈거

③ 변속기 오일 회수통을 준비한다.

④ 디퍼런셜 박스(종감속기어)를 4주식 리프트는 리프트 잭으로 뒤 타이어가 들릴 정도로 상승시킨다.

⑤ 사이드 커버 고정 볼트를 탈거하고 사이드 커버를 탈거한다.

[그림 64] 디퍼런셜 박스 상승

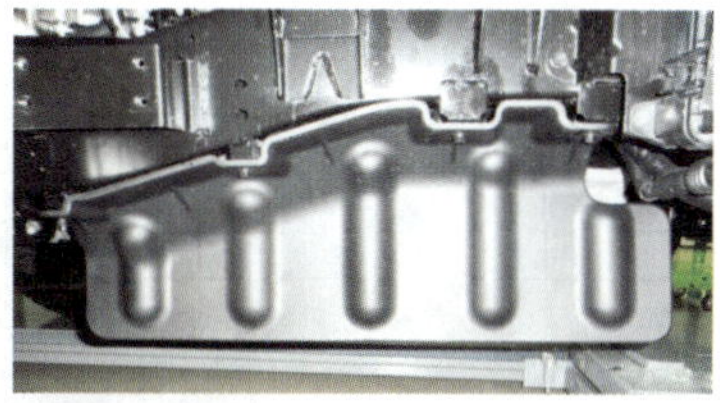
[그림 65] 사이드 커버 탈거

⑥ 변속기 오일 주입 볼트를 탈거한다.

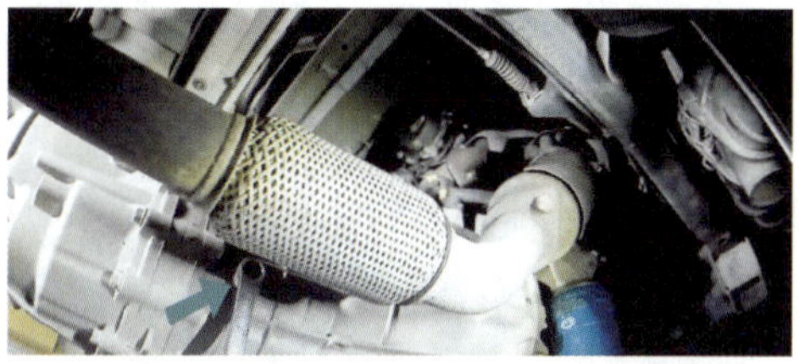
[그림 66] 오일 주입 볼트 탈거

⑦ 변속기 오일 배출 볼트를 탈거하고 변속기 오일을 모두 배출한다.

[그림 67] 오일 배출 볼트 탈거

[그림 68] 오일 배출

⑧ 변속기 오일 배출 볼트를 규정토크로 장착한다.

[그림 69] 오일 배출 볼트 장착

⑨ 프로펠러 샤프트(추진축)와 디퍼런셜 플랜지에 탈거 전 표시를 한다. 조립 시에는 표시 방향으로 맞춰서 조립한다.

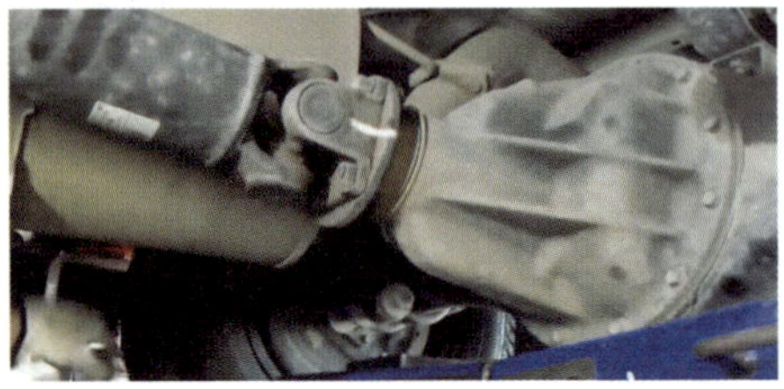

[그림 70] **프로펠러 샤프트와 플랜지에 표시**

⑩ 프로펠러 샤프트 고정 볼트와 너트 4개를 풀은 뒤, 추진축 변속기 쪽은 슬립이음으로 되어 있기 때문에 뒤로 잡아당겨서 디퍼런셜 박스에서 프로펠러 샤프트를 탈거한다. 프로펠러 샤프트가 탈거된 변속기 출력 측에 이물질이 들어가지 않도록 헝겊 등으로 막는다.

[그림 71] **추진축 볼트 및 너트 탈거**

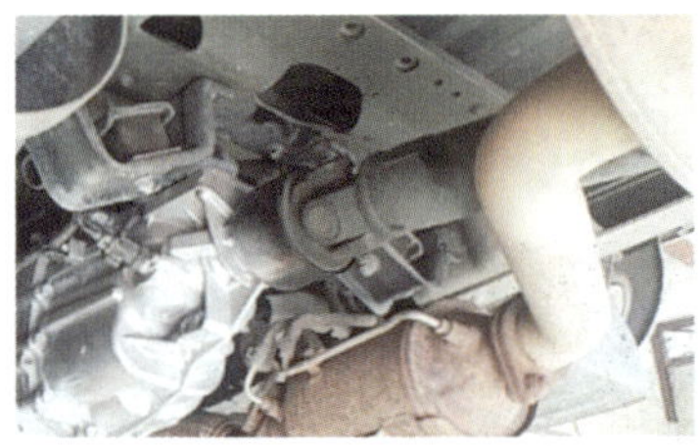

[그림 72] **변속기 측 추진축 설치상태**

⑪ 클러치 오페라 실린더(릴리스 실린더) 고정 볼트를 탈거하여 오페라 실린더를 탈거한다. 이때 플랙시블 호스는 탈거하지 않고 작업에 지장이 되지 않는 곳에 놓아둔다. 오페라 실린더 탈거 시 푸시로드 빠짐에 주의한다.

(a) 고정 볼트 탈거

(b) 탈거된 상태

[그림 73] **오페라 실린더 탈거**

⑫ 변속기 셀렉터 케이블 핀 및 와셔를 탈거한다. 핀 및 와셔분실하지 않도록 한다.

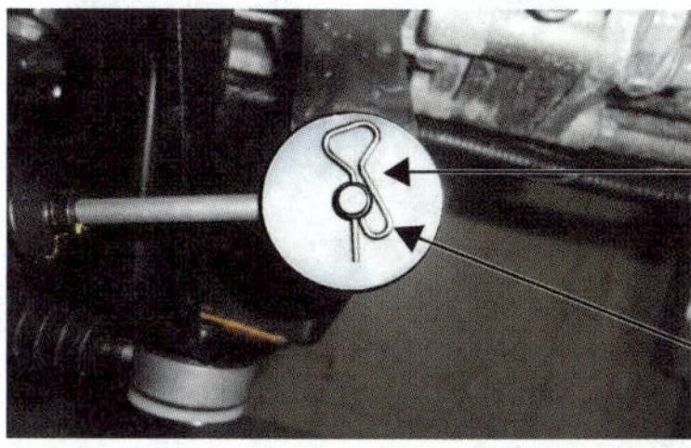

[그림 74] **셀렉터 케이블 핀, 와셔 탈거**

[그림 75] **시프트 케이블 핀, 와셔 탈거**

⑬ 변속기 시프트 케이블 핀 및 와셔를 탈거한다. 핀 및 와셔분실하지 않도록 한다.
⑭ 변속기에 설치된 기어 케이블 브래킷 고정 볼트를 탈거한다.

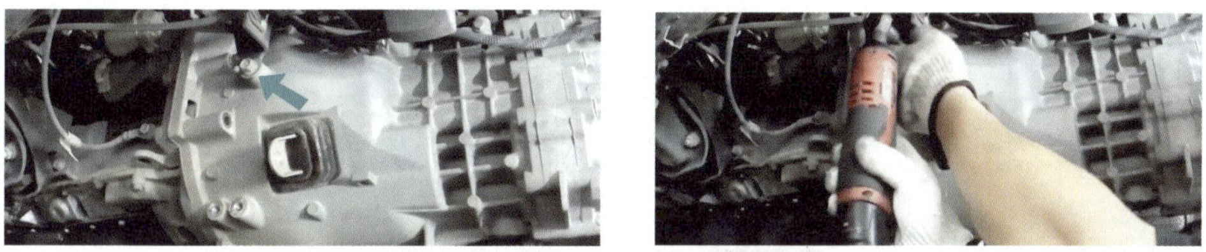

[그림 76] **케이블 브래킷 고정 볼트 탈거**

⑮ 변속기에 부착된 커넥터 및 배선들을 탈거하고 변속기 탈거 시 작업에 지장이 가지 않게 정리하여 둔다.

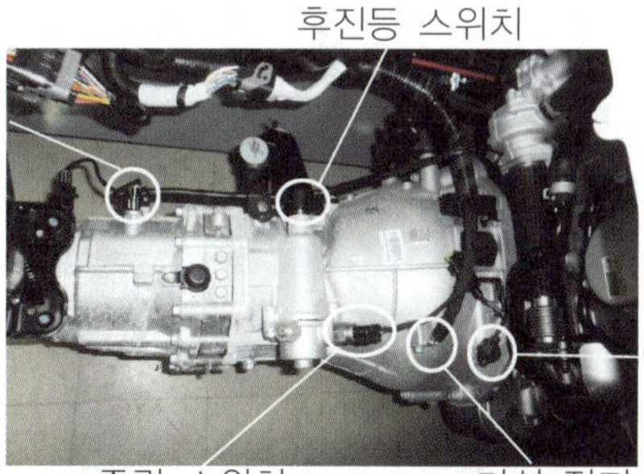

[그림 77] **커넥터 탈거**

⑯ 엔진과 변속기에 연결된 볼트를 모두 탈거한다.

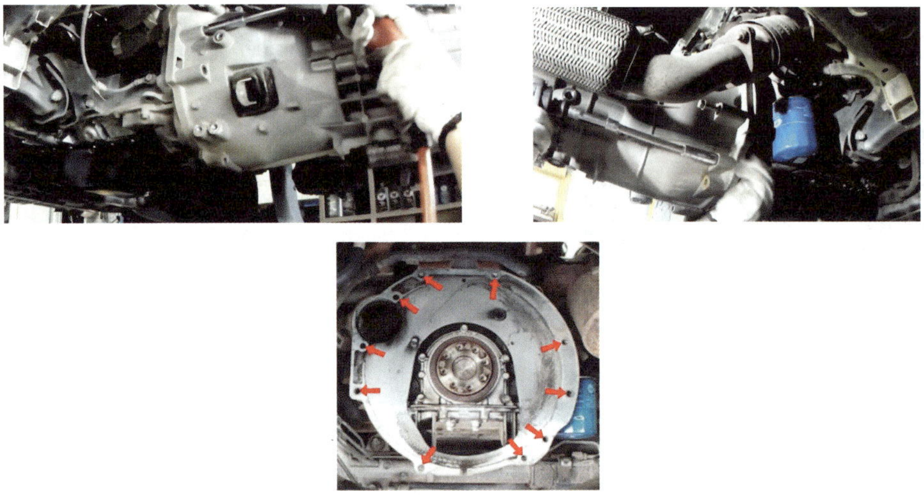

[그림 78] **엔진과 변속기 연결된 볼트 탈거**

⑰ 변속기 잭을 설치하여 변속기를 받힌다. 4주식 리프트는 리프트 잭으로 변속기를 받힌다.

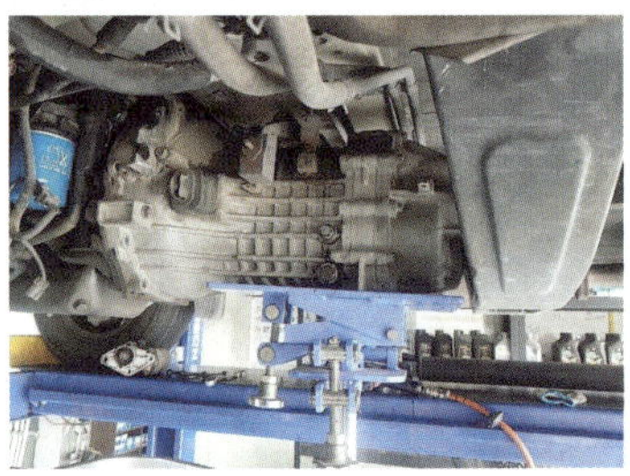

[그림 79] **변속기 잭 설치**

⑱ 변속기 마운트 브래킷 고정볼트 및 너트를 탈거한다.

(a) 고정 볼트 탈거 (b) 볼트 (c) 너트

[그림 80] **변속기 마운트 브래킷 고정 볼트 및 너트 탈거**

⑲ 변속기를 흔들면서 변속기를 엔진에서 탈거한 후, 변속기 잭을 내려 변속기를 작업장에 떨어지지 않게 안전한 곳에 둔다.

[그림 81] 변속기 탈거

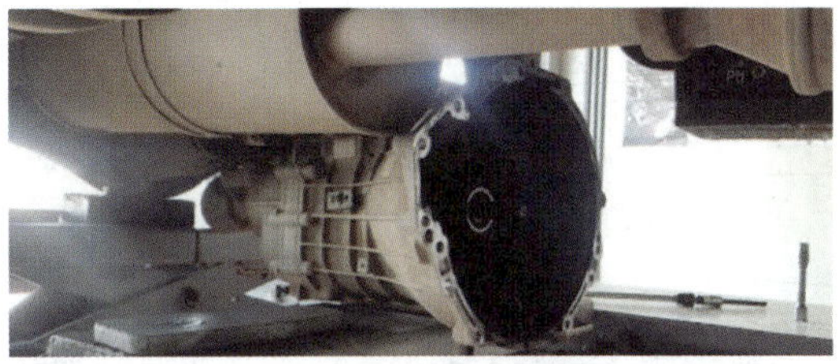
[그림 82] 변속기 탈거된 상태

⑳ 릴리스 포크 고정 핀을 당겨서 릴리스 포크를 입력 축에서 들어 올려 탈거하면서 릴리스 베어링을 탈거한다.

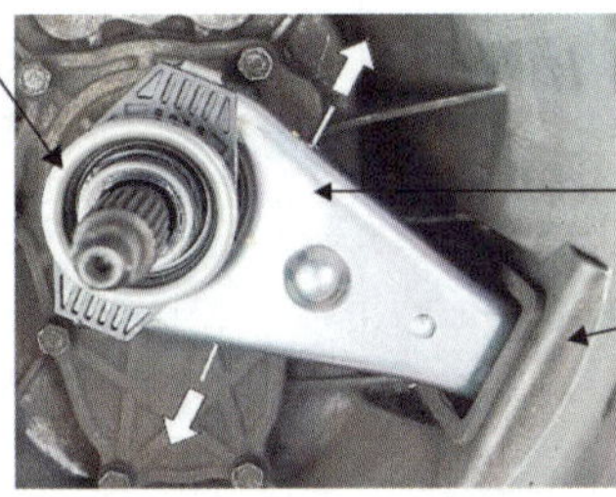

[그림 83] 릴리스 포크 및 릴리스 베어링

㉑ 특수공구를 사용하여 센터 스플라인에 집어넣어 클러치 디스크가 떨어지는 것을 방지한다. 클러치 커버 볼트를 탈거하고 클러치 커버와 디스크를 탈거한다. 클러치 커버와 디스크가 떨어트리지 않도록 하고, 탈거 시 디스크 가루가 작업복 안으로 들어가지 않도록 주의한다.

(a) 클러치 커버 탈거

(b) 탈거 순서

[그림 84] 클러치판 커버 볼트 탈거

㉒ 플라이휠 고정 볼트를 탈거하고 플라이휠을 탈거한다. 고정 볼트는 대각선 방향으로 풀고 플라이휠은 무겁기 때문에 탈거 시 고정 볼트 1개는 완전히 풀지 말고 손으로 풀 정도로 이완시킨 후 한손으로 플라이휠이 떨어지지 않도록 받치고 다른 한 손으로 고정 볼트를 탈거하고 떨어트리지 않도록 주의하며 탈거한다.

㉓ 크랭크축 리테이너 고정 볼트를 탈거 하고 리테이너를 탈거 한 후 신품 리테이너를 조립하고 플라이휠을 조립한다.

[그림 85] **플라이휠 탈거**

[그림 86] **크랭크축 리테이터**

㉔ 클러치 디스크와 클러치 커버를 다웰핀에 설치하고 디스크와 커버가 떨어지지 않게 손으로 볼트를 가체결 한다.

㉕ 특수공구를 사용하여 센터 스플라인에 집어넣어 클러치 디스크와 커버 센터를 잡고 볼트를 2~3회 나누어 대각선 방향으로 조인 후 규정토크로 조이고 특수공구를 탈거한다.

[그림 87] **디스크 및 클러치 커버 조립**

㉖ 변속기 안쪽을 깨끗하게 청소를 하고 신품 릴리스 포크 접촉면에 다목적 그리스를 과도하게 바르지 않도록 주의한다. 그리스가 과도하게 발라졌을 경우 클러치가 미끄러져 차량이 떨리게 된다.

㉗ 다목적 그리스를 신품 릴리스 베어링의 홈과 신품 클러치 릴리스 포크와 접촉되는 면에 바른다.

㉘ 소량의 그리스를 클러치 신품 디스크 스플라인에 바른다.

(a) 변속기 입력축 (b) 릴리스 베어링 (c) 릴리스 포크

[그림 88] 그리스 바르는 부위

㉙ 스러스트 베어링을 포크와 함께 장착한다. 간혹 포크볼에서 포크가 빠지는 경우가 있으니 장착 후 스러스트 베어링과 포크가 부드럽게 움직이나 확인한다.

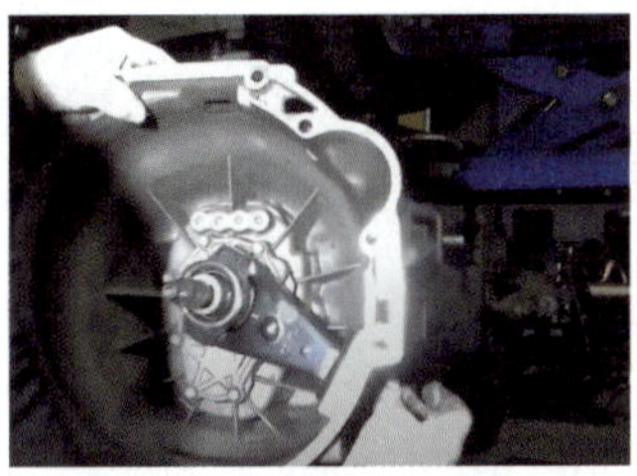

[그림 89] 작동상태 확인

㉚ 미션 잭(4주식 리프트는 리프트 잭)을 이용하여 엔진에 변속기를 장착한다. 변속기 입력축과 디스크 스플라인부가 맞지 않으면 변속기가 한 번에 장착이 되는 경우가 드물기 때문에 약간씩 흔들어 가며 밀어 넣으면서 장착을 한다.

㉛ 나머지 조립은 탈거의 역순으로 장착한다.

㉜ 변속기 조립이 완료되면 변속기 오일을 주입하고 주입 볼트를 장착한다.

㉝ 변속기 사이드 커버를 장착하고, 배터리 (-) 단자를 연결하고 시운전을 해본다.

3.2. 전륜 수동변속기

① 축전지 (-)단자, 에어클리너 및 호스, 후진 등 스위치 커넥터, 클러치 튜브 및 클립을 탈거한다.

[그림 90] 축전지 (-)단자 탈거

[그림 91] 에어클리너 탈거

② 클러치 릴리스 실린더, 속도계 케이블, 선택 케이블 및 변속케이블을 탈거한다.

[그림 92] 클러치 릴리스 실린더 탈거

[그림 93] 선택 케이블 및 변속케이블 탈거

③ 기동전동기 마운팅 볼트를 푼 다음 특수공구를 사용하여 엔진을 지지한다.

[그림 94] 특수공구로 엔진지지

④ 트랜스액슬 마운팅 브래킷 및 인슐레이터를 떼어낸 후 자동차 들어 올리고 타이어를 탈거한다.
⑤ 드레인 플러그를 풀고 오일을 배출시킨 후 타이로드, 로워 암 볼 조인트 및 구동축을 탈거한다.
⑥ 기어박스 조인트 및 리턴 튜브 마운팅 볼트를 떼어낸 다음 앞 소음기, 보조 프레임 마운팅 볼트를 푼다.
⑦ 트랜스액슬 앞·뒤 마운팅 브래킷, 트랜스액슬 사이드 마운팅 브래킷을 탈거한다.

⑧ 트랜스액슬을 잭으로 지지하여 탈거한다.

[그림 95] 잭으로 트랜스액슬지지

⑨ 특수공구를 사용하여 센터 스플라인에 집어넣어 클러치 디스크가 떨어지는 것을 방지한다.

⑩ 클러치 커버와 플라이휠을 체결하는 볼트를 순차적으로 푼다. 이 볼트를 풀 때 커버 플랜지가 휠 우려가 있으므로 한번에 1~2회 정도 푼다.

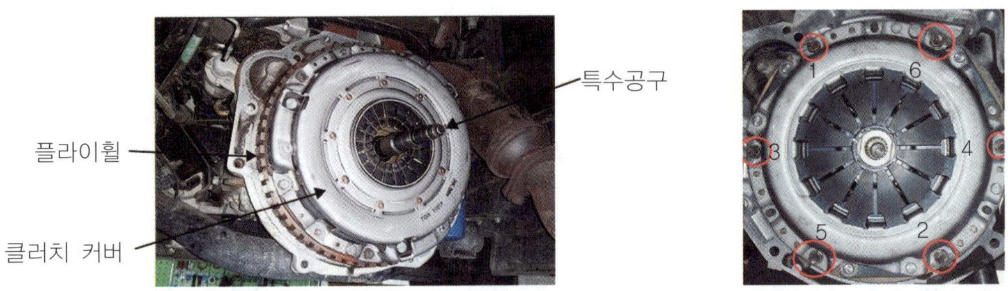

(a) 특수공구 설치 (b) 탈거 순서

[그림 96] 클러치 탈거

⑪ 릴리스 베어링과 리턴 클립을 탈거한다.

⑫ 클러치 릴리스 샤프트, 패킹, 리턴 스프링, 릴리스 포크를 탈거한다.

⑬ 플라이휠에 있는 3개의 다웰핀이 완전히 고정되어 있는지와 손상이 없는지를 점검한다.

[그림 97] **다웰 핀 점검**

⑭ 신품 릴리스 포크 접촉면에 다목적 그리스를 바른 다음 클러치 하우징 부위에 다목적 그리스를 바른다. 이때 (클러치를 장착할 때) 그리스를 각 부위에 발라야 하며 이 때 과도하게 바르지 않도록 주의한다. 그리스가 과도하게 발라졌을 경우 클러치가 미끄러져 차량이 떨리게 된다.

⑮ 다목적 그리스를 신품 릴리스 베어링의 홈과 신품 클러치 릴리스 포크와 접촉되는 릴리스 레버 면에 바른다.

⑯ 소량의 그리스를 클러치 신품 디스크 스플라인에 바른다.

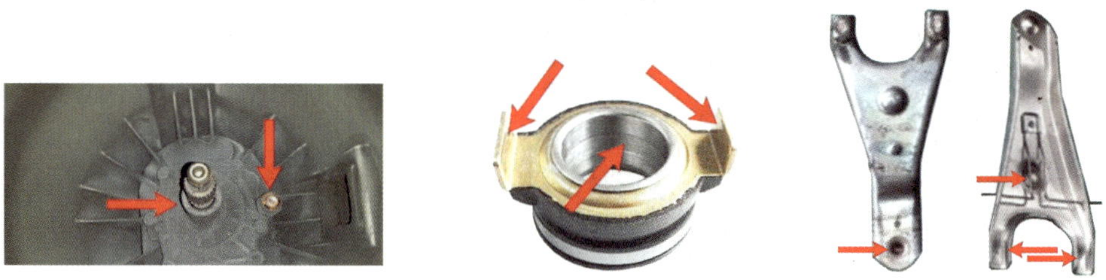

(a) 변속기 입력축　　(b) 릴리스 베어링　　(c) 릴리스 포크

[그림 98] **그리스 바르는 부위**

⑰ 특수공구(디스크 가이드)를 사용하여 센터 스플라인에 집어넣어 신품 클러치 디스크 어셈블리를 플라이휠에 장착한다. 클러치 디스크를 장착할 때 제작사의 각인된 쪽이 압력판 쪽을 향해야 한다.

⑱ 신품 클러치 커버 어셈블리를 장착하고 6개의 볼트를 탈거의 역순으로 장착한다.

⑲ 순차적으로 볼트를 2~3회 나누어 조이고 마지막으로 규정 토크로 조인다.

⑳ 변속기 지지공구를 떼어내고 변속기를 장착 후 클러치 자유유격을 조정한다.

㉑ 변속기 어셈블리 장착은 탈거의 역순으로 하며 트랜스액슬을 장착한 후 오일을 규정량으로 주입하고 각 변속 단 마다 이상이 없는 지 검사를 한다.

04 클러치 정비 및 점검

클러치 마스터 실린더 또는 클러치 릴리스 실린더에 오일이 누유가 되면 기어 변속이 불량하게 된다. 클러치 페달이 답력이 느껴지지 않게 힘없이 밟히는 경우도 클러치 마스터 실린더 또는 클러치 릴리스 실린더의 불량 증상으로 본다. 실린더의 내부 피스톤의 불량으로 오일의 누유가 없어도 이런 경우가 발생되기도 한다. 이럴 때는 클러치 페달을 반복적으로 밟다보면 정상으로 돌아오는 경우도 있다.

4.1. 클러치의 작동불량 원인

4.1.1. 클러치가 미끄러지는 원인

① 클러치 페달의 유격이 작다.
② 클러치판에 오일이 묻었다.
③ 클러치 스프링의 자유고가 감소거나 스프링의 장력이 작다.
④ 클러치 판 또는 압력판이 마멸되었다.

4.1.2. 클러치를 차단하고 공전시 또는 접속할 때 소음의 원인

① 릴리스 베어링이 마모되었다.
② 파일럿 베어링이 마모되었다.
③ 클러치 허브 스플라인이 마모되었다.

4.1.3. 클러치 차단이 불량한 원인

① 클러치 페달의 유격이 크다.
② 릴리스 포크가 마모되었다.
③ 릴리스 실린더 컵이 소손되었다.
④ 유압장치에 공기가 혼입되었다.

4.2. 클러치 릴리스 포크

베어링과의 접촉부위에 비정상적인 마모가 있으면 릴리스 포크를 교환한다.

4.3. 클러치 점검 및 조정

4.3.1. 클러치 페달 높이 점검

① 차실 내의 바닥에서 카페트를 들어낸다.

② 클러치 페달에 힘을 가하지 아니한 상태에서 곧은자를 밑판(토우 보드)과 클러치 페달의 패드 윗면에 직각이 되도록 설치하여 높이를 측정한다.

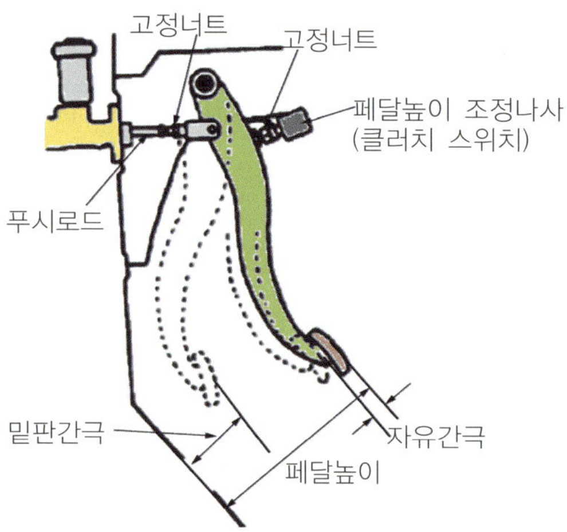

[그림 99] **클러치 페달 간극**

[그림 100] **클러치 페달 높이**

4.3.2. 클러치 페달 자유간극 점검

곧은자를 페달 움직이는 방향으로 밑판(토우 보드)과 클러치 페달의 패드 윗면에 직각이 되도록 설치하고 클러치 페달 높이에 팬 등으로 페달 높이 표시를 하고 패드 쪽을 가볍게 누르면서 반작용의 저항을 느끼는 지점까지 눌러 움직인 거리를 표시하여 측정한다.

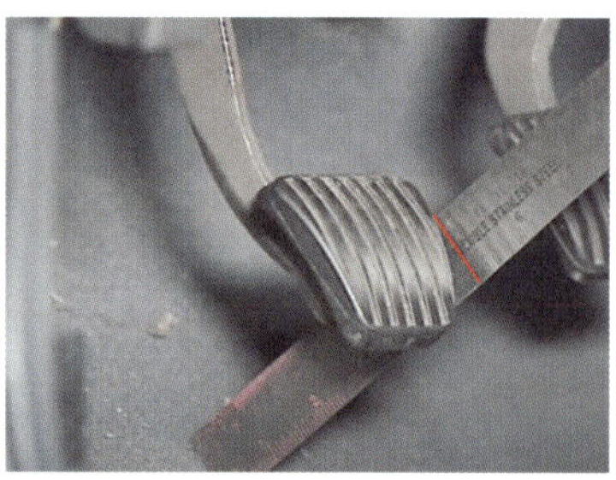

(a) 높이 표시

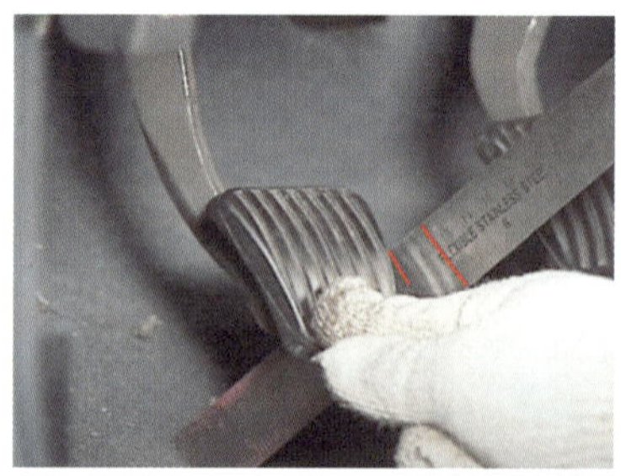

(b) 자유간극 판독

[그림 101] **클러치페달 자유간극 점검**

4.3.3. 페달 조정방법

클러치 페달 유격은 6~13㎜ 정도이고, 클러치 페달과 바닥과 거리(여유간극)는 40㎜ 정도이다.

[1] 페달 높이 조정

① 클러치 스위치가 부착된 차량은 클러치 스위치의 커넥터를 분리시킨 다음 밀판과 클러치 페달 상부까지의 거리인 클러치 페달의 높이를 측정하여 규정값을 벗어난 경우에는 고정너트를 풀고 클러치 스위치를 돌려 높이를 조정한다.

② 조정나사로 페달높이를 조절하는 경우에는 규정값을 벗어난 경우에는 고정너트를 풀고 조정나사를 돌려 높이를 조정한 후 고정너트를 조인다.

③ 페달 높이 조정을 마친 다음에 클러치 페달의 자유유격(페달 패드면에서 측정)을 측정하고 클러치 페달(페달패드면)과 바닥과의 거리를 클러치가 분리되었을 때 측정하여 규정치 내에 있는가를 확인한다.

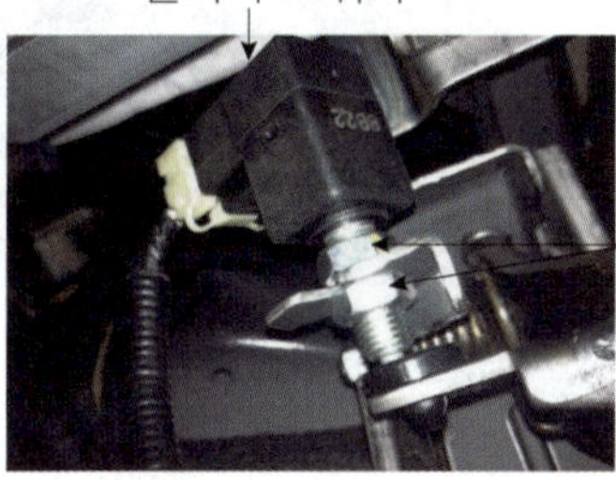

(a) 클러치 스위치 형식

(b) 고정너트 형식

[그림 102] **페달의 높이 조정**

[2] 클러치페달 자유간극(유격) 조정

[규정값]

차 종	규 정 값	차 종	규정값
아반떼	6㎜~13㎜	트라제XG	6㎜~13㎜
소나타 Ⅱ, Ⅲ	6㎜~13㎜	싼타페	6㎜~13㎜
EF소나타	6㎜~13㎜	테라칸	6㎜~13㎜
아반떼XD	6㎜~13㎜	라미타	6㎜~13㎜

(1) 기계식

케이블을 약간 당긴 상태에서 조정너트를 반 시계방향으로 돌리면 클러치 페달의 자유간극이 커지고, 시계방향으로 돌리면 자유간극이 작아진다.

(2) 유압식

고정너트를 풀고 푸시로드를 돌려 조정한 다음 고정너트를 조인다. 이때 푸시로드 길이를 길게 하면 유격이 작아지고 짧게 하면 커진다. 조정을 끝 낸 후 클러치 페달을 완전히 눌렀을 때 클러치 페달의 패드 면에서 밑판까지의 거리를 측정하여 규정값을 벗어난 경우에는 다시 조정하도록 한다. 이때 클러치 페달의 높이나 클러치 페달의 유격을 조정할 때 푸시로드가 마스터 실린더 쪽으로 밀리지 않도록 주의한다.

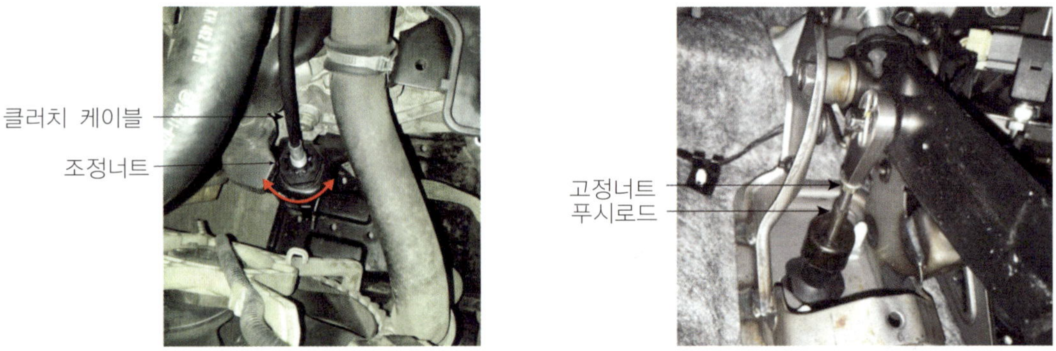

(a) 기계식　　　　(b) 유압식

[그림 103] 클러치 페달 유격 조정

(3) 밑판간극 조정

클러치 페달과 바닥과의 사이의 거리가 규정과 일치하지 않을 때는 유압계통에 공기가 유입되었거나 마스터 실린더 또는 클러치에 이상이 있는 것이므로 공기빼기작업을 실시하거나 실린더 또는 클러치를 분해하여 검사한다.

1. 주어진 차량에서 클러치 페달 유격 및 페달높이를 측정 및 점검하시오.

항 목	① 점검(또는 측정)		② 판정 및 정비(또는 조치)사항		득점
	측정값	규정(정비한계)값	판 정	정비 및 조치할 사항	
클러치페달 높이			□ 양호 □ 불량		
클러치페달 유격					
클러치페달 밑판간극					

4.3.4. 클러치 커버 및 디스크 점검

① 진공브러시 또는 마른걸레 등을 사용하여 클러치 하우징에서 먼지를 제거해야 하며 절대 압축공기는 사용해서는 안 된다. 엔진 리어베어링 오일실 또는 변속기 프런트 오일실에서 오일이 누설되지 않는가를 점검하여 누설이 있으면 그 즉시 수리해야 한다.

② 압력판의 마찰면은 전 디스크 접촉면이 균일해야 하며, 만일 한 부위가 심하게 접촉한 흔적이 있고 180° 떨어진 부위에 가볍게 접촉한 흔적이 있다면 압력판이 잘못 장착되었거나 끌리는 것이다.

③ 플라이휠의 마찰 면이 과도한 변색, 부분소손, 작은 균열, 깊은 흠집, 파임이 있는가를 확인한다.

④ 디스크를 취급할 때는 페이싱은 만지지 않고 작업해야 하며, 만일 그리스나 오일이 페이싱에 묻거나 리벳 헤드 깊이가 0.3㎜ 미만이면 디스크를 교환해야 한다. 변속기 입력축에 있는 허브 스프링 및 스플라인은 과도한 마모의 흔적이 없어야 한다. 또한 페이싱 사이의 스프링들은 파손되지 않아야 하며 모든 리벳들은 완전히 박혀 있어야 한다.

⑤ 압력판의 마찰면은 적절한 솔벤트로 닦는다.

⑥ 곧은자와 시크니스 게이지를 사용하여 압력판의 편평도(비틀림)를 검사하여 마찰부의 편평도가 0.5㎜ 이내에 있는가를 확인하고 변색, 소손, 홈이나 깎임이 없는가를 점검하여 한계값 0.5㎜이상일 때는 압력판을 교환한다.

[그림 104] 압력판 비틀림 점검

⑦ 클러치 디스크의 두께를 버니어 캘리퍼스로 측정하여 한계값 6.8㎜ 이하인 경우에 디스크를 교환한다.

⑧ 클러치 디스크의 런 아웃이 한계값 0.7㎜ 이상일 경우 디스크를 교환한다.

⑨ 눈으로 커버 외측 장착 플랜지의 편평을 점검하고 흠집, 깎임, 홈이나 그 밖에

손상이 없는지를 점검한다.

⑩ 플라이휠에 있는 3개의 다웰 핀이 완전히 고정되어 있는지와 손상이 없는지를 점검한다.

⑪ 클러치 커버의 핑거 부위를 점검하여 편마멸 또는 과대마모로 인하여 상태가 불량하면 교환한다.

[그림 105] **클러치 디스크 두께 점검**

[그림 106] **디스크 런아웃 점검**

[그림 107] **클러치 어셈블리의 리벳 깊이측정**

1. 주어진 차량에서 압력판 및 클러치 디스크 두께, 런아웃, 디스크 리벳 깊이를 측정 및 점검하시오.

<table>
<tr><th rowspan="2">항 목</th><th colspan="2">① 점검(또는 측정)</th><th colspan="2">② 판정 및 정비(또는 조치)사항</th><th rowspan="2">득
점</th></tr>
<tr><th>측정값</th><th>규정(정비한계)값</th><th>판 정</th><th>정비 및 조치할 사항</th></tr>
<tr><td>압력판 비틀림</td><td></td><td></td><td rowspan="4">□ 양호

□ 불량</td><td rowspan="4"></td><td rowspan="4"></td></tr>
<tr><td>디스크 두께</td><td></td><td></td></tr>
<tr><td>디스크 런아웃</td><td></td><td></td></tr>
<tr><td>디스크 리벳 깊이</td><td></td><td></td></tr>
</table>

4.3.5. 클러치 릴리스 베어링

릴리스 베어링은 그리스가 채워져 있으므로 세척 솔벤트나 오일로 청소하면 안 된다.

① 베어링의 고착, 손상, 비정상적인 소음을 점검하며 다이어프램 스프링 접촉부위의 마모를 점검한다.

② 릴리스 포크 접촉부위가 비정상적으로 마모되었으면 베어링을 교환한다.

4.4. 클러치 마스터실린더 분해조립 및 점검

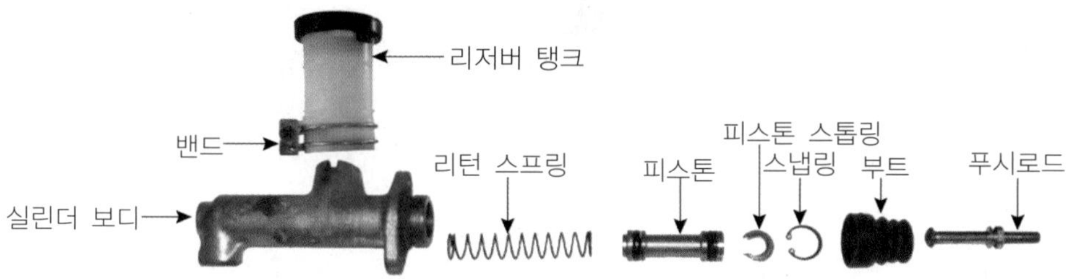

[그림 108] 클러치 마스터실린더의 구성부품

4.4.1. 분해

① 푸시로드를 탈거한다.

② 부트를 탈거한다.

③ 피스톤 스냅링 및 스톱링을 탈거한다.

④ 피스톤과 리턴 스프링을 탈거한다.

⑤ 리저버 캡 밴드를 떼어낸다. 이때 마스터실린더 보디와 피스톤 어셈블리가 손상되지 않도록 주의한다. 또한 피스톤 어셈블리는 분해하지 않는다.

4.4.2. 검사

① 실린더 보디 내측의 녹, 물때를 점검한다.

② 피스톤 컵의 마멸과 변형을 점검한다.

③ 피스톤의 녹과 물때를 점검한다.

④ 클러치 튜브 연결부의 막힘을 점검한다.

⑤ 마이크로미터를 사용하여 피스톤의 외경을 실린더 게이지로 마스터 실린더 내경을 측정한다. 이때 수직방향으로 마스터실린더의 3곳(상부, 중부, 하부)에서 내경을 측정한다.

⑥ 마스터실린더와 피스톤과의 간극이 규정보다 크게 되면 피스톤과 실린더 어셈블리를 교환한다. 이때 한계치는 약 0.15㎜ 정도이다.

[그림 109] **마스터실린더와 피스톤과의 간극 측정**

4.4.3. 조립

① 마스터실린더 보디의 내면과 피스톤 어셈블리 둘레에 규정된 브레이크액을 바른다.
② 피스톤 어셈블리를 장착한다.

[그림 110] **피스톤 어셈블리 장착**

③ 푸시로드를 장착한다.
④ 리저버를 마스터실린더 보디에 장착한다.

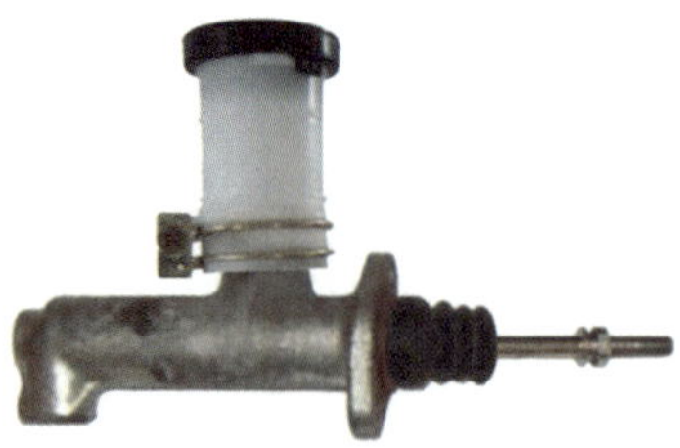

[그림 111] **리저버를 마스터실린더 보디에 장착**

1. 주어진 차량에서 마스터 실린더와 피스톤 간극을 측정 및 점검하시오.

항 목	① 점검(또는 측정)		② 판정 및 정비(또는 조치)사항		득점
	측정값	규정(정비한계)값	판 정	정비 및 조치할 사항	
마스터 실린더와 피스톤 간극			□ 양호 □ 불량		

4.5. 클러치 릴리스 실린더 분해조립 및 점검

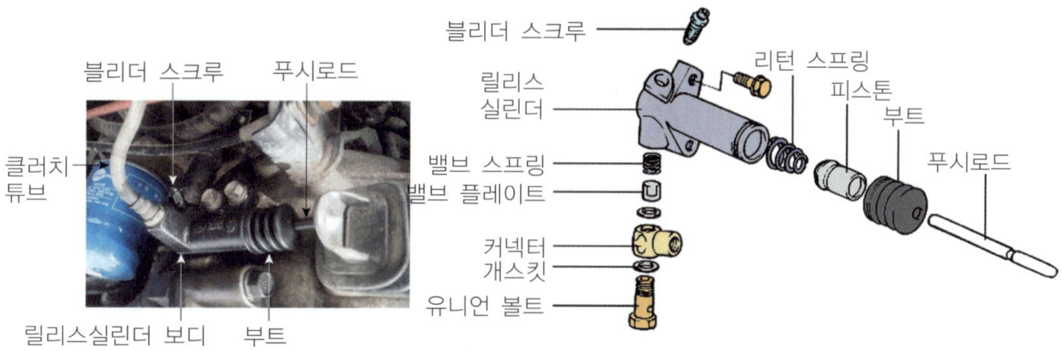

[그림 112] 클러치 릴리스 실린더의 구성부품

4.5.1. 분해

① 푸시로드와 부트를 탈거한다.

② 롱로즈 플라이어를 이용하여 피스톤과 스프링을 탈거하고, 피스톤 컵의 방향에 주의한다.

③ 피스톤에서 스프링을 탈거한다.

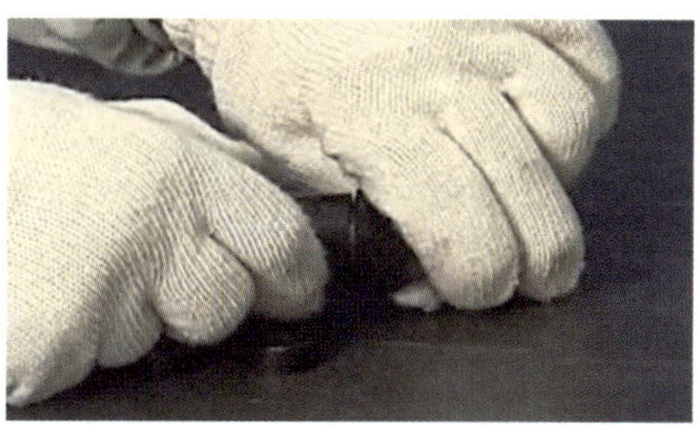

[그림 113] 부트 탈거

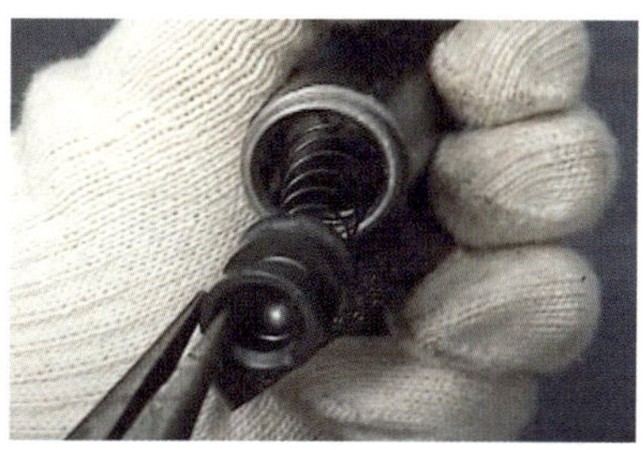

[그림 114] 피스톤, 스프링 탈거

4.5.2. 검사

① 릴리스 실린더 내면의 긁힘, 불균일한 마모를 점검한다.

② 실린더 게이지를 이용하여 실린더 내면의 3곳(상부, 중앙, 하부)을 측정하고 실린더 내경과 피스톤의 외경이 한계치를 넘으면 릴리스 실린더 어셈블리를 교환한다. 이때 한계치는 0.15㎜이다.

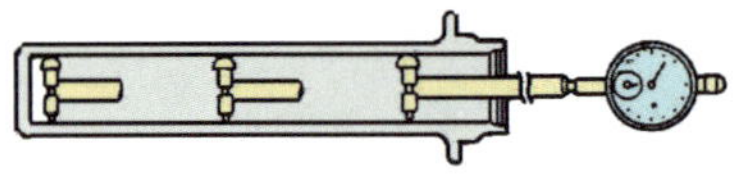

[그림 115] **릴리스 실린더 내면검사**

4.5.3. 조립

① 릴리스 실린더 내측과 피스톤 및 피스톤 컵의 외측에 규정된 브레이크액을 바른 다음 피스톤 컵 어셈블리를 실린더 내측으로 민다. 이때 브레이크액은 DOT 3을 사용한다.

② 밸브 플레이트, 스프링, 푸시로드 및 부트를 장착한다.

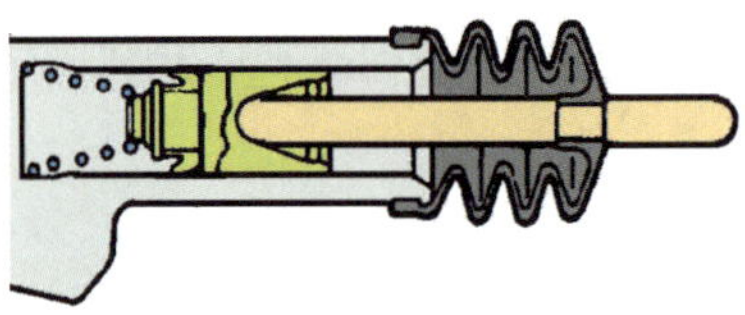

[그림 116] **밸브 플레이트 및 부트 장착**

1. 주어진 차량에서 릴리스 실린더와 피스톤 간극을 측정 및 점검하시오.

항 목	① 점검(또는 측정)		② 판정 및 정비(또는 조치)사항		득점
	측정값	규정(정비한계)값	판 정	정비 및 조치할 사항	
릴리스 실린더와 피스톤 간극			□ 양호 □ 불량		

05 변속기 정비 및 점검

5.1. 수동 트랜스액슬의 고장진단

5.1.1. 주행 중 변속기어가 빠지는 원인

① 싱크로나이저 허브 및 슬리브의 마멸이 과다하다.

② 로킹 볼 스프링이 파손되었거나 약해졌다.

③ 변속 기어의 마멸이 과다하다.

④ 기어 물림이 덜 물렸다.

5.1.2. 주행 중 트랜스액슬에서 소음이 발생하는 원인

① 기어오일이 부족하거나 오일 질이 불량하다.

② 기어 또는 베어링의 마멸이 과다하다.

③ 트랜스액슬 또는 엔진의 마운트가 불량하다.

④ 엔진 공전속도가 규정과 일치하지 않는다.

⑤ 입·출력의 엔드플레이가 부적당하다.

5.1.3. 기어변속이 잘 안되는 원인

① 클러치 페달의 자유간극이 크다.

② 제어로드가 불량하다.

③ 싱크로나이저 또는 릴리즈 실린더의 작동이 불량하다.

④ 마스터 실린더 또는 릴리즈 실린더의 작동이 불량하다.

⑤ 클러치 디스크의 런 아웃이 과다하다.

⑥ 등급이 다른 오일을 사용하였다.

5.1.4. 기어변속을 할 때 소음이 나는 원인

① 클러치 페달의 자유간극이 크다.

② 클러치 디스크의 런 아웃이 과다하다.
③ 싱크로나이저 링의 마멸이 과다하다.

5.1.5. 오일이 누설되는 원인

① 오일 실 또는 O-링이 파손 또는 손상되었다.
② 부적당한 실런트를 사용하였다.

5.2. 수동변속기 분해 조립 및 점검

5.2.1. 분해

① 선택 및 변속 케이블 브래킷을 탈거한다.
② 속도계, 후진등 스위치, 개스킷, 장착브래킷을 탈거한다.

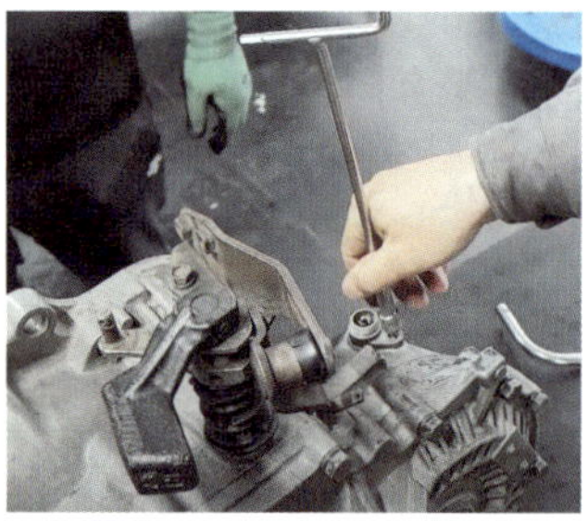

(a) 속도계

(b) 후진등 스위치

[그림 117] 속도계, 후진등 스위치 탈거

③ 시프트 레일 포핏 볼 볼트를 풀고 스프링과 볼을 탈거한다.

[그림 118] 시프트 레일 포핏 볼 볼트, 스프링, 볼 탈거

④ 리어 커버 볼트와 리어 커버를 탈거한다.

[그림 119] **리어 커버 볼트와 리어 커버 탈거**

⑤ 특수공구를 사용하여 스프링 핀을 탈거한다.

[그림 120] **스프링 핀 탈거**

⑥ 인터미디어트 기어 싱크로나이저 슬리브와 5단 변속 포크를 탈거한다.

[그림 121] **인터미디어트 기어 싱크로나이저 슬리브와 5단 변속 포크 탈거**

⑦ 인터미디어트 기어 록크 너트를 탈거한다.
⑧ 5단 기어 록크 너트를 탈거한다.

[그림 122] 인터미디어트 기어 록크너트 탈거

[그림 123] 5단 기어 록크너트 탈거

⑨ 특수공구를 사용하여 5단 싱크로나이저 허브, 싱크로나이저 링을 탈거한다.

⑩ 인터미디어트 기어를 탈거한다.

[그림 124] 5단 싱크로나이저, 크로나이저 링 탈거

[그림 125] 인터미디어트 기어 탈거

⑪ 특수공구를 사용하여 5단 기어를 탈거한다.

[그림 126] 5단 기어 탈거

⑫ 니들롤러 베어링을 탈거한다.
⑬ 후진기어 축 볼트를 탈거한다.

[그림 127] 니들롤러 베어링 탈거

[그림 128] 후진 기어축 볼트 탈거

⑭ 변속기 케이스 고정 볼트를 풀고 변속기케이스를 탈거한다.

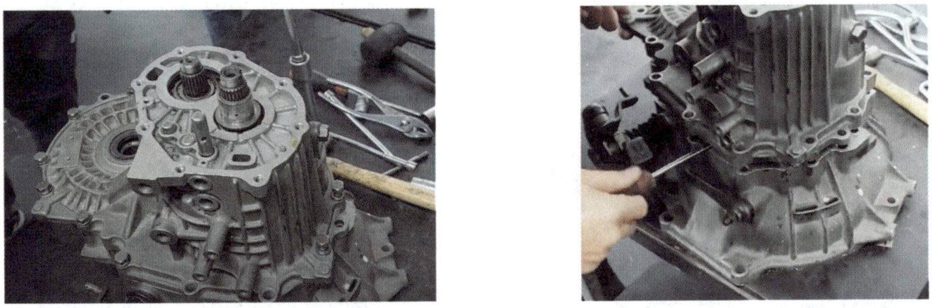

[그림 129] 변속기 케이스 탈거

⑮ 후진기어 축과 후진기어를 탈거한다.

[그림 130] 후진기어 축과 후진기어 탈거

⑯ 후진 변속 레버를 탈거한다.

⑰ 핀 펀치를 사용하여 3단 및 4단 스프링 핀을 빼내고 1단 및 2단 스프링 핀은 1단으로 변속한 다음 빼낸다. 이때 스프링 핀을 빼낼 때 기어가 손상되지 않도록 한다.

[그림 131] **후진 변속레버 탈거**

[그림 132] **3단 및 4단과 1단과 2단 스프링 핀 빼내기**

⑱ 셀렉터 레버를 움직이면서 레버에서 샤프트를 빼낸다. 3단과 4단, 5단과 후진 변속 레일과 포크 어셈블리를 샤프트를 들어 올리고 오른쪽으로 돌리면서 탈거하고, 1단과 2단 변속 레일과 포크 어셈블리를 샤프트를 들어 올린 상태에서 탈거한다.

(a) 레버에서 샤프트 탈거

(b) 3단·4단, 5단·후진 변속 레일과 포크 어셈블리 탈거

(c) 1단과 2단 변속 레일과 포크 어셈블리 샤프트 탈거

[그림 133] **샤프트 탈거**

⑲ 입력축 어셈블리와 출력축 어셈블리를 동시에 탈거한다.

⑳ 디퍼렌셜(differential) 기어 어셈블리를 탈거한다.

[그림 134] 입 · 출력 어셈블리 탈거

[그림 135] 디퍼렌셜 기어 탈거

5.2.2. 장착

① 디퍼렌셜 기어 어셈블리를 장착한다.

[그림 136] 디퍼렌셜 기어 어셈블리 장착

② 입력축과 출력축을 동시에 장착한다.

[그림 137] 입력축과 출력축 동시 장착

③ 1-2단 변속 슬리브 변속 레일 포크를 슬리브에 끼우고, 셀렉터 레버를 움직이면서 레버에 샤프트를 끼운다.
④ 3-4단 변속 슬리브 변속 레일 포크를 분해와 반대로 슬리브에 끼우고 왼쪽으로 돌리면서 정위치에 조립하고, 셀렉터 레버를 움직이면서 레버에 샤프트를 끼운다.

(a) 1단과 2단 변속 레일과 포크 어셈블리를 샤프트 조립

(b) 3단과 4단, 5단과 후진 변속레일과 포크 어셈블리 조립

[그림 138] 변속 레일 포크 슬리브에 끼우기

⑤ 핀 펀치를 사용하여 스프링 핀을 장착한다. 이때 스프링 핀을 재사용하지 않는다. 스프링 핀을 끼울 때 슬릿(Slit)이 변속 레일의 중앙선과 일치했는지 확인한다.

[그림 139] 스프링 핀 장착하기

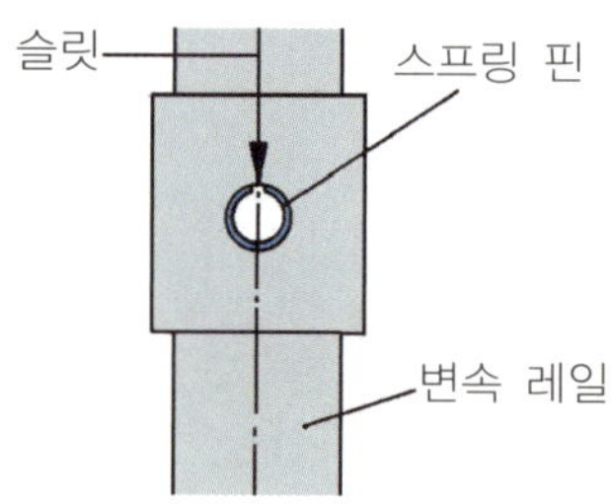

[그림 140] 슬릿과 변속 레일의 중앙선 일치 확인

⑥ 후진 기어 축 볼트 홈을 맞춰 후진 기어를 장착한다.
⑦ 후진 변속 레버를 장착한다.

[그림 141] **후진 기어 장착**

[그림 142] **후진 변속 레버 장착**

⑧ 클러치 하우징 어셈블리에 변속기 케이스를 장착하고 볼트를 조인다.
⑨ 적당한 크기의 스크루 드라이버를 이용하여 축을 중심에 놓는다.
⑩ 후진 아이들러 기어 샤프트 볼트를 규정토크로 조인다.
⑪ 고무망치를 사용하여 5단 기어를 조심히 두들기며 장착한다.
⑫ 인터미디어트 기어를 장착한다.

[그림 143] **5단 기어 장착**

[그림 144] **인터미디어트 기어를 장착**

⑬ 인터미디어트 기어 니들 롤러 베어링, 싱크로나이저 링, 싱크로나이저 허브를 장착한다. 이 때 싱크로 나이저 허브 오일 홈이 5단 기어 쪽으로 장착한다.

[그림 145] **인터미디어트 기어 싱크로나이저 세트 장착**

⑭ 5단 변속 포크를 싱크로나이저 슬리브에 끼운 후, 5단 변속 포크와 싱크로나이저 슬리브를 장착하고 스프링 핀을 조립한다.

[그림 146] 싱크로나이저 슬리브 장착

⑮ 1단으로 변속한 다음 입력축 5단 슬리브와 기어를 치합시킨 다음 록크 너트를 규정토크로 조인다. 이때 록크 너트는 재사용하지 않도록 한다.

⑯ 변속 레일을 장착할 때는 스프링 핀의 슬릿이 변속레일의 중앙선과 일치하는지 확인한다.

⑰ 해당 차량의 정비지침서를 참고로 하여 리어 커버에 규정 실런트를 도포하고 리어 커버를 장착한다.

⑱ 시프트레일 포핏볼을 장착한다.

⑲ 스피드미터 드리븐 기어 어셈블리를 장착한다.

⑳ 후진등 스위치와 브래킷을 장착한다.

㉑ 셀렉트 레버를 장착한 다음 변속 케이블 브래킷을 장착한다.

5.2.3. 점검

[1] 싱크로 나이저 슬리브와 허브 및 싱크로 나이저 키 점검

① 싱크로 나이저와 슬리브를 끼우고 회전이 부드러운지 점검한다.

② 슬리브의 안쪽 앞부분과 뒤쪽 끝부분의 손상 여부를 점검한다.

③ 허브 앞 쪽 끝부분의 마모 여부를 점검한다.

④ 싱크로나이저 키의 중앙 돌출부의 마모 여부를 점검한다.

⑤ 스프링의 쇠손, 변형, 파손을 점검한다.

[그림 147] **싱크로나이저 슬리브 및 허브점검**

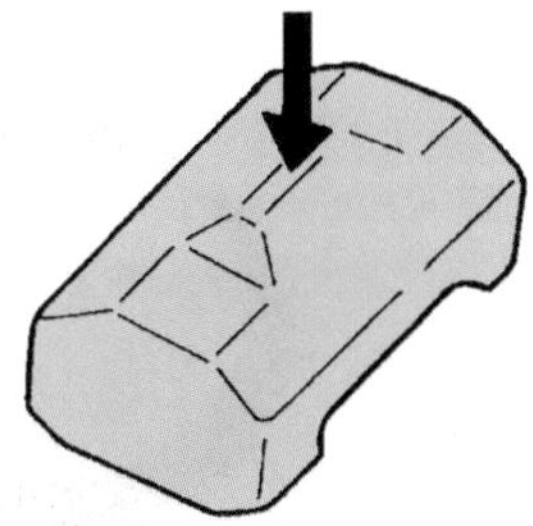

[그림 148] **싱크로나이저 키 점검**

[2] 입력축 및 니들 베어링 점검

① 입력축의 스플라인 및 기어의 손상 및 마모를 점검한다.

② 니들 베어링을 입력 축 또는 베어링 슬리브에 끼우고 비정상적인 소음 또는 유격이 없이 부드럽게 회전하는지 확인한다.

③ 니들 베어링 케이스의 변형을 점검한다.

[그림 149] **입력 축 점검**

[그림 150] **니들 베어링 점검**

[3] 싱크로나이저 링 점검

① 클러치 기어 이빨의 손상 및 파손을 점검한다.

② 내면의 손상, 마모, 나사산의 파손을 점검한다.

③ 싱크로나이저 링을 클러치 기어 쪽으로 밀면서 시그니스 게이지로 간극을 점검하여 한계값 0.5㎜(기준값 : 1.0㎜)를 벗어나면 싱크로나이저 링을 교환한다.

[그림 151] **싱크로나이저 링 점검**

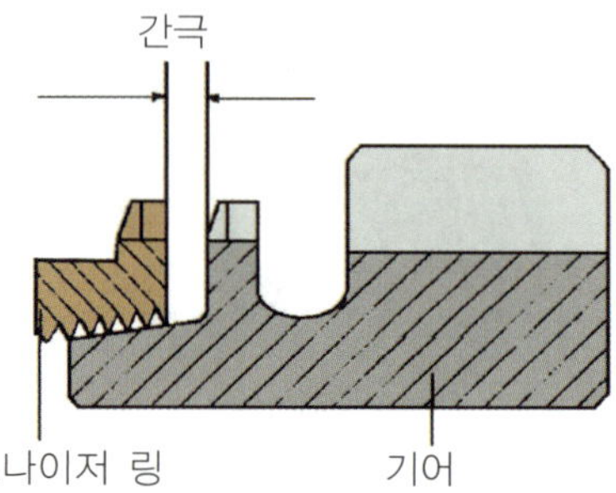

[그림 152] **싱크로나이저 링 간극**

[4] 스피드 기어의 점검

① 헬리컬 기어와 클러치 기어 이빨의 손상 및 마모를 점검한다.
② 싱크로나이저 콘의 면이 거칠거나 손상 또는 마모 여부를 점검한다.
③ 기어 내부와 앞, 뒤 끝의 손상 및 마모를 점검한다.

[5] 출력축 기어의 점검

① 출력축 기어 니들 베어링의 장착부의 손상 및 비정상적인 마모를 점검한다.
② 스플라인의 손상 및 마모를 점검한다.

[그림 153] **스피드 기어 점검**

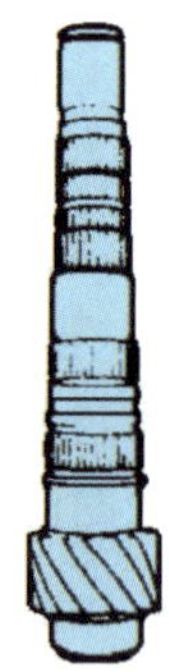

[그림 154] **출력축의 점검**

5.2.4. 수동 변속기 입력축 엔드 플레이 측정

[1] 납(솔더)으로 측정

① 플라스틱 게이지 또는 납(길이 10㎜, 직경이 3㎜ 정도) 2개를 그림과 같이 놓고 베어링 외부 레이스를 장착한다.
② 트랜스액슬을 장착하고 볼트를 규정토크로 조인다.

③ 트랜스액슬 케이스를 탈거하고, 외부레이스와 납(솔더)을 탈거한다.

④ 플라스틱 게이지의 측정 결과 또는 납작해진 납(솔더)의 두께를 마이크로미터로 측정하여 엔드 플레이 간극을 점검한다.

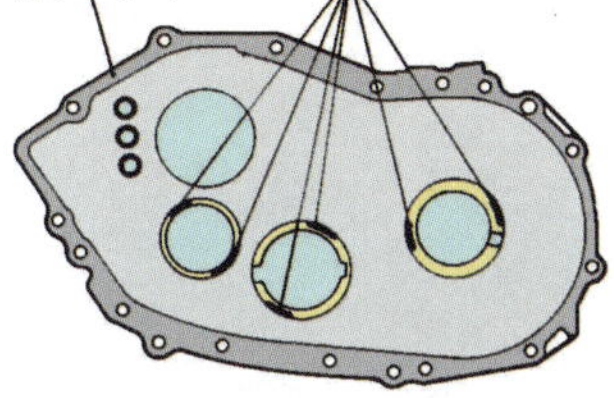

[그림 155] 솔더의 장착

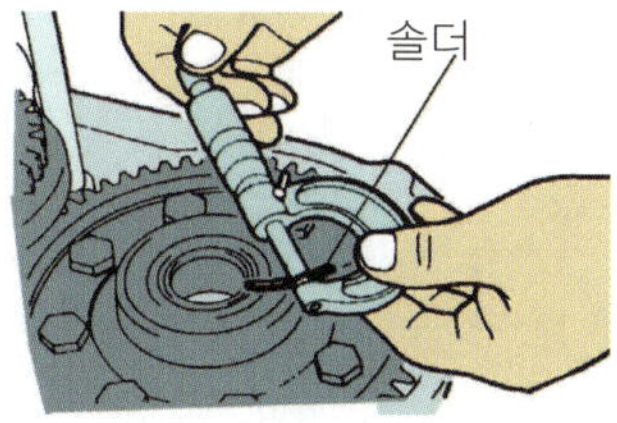

[그림 156] 마이크로미터에 의한 솔더의 측정

⑤ 조정은 조정용 스페이서를 이용하여 조정한다.

[2] 다이얼 게이지로 측정

① 변속기를 움직이지 않게 고정시킨다.

② 변속기 입력축 끝 부분에 다이얼 게이지를 설치한다.

③ 다이얼 게이지를 0점 조정한다.

④ 변속기 입력축을 앞, 뒤로 움직인다.

⑤ 다이얼 게이지의 움직인 값을 판독한다.

[그림 157] 다이얼 게이지 측정방법

[규정값]

구 분 / 항 목	규정값	비 고
입력축 리어 베어링 엔드플레이	0.01mm~0.09mm	현대 차종

1. 주어진 차량 수동 변속기에서 입력축 엔드 플레이를 측정 및 점검하시오.

항 목	① 측정(또는 점검)		② 판정 및 정비(또는 조치)사항		득점
	측정값	규정(정비한계)값	판 정	정비 및 조치할 사항	
엔드 플레이			□ 양호 □ 불량		

Chapter

03

자동변속기

01 자동변속기 고장시 증상

자동변속기는 전기, 전자, 유압, 기계적인 요소가 복합적으로 작용하는 정밀 기계장치이다. 따라서 주행 중에 발생하는 고장 현상은 여러 가지로 형태로 나타난다. 일반적으로 주행 중 변속시 충격이나 슬립(공회전)이 발생한다던지, 자동변속이 안 되는 경우와 평상시보다 연료가 더 소모될 경우 등이 자동변속기의 고장이다. 특히 전, 후진이 안 된다던지 주행 중 소음이 발생하거나 오일이 새는 경우 등은 기계적인 고장이 발생한 것이다. 특히 전자 제어 방식의 자동변속기는 주행 중의 상태를 변속기용 컴퓨터(TCU)가 감시하는 시스템이 적용되어 있으며 변속기 계통에 이상이 발생하면 안전 운행을 위해 일시적으로 주행 중의 변속 단을 3단으로 강제 고정시키는 방식을 도입하였다. 이러한 시스템을 Fail Safe System이라고 하며 차종에 따라 계기판에 OD Lamp 또는 POWER Lamp 등을 점멸시켜 고장이 발생하였음을 운전자에게 알려주게 되어 있다. 이러한 현상은 정지 후 출발 시 힘이 없거나 언덕길 등판 시 파워부족으로 주행이 어렵거나 고속에서 엔진회전수가 과도하게 상승하여 소음이 커지거나 연료 소모가 많다는 것을 느끼게 된다. 일반적으로 자동변속기 오일 교환 주기는 40,000km이나, 100,000km 정도를 타고 교환해도 충분하다는 의견 등 다양한 의견이 있으나, 가장 정확한 교환 시기는 미션 오일의 오염도를 점검한 후 교체 여부를 결정하는 것이 중요하다.

1.1. 전기, 전자적인 고장

① 변속 시 충격이 발생한다.
② 변속이 늦게 이루어진다.
③ 자동변속이 안 된다.
④ 출발 시 힘이 없다.
⑤ 연비가 나빠진다.

1.2. 유압적인 고장

① 변속 시 일시적으로 공회전한다.
② 드라이브나 후진 선택 시 충격이 크다.
③ 차체 떨림이 심하거나 시동이 꺼진다.
④ 변속 시 충격이 발생한다.

1.3. 기계적인 고장

① 전진 또는 후진이 안 된다.
② 변속기 내부에서 소음이 크다.
③ 특정 속도에서 공회전한다.
④ 오일이 샌다.

02 자동변속기 관련부품 교환

2.1. 자동변속기 오일 교환

2.1.1. 자연 배출식(드레인식)

드레인 코크만 열어서 자연적으로 빠지는 양 만큼만 교환하는 방식으로 장점은 작업이 빠르고, 별도의 장비가 필요 없으며, 비용이 저렴하고, 낭비되는 오일이 적지만, 단점으로는 오토미션(자동변속기)의 구조상 드레인 만으로는 오일 배출량이 총량보다 현저히 적어 완전한 오일 교환이 안 된다.

① 차량을 리프트에 진입 시킨 후 보닛을 연다.

② 오토미션 오일게이지를 탈거한다. 요즘 차량들은 오토미션 오일 게이지가 없는 차량도 있다. 그래서 점검 하려면 오토미션 측면에 위치한 레벨링 플러그를 열어봐야 한다.

③ 작업이 편리할 정도로 리프트를 상승시킨다.

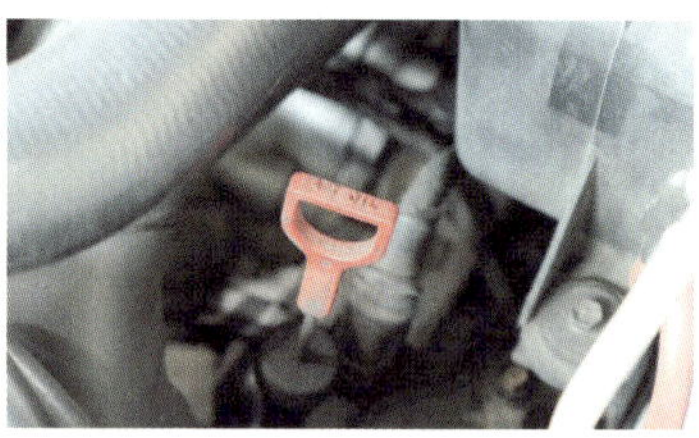

[그림 1] 오토미션 오일 게이지

[그림 2] 차량상승

④ 언더커버를 탈거한다.

⑤ 오토미션 오일 회수 통을 준비한다.

⑥ 오토미션 오일 드레인 플러그를 탈거하여 기존의 오토미션 오일을 배출시킨다. 작업 시에는 드레인 플러그 밑에 계량컵 등으로 받아내어 빠져나온 양을 측정, 오일 주입 시 그만큼만 새로 넣어주면 작업이 한 번에 마무리 된다.

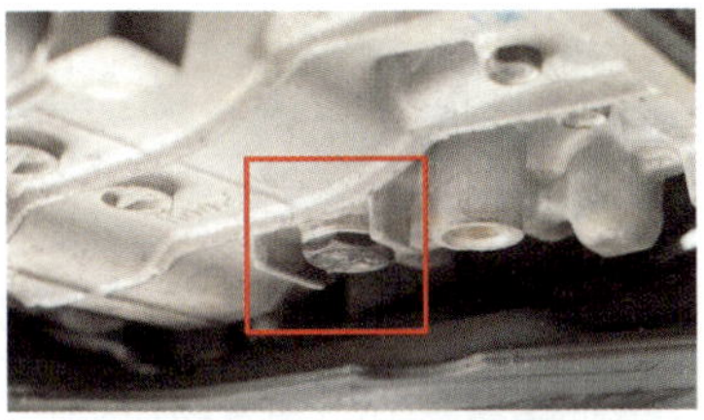

[그림 3] 드레인 플러그

[그림 4] 드레인 플러그 오일 배출

⑦ 드레인 플러그 위쪽에 보면 LR, UD, 2ND 각인된 볼트 3개를 탈거한다. 플러그를 풀면 오일이 더 나오지만 많은 양은 나오지 않는다.

[그림 5] LR, UD, 2ND 볼트

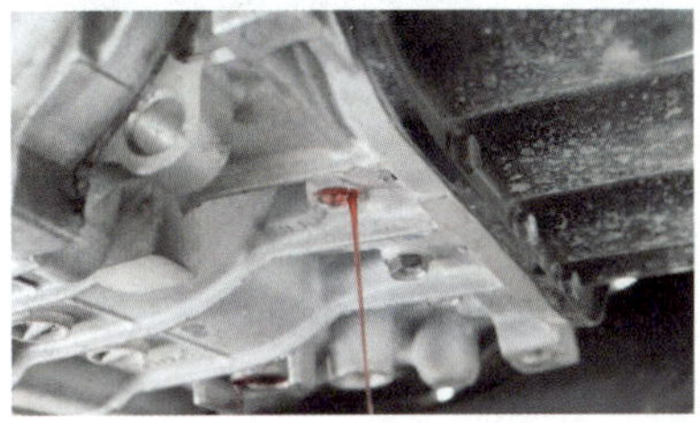

[그림 6] LR, UD, 2ND 오일 배출

LR, UD, 2ND는 오토미션의 기어변속 작동을 위한 각 부의 클러치(브레이크)를 의미하며 오토미션이 작동중인 상태에서 각 클러치(브레이크)에 걸리는 오일 압력 계측을 위한 게이지를 연결하는 플러그 이다. 이 플러그는 각 부의 클러치와 회로가 연결되어 있다. 이 플러그는 오토미션의 측면 혹은 상단에도 있을 수도 있다.

⑧ 드레인 플러그에 붙어있는 쇳가루를 깨끗하게 새것처럼 닦아준다.

[그림 7] 쇳가루 제거

⑨ 라디에이터에 연결된 오토미션 오일 냉각 라인 호스 중 한곳을 탈거한다. 호스를 빼면 냉각라인에 남아있는 호스 안에 있던 오일이 빠져나온다. 하지만 이 역시 양은 얼마 안 된다.

[그림 8] 냉각 라인 호스

[그림 9] 호스 오일 배출

⑩ 빼낸 냉각라인 호스에 에어건으로 압축공기를 불어서 밀어내 준다.

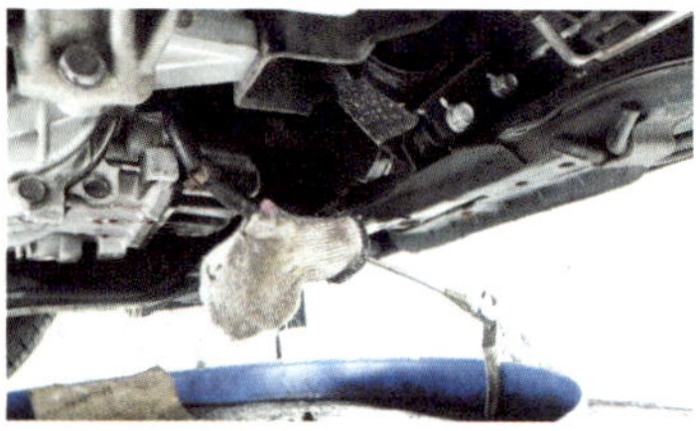

[그림 10] 에어주입

[그림 11] 에어 주입 시 오일 배출

에어를 불면 남아있던 폐유가 흘러나오며 동시에 희뿌연 오일 증기(미스트)가 막 쏟아져 나오는데 주의해야하고, 에어를 강제로 불어내는 호스에서 오일이 역류할 수 있으니 뒤집어쓰지 않도록 주의해야 한다.

⑪ 오일이 모두 배출되면 풀었던 볼트를 모두 잠근다. 볼트들의 와셔는 신품으로 교환한다.

⑫ 오일 회수통을 작업에 지장이 가지 않는 곳으로 옮긴다.

⑬ 언더커버를 조립한다.

⑭ 리프트를 하강시킨다.

⑮ 오토미션 오일 게이지가 있던 곳으로 주입 깔대기를 설치한다. 오일 주입 플러그가 있지만 이게 더 편하고 많이 쓰이는 방식이다.

⑯ 정품 오일을 주입한다. 오일을 일단 4L 정도 주입하고 시동을 걸고 기어를 각단 약 5초씩 10회 정도 반복한다. 오토 오일이 많이 부족하게 되면 겔겔 갈갈거리면서 이상한 소리가 발생할 수도 있다. 오일을 더 보충해주면 소리는 사라지며 오일펌프가 헛도는 소리이기에 별 문제는 없다.

[그림 12] 깔대기 설치

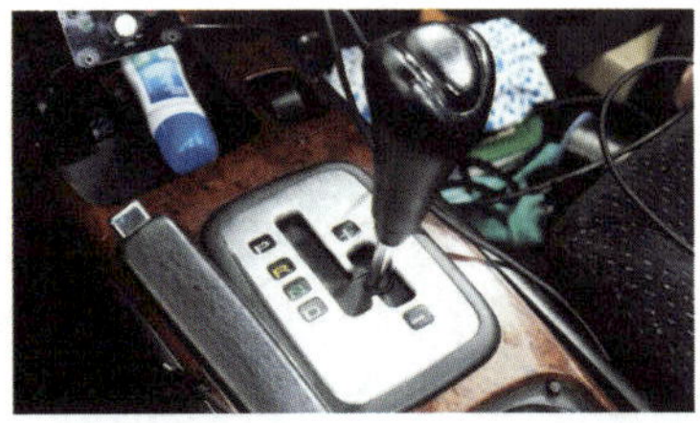

[그림 13] 각 단으로 기어 변속

⑰ 기어를 중립 상태로 두고 오일 레벨을 확인하고 오일을 추가적으로 오일 레벨이 적정선에서 유지 할 때까지 1~2회 보충을 한다. 다시 기어를 각 단을 5회 정도 반복하고 오일 레벨을 다시 확인한다.

⑱ 하이스캔 스캐너 장비로 오토미션 오일온도를 확인해 준다. 온도가 약 70~80도에 도달하면 열간시 상태로 보고 있다.

⑲ 오일을 HOT 범위까지 부어 놓고 시운전을 해본다. 오일이 정상적으로 채워질 수 있도록 1~4단 기어를 여러 RPM에서 골고루 사용해본다.

⑳ 시운전이 끝나고 게이지를 찍어 본다. HOT 범위의 1/3 지점쯤까지 오일이 찍혀져 나오면 충분하게 오일이 들어가 있는 것이므로 꼭 범위의 최대치에 맞춰 둘 필요는 없다. 범위 안에만 있으면 정상이다.

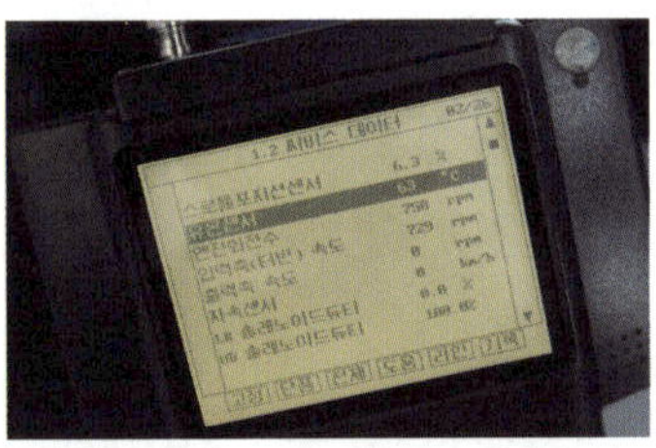

[그림 14] 오일온도 확인

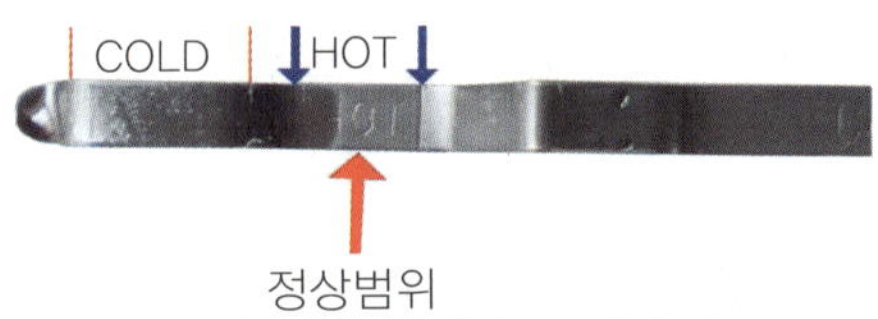

[그림 15] 게이지 정상범위

1. 주어진 자동차에서 자동변속기의 오일량을 점검하여 기록・판정하시오.

항 목	① 측정(또는 점검)	② 판정 및 정비(또는 조치)사항		득 점
		판 정	정비 및 조치할 사항	
오일량	COLD HOT 오일레벨을 게이지에 그리시오.	□ 양호 □ 불량		

2.1.2. 강제 순환식

엔진 가동 상태에서 순환장비를 연결(주로 오토미션 오일 냉각라인에)하여 신유와 폐유를 교환하는 방식으로 장점으로 오토미션을 구동시켜 계속 순환하는 상태에서 신유를 계속하여 밀어 넣기 때문에 토크 컨버터나 또는 밸브바디, 솔레노이드 부품의 오일을 배출시킬 수 있어 좋지만, 단점으로는 작업이 오래 걸리고, 별도의 장비가 필요하며, 비용이 좀 고가이면서 오일낭비가 심하다.

① 자동변속기 오일 교환기에 신품의 오일을 채운다.
② 폐유 통은 비워놓는다.
③ 오일쿨러 IN, OUT 라인 중 오일쿨러 호스 한 개를 탈거한다.

[그림 16] 호스 탈거

④ 탈거한 호스에 자동변속기 오일 교환기의 어댑터를 직렬로 연결한다.
⑤ 설치된 어댑터에 자동변속기 오일 교환기 호스와 연결한다.

[그림 17] 어댑터 설치

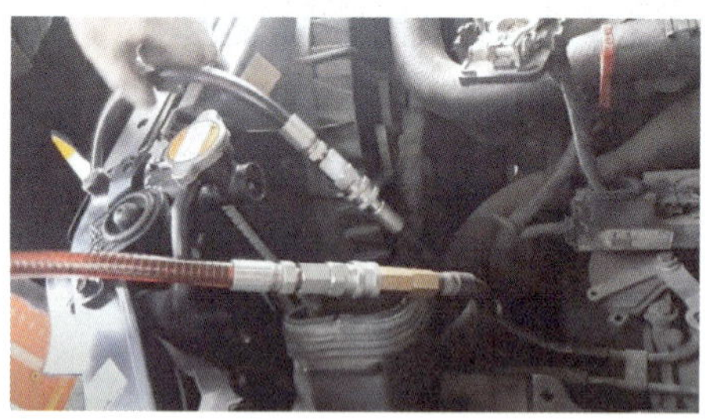

[그림 18] 호스 연결

⑥ 자동변속기를 P에 두고 시동을 건다. 압력계가 1.0~1.5kgf/㎠의 압력을 유지해야 정상 연결이다. 압력계가 올라가지 않으면 시동을 끄고 호스를 어댑터 IN 라인과 OUT 라인을 반대로 다시 연결한다.

⑦ 자동변속기 오일 교환기의 폐유양을 화살표가 있는 자석을 이용하여 표시해 둔다.
⑧ 폐유흡입밸브를 흡입 쪽으로 돌려서 차량 변속기에 오일을 밖으로 배출 시킨다.

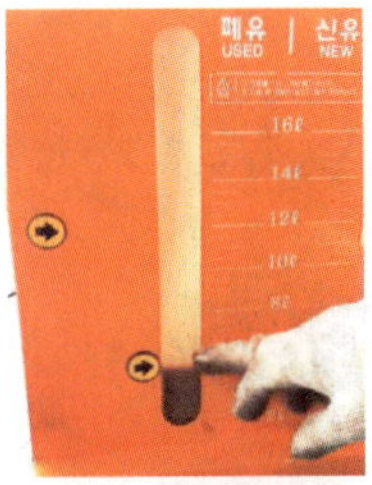

[그림 19] 폐유량 표시

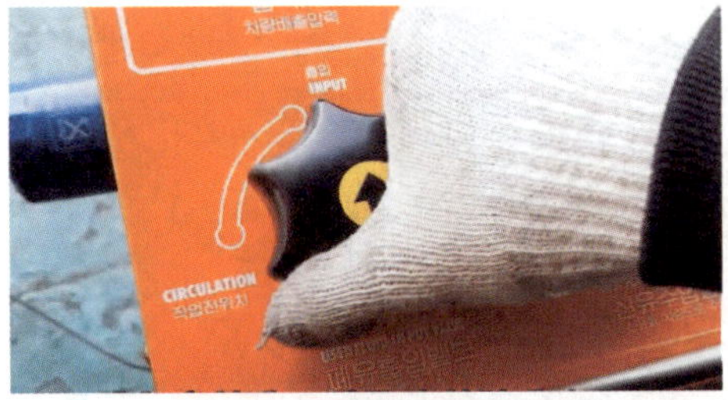

[그림 20] 폐유흡입밸브 작동

⑨ 자동변속기 오일펌프 압력으로 회수 되므로 폐유라인을 확인하여 오일의 오염상태를 확인한다.
⑩ 폐유라인에 기포가 올라오면 배출이 완료된 것이다.

[그림 21] 오염상태 점검

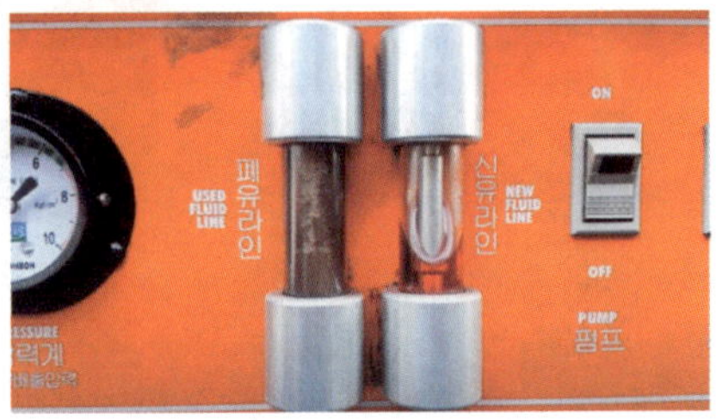

[그림 22] 기포발생

⑪ 폐유흡입 밸브를 작업 전 위치로 돌려 더 이상 차량의 오일이 나오지 않게 한다.
⑫ 시동을 끈다.
⑬ 배출량을 확인한다.
⑭ 배출량만큼 신유 주입량을 화살표가 있는 자석을 이용하여 표시해 둔다.

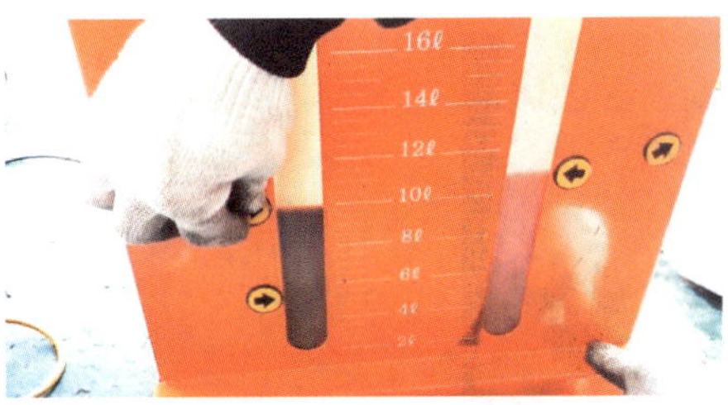

[그림 23] 배출량 확인

[그림 24] 주입량 표시

⑮ 자동변속기 오일 교환기의 전원을 ON시키고 펌프 스위치도 ON시키면 펌프 작동소리가 들린다.

⑯ 신유주입밸브를 주입으로 돌린다.

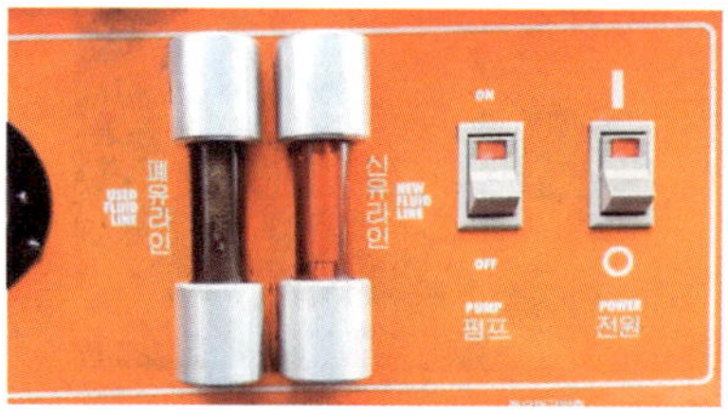

[그림 25] **전원 및 펌프 ON**

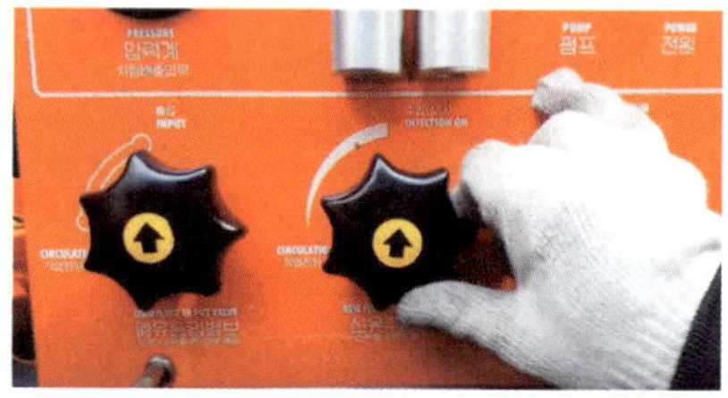

[그림 26] **신유주입밸브 개방**

⑰ 신유 주입시 배출된 오일양 만큼 주입한다.

[그림 27] **신유주입**

⑱ 신유를 배출량만큼 주입 후 신유주입밸브를 작업 전 위치로 놓고 신유주입을 중지시킨다.

⑲ 오일의 오염도가 심할 때는 2~3번 정도 위와 같은 방법으로 세척을 한다.

⑳ 신유 주입 후 차량시동(5~10분)을 걸고 P, R, N, D각 레인지에서 10초간씩 유지한다.

㉑ 레인지를 P또는 N에 놓고 오일량을 점검하여 부족하면 보충한다.

㉒ 오일 교환기 내부의 폐유 배출방법

㉮ 전원 스위치를 먼저 ON시키고, 펌프 스위치도 ON시킨다. 펌프가 작동을 한다.

[그림 28] **전원 및 펌프 스위치 ON**

㉯ 주입호스에 어댑터를 연결한다.

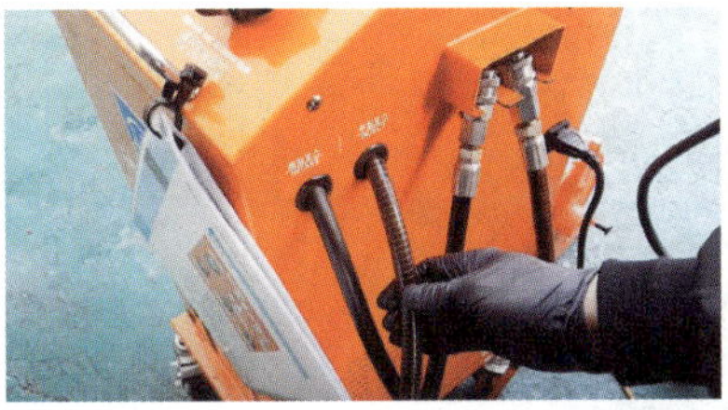
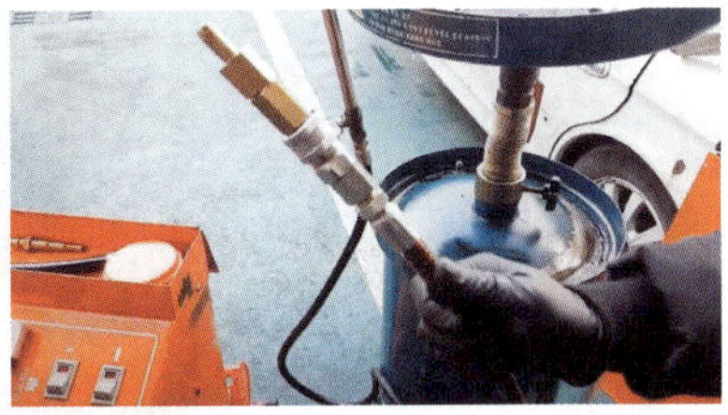

[그림 29] 주입호스에 어댑터 연결

㉰ 주입호스에 연결된 어댑터를 오일 회수통에 설치한다.

[그림 30] 회수통에 설치

㉱ 폐유방출 밸브를 개방하고 신유주입밸브도 개방하면 자동변속기 오일 회수기에 있던 폐유가 방출된다. 방출이 완료되면 모든 스위치를 OFF시킨다.

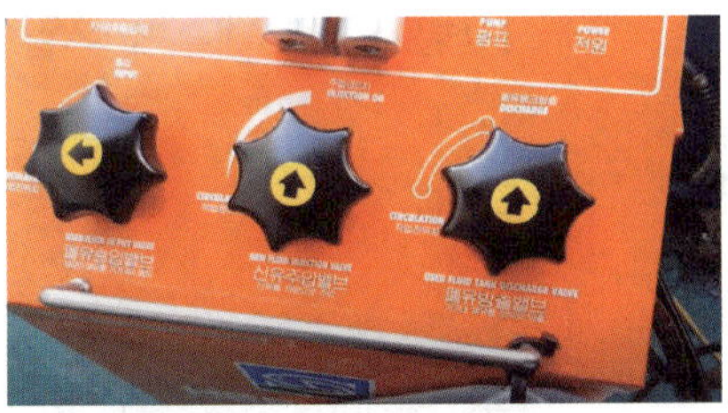

[그림 31] 밸브 개방

[그림 32] 폐유 방출

2.2. 여과지식 오일 필터 교환 및 오일 교환

① 차량을 리프트로 진입시킨 후 리프트를 상승시킨다.

[그림 33] 리프트 상승

② 오일 회수통을 준비한다.
③ 드레인 플러그를 탈거하여 오일을 배출시킨다.
④ 트랜스퍼에도 플러그를 탈거하여 오일을 배출 시킨 후 플러그를 조립한다.

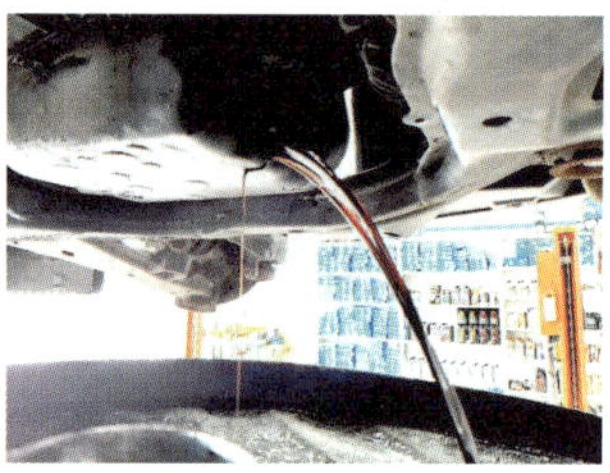

[그림 34] 오일 배출

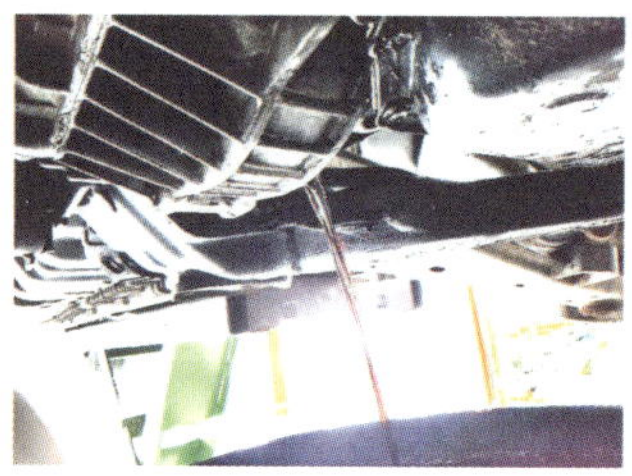

[그림 35] 트랜스퍼 오일 배출

⑤ 오일팬의 고정 볼트를 탈거하고 오일팬을 탈거한다.

[그림 36] 오일팬 탈거

[그림 37] 오일필터 설치상태

⑥ 오일필터 고정 볼트를 살짝 풀어 잔량오일을 배출한다.

[그림 38] 오일필터 유림

⑦ 오일필터 고정 볼트를 풀고 오일필터를 탈거한다.

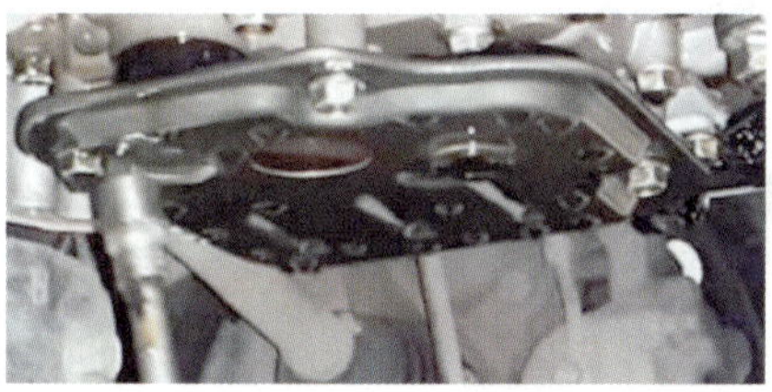

[그림 39] 오일필터 탈거

⑧ 밸브바디 체결볼트를 살짝 풀어 잔량 오일을 배출시킨다.

[그림 40] 밸브바디 잔량 오일 배출

⑨ 자석에 붙은 쇳가루를 제거하고 오일팬을 재 사용시는 개스킷과 이물질을 깨끗이 제거하고 드레인 플러그를 조립 하고 자석을 설치한다. 오일팬이 설치되는 변속기 쪽에도 개스킷 및 이물질을 제거한다.

(a) 탈거후

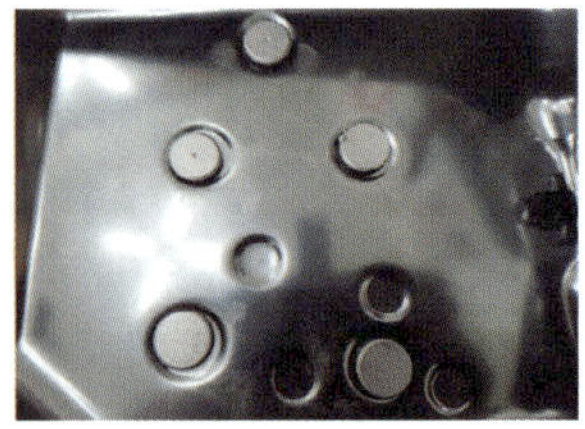

(b) 청소후

[그림 41] 자석 및 오일팬 청소

⑩ 풀었던 밸브바디 고정 볼트를 조인다.

⑪ 신품 오일필터를 조립한다.

[그림 42] 오일필터 조립

⑫ 오일팬에 실리콘 개스킷을 바르고 15분 기다린 후 오일 팬을 붙이고 고정 볼트를 장착한다.

(a) 실리콘 개스킷 바르기

(b) 오일팬 고정 볼트 장착

[그림 43] 오일팬 장착

⑬ 오일 회수통을 작업에 지장이 가지 않는 곳으로 이동시킨다.

⑭ 리프트를 하강시킨다.

⑮ 자동변속기 신유를 주입한다.

⑯ 신유 주입 후 차량시동(5~10분)을 걸고 P, R, N, D각 레인지에서 10초간씩 유지한다.

⑰ 레인지를 P또는 N에 놓고 오일량을 점검하여 부족하면 보충한다.

[그림 44] 오일주입

[그림 45] 오일량 점검

2.3. 입·출력센서 및 인히비터 스위치 교환

2.3.1. 입·출력센서 교환

① 변속레버를 N에 위치시킨다.

② 배터리 (-)단자를 탈거하고, 배터리 (+)단자를 탈거한다.

[그림 46] (-) 단자 탈거

[그림 47] (+) 단자 탈거

③ 배터리 고정 브래킷 고정 볼트를 탈거하여 브래킷을 탈거한다.

[그림 48] 배터리 고정 브래킷 탈거

④ 배터리를 탈거한다.

⑤ 배터리 장착 브래킷 부분에 볼트를 탈거한다.

[그림 49] 배터리 탈거

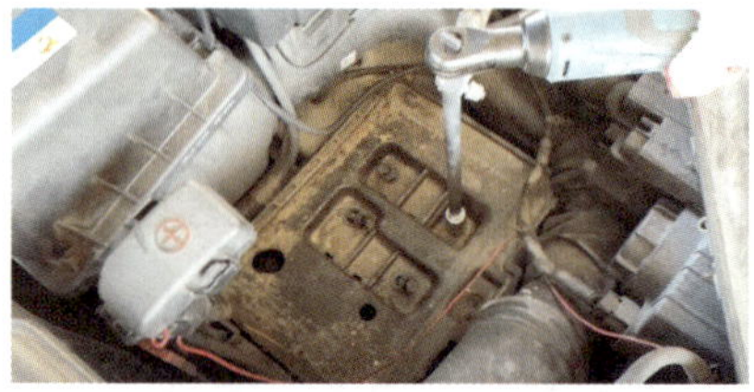

[그림 50] 브래킷 볼트 탈거

⑥ 에어 인테이크 클램프를 적당히 풀어 준다.

[그림 51] 에어 인테이크 클램프

⑦ 앞, 뒤 블리더 호스 클램프를 롱노즈나 플라이어를 이용하여 옆으로 이동시킨 후 호스를 탈거한다.

(a) 위 블리더 호스　　(b) 아래 블리더 호스

[그림 52] 블리더 호스 탈거

⑧ 스로틀바디 쪽 인테이크 호스 클램프를 십자드라이버를 이용하여 적당히 풀어준다.

⑨ 에어클리너에서 스로틀바디로 이어지는 에어 인테이크를 비틀면서 탈거한다.

[그림 53] 스로틀바디 쪽 인테이크 호스 클램프

[그림 54] 에어 인테이크 탈거

⑩ 에어클리너 커버를 고정하고 있는 클램프를 다 풀어준다.

⑪ 에어클리너 커버와 에어클리너를 탈거한다.

[그림 55] 커버 클램프 개방

[그림 56] 커버와 에어클리너 탈거

⑫ 에어클리너 케이스와 차체를 고정해주는 볼트를 탈거한다.

⑬ 에어클리너 케이스와 배터리 트레이를 고정해주는 볼트를 탈거한다.

[그림 57] 차체 고정 볼트 탈거

[그림 58] 배터리 트레이 고정 볼트 탈거

⑭ 에어클리너 케이스 옆에 있는 볼트를 탈거한다.

[그림 59] 케이스 옆 고정 볼트 탈거

⑮ ECU 커넥터 손잡이를 올려주면서 ECU커넥터를 탈거한다.

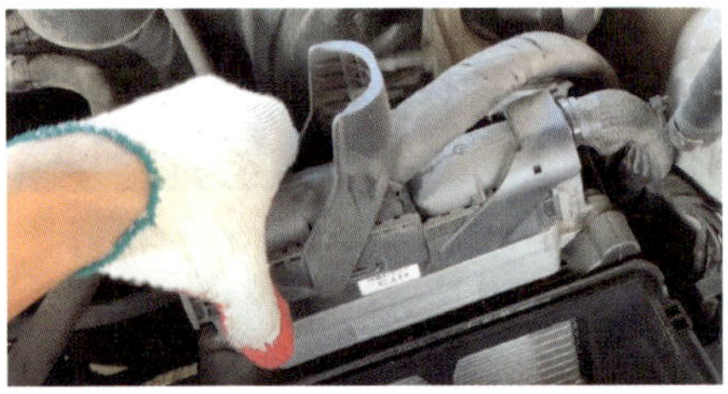

[그림 60] ECU 커넥터 탈거

⑯ 에어클리너 케이스를 탈거한다.

⑰ (+) 케이블을 손으로 당기면서 꺼내주고 배터리 트레이 뒤 쪽에 배선 고정클립을 배터리 트레이를 들어주면서 롱노즈로 눌러서 탈거하고 배터리 트레이를 탈거한다.

[그림 61] 에어클리너 케이스 탈거

[그림 62] 배선 고정클립 탈거

⑱ 미션 마운트에 있는 에어클리너 브래킷 고정 볼트 2개를 탈거하여 브래킷을 탈거한다.

[그림 63] 브래킷 탈거

⑲ 출력센서 고정 볼트를 탈거한다.

⑳ 고착된 출력센서를 비틀면서 탈거한다.

[그림 64] 고정 볼트 탈거

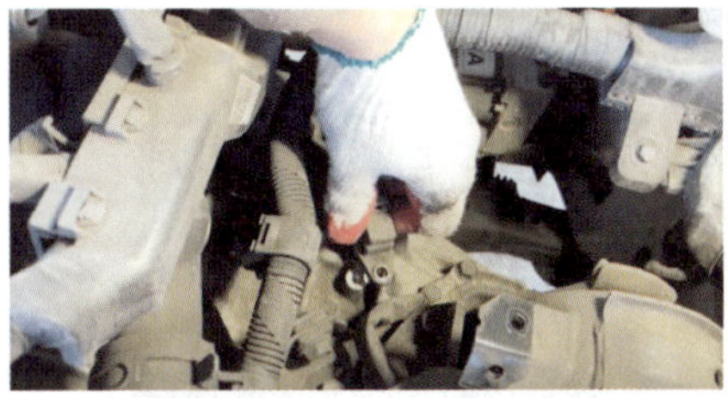

[그림 65] 센서 탈거

㉑ 출력센서 커넥터 버튼을 누르면서 커넥터를 탈거한다.

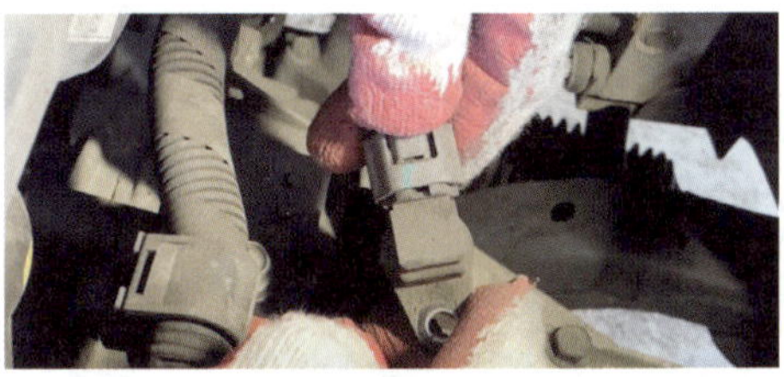

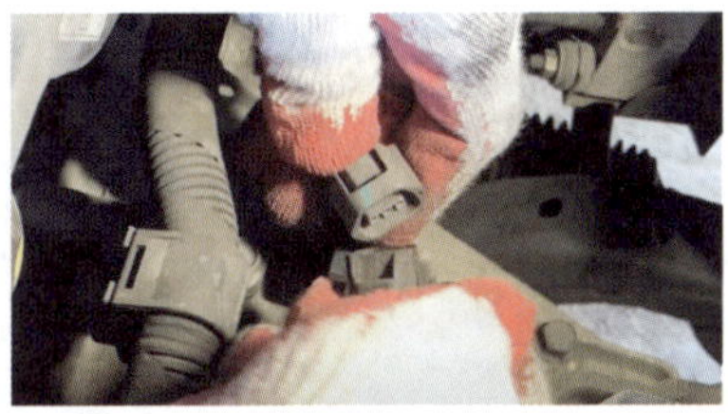

[그림 66] 커넥터 탈거

㉒ 입력센서 위에 있는 케이블 브래킷을 탈거한다. 브래킷 밑면에 입력속도 센서가 위치하기 때문에 브래킷 고정용 볼트 및 케이블 고정 볼트를 탈거하여 작업공간을 확보한다.

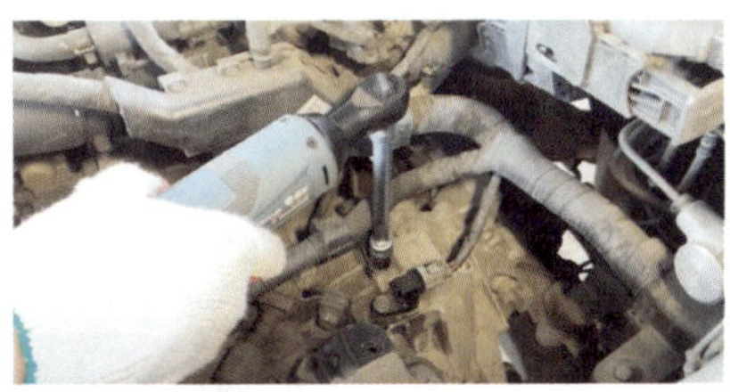

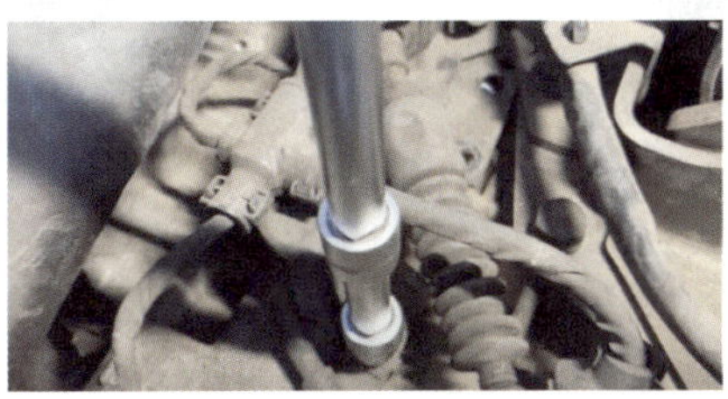

[그림 67] 케이블 고정 볼트 탈거

㉓ 입력센서 고정 볼트를 탈거한다.
㉔ 고착된 입력센서를 비틀면서 탈거한다.

[그림 68] 고정 볼트 탈거

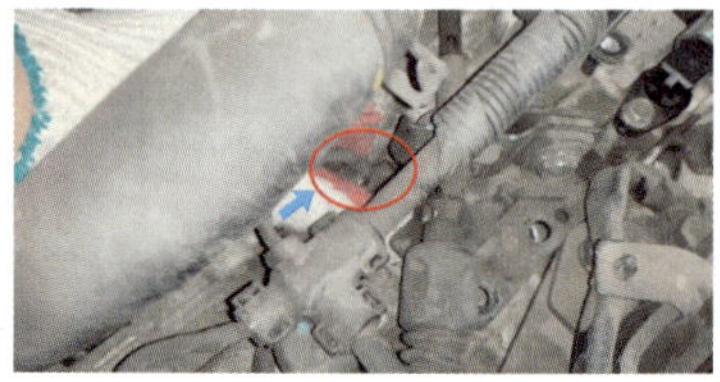

[그림 69] 입력센서 탈거

㉕ 입력센서 커넥터 버튼을 누르면서 커넥터를 탈거한다.

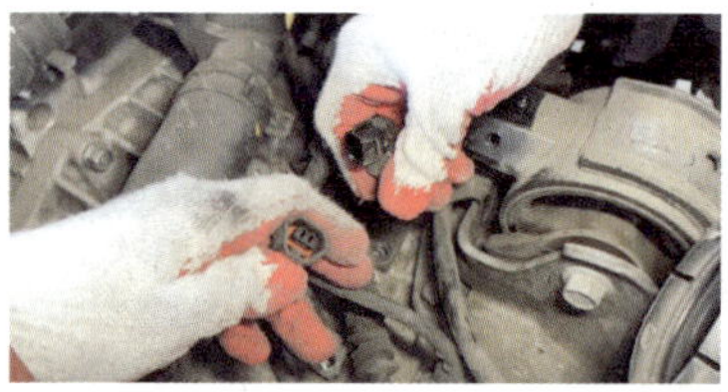

[그림 70] 커넥터 탈거

㉖ 신품 입력센서, 신품 출력센서를 탈거의 역순으로 장착을 한다.

2.3.2. 인히비터 스위치 교환

① 입·출력센서 교환 작업 ①~⑱번 까지 작업은 동일하다.
② 인히비터 스위치 탈거 시 인히비터 스위치 변속 단이 바뀌지 않게 N드라이브 셋팅 홀 끼리 맞게 위치한 후 핀 또는 송곳을 끼운다. 탈거할 때 틀어지지 않게 하기 위한 방법이다.

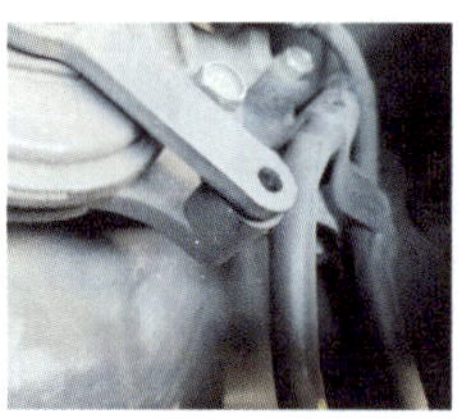

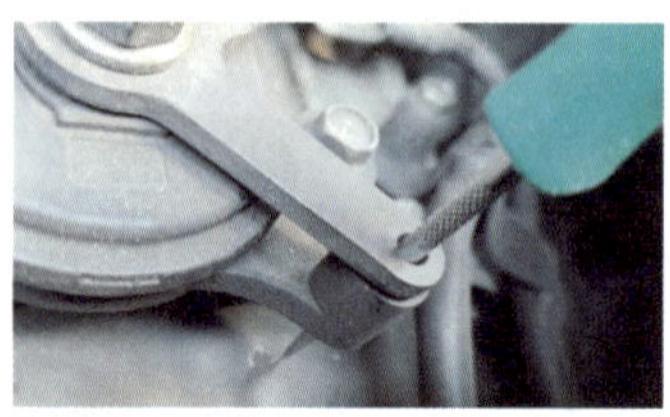

[그림 71] 핀 설치

③ 인히비터 스위치 가운데에 있는 선택버튼 너트를 탈거한다. 와셔는 분실하지 않도록 한다.

[그림 72] 선택버튼 너트 탈거

④ 인히비터 스위치 고정 볼트 2개를 탈거한다.

[그림 73] 고정 볼트 탈거

⑤ 시프트 케이블 마운팅 와셔 붙이 너트를 탈거한다.

⑥ 매뉴얼 컨트롤 레버 브래킷을 탈거한다. 약간은 고착되어 있는 경우가 많으므로 좌우로 위아래 흔들면서 탈거한다.

[그림 74] 마운팅 너트 탈거

[그림 75] 브래킷 탈거

⑦ 인히비터 스위치를 들어 올려서 커넥터 후크를 누르면서 커넥터를 탈거한다.

[그림 76] 커넥터 탈거

⑧ 매뉴얼 컨트롤 레버 브래킷이 고정된 볼트 자리에 녹이 있으면 깨끗이 청소한다.

[그림 77] 브래킷 고정된 볼트자리 청소

⑨ 신품 인히비터 스위치에 커넥터를 연결한다.

⑩ N드라이브 셋팅 홀 끼리 맞게 위치한 후 위치 홀에 송곳이나 핀을 꽂아 두고 인히비터 스위치 볼트 2개 먼저 적당히 장착한다. 이후 공차 체결 후 규정 토크로 조이면 된다.

⑪ 시프트 케이블 마운팅 너트 체결 전에 브래킷 홀 안으로 들어오게 위치한 다음 너트를 규정토크로 고정시킨다.

[그림 78] 핀 설치 및 고정 볼트 가체결

[그림 79] 브래킷 조립

⑫ 인히비터 스위치 가운데에 있는 선택버튼 너트와 스프링 와셔를 규정토크로 고정시키고 N드라이브 셋팅 홀에 고정시켰던 핀을 탈거한다.

[그림 80] 선택버튼 너트 조립

⑬ 차 실내로 들어가 시프트락 릴리스(Shift Lock Release)버튼을 누르고 N→D→N→R→P→R→N→D 순서로 3초씩 머물면서 이동시켜 준다. 그리고 나서 N드라이브에 위치시키고 N드라이브 셋팅 홀 위치가 잘 맞는지 확인 후 인히비터 스위치 고정 볼트 2개를 규정토크로 조여 준다.

[그림 81] 인히비터 스위치 각 레인지 위치

⑭ 나머지 부품 조립은 탈거의 역순으로 하고, 시동 걸고 경고등 점등 없는지와 변속레버가 뻑뻑한지 부드러운지 확인하고, 뻑뻑하면 N드라이브 셋팅 홀 위치가 잘 안 맞은 것 일수도 있으니 N드라이브에 놓고 시동을 끄고 홀의 위치가 일치하는지 확인한다.

2.4. 매뉴얼 컨트롤 케이블 점검

인히비터 스위치가 적절히 작동하는가를 점검하고 매뉴얼 링키지가 잘 조정되었는가를 확인한다.

① 주차 브레이크를 채우고 브레이크 페달을 완전히 밟는다.
② 선택 레버를 R위치에 놓는다.
③ 점화키를 ST위치에 놓는다.
④ 선택레버를 위로 올려 P위치의 클릭(click)과 맞물렸을 때 스타터 모터가 작동하

면 P위치는 정확한 것이다.

⑤ 같은 방법으로 선택레버를 N위치로 놓았을 때 스타터 모터가 작동하면 N위치는 정확한 것이다.

⑥ 선택레버를 P → R → N → D → 2 → L사이에서 중지하지 않고 계속 이동시켰을 때 차량이 움직이지 않는가를 확인한다.

⑦ 위에 설명한대로 스타터 모터가 P 및 N위치에서만 작동하고 나머지 위치에서 작동하지 않으면 매뉴얼 컨트롤 케이블은 정확히 조정된 것이다.

2.5. 스피드미터 케이블의 교환

① 핸들을 뒤로 젖혀놓고 계기판 패널의 볼트를 탈거하고 계기판 패널에서 커넥터를 분리한 후 계기판 패널을 탈거한다.

[그림 82] 계기판 패널 탈거

② 계기판 고정 볼트를 탈거한다.

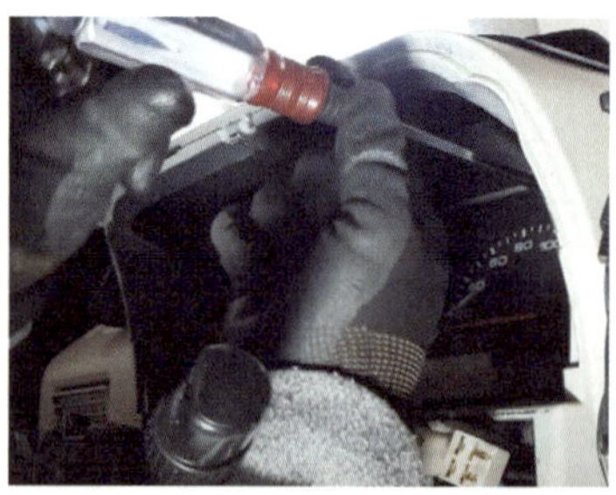

[그림 83] 계기판 볼트 탈거

③ 변속기측 스피드미터 케이블 너트를 풀어준다.

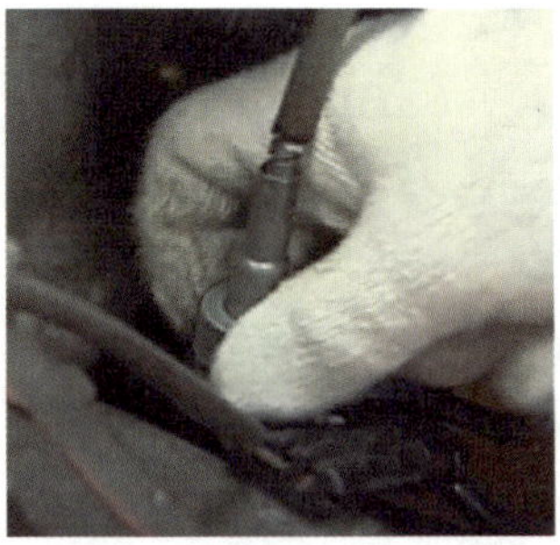
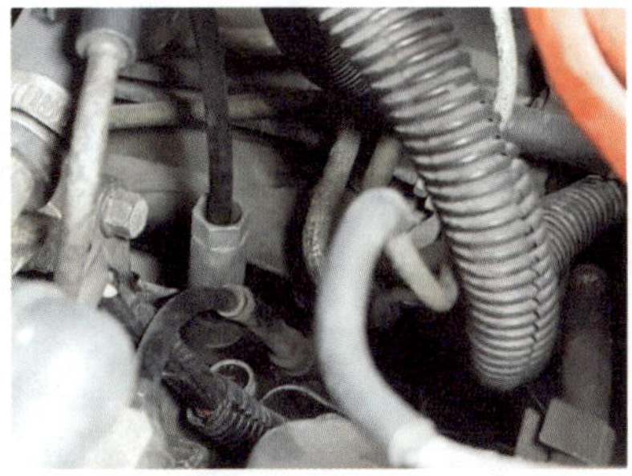

[그림 84] 너트 분리

④ 계기판을 탈거한다.

⑤ 계기판에서 스피드미터 케이블 고정 돌기를 눌러서 스피드미터 케이블을 탈거한다.

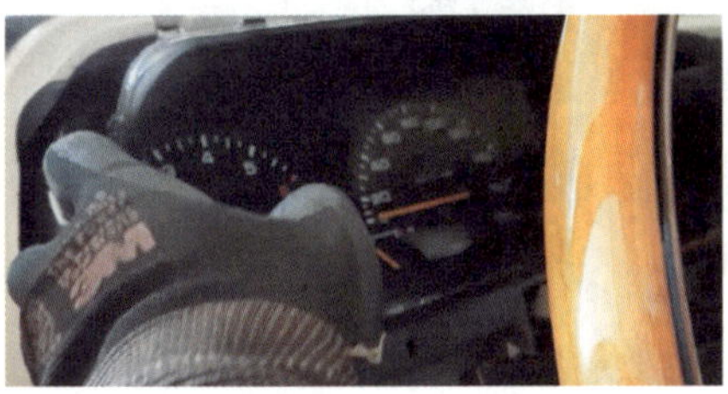

[그림 85] 계기판 탈거

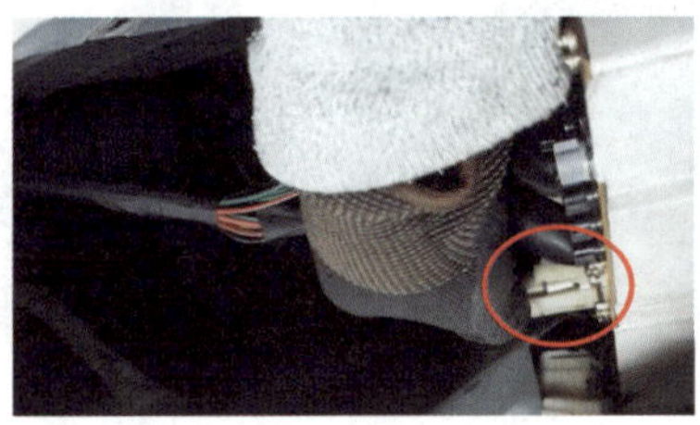

[그림 86] 계기판에서 스피드미터 케이블 탈거

⑥ 엔진룸에서 스피드미터 케이블을 잡아당겨 탈거한다.

⑦ 신품 스피드미터 케이블을 엔진룸에서 차 실내로 밀어 넣는다.

[그림 87] 스피드미터 케이블 탈거

[그림 88] 신품 케이블을 삽입

⑧ 스피드미터 케이블에 있는 고무파킹을 설치한다.

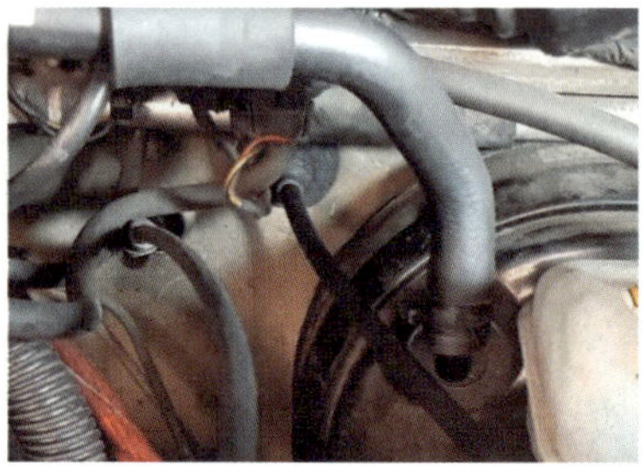

[그림 89] 고무파킹 설치

⑨ 스피드미터 케이블 끝에 있는 키 조인트를 변속기에 집어넣고 너트를 완전히 조인다. 이때 케이블이 완전하게 그리고 정확하게 연결되지 않으면 스피드미터의 지침이 틀리거나 비정상적인 소음이 발생하므로 반드시 정확히 연결해야 한다.

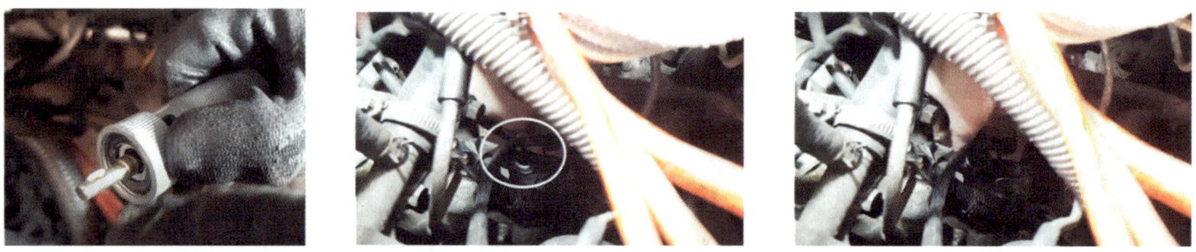

(a) 키 조인트 (b) 속도계에 키 조립 (c) 너트 조립

[그림 90] 스피드미터 케이블 장착

⑩ 계기판 패널에 어댑터를 정확히 집어넣고 신품의 스피드미터 케이블을 고정시킨다.

⑪ 계기판 및 패널을 조립하고 핸들을 원위치로 놓는다.

2.6. 변속레버 어셈블리 탈·부착

① 기어봉을 하부측 커버를 내리고 잡아당겨서 탈거한다.

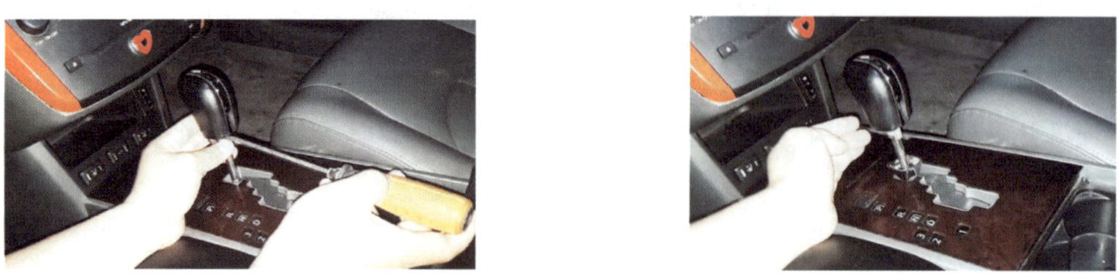

(a) 하부측 커버 내림

(b) 기어봉 당김

[그림 91] **기어봉 탈거**

② 기어봉 판넬을 당기면서 탈거한다.

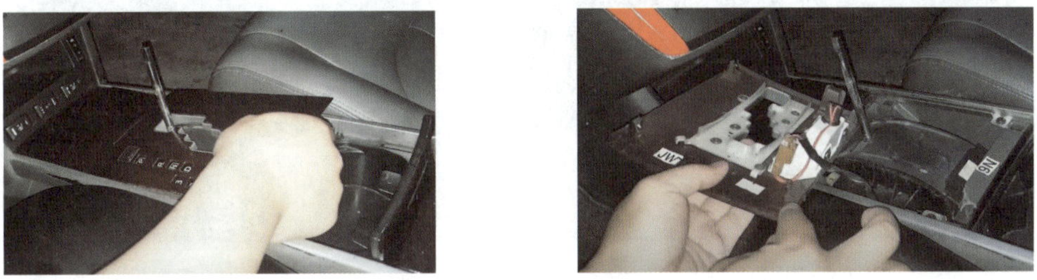

[그림 92] **기어봉 판넬 탈거**

③ 기어봉 판넬에서 커넥터를 탈거한다.

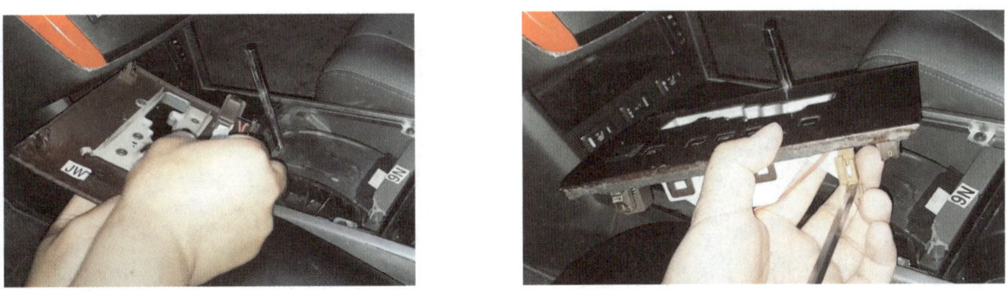

[그림 93] **커넥터 탈거**

④ 센터 커버 위에 있는 고정 볼트를 탈거한다.

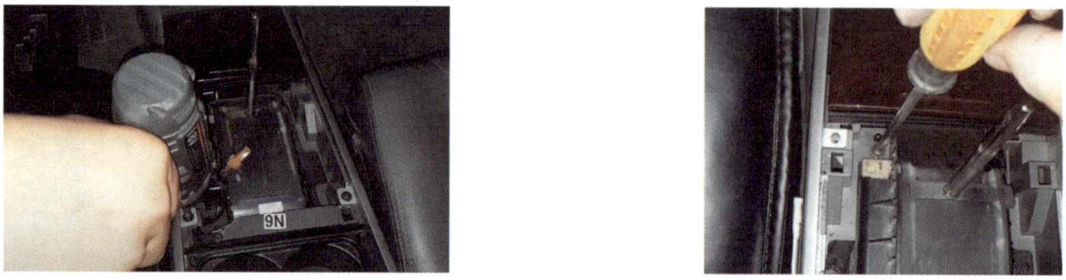

[그림 94] 고정 볼트 탈거

⑤ 컨솔박스 고정 볼트 커버를 탈거하고 볼트를 탈거한다.

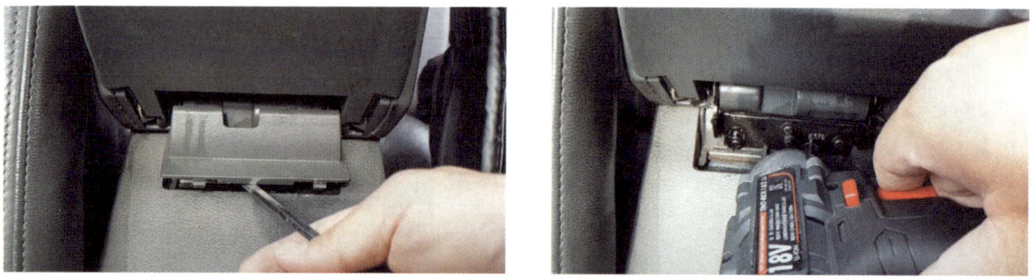

(a) 커버 탈거　　　　(b) 볼트 탈거

[그림 95] 고정 볼트 탈거

⑥ 컨솔박스를 탈거하고, 시트를 앞으로 당긴다.

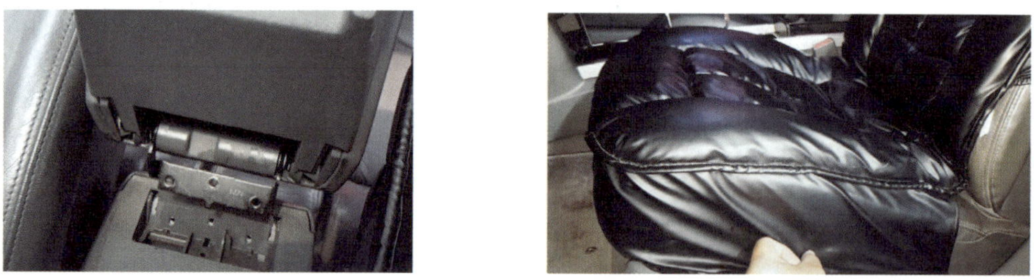

(a) 컨솔박스 탈거　　　　(b) 시트 당김

[그림 96] 컨솔박스 탈거 및 시트 당김

⑦ 뒷좌석 공조기 판넬을 탈거하고 커넥터를 탈거한다.

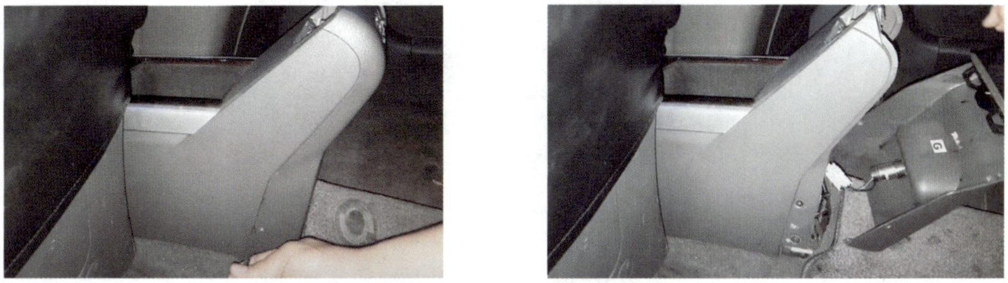

(a) 공조기 판넬 탈거

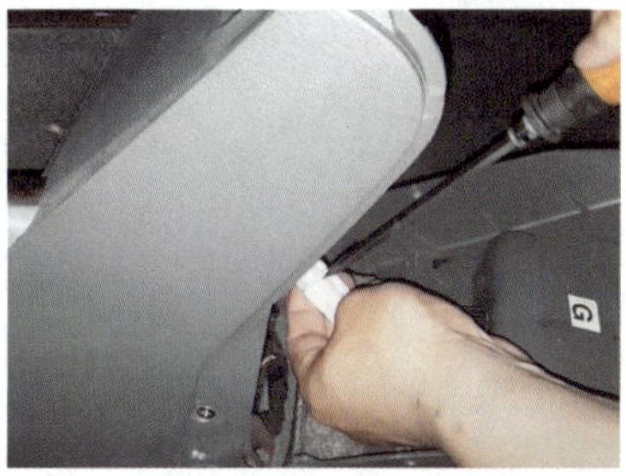

(b) 커넥터 탈거

[그림 97] 공조기 판넬 및 커넥터 탈거

⑧ 센터 커버 옆면 좌측, 우측 고정 볼트를 탈거한다.

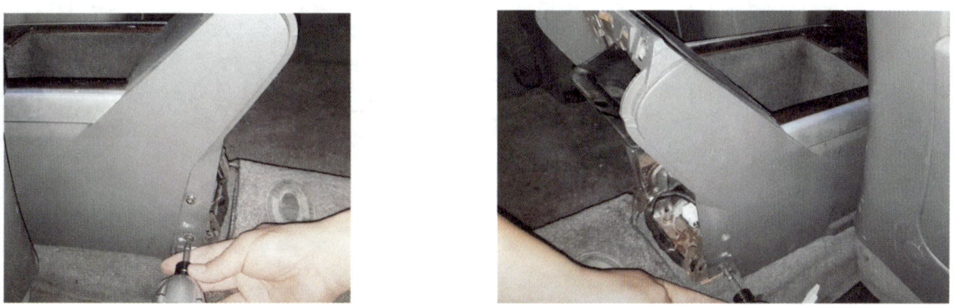

[그림 98] 고정 볼트 탈거

⑨ 시트를 뒤로 이동시킨다.

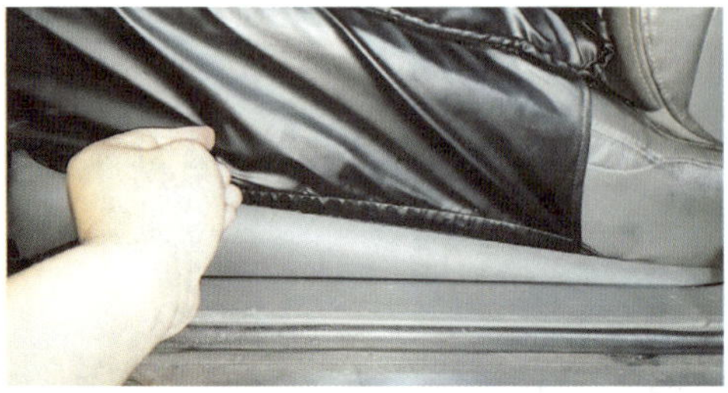

[그림 99] **시트 뒤로 이동**

⑩ 센터 커버 앞 쪽 판넬을 당겨서 탈거하고 반대편 판넬도 탈거한다.

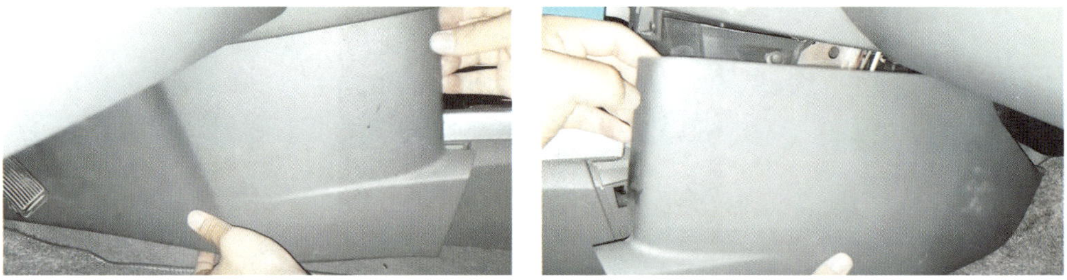

[그림 100] **판넬 탈거**

⑪ 판넬 안쪽에 있는 십자 볼트 좌측 우측 모두 탈거한다.

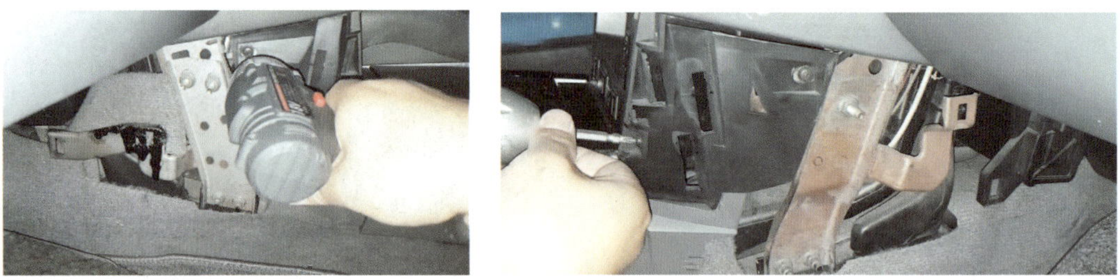

[그림 101] **십자 볼트 탈거**

⑫ 뒷좌석 공조기측 철판을 탈거한다.

⑬ 공조기 에어덕트 좌측 우측 고정 볼트를 탈거한다.

[그림 102] **철판 탈거**

[그림 103] **에어덕트 고정 볼트 탈거**

⑭ 에어덕트를 탈거한다.

[그림 104] **에어덕트 탈거**

⑮ 뒷좌석에서 센터 커버를 탈거하고 커넥터를 분리한다.

(a) 센터 커버 탈거

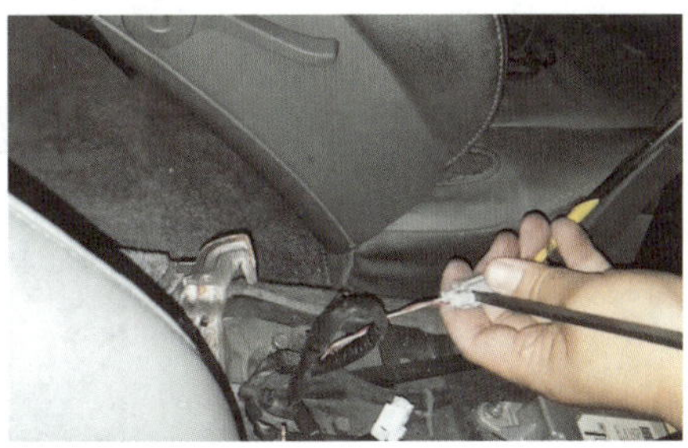

(b) 커넥터 탈거

[그림 105] **센터 커버 및 커넥터 탈거**

⑯ 변속레버를 탈거한다.

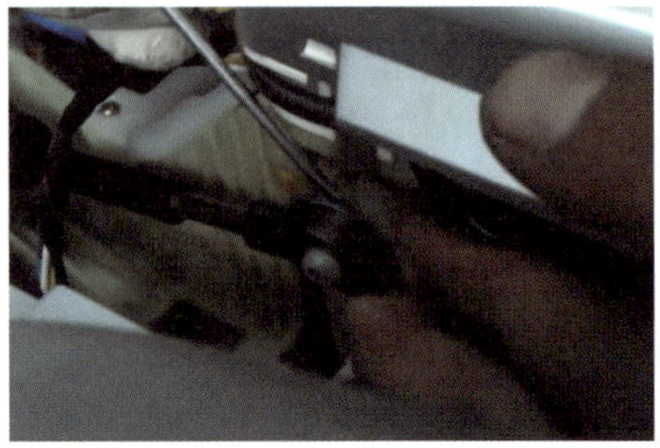

[그림 106] 변속레버 탈거

⑰ 변속 레버 부싱 고무를 탈거한다.

⑱ 변속 레버 인디케이터 어셈블리 고정 볼트를 탈거하고 변속 레버 인디케이터 어셈블리를 탈거한다.

[그림 107] 부싱 고무 탈거

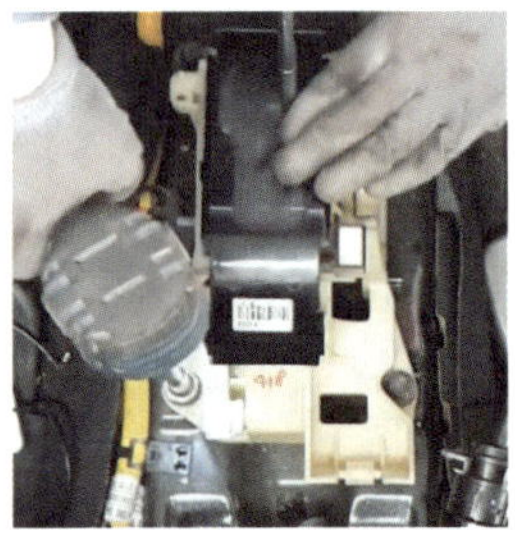

[그림 108] 변속 레버 인디케이터 어셈블리 탈거

⑲ 변속 레버 인디케이터 어셈블리 에서 커넥터를 탈거한다.

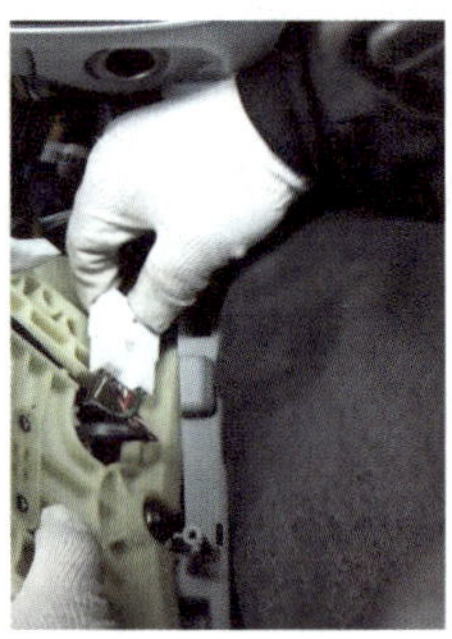

[그림 109] 커넥터 탈거

⑳ 조립은 탈거의 역순으로 하고, 조립시 기어 레버 부싱의 윤활부에 그리스를 도포한다.

03 자동변속기 어셈블리

3.1. 자동변속기 탈 · 부착

3.1.1. 탈거

① 배출 플러그를 빼낸 다음 ATF를 배출시킨다.

[그림 110] ATF 배출

② 배터리 및 에어클리너 어셈블리를 분리시켜 탈거한다.

③ 리턴호스와 공급호스의 장착 클램프를 풀고 호스를 분리시킨다. 이때 이물질이 유입되지 않도록 분리된 호스 끝과 변속기 피팅 부위를 플러그로 막는다.

④ 컨트롤 케이블과 커넥터를 탈거한다.

[그림 111] 리턴호스와 공급호스 분리

[그림 112] 컨트롤 케이블 탈거

⑤ 스피드미터 케이블을 분리한다.

⑥ 펄스 제너레이터 커넥터, 인히비터 스위치 커넥터, 킥다운 서보스위치 커넥터, 솔레노이드밸브 커넥터, 유온센서 커넥터를 분리시킨다.

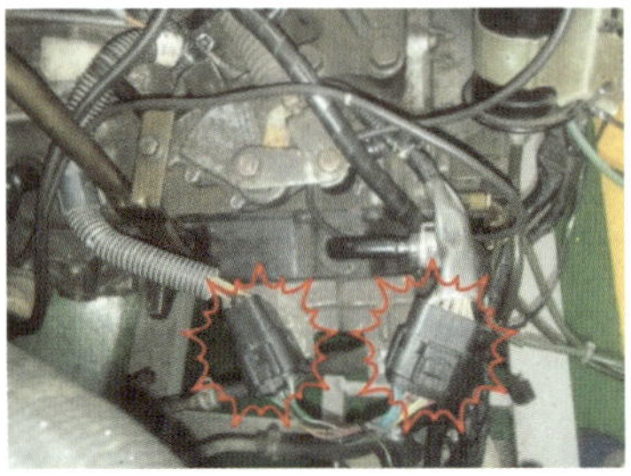

[그림 113] **각종 커넥터 분리**

⑦ 트랜스액슬의 윗부분에서 변속기와 엔진을 체결하는 볼트를 푼다.
⑧ 엔진지지용 공구를 장착한다.

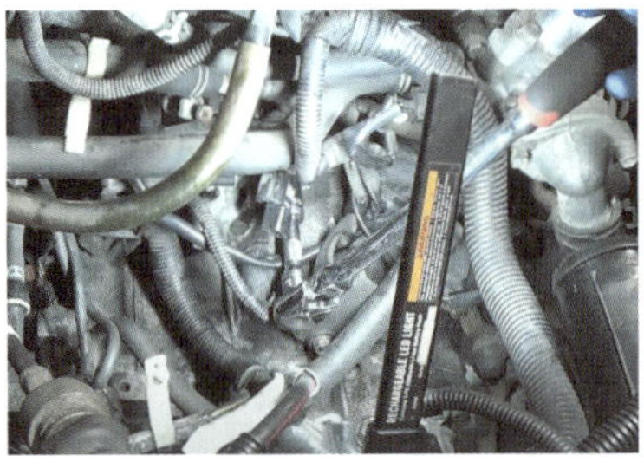

[그림 114] **트랜스액슬 상부와 변속기 엔진 연결 볼트 탈거**

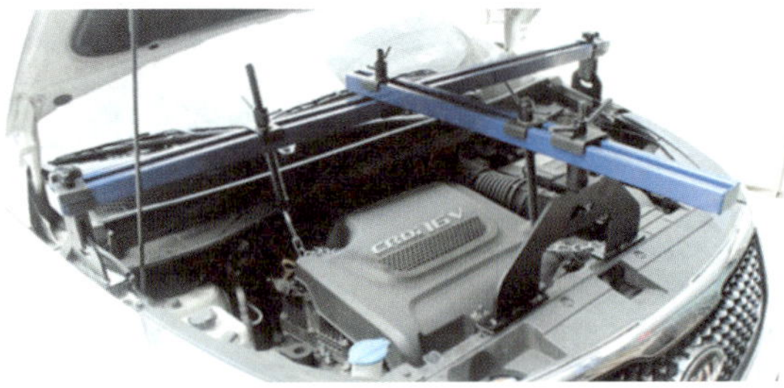

[그림 115] **엔진지지용 공구 장착**

⑨ 기어박스, 타이로드 엔드, 드라이브 샤프트, 너클 마운팅 볼트를 푼다.
⑩ 기어박스 유니버셜 조인트와 리턴튜브 마운팅 볼트를 푼다.
⑪ 서브 프레임 마운팅 볼트를 푼 다음 서브 프레임을 탈거한다.

[그림 116] **서브 프레임 탈거**

⑫ 스타터 모터를 탈거한다.

⑬ 자동변속기 앞, 뒤 및 옆쪽 마운팅 브래킷을 탈거한다.

⑭ 엔진과 변속기를 체결하는 볼트를 푼다.

⑮ 변속기를 지지하는 잭을 이용하여 변속기를 지지하면서 변속기를 탈거한다.

3.1.2. 장착

① 트랜스액슬 쪽에 토크 컨버터를 장착하고서 트랜스액슬 어셈블리를 엔진에 장착한다. 이때 토크컨버터에 먼저 엔진 쪽에 장착하면 트랜스액슬 쪽에 있는 오일실이 손상되므로 반드시 토크컨버터를 먼저 트랜스액슬에 장착한다.

② 트랜스액슬 컨트롤 케이블을 장착하고 다음과 같이 트랜스액슬 컨트롤 케이블을 조정한다.

㉮ 변속레버와 인히비터 스위치를 N위치에 놓고 컨트롤 케이블을 장착한다.

㉯ 컨트롤 케이블을 트랜스액슬에 장착할 때 클립이 컨트롤 케이블과 접촉되게 장착한다.

㉰ 조정너트를 조정하여 컨트롤 케이블을 당긴 다음 선택레버가 부드럽게 움직이는가를 점검한다.

㉱ 컨트롤 케이블이 정확히 조정되었는가를 점검한다.

③ 다른 부분은 탈거의 역순으로 작업한다.

3.2. 자동변속기 어셈블리 분해 조립

3.2.1. 분해 조립시 주의사항

① 자동변속기는 모든 접촉면은 매우 정교하게 기계 가공되어 있으므로 부품을 다룰 때 파이거나 흠집이 생기지 않게 각별히 주의를 기울인다.

② 분해 조립작업 중에는 반드시 청결을 유지해야 한다.

③ 각 부품을 분해한 다음 세척할 때는 적정한 솔벤트로 닦은 다음 압축 공기로 건조시켜야 하며 타월 등으로 닦아서는 안 된다.

④ 클러치디스크, 브레이크디스크, 플라스틱 스러스트와 고무부품은 ATF로 청소해야하며 청결을 유지해야 한다.

⑤ 개스킷, 오일실, 고무부품 등은 조립할 때 신품으로 교환해야 한다.

⑥ 광유나 바셀린 이외의 그리스는 사용하지 않는다.

⑦ 마찰부위, 회전부위, 섭동부위는 장착하기 전에 ATF를 도포해야 하며 ATF는 제

작사의 자동변속기 오일을 사용해야 한다.

⑧ 신품의 클러치 디스크는 장착하기 전에 ATF 속에 2시간 정도 담궈 놓아야 한다.

⑨ 개스킷에 실러나 접착제를 도포하여서는 안 된다.

⑩ 부싱을 교환해야 할 때는 그것을 포함한 어셈블리를 교환한다.

⑪ 분해와 조립작업을 할 때는 걸레 등을 사용해서는 안 된다.

3.2.2. 자동변속기 분해(현대 6단 A6LF2) 조립

① 자동변속기에 묻어있는 모래와 오물을 청소한다.

② 자동변속기를 작업대에 놓는다.

③ 인히비터 스위치 매뉴얼 컨트롤 레버를 탈거한다.

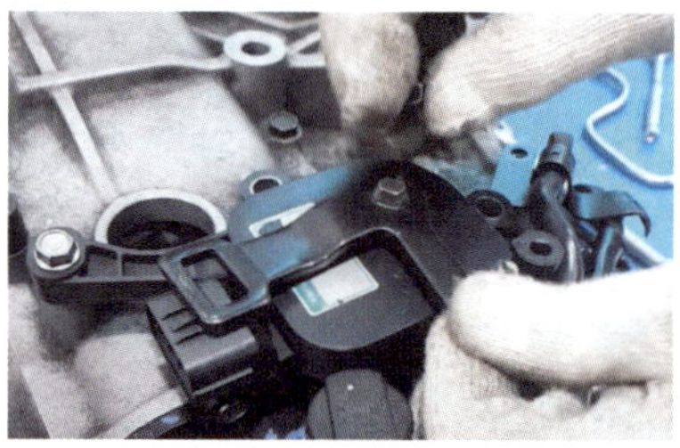

[그림 117] 매뉴얼 컨트롤 레버 탈거

④ 인히비터 스위치(포지션 스위치, Position Switch) 고정 볼트 10㎜를 탈거 후 인히비터 스위치를 탈거한다.

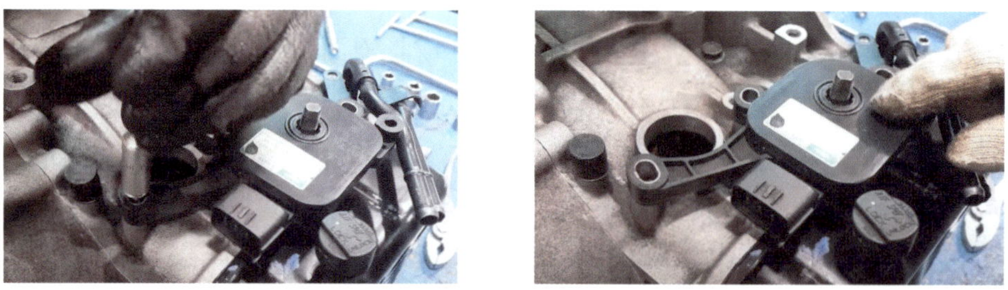

[그림 118] 인히비터 스위치 탈거

⑤ 오일팬(밸브바디 커버)을 탈거한다.

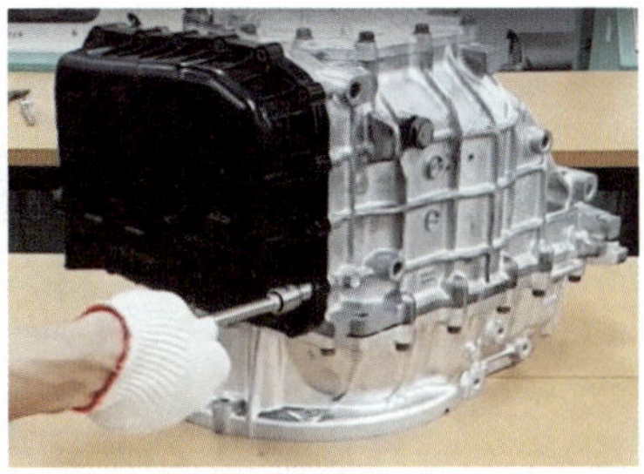

[그림 119] 오일팬 탈거

⑥ FPC(Flexible Printed Circuit)를 고정하고 있는 10㎜볼트 및 유온센서를 밸브바디에서 탈거하고 FPC를 잡아당겨 솔레노이드 밸브에서 분리시킨다.

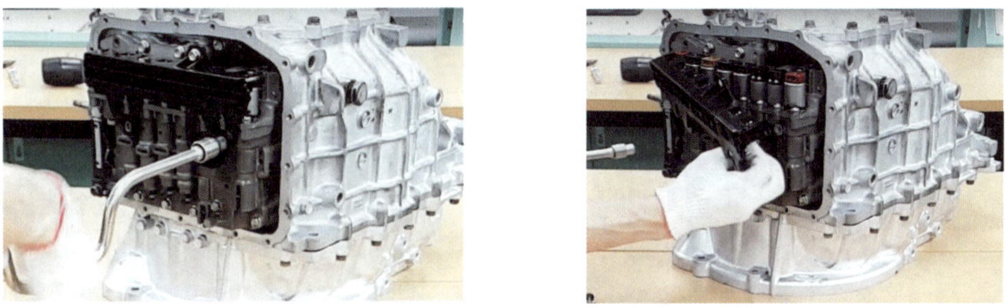

[그림 120] FPC 분리 및 유온센서 탈거

⑦ 밸브바디 10㎜ 고정 볼트를 풀고 밸브바디 어셈블리를 탈거한다.

[그림 121] 밸브바디 어셈블리 탈거

⑧ 입력축 속도센서와 출력축 속도센서 및 FPC 고정 볼트를 탈거하고 입력축 속도

센서, 출력축 속도센서, FPC, 유온센서를 탈거한다. FPC는 배선이 약해 탈거시 조심히 다뤄야 한다.

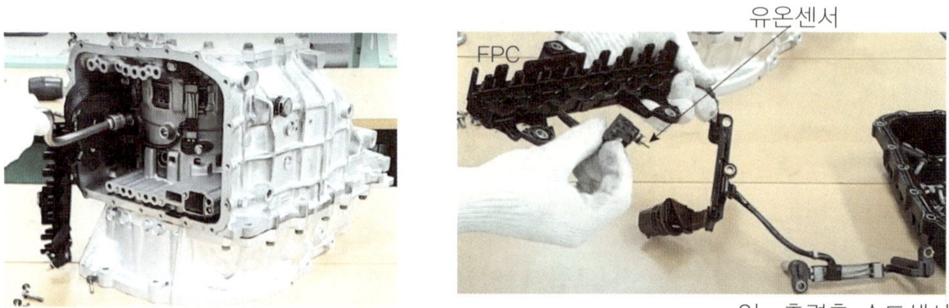

[그림 122] **입·출력축 속도센서, FPC, 유온센서 탈거**

⑨ 매뉴얼 컨트롤 레버 샤프트를 탈거한다.
⑩ 리어커버를 탈거한다.

[그림 123] **매뉴얼 컨트롤 레버 샤프트 탈거**

[그림 124] **리어커버 탈거**

⑪ 오버드라이브 클러치를 탈거한다.
⑫ 원웨이 클러치 스냅링을 탈거한다.

[그림 125] **오버드라이브 클러치 탈거**

[그림 126] **원웨이 클러치 스냅링 탈거**

⑬ 원웨이 클러치를 탈거한다.

[그림 127] **원웨이 클러치 탈거**

⑭ 프런트, 리어 애뉼러스 기어 어셈블리를 탈거한다.

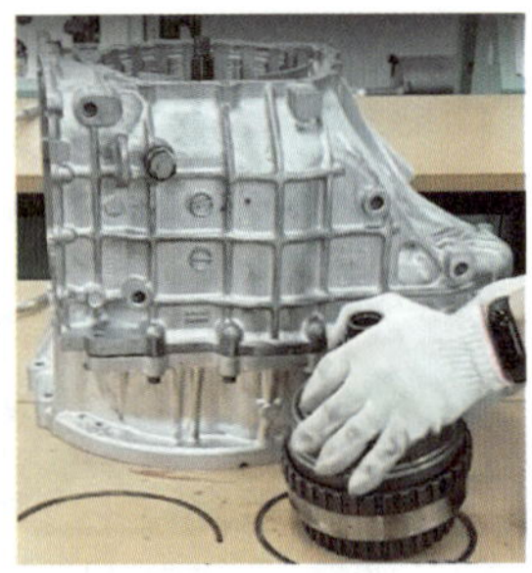

[그림 128] **프런트, 리어 애뉼러스 기어 어셈블리 탈거**

⑮ 스냅링을 탈거한다.

⑯ 로우앤 리버스 브레이크 디스크를 탈거한다.

[그림 129] **스냅링 탈거**

[그림 130] **로우앤 리버스 브레이크 디스크 탈거**

⑰ 스냅링을 탈거한다.

[그림 131] 스냅링 탈거

⑱ 로우앤 리버스 브레이크 리턴 스프링을 탈거한다.

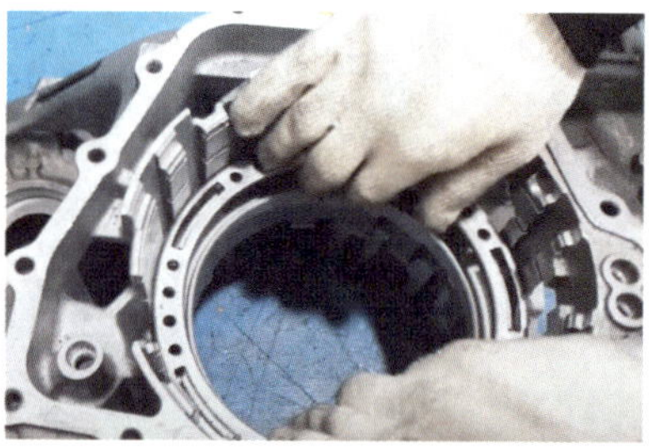

[그림 132] 로우앤 리버스 브레이크 리턴 스프링 탈거

⑲ 로우앤 리버스 브레이크 피스톤을 탈거한다.
⑳ 자동변속기 하우징을 탈거한다.

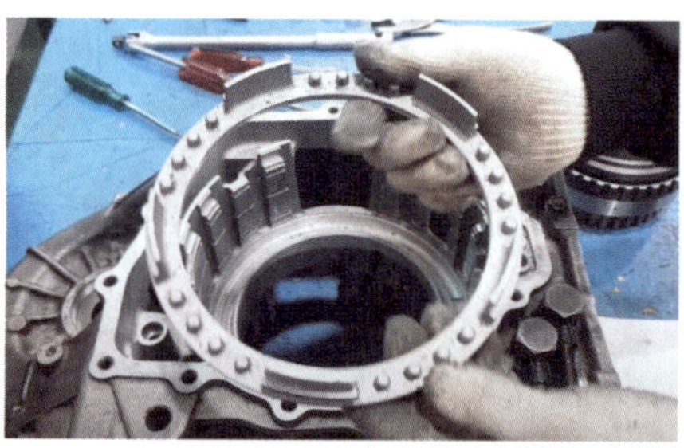

[그림 133] 로우앤 리버스 브레이크 피스톤 탈거

[그림 134] 자동변속기 하우징 탈거

㉑ 토크컨버터 하우징 고정 볼트를 탈거하고 토크 컨버터 하우징을 탈거한다.

㉒ 차동기어(디퍼런셜 기어) 어셈블리를 탈거한다.

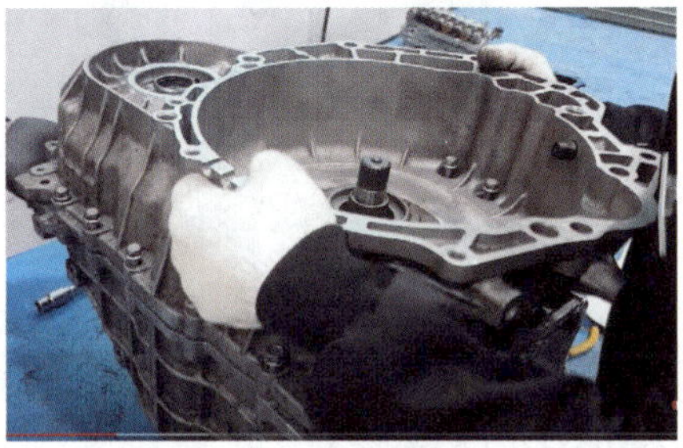

[그림 135] 토크 컨버터 하우징 탈거

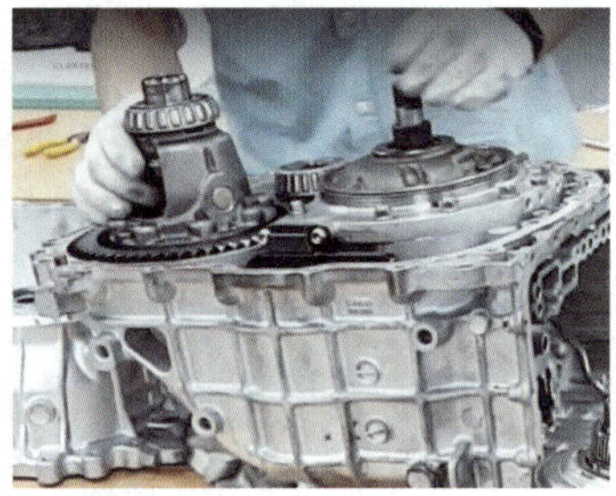

[그림 136] 차동기어 탈거

㉓ 오일펌프 및 오일필터를 탈거한다.

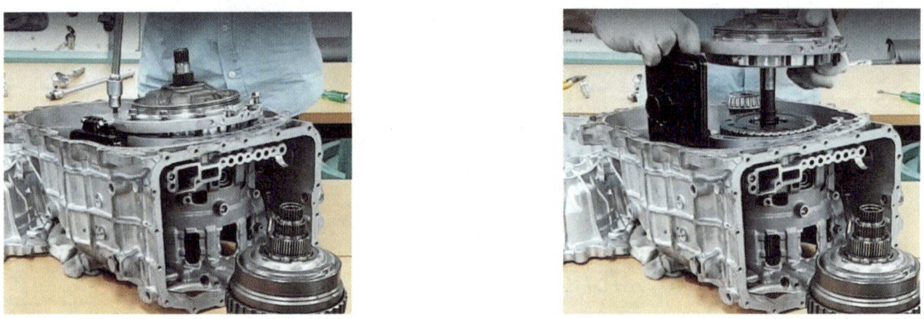

[그림 137] 오일펌프 및 오일필터 탈거

㉔ 3, 5, R 클러치를 탈거한다.

[그림 138] 3, 5, R 클러치 탈거

㉕ 플레이트, 2/6 B(브레이크) 디스크 어셈블리를 탈거한다.

[그림 139] 플레이트, 2/6 B(브레이크) 디스크 어셈블리 탈거

㉖ 3/5/R과 2/6/B(브레이크) 허브 어셈블리를 탈거한다.

[그림 140] 3/5/R과 2/6/B(브레이크) 허브 어셈블리 탈거

㉗ U/D 브레이크 디스크, 플레이트 스냅링을 탈거한다.

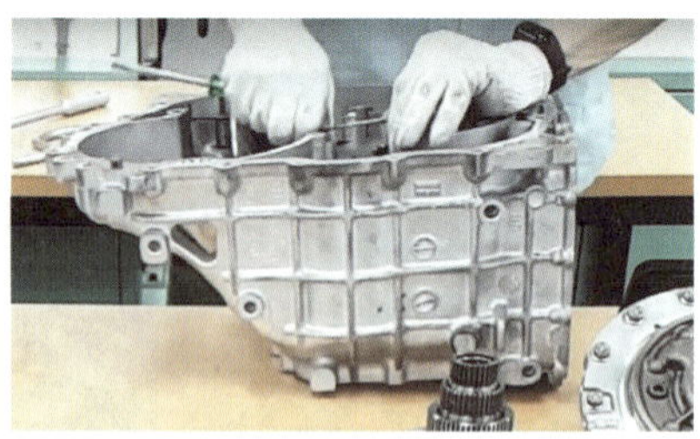

[그림 141] U/D 브레이크 디스크, 플레이트 스냅링 탈거

㉘ U/D 브레이크 디스크, 플레이트를 탈거한다.

㉙ U/D 브레이크 허브를 탈거한다.

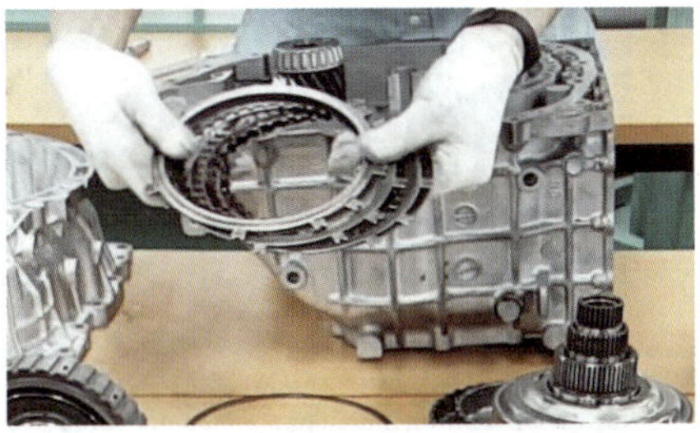

[그림 142] U/D 브레이크 디스크, 플레이트 탈거

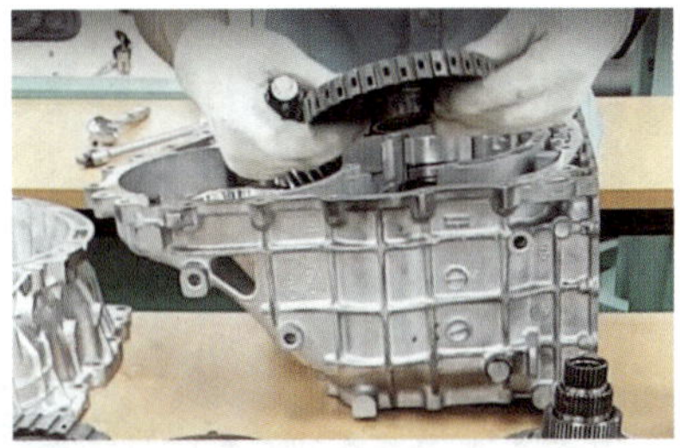

[그림 143] U/D 브레이크 허브 탈거

㉚ 기어 바깥쪽의 스냅링을 탈거한다.

[그림 144] 스냅링 탈거

㉛ U/D 브레이크 스프링을 탈거한다.

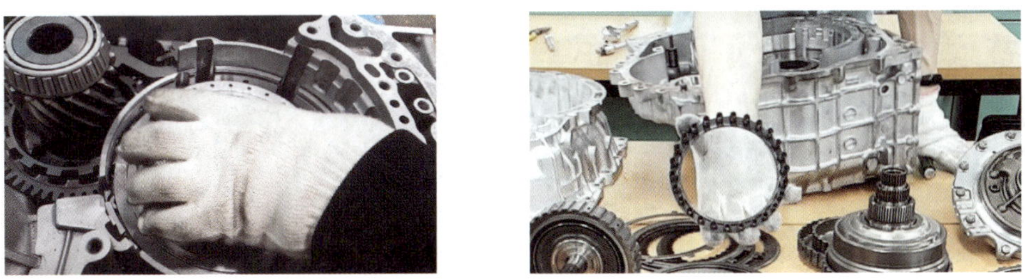

[그림 145] U/D 브레이크 스프링 탈거

㉜ U/D 브레이크 피스톤을 탈거한다.

[그림 146] U/D 브레이크 피스톤 탈거

㉝ 육각렌치를 이용하여 육각볼트 2개를 풀고 U/D 브레이크 챔버를 탈거한다.

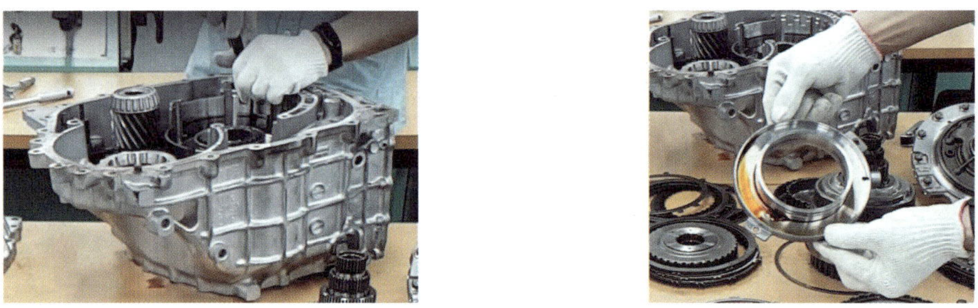

[그림 147] U/D 브레이크 챔버 탈거

㉞ 육각렌치를 이용하여 육각볼트 6개를 풀고 U/D 브레이크 리테이너를 탈거한다.

[그림 148] U/D 브레이크 리테이너 탈거

㉟ 육각렌치를 이용하여 육각나사를 풀고 트랜스퍼 드라이브 기어(구동기어)를 탈거한다.

[그림 149] 드라이브 기어 탈거

㊱ 핀과 스프링을 잡아당겨 탈거하고, 파킹 스프레그를 탈거한다.

(a) 핀과 스프링 탈거

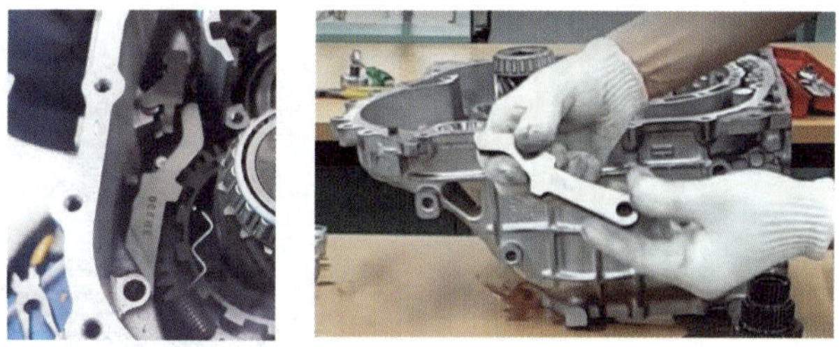

(b) 파킹 스프레그

[그림 150] 파킹 스프레그 탈거

㊲ 트랜스퍼 드리븐 기어를 탈거한다.

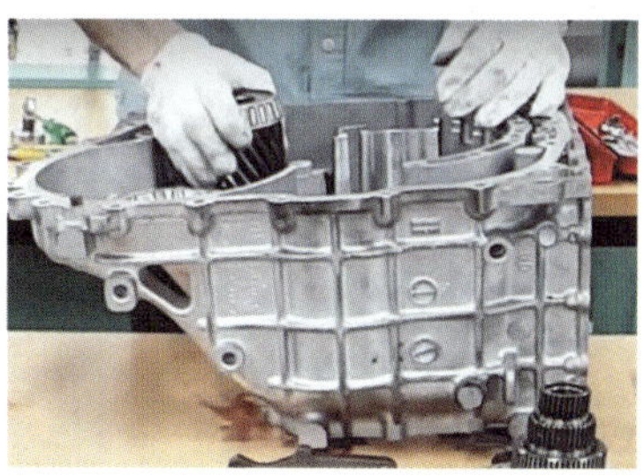

[그림 151] 트랜스퍼 드리븐 기어 탈거

㊳ 조립은 분해의 역순으로 한다.

3.2.3. 프런트, 리어 애뉼러스 기어 어셈블리 분해 조립

① 스냅링을 안으로 눌러 원웨이 클러치 인너레이스를 분해하고 스냅링을 탈거한다.

[그림 152] 원웨이 클러치 인너레이스를 분해 및 스냅링 탈거

② 스냅링을 탈거한다.

[그림 153] 스냅링 탈거

③ 프런트 애뉼러스 기어를 아래로 내리고, 리어 애뉼러스 기어(링기어)를 위로 탈거한다.

(a) 프런트 애뉼러스 기어 아래로

(b) 리어 애뉼러스 기어 위로 탈거

[그림 154] 리어 애뉼러스 기어 탈거

④ 미들 앤 리어 유성기어 셋트를 탈거한다.

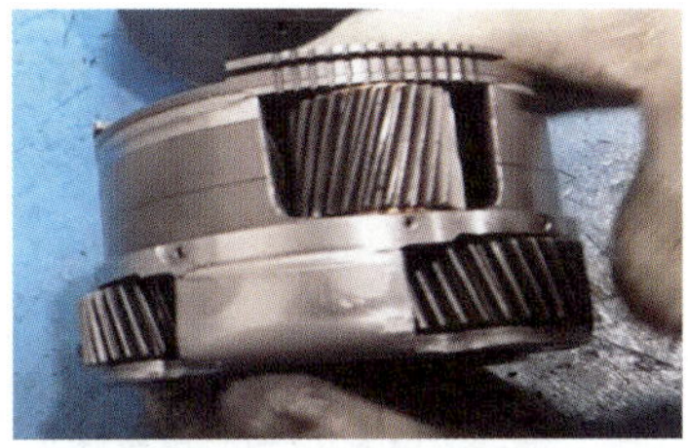

[그림 155] 미들 앤 리어 유성기어 셋트 탈거

⑤ 선기어를 탈거한다.

긴 것 : 미들 선기어
짧은 것 : 프런트 선기어

[그림 156] 선기어 탈거

⑥ 프런트 유성기어를 탈거하면 프런트 애뉼러스 기어만 남는다.

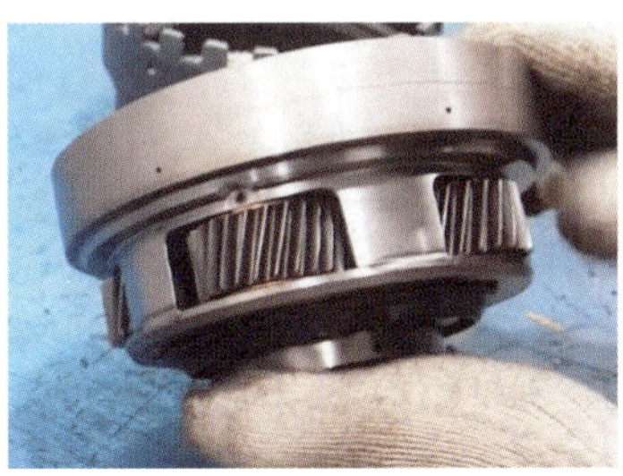

[그림 157] 프런트 유성기어 탈거

[그림 158] 프런트 애뉼러스 기어

⑦ 조립은 탈거의 역순으로 한다.

3.2.4. 밸브보디 분해 조립

[1] 밸브의 장착위치

(1) 어퍼 밸브보디

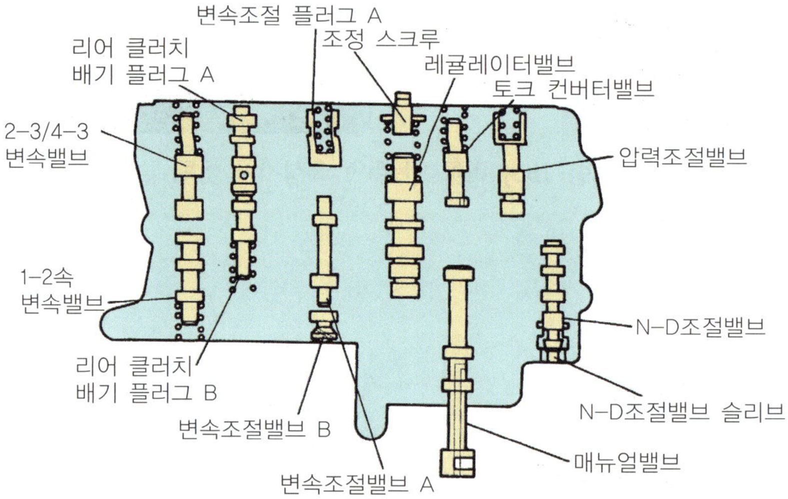

[그림 159] 어퍼 밸브보디의 장착위치

(2) 로워 밸브보디

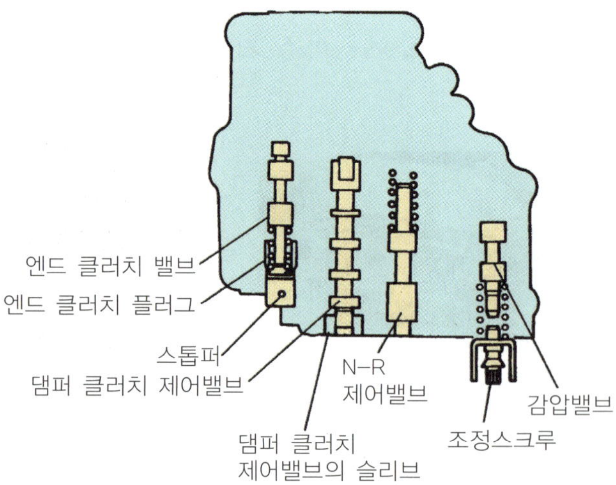

[그림 160] 로워 밸브보디의 장착위치

[2] 분해

① 6개의 솔레노이드밸브와 유온센서 브래킷을 탈거한다.

② 매뉴얼밸브를 탈거한다.

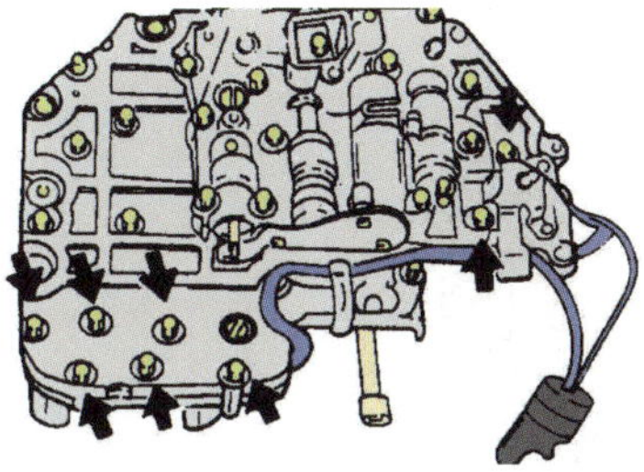

[그림 161] 솔레노이드밸브와 유온센서 브래킷 떼어냄

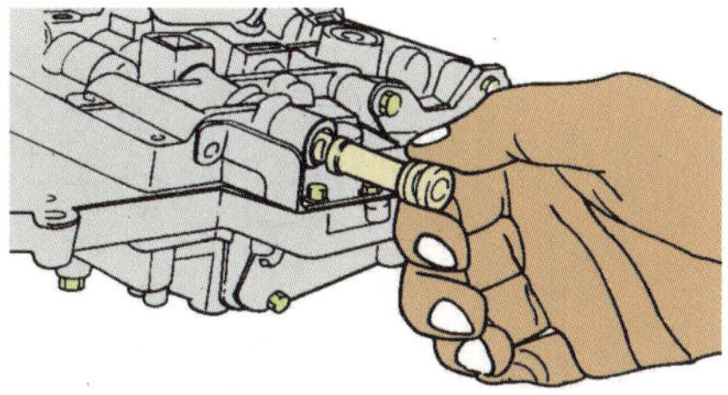

[그림 162] 매뉴얼밸브 떼어냄

③ 밸브 스톱퍼와 클램프를 분리한다.

④ 16개의 볼트를 푼 다음 로워 밸브보디를 분리한다.

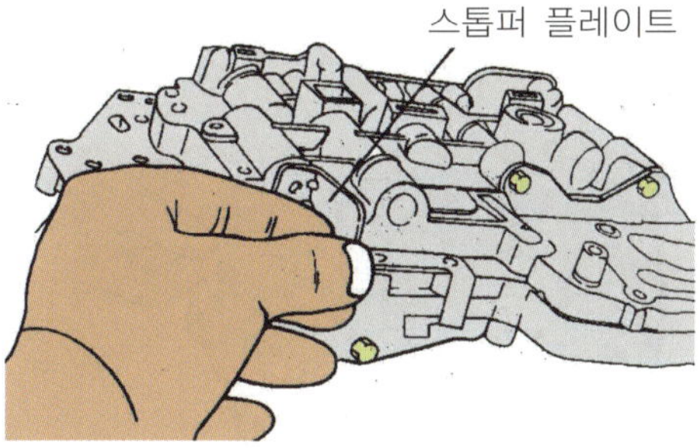

[그림 163] 밸브 스톱퍼와 클램프 분리

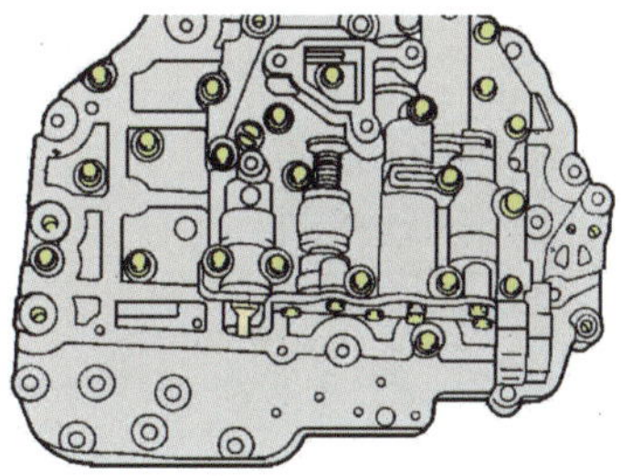

[그림 164] 로워 밸브보디 분리

⑤ 세퍼레이팅 플레이트를 분리한다.

⑥ 인터미디어트 플레이트에서 릴리프 스프링, 2개의 스틸볼, 오일필터를 분리한다.

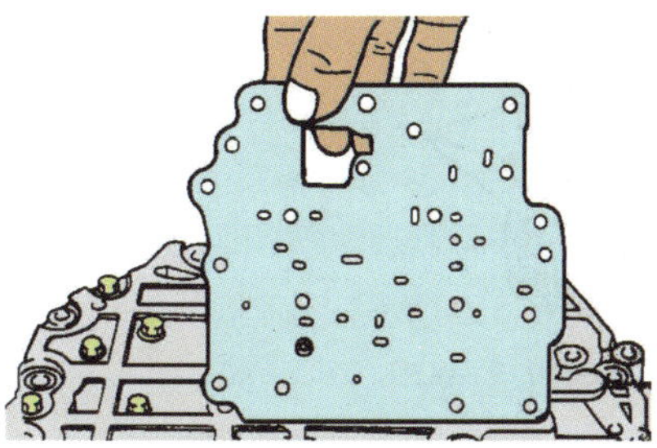

[그림 165] 세퍼레이팅 플레이트 분리

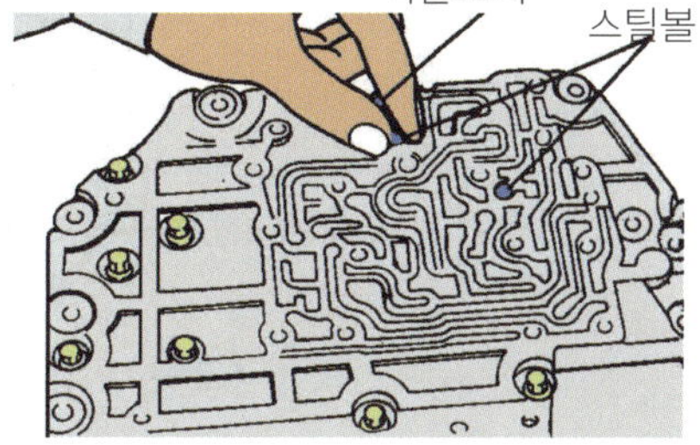

[그림 166] 인터미디어트 플레이트에서 스틸볼 분리

⑦ 볼트 6개를 푼 다음 인터미디어트 플레이트와 어퍼 세퍼레이팅 플레이트를 분리한다.

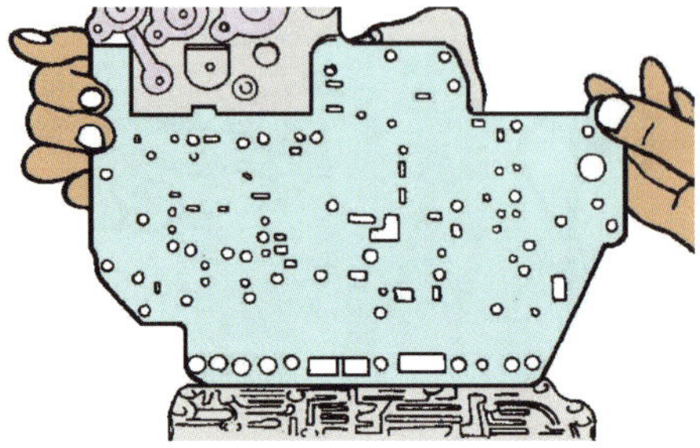

[그림 167] **인터미디어트 플레이트와 어퍼 세퍼레이팅 플레이트 분리**

⑧ 볼트 1개를 푼 다음 블록을 분리한다.
⑨ 어퍼 세퍼레이팅 플레이트를 분리한다.

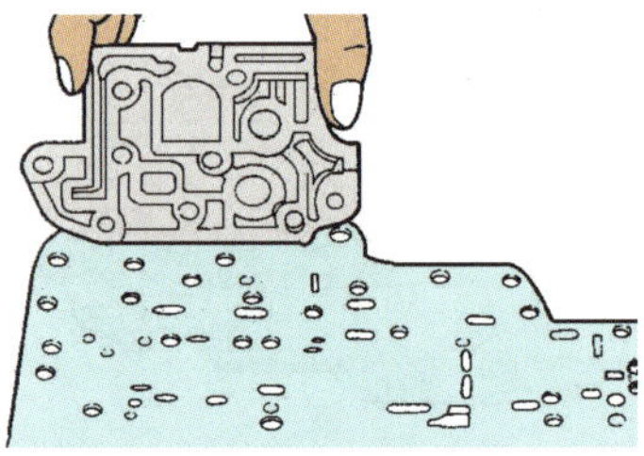

[그림 168] **블록 분리**

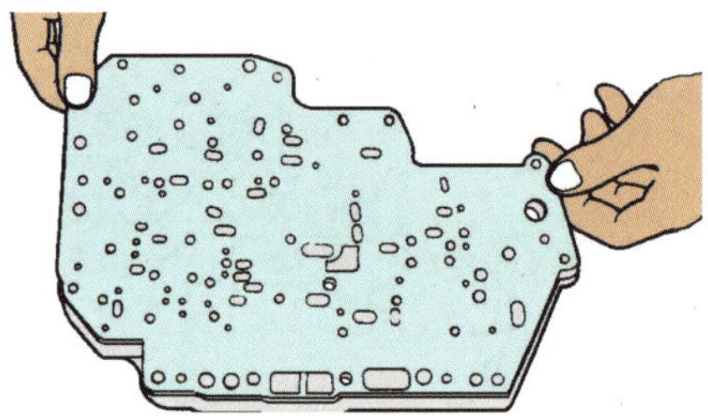

[그림 169] **어퍼 세퍼레이팅 플레이트 분리**

⑩ 어퍼 밸브보디에서 스틸볼, 스톱퍼 플레이트를 분리한다.

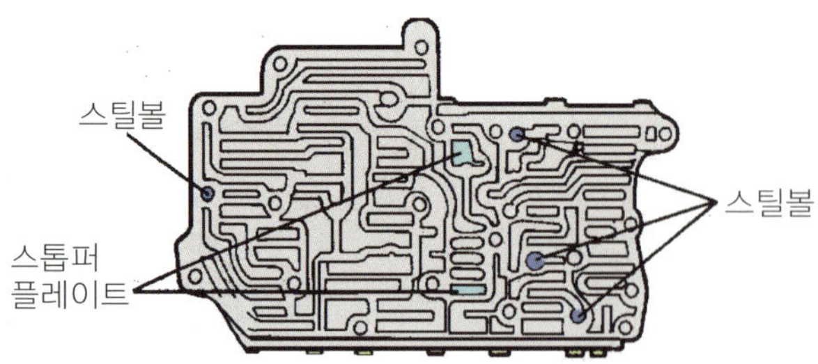

[그림 170] **스틸볼, 스톱퍼 플레이트 분리**

⑪ 어퍼 밸브 보디에서 7개의 볼트를 푼 다음 프런트 엔드 커버와 조정 스크루를 푼다. 이 때 볼트를 풀 때 스프링에 의해 조정 스크루가 튀어 나오는 것과 엔드

커버가 휘는 것을 방지하기 위해서 프런트 엔드 커버를 완전히 누른 채로 작업 한다.

⑫ 압력 제어밸브의 스프링과 압력 제어밸브를 분리한다.

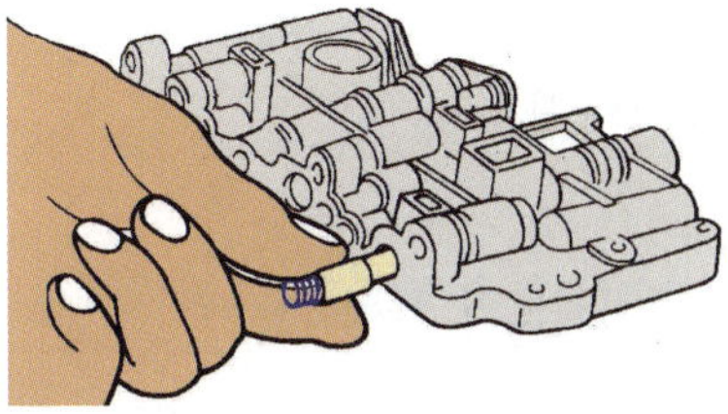

[그림 171] 프런트 엔드 커버와 조정 스크루 분리

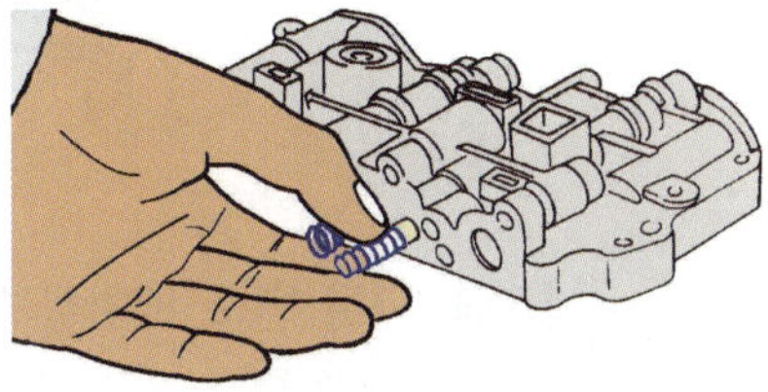

[그림 172] 압력 제어밸브의 스프링과 압력 제어밸브 분리

⑬ 토크 컨버터 조절밸브의 스프링과 토크 컨버터 조절밸브를 분리한다.

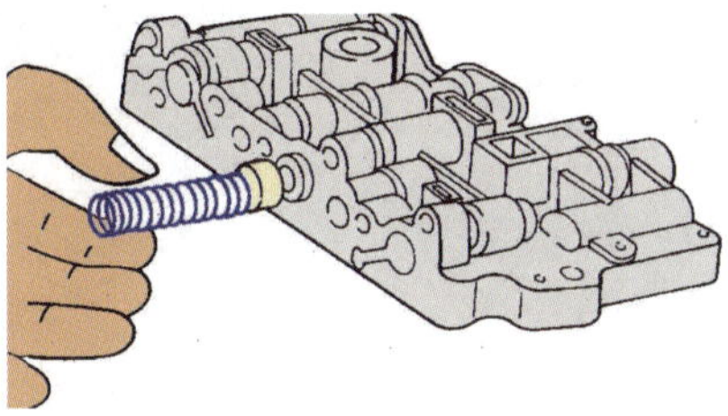

[그림 173] 토크 컨버터 조절밸브의 스프링과 토크 컨버터 조절밸브 분리

⑭ 레귤레이터밸브의 스프링과 레귤레이터밸브를 분리한다.

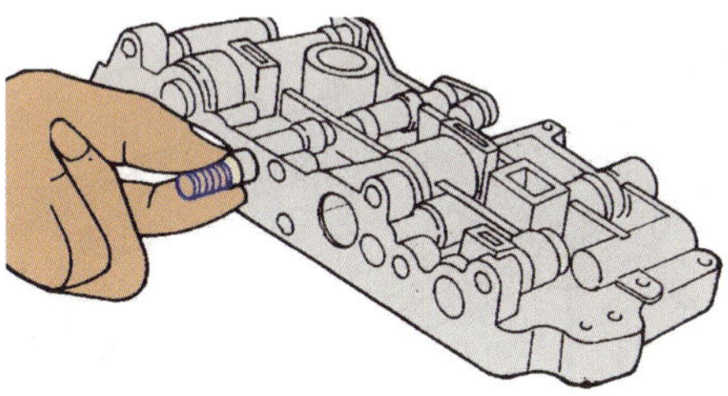

[그림 174] 레귤레이터밸브의 스프링과 레귤레이터밸브 분리

⑮ 변속 제어밸브의 스프링과 변속 제어밸브의 플러그를 분리한다.

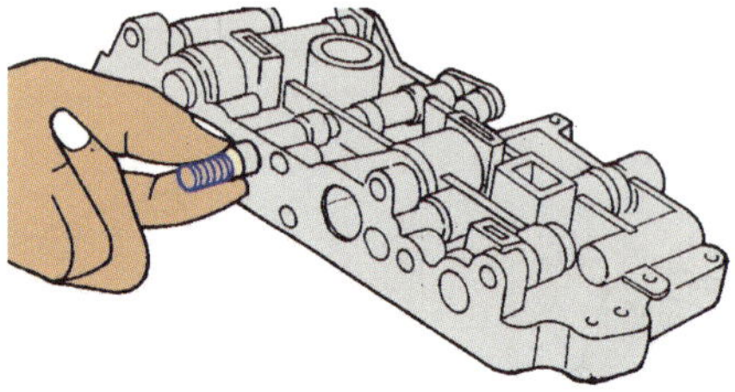

[그림 175] 변속 제어밸브의 스프링과 변속 제어밸브의 플러그 분리

⑯ 리어 클러치 릴리스밸브의 스프링 및 리어 클러치 릴리스밸브 A와 B를 분리한다.
⑰ 2-3 및 4-3 변속밸브의 스프링과 2-3 및 4-3 변속밸브를 분리한다.

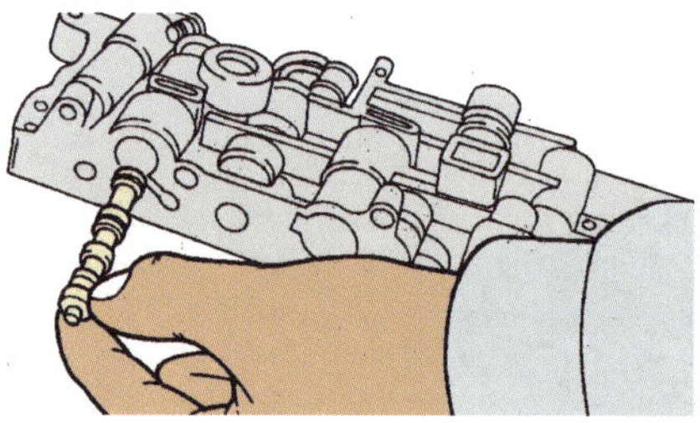

[그림 176] 리어 클러치 릴리스밸브 A와 B 분리

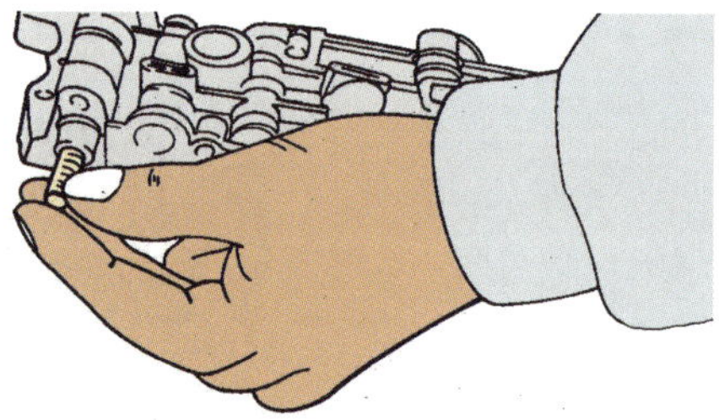

[그림 177] 2-3/4-3변속 밸브 스프링과 2-3/4-3변속 밸브 분리

⑱ 어퍼 밸브보디의 뒤쪽에서 압력 조절밸브의 슬리브와 압력 조절밸브를 분리한다.

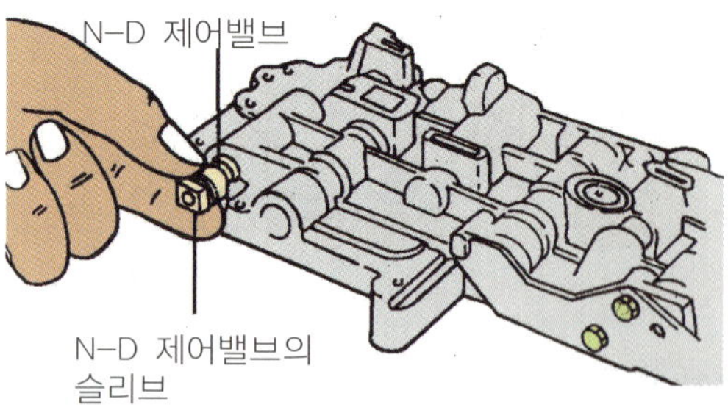

[그림 178] 압력 조절밸브의 슬리브와 압력 조절밸브 분리

⑲ 볼트 5개를 푼 다음 리어 엔드 커버를 분리한다.
⑳ 1-2단 변속밸브의 스프링과 1-2 변속밸브를 분리한다.

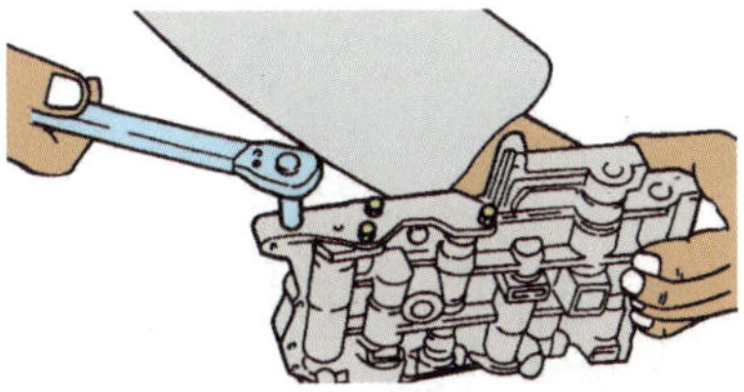

[그림 179] 리어 엔드 커버 분리

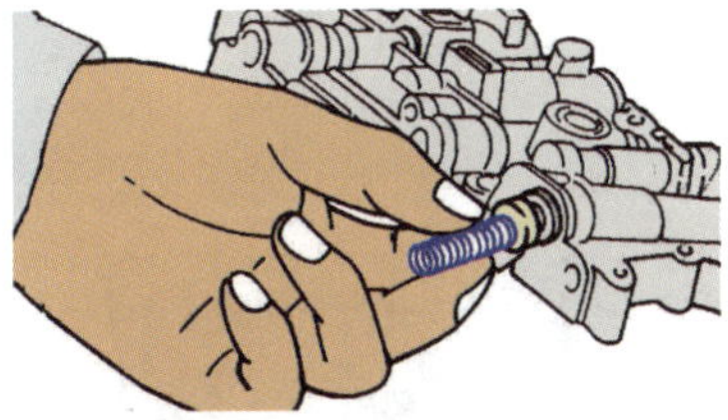

[그림 180] 1-2단 변속밸브의 스프링과 1-2단 변속밸브 분리

㉑ 변속 제어밸브의 플러그 B를 분리한다.

㉒ 변속 제어밸브와 하이 로우 압력밸브를 분리한다.

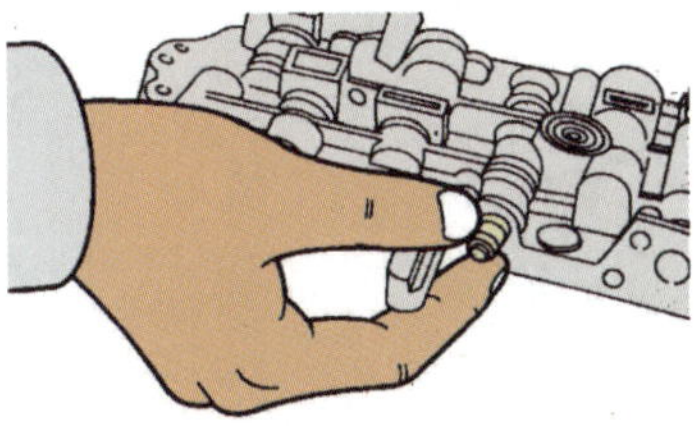

[그림 181] 변속 제어밸브 플러그 B 분리

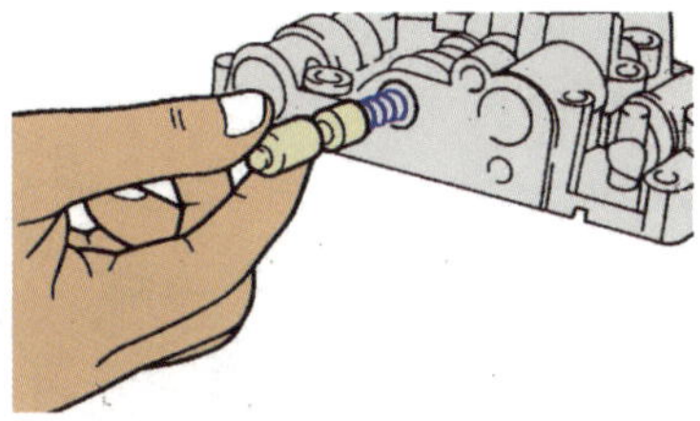

[그림 182] 변속 제어밸브와 하이 로우 압력밸브 분리

㉓ 자석이나 유사한 공구를 사용하여 로워 밸브보디에서 핀을 빼내고 스톱퍼를 분리한다.

㉔ 엔드 클러치 밸브의 플러그, 엔드 클러치 밸브의 스프링, 엔드 클러치 밸브를 분리한다.

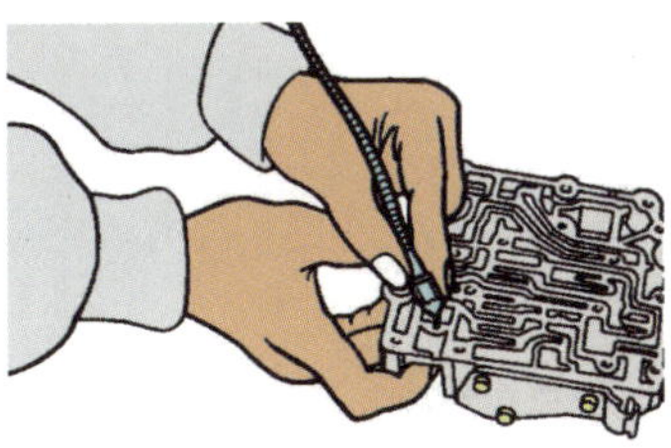

[그림 183] 로워 밸브보디에서 스톱퍼 분리

[그림 184] 엔드 클러치 플러그, 엔드 클러치 밸브의 스프링 분리

㉕ 로워 밸브보디에서 6개의 볼트를 푼 다음 엔드커버, 조정 스크루, 감압밸브의 스프링을 분리한다.

㉖ 감압밸브를 분리한다.

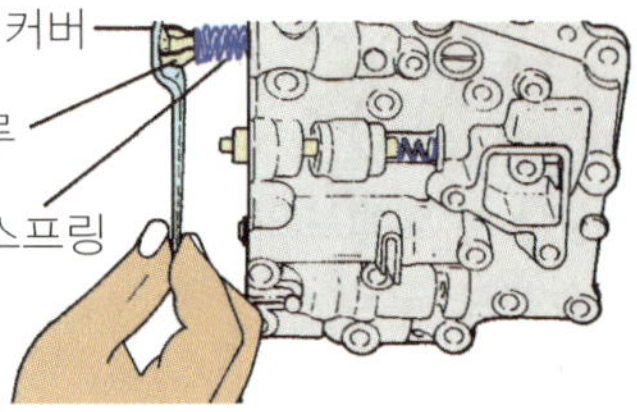

[그림 185] 엔드커버, 조정 스크루, 감압밸브의 스프링 분리

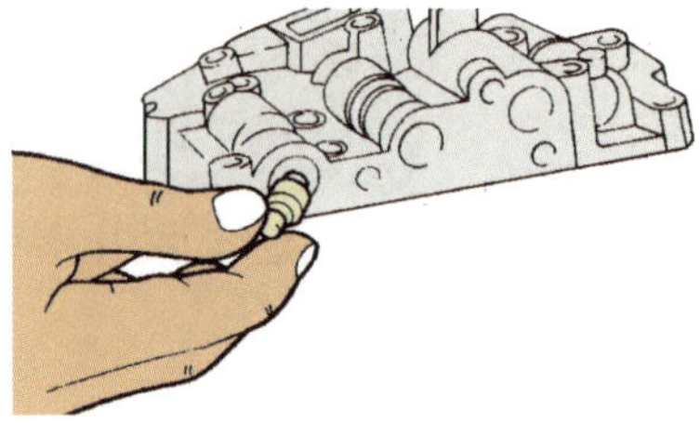

[그림 186] 감압밸브 분리

㉗ N-R 제어밸브와 N-R 제어밸브의 스프링을 분리한다.

[그림 187] N-R 제어밸브와 N-R 제어밸브의 스프링 분리

㉘ 댐퍼 클러치 제어밸브의 슬리브, 댐퍼 클러치 제어밸브, 댐퍼 클러치 제어밸브의 스프링을 분리한 다음 페일 세이프 밸브를 떼어낸다.

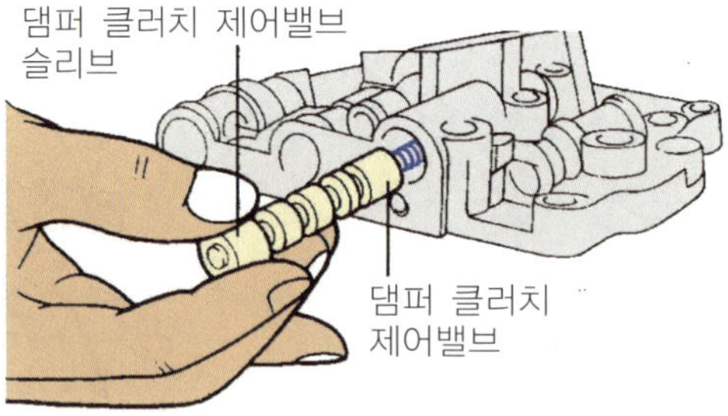

[그림 188] 댐퍼 클러치 제어 밸브 분리

[3] 조립

① 로워 밸브보디에 댐퍼 클러치 제어밸브의 스프링, 댐퍼 클러치 제어밸브, 댐퍼 클러치 제어밸브의 슬리브, 페일 세이프 밸브를 장착한다.

② N-R 제어밸브의 스프링과 N-R 제어밸브를 장착한다.

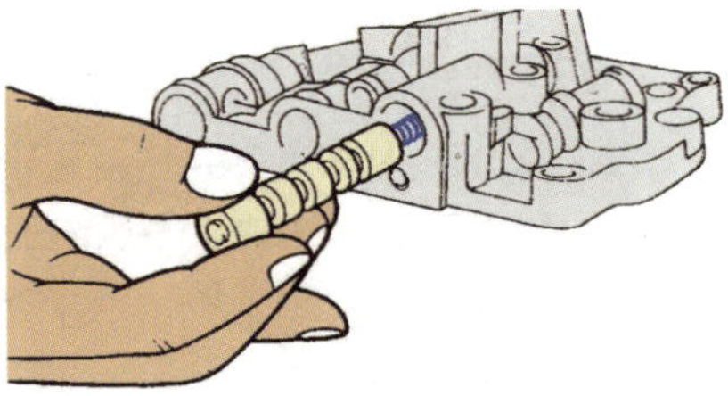

[그림 189] 댐퍼 클러치 제어밸브, 페일 세이프 밸브 장착

[그림 190] N-R 제어밸브의 스프링과 N-R 제어밸브 장착

③ 감압밸브를 장착한다.

④ 감압 스프링, 조정 스크루, 엔드 커버를 장착하고 특수공구를 사용하여 볼트를 해당 차량의 정비지침서를 참고로 하여 규정토크로 조인다.

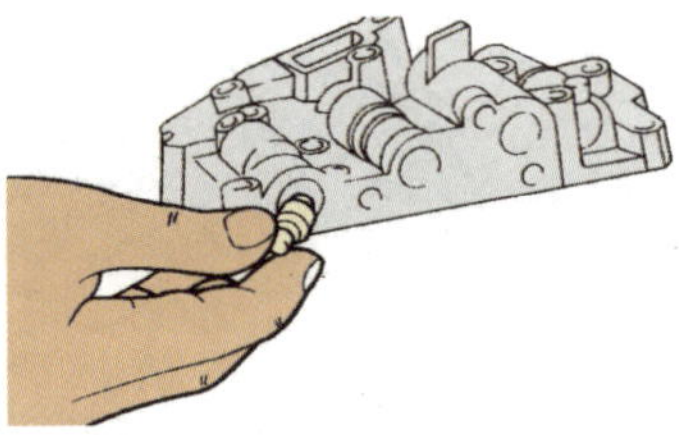

[그림 191] 감압밸브의 장착

[그림 192] 감압 스프링, 조정 스크루, 엔드 커버 장착

⑤ 엔드 클러치 밸브, 엔드 클러치 밸브의 스프링, 엔드 클러치 밸브의 플러그를 장착한다.

⑥ 1-2단 변속밸브와 하이 로우 압력밸브를 어퍼 밸브보디에 장착한다.

[그림 193] 엔드 클러치 밸브와 플러그 장착

[그림 194] 1-2단 변속 밸브와 하이 로우 압력밸브 장착

⑦ 1-2단 변속 플러그를 장착한다.

⑧ 1-2단 변속밸브와 1-2단 변속 스프링을 장착한다.

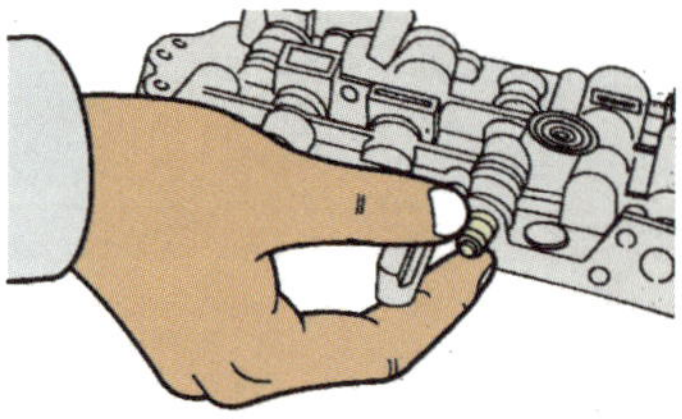

[그림 195] 1-2단 변속 플러그 장착

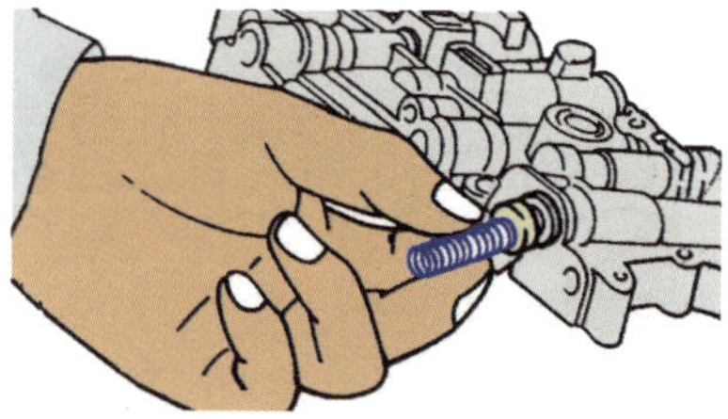

[그림 196] 1-2단 변속밸브와 1-2단 변속 스프링을 장착

⑨ 리어 엔드 커버를 장착하고 특수공구를 사용하여 볼트를 해당차량의 정비지침서를 참고로 하여 규정토크로 조인다.

⑩ 압력 조절밸브와 압력 조절밸브의 슬리브를 장착한다.

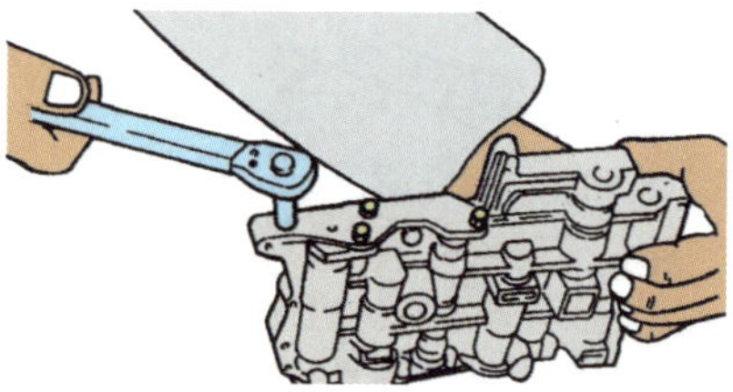

[그림 197] 리어 엔드 커버 장착

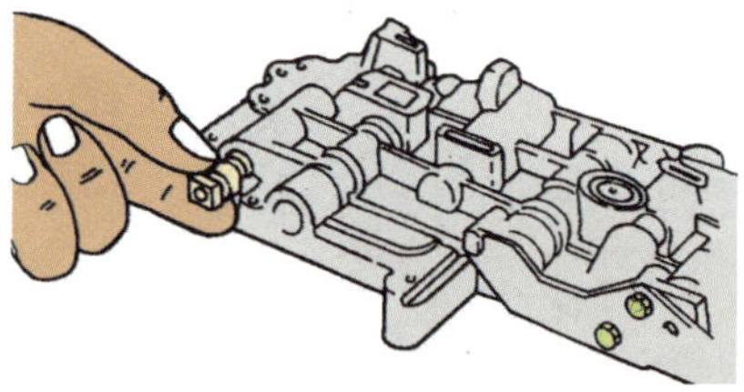

[그림 198] 압력 조절밸브와 압력 조절밸브의 슬리브 장착

⑪ 2-3 및 4-3단 변속밸브와 2-3 및 4-3단 변속밸브의 스프링을 장착한다.

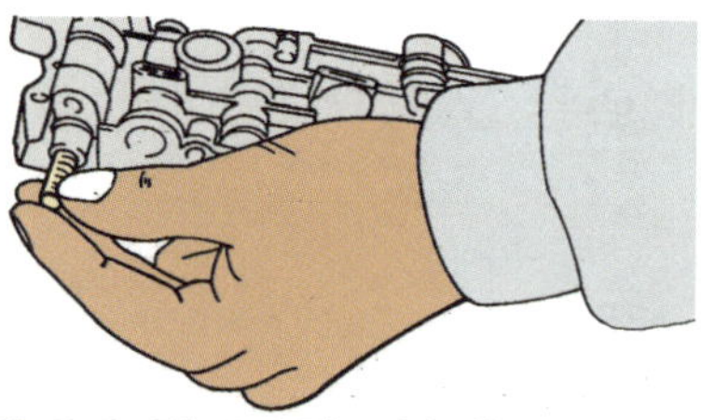

[그림 199] 2-3 및 4-3단 변속밸브, 스프링 장착

⑫ 리어 클러치 릴리스밸브의 스프링과 리어 클러치 릴리스밸브 A와 B를 장착한다.

⑬ 변속 제어밸브와 변속 제어밸브 스프링을 장착한다.

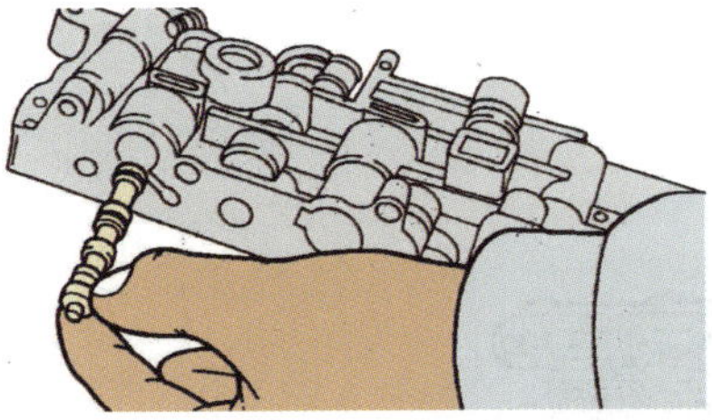

[그림 200] 리어 클러치 릴리스밸브 A와 B장착

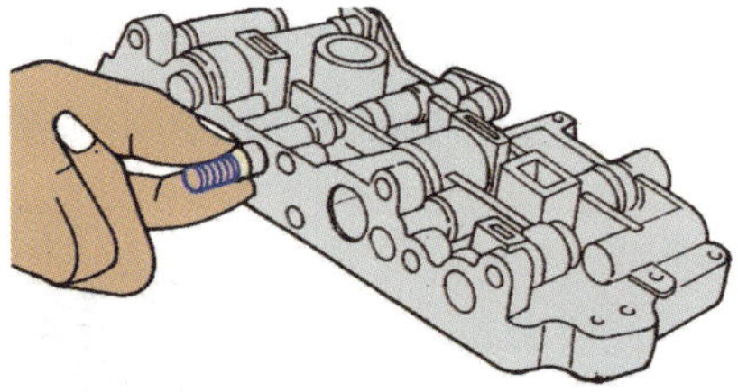

[그림 201] 변속 제어밸브와 스프링장착

⑭ 레귤레이터밸브와 레귤레이터밸브의 스프링을 장착한다.
⑮ 토크 컨버터 조절밸브와 토크 컨버터밸브의 스프링을 장착한다.

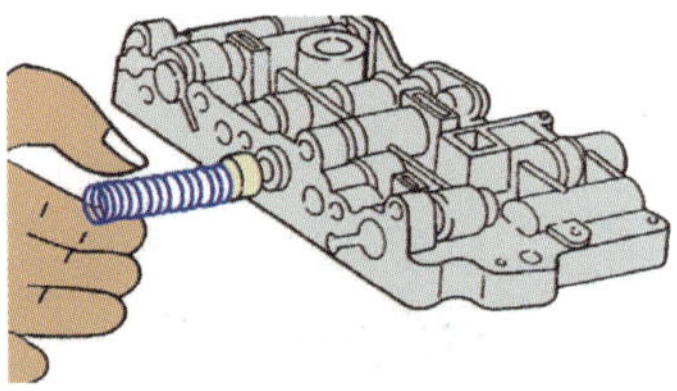

[그림 202] 레귤레이터밸브와 스프링 장착

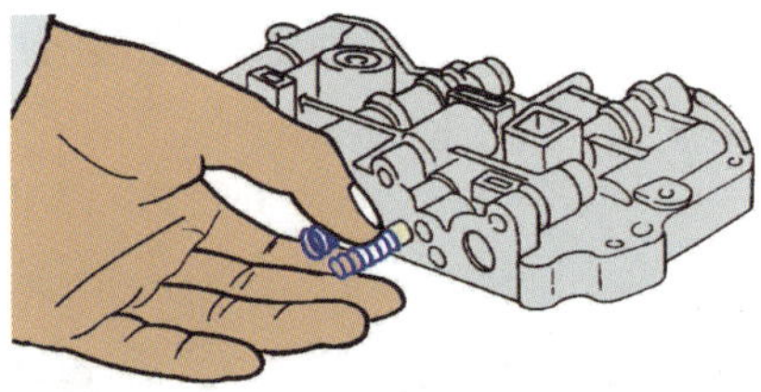

[그림 203] 토크컨버터 조절밸브와 스프링 장착

⑯ 압력 제어밸브와 압력 제어밸브의 스프링을 장착한다.
⑰ 조정 스크루와 엔드 커버를 장착한 다음 특수공구를 사용하여 볼트를 규정토크로 조인다.

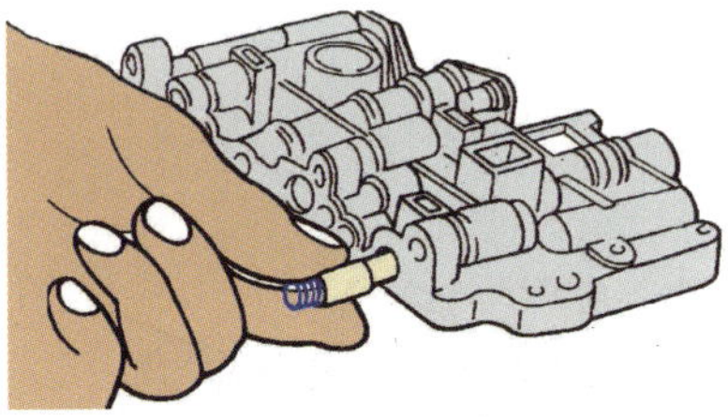

[그림 204] 압력 제어밸브와 스프링 장착

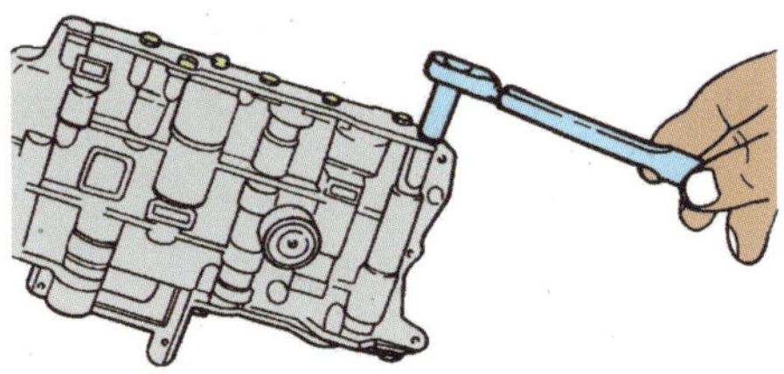

[그림 205] 조정스크루와 엔드 커버 장착

⑱ 어퍼 밸브보디에 3개의 스틸볼, 테프론 볼, 스톱퍼 플레이트를 장착한다.

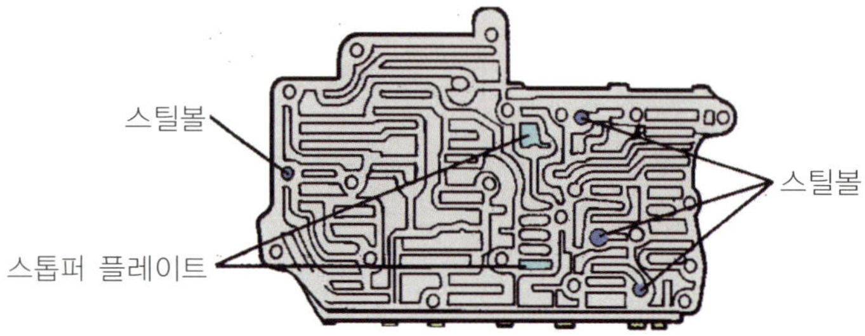

[그림 206] 스틸볼, 테프론 볼, 스톱퍼 플레이트 장착

⑲ 어퍼 세퍼레이팅 플레이트를 장착한다.
⑳ 블록을 장착한다.

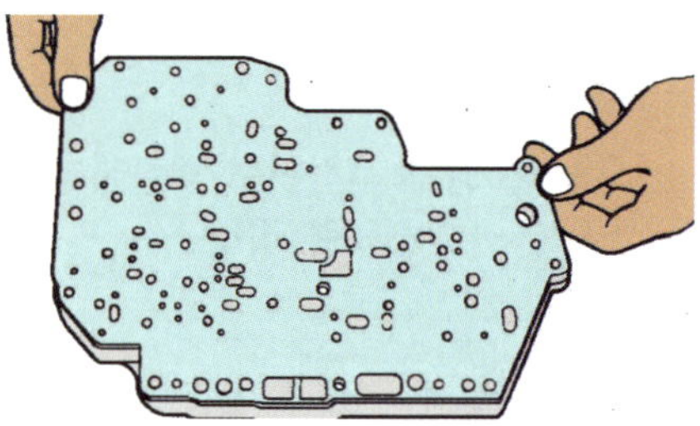

[그림 207] 어퍼 세퍼레이팅 플레이트 장착

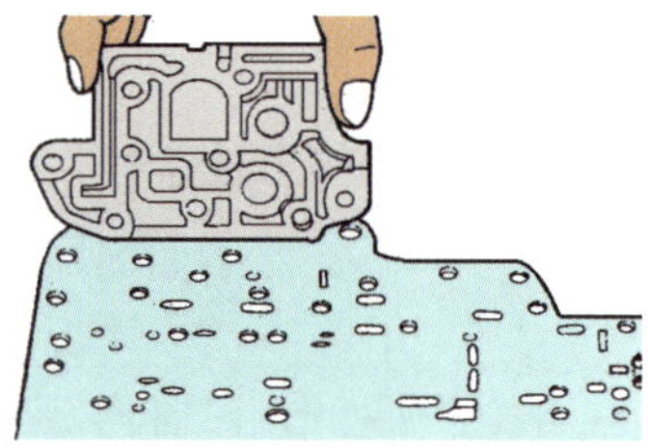

[그림 208] 블록 장착

㉑ 특수공구를 장착하고 7개의 볼트를 장착하여 어퍼 세퍼레이팅 플레이이트와 인터미디어트 플레이트를 고정시킨 다음 특수공구를 분리한다.
㉒ 인터미디어트 플레이트에 오일 필터, 스틸볼 2개, 스프링을 장착한다.

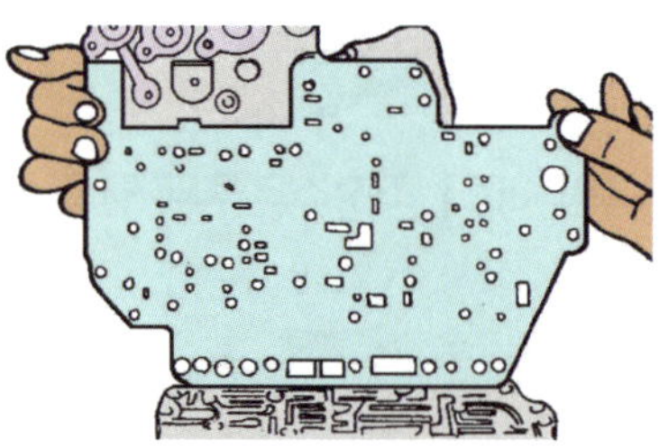

[그림 209] 어퍼 세퍼레이팅 플레이트와 인터미디어트 플레이트 고정

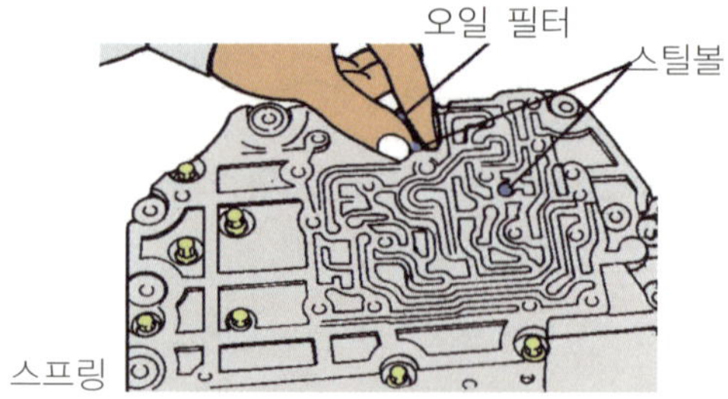

[그림 210] 오일필터, 스틸볼 2개, 스프링 장착

㉓ 특수공구를 인터미디어트 플레이트에 장착한다.

㉔ 세퍼레이팅 플레이트를 장착한다.

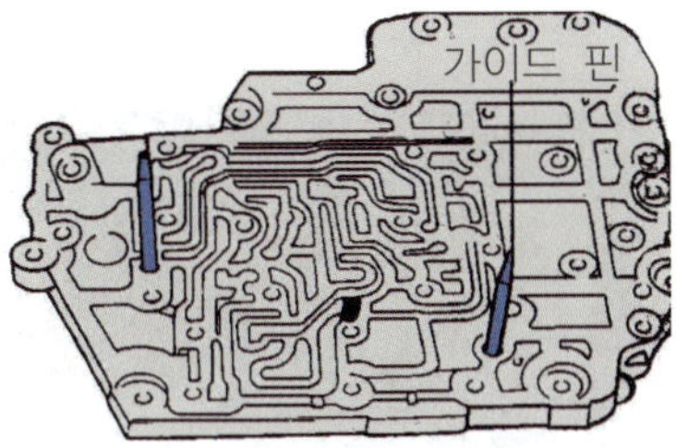

[그림 211] 인터미디어트 플레이트 장착

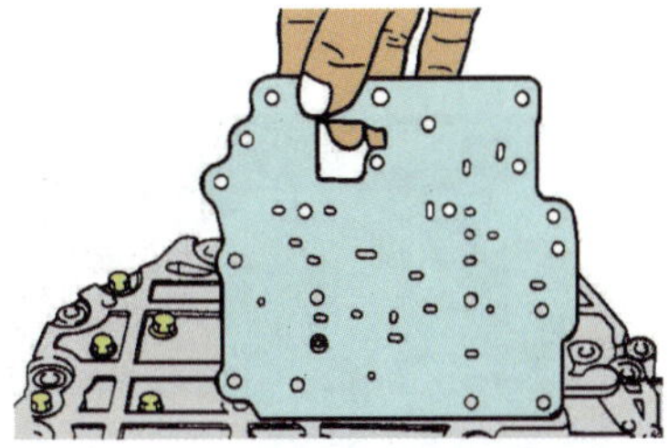

[그림 212] 세퍼레이팅 플레이트 장착

㉕ 장착볼트로 로워 밸브보디를 고정시킨 다음 특수공구를 분리한다.

㉖ 스톱퍼와 클램프를 장착한다.

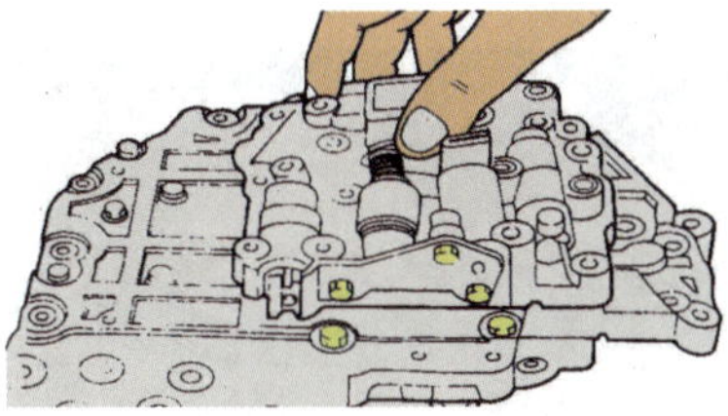

[그림 213] 로워 밸브 보디 고정

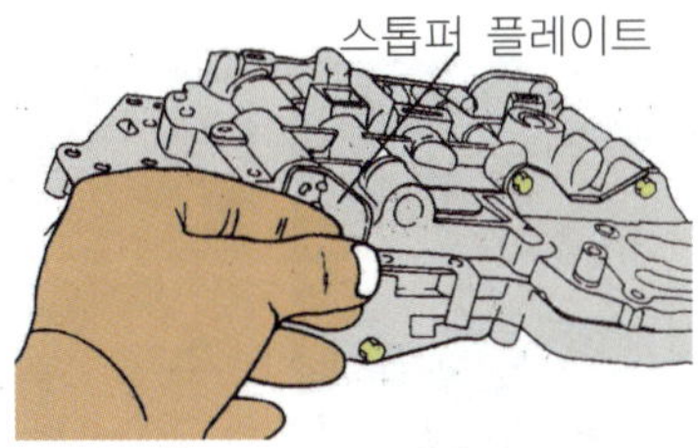

[그림 214] 스톱퍼와 클램프 장착

㉗ 4개의 솔레노이드밸브 및 유온 센서 브래킷을 장착한다.

㉘ 매뉴얼밸브를 장착한다.

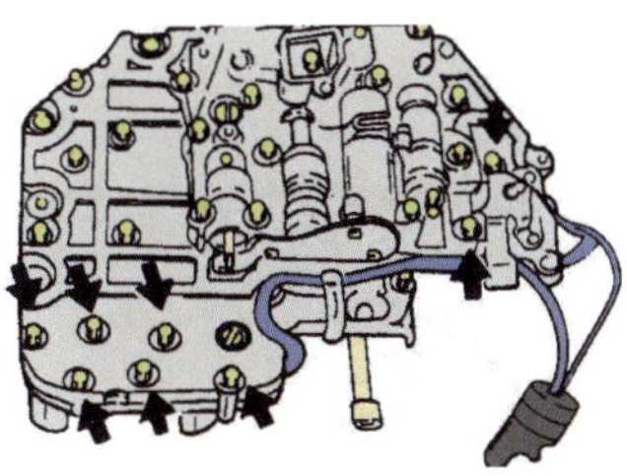

[그림 215] 솔레노이드밸브 및 유온센서 브래킷 장착

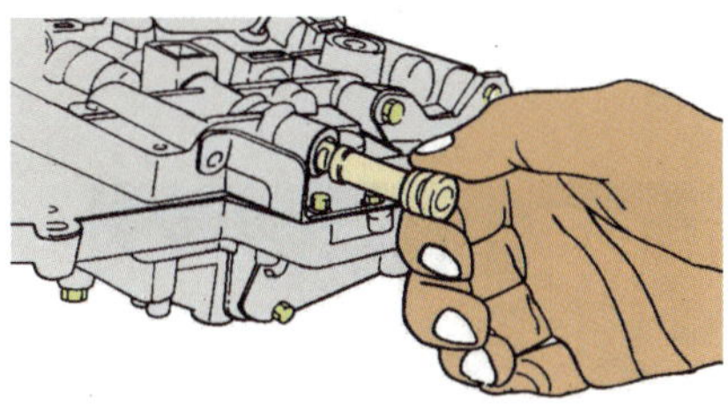

[그림 216] 매뉴얼밸브 장착

3.2.5. CVT 무단변속기 분해 조립

① 리어플레이트 및 레졸버 센서를 탈거하고 커넥터를 탈거한다.

[그림 217] **리어플레이트, 레졸버 센서 탈거**

② 하이브리드 모터에서 댐퍼클러치 고정 볼트를 분해하고 댐퍼클러치를 탈거한다.

[그림 218] **댐퍼클러치 탈거**

③ 하이브리드 모터 회전자, 자극폴(네오디뮴 자석), 링기어를 하이브리드 모터 고정 고정자, 단자대에서 탈거한다.

[그림 219] **하이브리드 모터 회전자, 자극폴 (네오디뮴 자석), 링기어를 탈거한다.**

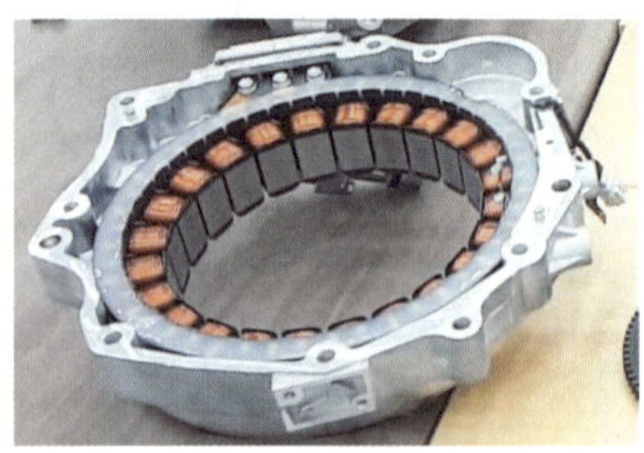

[그림 220] **하이브리드 모터 고정 고정자, 단자대**

④ 인히비터 스위치를 탈거한다.

[그림 221] 인히비터 스위치 탈거

⑤ CVT하우징, 차동기어 어셈블리, 트랜스퍼 드리븐 기어를 탈거한다.

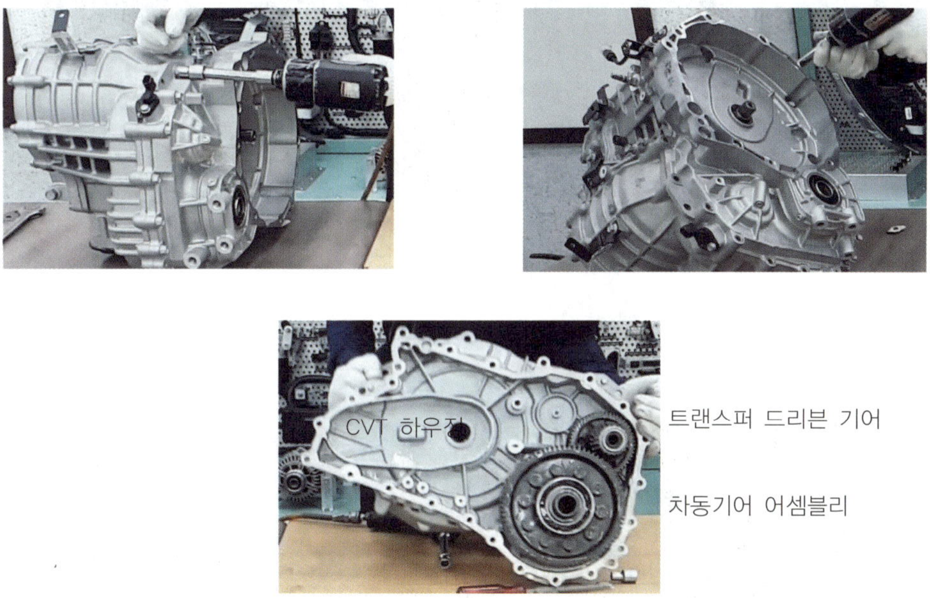

[그림 222] CVT하우징, 차동기어 어셈블리, 트랜스퍼 드리븐 기어 탈거

⑥ 외장형 오일필터를 탈거한다.

[그림 223] 오일필터(외장형) 탈거

⑦ 리어케이스를 탈거한다.

[그림 224] 리어케이스 탈거

⑧ 오일펌프 구동체인 및 스프로킷을 탈거한다.

[그림 225] 오일펌프 구동체인 및 스프로킷 탈거

⑨ 스냅링을 탈거한다.

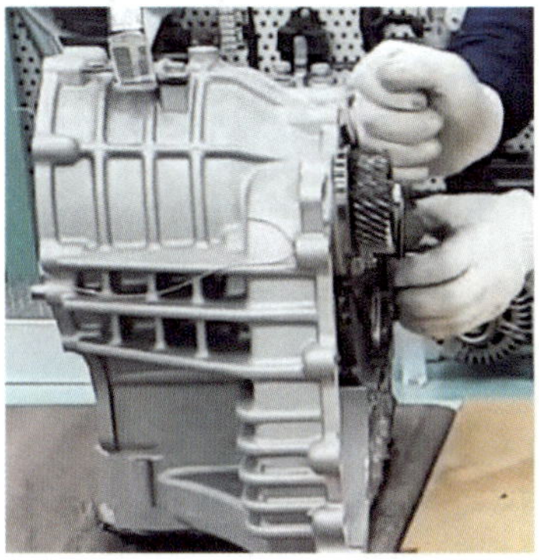

[그림 226] **스냅링 탈거**

⑩ 오일펌프를 탈거한다.

[그림 227] **오일펌프 탈거**

⑪ 전진클러치 어셈블리 커버를 탈거하고 전진클러치 어셈블리를 탈거한다.

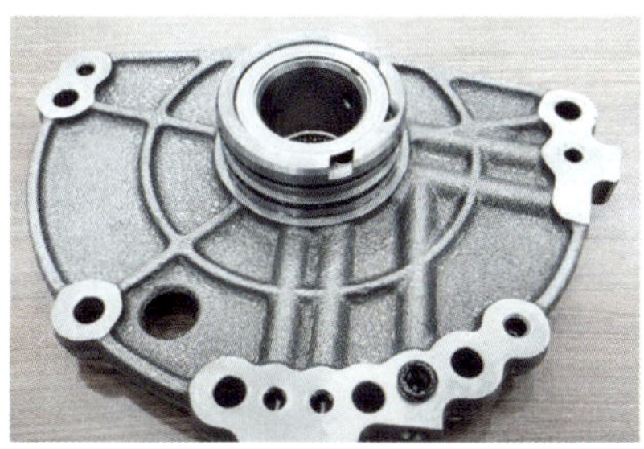

[그림 228] 전진클러치 어셈블리 탈거

⑫ 링기어, 유성기어 캐리어, 후진브레이크 허브를 탈거한다.

[그림 229] 링기어, 유성기어 캐리어, 후진브레이크 허브 탈거

⑬ 스냅링을 탈거한다.

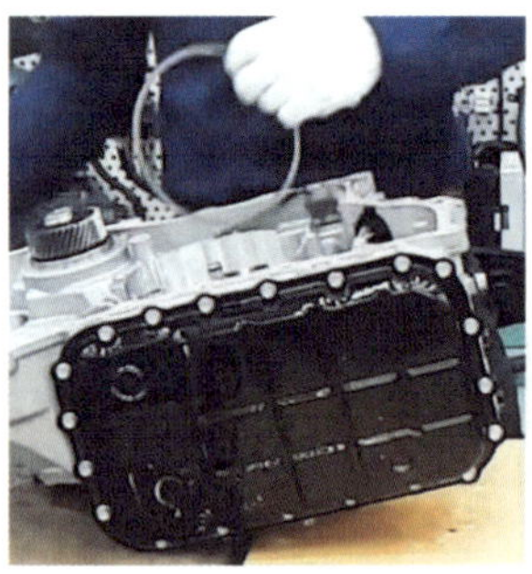

[그림 230] 스냅링 탈거

⑭ 후진브레이크 플레이트, 디스크 어셈블리를 탈거한다.

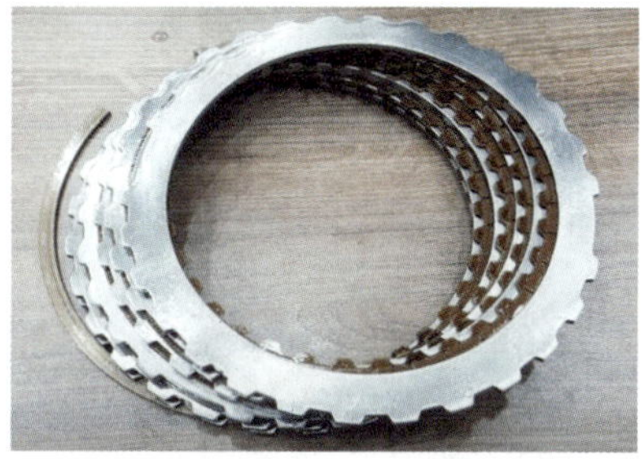

[그림 231] **후진브레이크 어셈블리 탈거**

⑮ 오일팬을 탈거한다.

[그림 232] **오일팬 탈거**

⑯ 오일필터를 탈거한다.

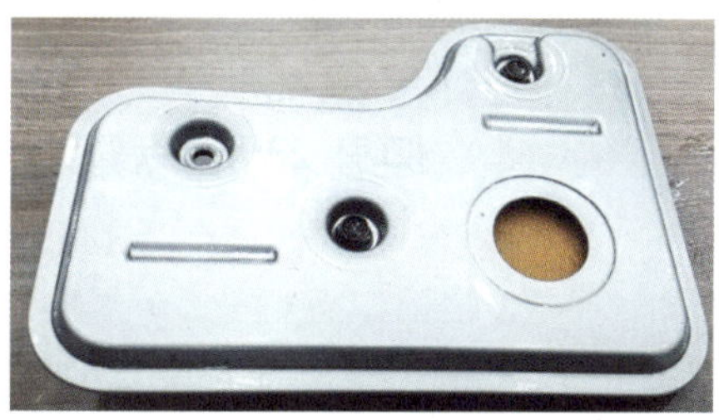

[그림 233] **오일필터 탈거**

⑰ 밸브바디 어셈블리를 탈거하고 밸브바디에서 커넥터를 분리한다.

[그림 234] **밸브바디 탈거**

⑱ 구동풀리와 피동풀리 드라이브 기어를 금속벨트와 함께 탈거한다.

(a) 구동풀리 (b) 피동풀리 드라이브 기어

[그림 235] **구동풀리와 피동풀리 드라이브 기어 탈거**

⑲ 구동풀리와 피동풀리 드라이브 기어에서 금속벨트를 탈거한다.

[그림 236] **금속벨트 탈거**

[그림 237] **CVT 케이스**

⑳ 조립은 분해의 역순으로 한다.

04 제어 구성부품의 점검

4.1. 솔레노이드밸브의 점검

4.1.1. A 타입 솔레노이드밸브

① 밸브 보디 커버를 탈거한다.

② 솔레노이드밸브의 커넥터를 탈거한다.

③ 솔레노이드밸브 커넥터의 단자 2와 트랜스액슬 케이스사이의 저항을 측정하여 저항값이 3Ω /20℃가 정상이다.

④ 솔레노이드밸브 커넥터의 단자 1과 트랜스액슬 케이스사이의 저항을 측정하여 저항값이 2.9±0.3Ω /20℃가 정상이다.

⑤ 솔레노이드밸브 커넥터의 단자 3 또는 4와 트랜스액슬 케이스사이의 저항을 측정하여 저항값이 22.3±1.5Ω /20℃가 정상이다.

⑥ 트랜스액슬 케이스와 단자 2 또는 3, 4사이에 12V전원을 연결하고 전원을 ON, OFF시키면서 작동음을 점검한다.

⑦ 규정값을 벗어날 경우 각 솔레노이드밸브를 교환한다.

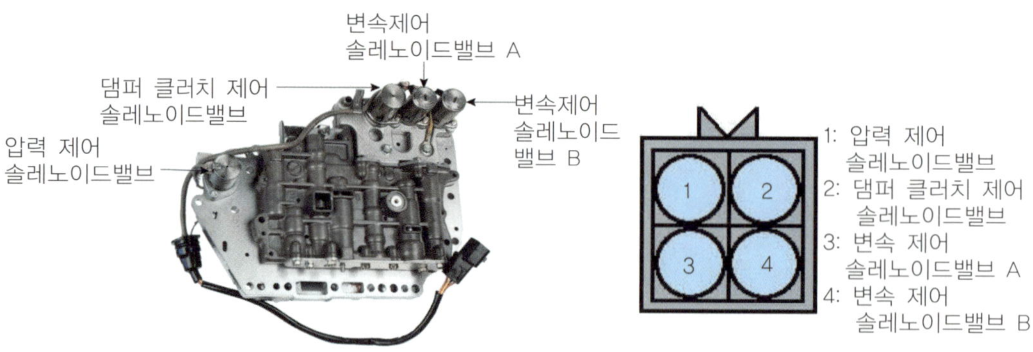

(a) 솔레노이드밸브 (b) 커넥터 형상

[그림 238] A타입 솔레노이드밸브

4.1.2. B 타입 솔레노이드밸브

구 분	측정단자	저항치(20℃기준)
댐퍼클러치 컨트롤(DCC) 솔레노이드밸브	7-10	2.7~3.4Ω
로우/리버스(LR) 솔레노이드밸브	1-7	
세컨드(2ND) 솔레노이드밸브	3-8	
언더드라이브(UD) 솔레노이드밸브	4-8	
오버드라이브(OD) 솔레노이드밸브	2-8	
유온센서	5-6	0.57~20.5kΩ

(a) 솔레노이드밸브

(b) 커넥터 형상

(c) 솔레노이드 밸브 점검

[그림 239] B타입 솔레노이드밸브

1. 주어진 자동변속기 밸브보디에서 솔레노이드밸브를 측정 및 점검하시오.

측정항목	① 측정(또는 점검)		② 판정 및 정비(또는 조치)사항		득 점
	측정값	규정(정비한계)값	판정(□에 "✔" 표)	정비 및 조치할 사항	
솔레노이드 밸브			□ 양호 □ 불량		

4.2. 유온센서 점검

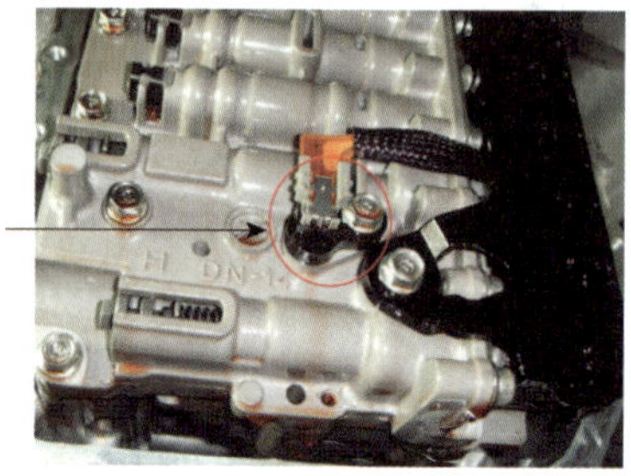

[그림 240] 유온센서

① 유온센서를 탈거한다.
② 유온센서 측의 커넥터 단자 No.1과 No.2 사이의 저항을 측정한다.
③ 규정값을 벗어날 경우 유온 센서를 교환한다.

온 도(℃)	저항치(kΩ)
0	16.7~20.5
100	0.57~0.69

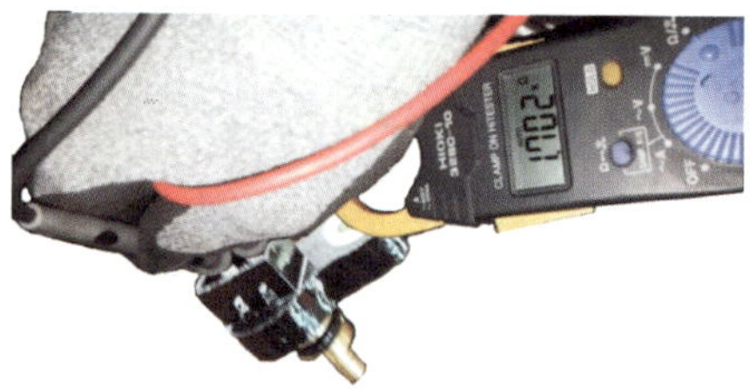

[그림 241] 유온센서 점검

1. 주어진 자동변속기 밸브보디에서 유온센서를 측정 및 점검하시오.

측정항목	① 측정(또는 점검)		② 판정 및 정비(또는 조치)사항		득 점
	측정값	규정(정비한계)값	판정(□에 "✔" 표)	정비 및 조치할 사항	
유온센서			□ 양호 □ 불량		

4.3. A/T 컨트롤 릴레이 점검

① A/T 컨트롤 릴레이를 탈거한다.
② 점퍼 와이어를 사용하여 A/T 컨트롤 릴레이의 단자 No.2에 (−)단자, No.4에 (+)단자를 접속한다.

③ 배터리 단자측의 점퍼 와이어를 접속하면서 A/T 컨트롤 릴레이의 단자 No,1 및 No,3 사이의 통전유무를 점검한다.

④ 불량인 경우는 A/T 컨트롤 릴레이를 교환한다.

점퍼 와이어	No.1과 No.3단자 사이의 도통
접속한다.	유
분리한다.	무

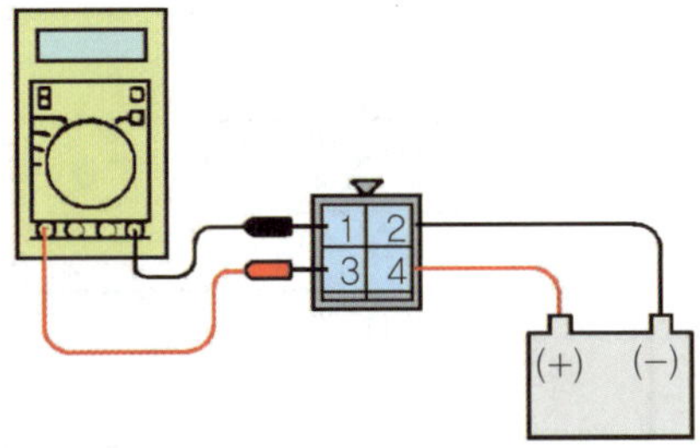

[그림 242] A/T 컨트롤 릴레이 점검

1. 주어진 자동변속기 컨트롤 릴레이를 측정 및 점검하시오.

<table>
<tr><th rowspan="2">측정항목</th><th>① 측정(또는 점검)</th><th colspan="2">② 판정 및 정비(또는 조치)사항</th><th rowspan="2">득 점</th></tr>
<tr><th>측정값</th><th>판정(□에 "✔" 표)</th><th>정비 및 조치할 사항</th></tr>
<tr><td>코일이 여자 되었을 때</td><td>□ 양호 □ 불량</td><td rowspan="2">□ 양호
□ 불량</td><td rowspan="2"></td><td rowspan="2"></td></tr>
<tr><td>코일이 여자 안 되었을 때</td><td>□ 양호 □ 불량</td></tr>
</table>

4.4. 입·출력 속도센서점검

① 입·출력축 센서 커넥터를 탈거하고 배선 측에서 측정한다.

② 센서 전원은 배터리 전압이 인가된다(약 12V).

③ Key ON시 3번 단자에 12V가 인가되어야 정상이다.

④ 센서 접지는 1번과 3번의 전압을 측정해서 배터리 전압이 검출되면 센서 접지가 정상이다.

⑤ 센서 출력은 차량을 주행모드로 구동하면서 2번 단자에서 약 0.25V의 전압이 인가되면 정상이다.

[그림 243] 입·출력 속도센서

⑥ 파형으로 측정시 0V/5V의 구형파(디지털파형)가 출력되면 정상이다.

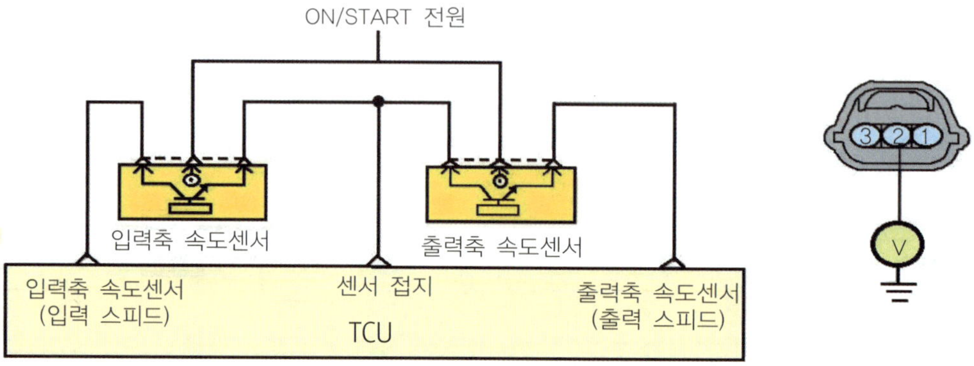

[그림 244] 입 · 출력축 속도센서 회로도 및 단자측정

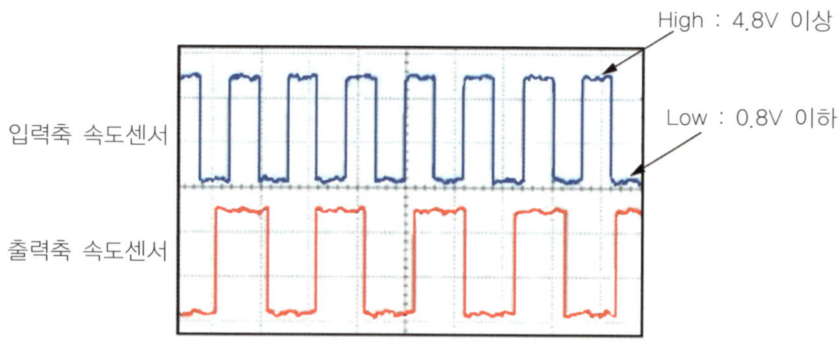

[그림 245] 입 · 출력축 속도센서 파형

1. 주어진 자동변속기 입 · 출력축 속도센서를 측정 및 점검하시오.

측정항목	① 측정(또는 점검)		② 판정 및 정비(또는 조치)사항		득 점
	측정값	규정(정비한계)값	판정(□에 "✔" 표)	정비 및 조치할 사항	
입 · 출력축 속도센서			□ 양호 □ 불량		

2. 주어진 자동변속기 입 · 출력축 속도센서 파형을 점검 및 측정을 하고 분석하시오.

측정 항목	파형 상태	득 점
파 형 측 정	요구사항 조건에 맞는 파형을 프린트하여 아래사항을 분석 후 뒷면에 첨부 ① 출력된 파형에 불량요소가 있는 경우에는 반드시 표기 및 설명 되어야 함. ② 파형의 주요 특징에 대하여 표기 및 설명 되어야 함.	

4.5. 스톨시험(stall test)

스톨시험의 목적은 변속레버가 “D” 또는 “R” 레인지에 있고 스로틀밸브를 완전히 열었을 때 최대 엔진 회전속도를 측정하여 토크 컨버터, 일방향 클러치의 작용과 트랜스액슬 클러치류 및 브레이크 등의 체결 성능을 점검하는데 있다. 차량이 갑자기 움직일 수 있으므로 이 시험 중에 차량의 앞뒤에는 사람이 서 있지 않도록 한다.

4.5.1. 스톨시험 방법

① 트랜스액슬 오일의 온도가 정상 작동온도(70~80℃)가 되고, 엔진 냉각수 온도가 정상 작동온도(80~90℃)가 되었을 때 트랜스액슬 오일량을 점검한다.
② 앞·뒤바퀴 양쪽에 고임목을 받힌다.
③ 엔진 회전 속도계(타코미터)를 연결한다.
④ 주차 브레이크 레버를 당기고 브레이크 페달을 완전히 밟는다.
⑤ 엔진을 시동한다.
⑥ 변속 레버를 “D” 레인지로 선정하고 가속페달을 완전히 밟은 상태로 엔진의 최고 속도를 측정한다. 이때 필요 이상으로 스로틀밸브를 완전히 열고 있거나 5초 이상 지속시키지 않는다. 만약 스톨시험을 다시 시행하여야 할 경우에는 변속레버를 “N” 레인지로 선정하고 엔진을 1,000rpm으로 2분 정도 운전하면서 트랜스액슬 오일을 냉각시킨 후 재시험하도록 한다. 이때 스톨 속도는 2,200~2,600rpm이다.
⑦ 변속레버를 “R” 레인지로 선정한 후 위에서 실시한 방법으로 스톨시험을 한다.

4.5.2. 스톨시험 후 판정

① D레인지에서 스톨속도가 규정값 이상일 때 - 이때는 리어 클러치나 트랜스액슬의 일방향 클러치(one way clutch)가 미끄러지고 있으므로 미끄럼이 발생하고 있는 곳에서 유압을 측정한다.
② R레인지에서 스톨속도가 규정값 이상일 때 - 이때는 프런트 클러치 및 저속 & 후진 브레이크 압력을 점검한다.
③ D와 R레인지에서 스톨속도가 규정값 이하일 때 - 이때는 엔진 출력이 부족하거나 토크컨버터의 고장이 예상되므로 엔진의 실화, 점화시기, 밸브간극을 점검하고, 이상이 없으면 토크 컨버터에 이상이 있는 것으로 판정한다.

4.6. 오일압력 시험

① 트랜스액슬을 ATF 온도가 80~100℃가 될 때까지 충분히 웜업한다.

② 잭으로 차량을 들어 올려 앞바퀴가 돌아갈 수 있게 한다.

③ 엔진 타코미터를 연결하고 보기 좋은 곳에 위치시킨다.

④ 오일압력 게이지를 각 오일압력 배출구에 연결한다. 이때 후진 압력을 측정할 때는 30kg$_f$/㎠ 범위의 압력 게이지를 사용해야 한다.

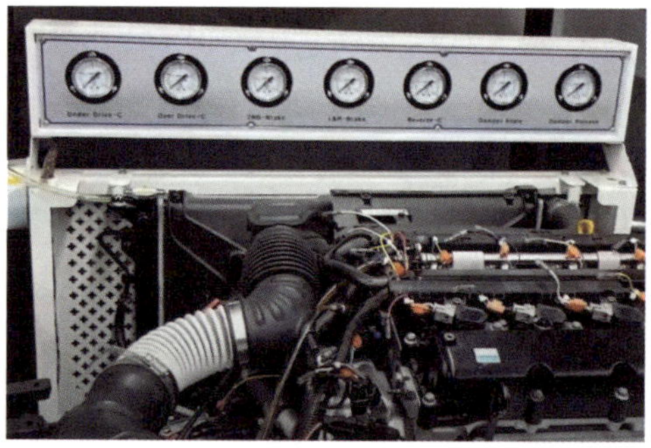

[그림 246] 자동변속기 오일압력시험

⑤ 다양한 조건에서 오일압력을 점검하여 측정치가 규정 압력표에 있는 규정 범위 내에 있는가를 확인한다. 오일압력이 규정범위를 벗어나면 오일압력이 정상이 아닐 때 조치방법을 참고로 하여 수리한다.

자동변속기 각 요소의 규정압력은 아래 표에 나타나 있다.

[규정 오일 압력표(1)]

번호	조 건			규정 오일압력(kgf/㎠)							
	선택 레버 위치	엔진 속도 (rpm)	변속 위치	1	2	3	4	5	6	7	8
				감압	서보 공급 압력	리어 클러치 압력	프런트 클러치 압력	엔드 클러치 압력	로우 리버스 브레이크 압력	토크 컨버터 압력	댐퍼 클러치 압력
1	N	공회전	중립	4.1~4.5	–	–	–	–	–	–	–
2	D(스위치 ON)	약 2,500	4단 기어	4. 1~4. 5	8.4~9.0	–	–	8.4~9.0	–	–	6.6~8.2(D/C작동시)
3	D	약 2,500	3단 기어	4.1~4.5	8.4~9.0	8.4~9.0	8.2~8.8	8.4~9.0	–	–	6.6~8.2(D/C 작동시)
4	D	약 2,500	2단 기어	4.1~4.5	8.4~9.0	8.4~9.0	–	–	–	–	6.6~8.2(D/C 작동시)
5	L	약 1,000	1단 기어	4.1~4.5	–	8.4~9.0	–	–	2.4~3.0	5.3~6.3	3.2~4.8(D/C 비작동시
6	R	약 2,500	후진	4.2~4.8	–	–	19~21	–	19~21	5.0~7.0	3.5~5.5(D/C 비작동시

※ •-표시는 0.2(0.3)kgf/㎠ 이하이다. (　)는 후진을 나타낸다.
•스위치 ON : 오버 드라이브 스위치를 ON시킨다.
•스위치 OFF : 오버드라이브 스위치를 OFF시킨다.
•상온에서의 유압은 규정치를 초과할 수 없다.

자동변속기의 오일압력이 정상이 아닐 때의 조치방법은 아래의 표에 나타나 있다.

[오일압력이 정상이 아닐 때의 조치방법]

고장현상	가능한 원인	정 비
라인압력이 너무 낮거나 높다. ◇ 라인압력은 "규정오일 압력표"의 2, 3, 4, 5, 6번의 오일 압력을 의미한다.	오일 필터의 막힘	오일필터를 점검하여 막혔으면 오일필터 교환
	레귤레이터밸브 오일압력(라인압력)의 조정불량	라인압력 2(킥다운 브레이크 압력)를 측정하여 압력이나 규정치와 일치하지 않으면 라인압력을 재조정하거나 필요시에는 밸브보디를 교환
	레귤레이터밸브 고착	레귤레이터 밸브의 작동을 점검하여 수리하고 필요시에는 밸브보디 어셈블리 교환
	밸브보디의 조임부 풀림	밸브보디의 조임 볼트와 장착볼트 조임
	오일펌프 배출압력 부적당	오일펌프기어의 측면간극을 점검하여 필요시 오일펌프 어셈블리 교환
감압이 부적당	라인압력 부적당	2번 킥다운 브레이크압력(라인압력)을 점검하여 라인압력이 규정치를 벗어나면 1번에서 서술한 항목을 점검
	감압회로의 필터(L-형상)가 막힘	밸브보디 어셈블리를 분해하여 필터를 점검하고 필터가 막혔으면 교환
	감압의 조정이 불량	1번 감압을 점검하여 규정치를 벗어나면 교환하거나 필요시는 밸브보디 어셈블리를 교환
	감압밸브 고착	감압밸브의 작동을 점검하여 필요시에는 수리 또는 밸브보디 어셈블리 교환
	밸브보디의 조임부위 풀림	밸브보디 조임볼트와 장착볼트 조임
킥다운 브레이크 압력 부적당	슬리브 또는 킥다운 서보 피스톤의 D링 또는 실링의 기능이 불량	킥다운 서보를 분해하여 실링 또는 D-링이 손상되었는가를 점검하고 실링 또는 D-링이 잘라졌거나 파인 흔적이 있으면 교환한다.
	밸브보디 조임 부위가 풀림	밸브보디 조임 볼트와 장착볼트 조임
	밸브보디 어셈블리의 기능 불량	밸브보디 어셈블리 교환

고장현상	가능한 원인	정 비
프런트 클러치 압력 부적당	슬리브 또는 킥다운 서보 피스톤의 D링 또는 실링의 기능 불량	킥다운 서보를 분해하여 실링 또는 D-링이 손상되었는가를 점검하고 잘라졌거나 파인 흔적이 있으면 실링이나 D-링 교환
	밸브보디 장착부위가 풀림	밸브보디 조임 볼트와 장착볼트 조임
	밸브보디 어셈블리의 기능 불량	밸브보디 어셈블리 교환
	프런트 클러치 피스톤, 리테이너가 마모되거나 1번 D링의 기능 불량	트랜스액슬을 분해하여 프런트 클러치, 피스톤과 리테이너 내부의 마모 여부 및 D-링의 손상 여부를 점검하여 마모나 손상이 확인되면 피스톤, 리테이너, D-링, 실링을 교환
엔드 클러치 압력이 부적당하다.	4번 또는 6번 D링, 엔드 클러치의 5번 실링 또는 파이프의 7번 O링 불량	엔드 클러치를 분해하여 실링, 피스톤의 D링, 리테이너 내부의 마모여부 및 D링의 손상여부를 점검하여 마모나 손상이 되었으면 피스톤, 리테이너, D링과 실링 교환
	밸브보디 조임 부위 풀림	밸브보디의 조임 볼트 및 장착볼트 조임
	밸브보디 어셈블리의 기능 불량	밸브보디 어셈블리 교환
로우 리버스 브레이크 압력 부적당	밸브보디와 트랜스액슬 사이의 O링이 손상되거나 분실	밸브보디 어셈블리를 탈거하여 어퍼 밸브보디의 상부 면에 있는 O링의 손상이나 분실되지 않았는지 점검하고 필요시에는 O링을 교환
	밸브보디 조임부 풀림	밸브보디 조임볼트와 장착볼트 조임
	밸브보디 어셈블리의 기능 불량	밸브보디 어셈블리 교환
	로우 리버스 브레이크의 3번 O링이나 리테이너의 2번 O링의 기능불량	트랜스액슬을 분해하여 O링의 손상을 점검하고 O링의 절단, 패인흔적, 긁힘 또는 손상이 있으면 교환
토크 컨버터의 압력이 부적당	댐퍼 클러치 조절 솔레노이드밸브(DCCSV) 또는 댐퍼 클러치 조절밸브 고착	댐퍼 클러치 장치와 DCCSV의 작동을 점검한다.
	오일 쿨러 또는 파이프가 막히거나 누설됨	필요에 따라 쿨러 및 파이프를 수리 또는 교환
	입력샤프트의 실링이 손상됨	트랜스액슬을 분해하여 실링의 손상을 점검하고 손상되었으면 실링을 교환
	토크 컨버터의 기능 불량	토크 컨버터 교환

[규정 오일 압력표(2)]

(F4A42-1)

	선택레버위치	P	R	N	D	D	D	D
측정조건	변속기 및 위치	–	후진	–	1속	2속	3속	4속
	엔진회전수 (r/min)	2,500	2,500	2,500	2,500	2,500	2,500	2,500
규정압력(kgf/㎠)	언더드라이브 클러치압 (U/D압)	–	–	–	10.3~10.7	10.3~10.7	6.0~7.0	–
	리버스 클러치압(REV압)	–	13.0~18.0	–	–	–	–	–
	오버드라이브 클러치압 (OD압)	–	–	–	–	–	6.0~7.0	6.0~7.0
	로우&리버스 브레이크압 (LR압)	3.2~4.0	13.0~18.0	3.2~4.0	10.3~10.7	–	–	–
	세컨드 브레이크압 (2ND압)	–	–	–	–	10.3~10.7	–	6.0~7.0
	토크 컨버터압(DR압)	2.5~4.0	5.1~7.1	2.5~4.0	5.1~7.1	5.1~7.1	4.6~6.6	4.6~6.6

(F4A42-2)

	선택레버위치	P	R	N	D	D	D	D
측정조건	변속기 및 위치	–	후진	–	1속	2속	3속	4속
	엔진회전수 (r/min)	2,500	2,500	2,500	2,500	2,500	2,500	2,500
규정압력(kgf/㎠)	언더드라이브 클러치압 (U/D압)	–	–	–	10.3~10.7	10.3~10.7	8.0~9.0	–
	리버스 클러치압(REV압)	–	13.0~18.0	–	–	–	–	–
	오버드라이브 클러치압 (OD압)	–	–	–	–	–	8.0~9.0	8.0~9.0

규정 압력 (kgf/㎠)	로우&리버스 브레이크압 (LR압)	2.7~3.5	13.0~18.0	2.7~3.5	10.3~10.7	-	-	-
	세컨드 브레이크압 (2ND압)	-	-	-	-	10.3~10.7	-	8.0~9.0
	토크 컨버터압 (DR압)	2.2~3.7	5.1~7.1	2.2~3.7	5.1~7.1	5.1~7.1	4.6~6.6	4.6~6.6

[오일압력이 정상이 아닐 때의 조치방법]

현 상	이상개소
전 유압이 높다	레귤레이터 밸브 불량
전 유압이 낮다	오일펌프 불량 오일필터(내장) 막힘 오일필터(외부) 막힘 오일 쿨러 막힘 레귤레이터밸브 불량 릴리프밸브 불량 밸브보디 장착 불량
R시만 유압이상	레귤레이터 밸브 불량
3-4속시만 유압이상	레귤레이터 밸브 불량 스위치밸브 불량
UD압만 유압이상	오일 실 K불량 오일 실 L불량 오일 실 M불량 언더드라이브 솔레노이드밸브 불량 언더드라이브 프레셔 컨트롤밸브 불량 각 체크볼 이상 각 오리피스 막힘 밸브보디 장착 불량
REV압만 유압이상	오일 실 A불량 오일 실 B불량 오일 실 C불량 각 오리피스 막힘 밸브보디 장착 불량
OD압만 유압이상	오일 실 D불량 오일 실 E불량 오일 실 F불량 각 오리피스 막힘 밸브보디 장착 불량 언더 드라이브 솔레노이드밸브 불량 언더 드라이브 프레셔 컨트롤밸브 불량 각 체크볼 이상

[그림 247] 오일압력 측정개소

1. 주어진 자동변속기 차량에서 오일압력 측정 및 점검하시오.

① 측정(또는 점검)			② 판정 및 정비(또는 조치)사항		득 점
항 목	측정값	규정값	판 정	정비 및 조치할 사항	
( )의 오일압력			□ 양호 □ 불량		

4.7. 인히비터 스위치 통전시험

테스터기를 이용하여 각 레인지별 해당 단자 통전 여부를 점검한다.

4.7.1. F4A2계열

단자 번호	P	R	N	D	2	L	연결단자
1					○		TCU
2			○				TCU
3	○						TCU
4	○	○	○	○	○	○	점화스위치
5						○	TCU
6				○			TCU
7		○					TCU
8	○		○				점화스위치
9	○		○				스타터모터
10		○					점화스위치
11		○					후진등

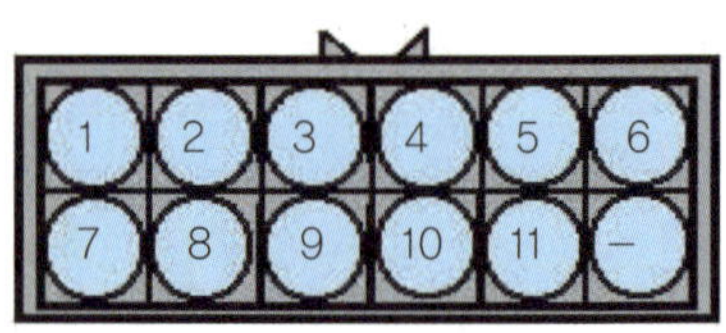

○—○ 단자간의 접속을 나타낸다.

4.7.2. F4A3계열

단자 번호	배선 색깔	P	R	N	D	2	L
1	YB					○	
2	BW			○			
3	BY	○					
4	L	○	○	○	○	○	○
5	YR						○
6	Y				○		
7	RL		○				
8	BW	○		○			
9	BY	○		○			
10	G		○				
11	GW		○				

○—○ 단자간의 접속을 나타낸다.

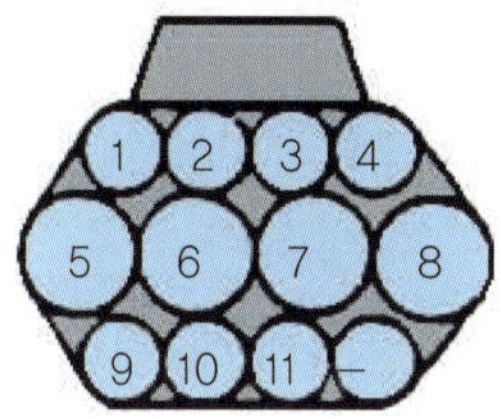

4.7.3. F4A42계열

단자번호	P	R	N	D
1				○
2				
3	○			
4			○	
5				
6				
7		○		
8	○	○	○	○
9	○		○	
10	○		○	

○—○ 단자간의 접속을 나타낸다.

4.8. 자동변속기 인히비터 스위치와 선택레버 위치점검

4.8.1. 점검방법(1)

① 운전석 선택레버를 각 위치로 변속시키면서 레버가 부드럽게 움직이나 점검한다.

② 키 스위치를 "ON"에 설정하고 계기판에 불이 들어오면 선택레버를 각 레인지로 움직였을 때 계기판의 표시등도 선택레버와 같은 레인지로 움직이는지 점검한다.

③ 운전석 선택 레버 위치와 인히비터 스위치 매뉴얼 컨트롤레버 위치가 일치하는지 점검한다.

④ P와 N에서 시동이 걸리고 R에서 후진등이 들어오나 점검한다.

4.8.2. 점검 방법(2)

① 운전석 선택레버를 각 위치로 변속시키면서 레버가 부드럽게 움직이나 점검한다.

② 운전석 선택레버 위치와 인히비터 스위치 매뉴얼 컨트롤레버 위치가 일치하는지를 점검한다.

③ P와 N에서 시동이 걸리고 R에서 후진 등이 들어오나 점검한다.

[그림 248] 선택레버 변속상태 확인

[그림 249] 인히비터 스위치 위치상태 확인

1. 주어진 자동차에서 자동변속기 인히비터 스위치와 선택레버의 위치를 점검하시오.

<table>
<tr><th rowspan="2">항 목</th><th colspan="2">① 측정(또는 점검)</th><th colspan="2">② 판정 및 정비(또는 조치)사항</th><th rowspan="2">득 점</th></tr>
<tr><th>점검위치</th><th>내용 및 상태</th><th>판 정</th><th>정비 및 조치할 사항</th></tr>
<tr><td>변속
선택레버</td><td></td><td rowspan="2"></td><td rowspan="2">□ 양호
□ 불량</td><td rowspan="2"></td><td rowspan="2"></td></tr>
<tr><td>인히비터
스위치</td><td></td></tr>
</table>

05 자동변속기의 자기진단 및 파형분석

5.1. 자기진단(G-scan 2)

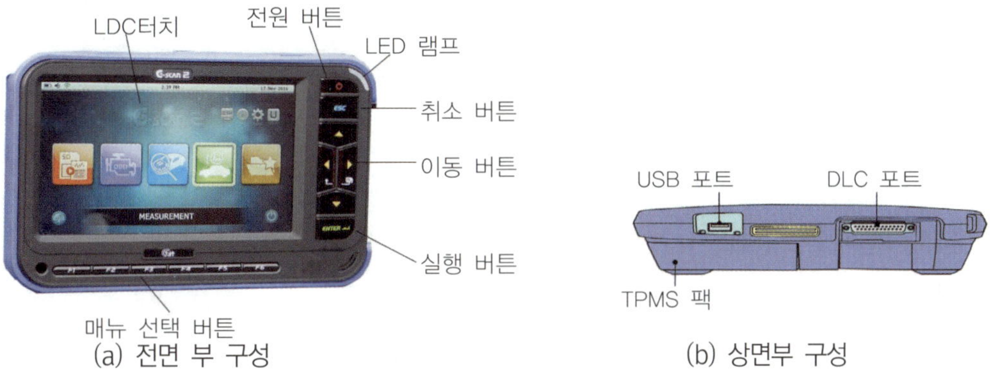

[그림 250] G-scan 2 구성

5.1.1. 전원 공급 방법

G-scan 2 본체에 전원을 공급하는 방법은 아래의 4가지 방법이 있다.

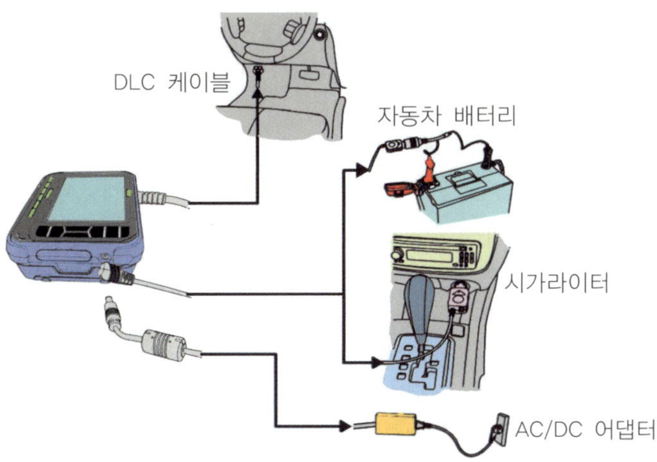

[그림 251] 전원 공급 방법

① 차량의 진단 커넥터에서 전원을 공급하는 방법.
② 시가 라이터에서 전원을 공급하는 방법.
③ 배터리에서 전원을 공급하는 방법.
④ AC/DC 어댑터를 이용하여 공급하는 방법.

5.1.2. 전원 ON/OFF

[1] 전원 켜기

본체에 전원이 공급되고 있는 상태에서 전원 버튼을 약 0.5초 정도 눌러 주면 본체의 상태표시 LED 가 파란색으로 점등되어 잠시 후 소등 되며, 잠시 후 부팅과정이 진행된다. 부팅이 완료되면 메인 화면을 확인할 수 있다.

[2] 전원 끄기

전원 버튼을 약 2초 정도 눌러 주면 화면에 "시스템 종료 중 입니다."라는 메시지가 출력 되고, 본체의 상태표시 LED 가 파란색으로 점등되었다가 소등되며, 잠시 후 본체 전원이 꺼진다.

[그림 252] 메인화면

5.1.3. 스캔테크

차량의 제어기(ECU)와 통신하는 기능으로, 제어기에 저장되어 있는 고장코드를 확인하는 고장코드 진단, 제어기로부터 각종 시스템을 구성하는 각부의 데이터 값을 확인할 수 있는 센서데이터 진단, 제어기를 통하여 차량에 장착된 액추에이터를 작동시켜 단품 불량을 점검하는 강제구동 등 제어기를 통하여 지원되는 여러 가지 기능이 구성되어 있다.

차량의 제어기(ECU)와 통신하기 위해서는 통신하려는 차종에 대한 선택을 해야 하기 때문에 측정하는 제조사를 클릭한다.

[그림 253] 스캔테크 클릭

[그림 254] 제조사 클릭

차종선택은 "모델→연식→연료타입 및 배기량→시스템" 순서로 선택한다. 차종선택이 차량과 맞지 않으면 차량 통신 불가 및 부정확한 데이터의 원인이 될 수 있다.

① 차량의 모델 선택 : "빠른 이동기능"으로 선택하고자 하는 차량의 모델명 첫 자음을 선택하거나, 모델명이 영문인 경우 첫 알파벳을 선택하면 차량의 모델을 빠르게 검색할 수 있다. 한글과 영문 변환은 "한/영" 버튼으로 사용할 수 있다.

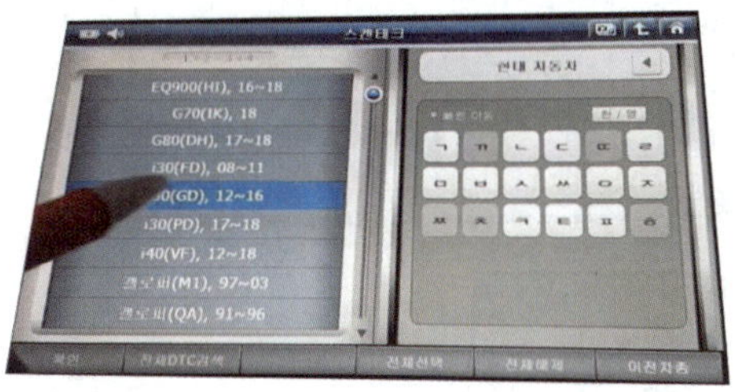

[그림 255] 차량의 모델 선택

[그림 256] 연식 선택

이전차종 : 가장 최근에 선택했던 "차종선택"으로 설정하는 기능이다. 이전에 선택한 차량에 대한 차종 선택을 쉽게 할 수 있다.

② 연식 선택 : 연식 선택이 올바르지 않으면 통신 불량의 원인이 될 수 있다.

③ 연료 타입 및 배기량 선택 : 연료 타입 및 배기량 설정이 올바르지 않으면, 차량 통신 불가 및 데이터 이상의 원인이 될 수 있다.

[그림 257] 연료 타입 및 배기량 선택

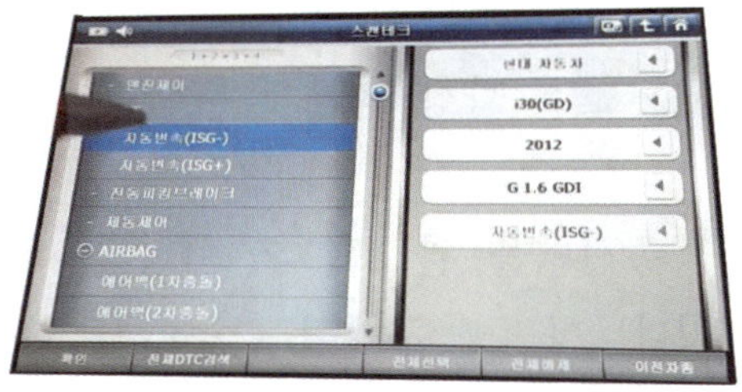

[그림 258] 시스템 선택

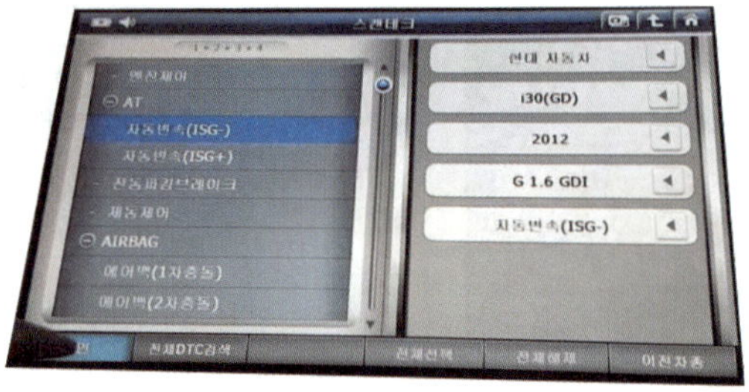

[그림 259] 확인 선택

④ 시스템 선택

⑤ 시스템 선택이 완료되면 “확인”을 선택하여 차종 선택을 완료 한다.

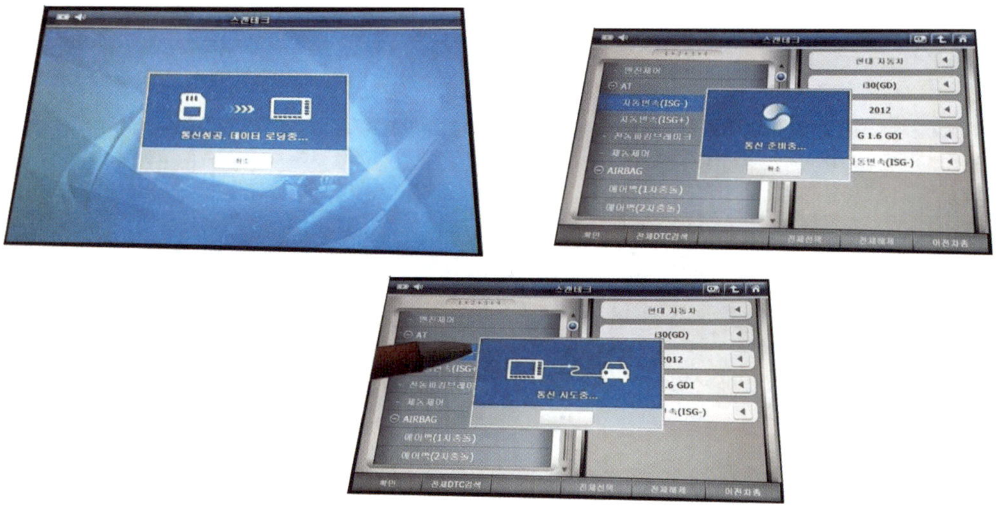

[그림 260] 통신중

확인 : 차종선택 완료 시 “확인” 버튼을 눌러 차종선택을 완료 한다.

전체DTC검색 : 차종선택 시 선택한 차량에 대한 전체 시스템에 대하여 고장코드를 검색 한다.

이전차종 : 가장 최근에 선택했던 “차종선택”으로 설정하는 기능이다.

⑥ 차종선택을 완료한 후 차량과 통신이되면 아래 그림과 같은 화면을 확인할 수 있다. 화면에 구성된 기능에서 고장코드 진단을 선택한다.

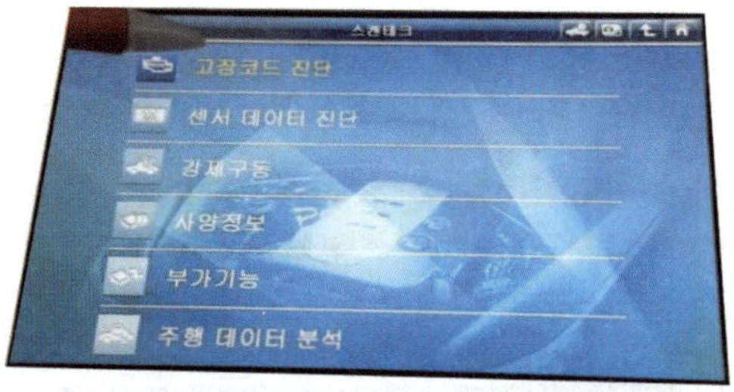

[그림 261] 고장코드 진단 선택

[1] 고장코드 진단

진단차량의 각종 시스템을 구성하는 제어기(ECU)에 저장된 고장코드를 차량과 통신하여 확인할 수 있는 기능이다. 고장코드는 다른 표현으로 DTC(Diagnostics Trouble Code)라고도 한다.

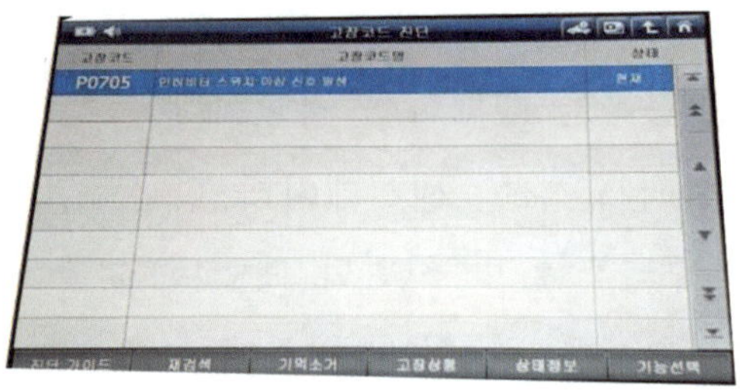

[그림 262] 고장코드

- **진단가이드** : 고장코드와 관계된 정보를 제공하는 기능이다. 이 기능은 해당 코장코드에 대한 정보가 있을 경우만 지원한다.
- **재검색** : 고장코드 검색을 재시도 한다.
- **기억소거** : 검색된 고장코드를 삭제하는 기능이다.
- **고장상황** : 발생한 고장코드에 관계된 데이터를 확인할 수 있는 기능이다. 이 기능은 특정 고장코드만 지원한다.
- **상태정보** : 고장코드의 상태를 확인할 수 있다. 특정 고장코드만 지원한다.
- **기능선택** : 동작 기능 및 듀얼모드를 실행하는 기능이다

[2] 센서 데이터 진단

차량의 각 시스템을 구성하는 제어기(ECU)와 통신하여 해당 시스템을 구성하는 데이터 항목을 확인할 수 있는 기능이다. 차량의 시스템에 따라 통신기능이 없는 제어기(ECU)가 있을 수 있으며, 이런 제어기가 적용된 차량의 시스템은 통신이 불가 하다.

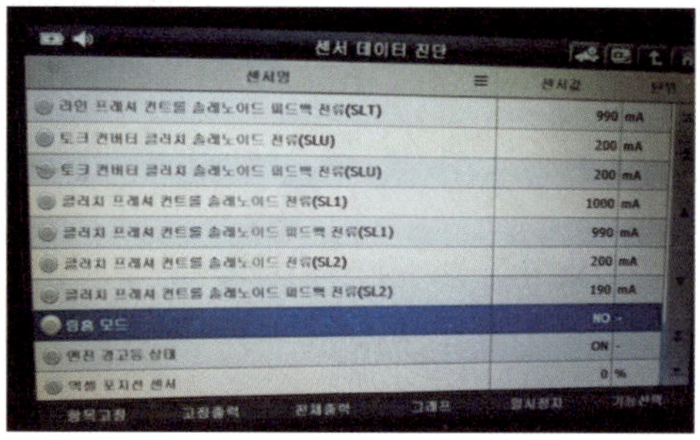

[그림 263] 센서데이터 진단

항목고정 : 센서데이터 항목을 선택하는 기능이다.

고정출력 : 사용자가 선택(고정)한 센서데이터 항목들만 데이터를 갱신할 수 있게 하는 기능으로 조금 더 조밀한 데이터 값을 확인할 수 있다.

전체출력 : 센서데이터 항목을 한 화면에 최대로 표현할 수 있어 찾고자 하는 데이터를 빠르게 검색할 때 유용한 기능이다.

그래프 : 선택한 센서데이터를 "그래프"로 볼 수 있어 센서 데이터의 추세와 경향을 분석하기에 유용하다. 그래프 모드에서 텍스트 모드로의 전환은 "텍스트"를 실행한다. 그래프 모드 상태에서 "항목리스트"를 실행하여 다른 항목 선택도 가능하다.

일시정지 : 진행 중인 센서데이터 출력을 일시 정지하는 기능이며, 시작으로 반전한다. 일시정지 시, 정지된 상태의 데이터를 저장할 수는 없다.

기능선택 : 동작 기능 및 듀얼 모드를 실행하는 기능이다.

1. 진단기(스캐너)를 사용하여 자동변속기의 각종 센서(액추에이터)를 점검 후 고장부분을 기록하시오.

항 목	① 측정(또는 점검)			② 고장 및 정비(또는 조치)사항		득 점
	고장부위	측정값	규정값	고장 내용	정비 및 조치사항	
센서 점검 (액추에이터)						

5.2. 파형분석

① N레인지에서 D레인지로 변속시 파형

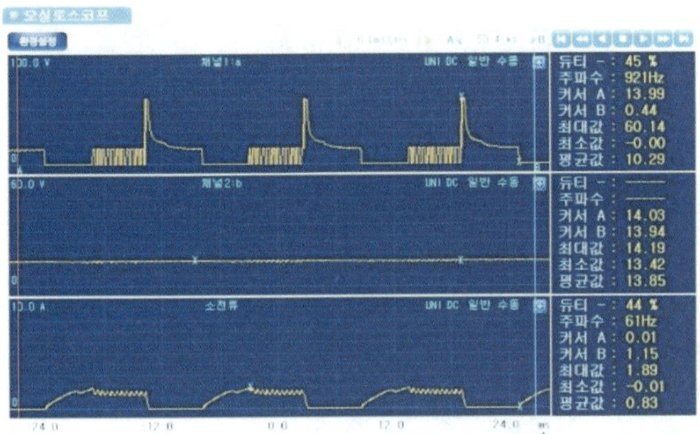

1. 채널1번 : UD 솔레노이드 파형
2. 채널2번 : LR 솔레노이드 파형
3. 채널3번 : UD 솔레노이드의 전류 제어파형

[그림 264] N레인지에서 D레인지로 변속시 파형

② 작동구간 중에 풀인제어 구간

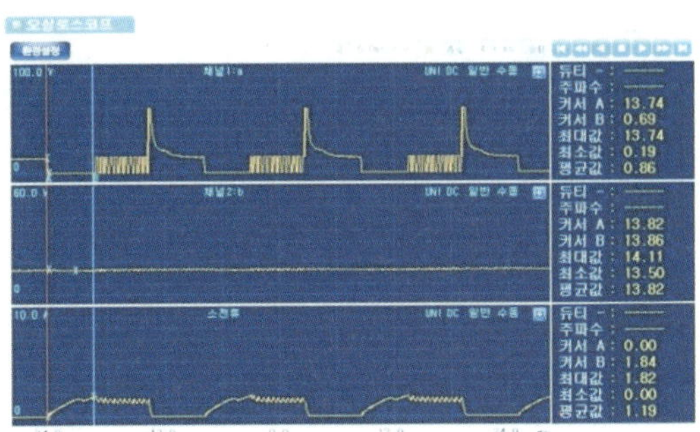

[그림 265] 작동구간 중에 풀인제어 구간

③ 작동구간 중 전류제어 구간

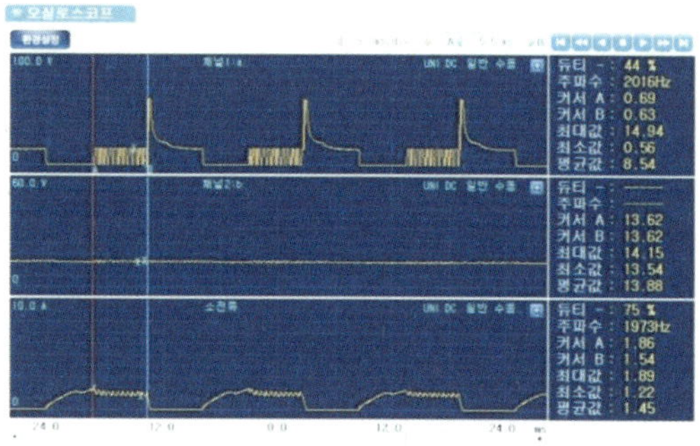

전류제어구간의 주파수는 2㎑이며, 파형에서의 측정값은 2.016㎑이다. 전류제어값은 피크 전류값은 1.89A, 최소값은 1.22A이다.

[그림 266] 작동구간 중 전류제어 구간

④ 전류제어구간에 대한 부분을 2개 채널로 다시 측정한 파형

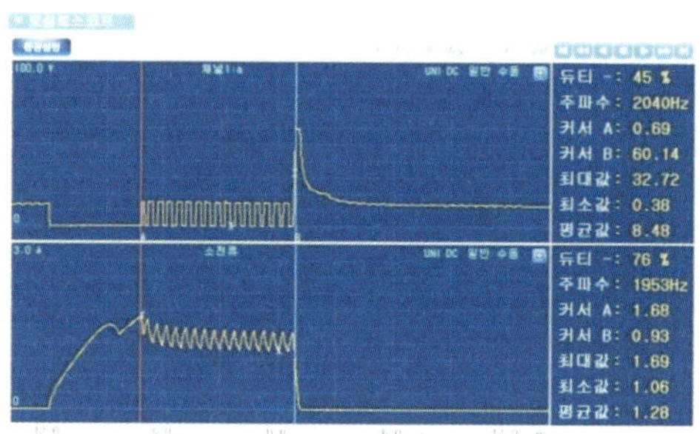

[그림 267] 전류제어구간에 대한 부분을 2개 채널로 다시 측정한 파형

1. 주어진 자동변속기에서 N레인지에서 D레인지로 변속시 파형을 점검 및 측정을 하고 분석하시오.

측정 항목	파형 상태	득 점
파 형 측 정	요구사항 조건에 맞는 파형을 프린트하여 아래사항을 분석 후 뒷면에 첨부 ① 출력된 파형에 불량요소가 있는 경우에는 반드시 표기 및 설명 되어야 함. ② 파형의 주요 특징에 대하여 표기 및 설명 되어야 함.	

Chapter

04

드라이브 샤프트와 액슬 및 차동장치

01 추진축 및 종감속기어

1.1. 추진축 탈거 및 종감속기어(디퍼런셜 기어) 오일 실 및 오일 교환

종감속기어 오일은 차종마다 차이가 있지만 보통 약 5만km 정도에서 교환하며, 종감속기어 차동기어 케이스 오일 실에서 오일이 누유 되기도 한다. 종감속기어 오일관리를 하지 않으면 윤활 역할을 못하기 때문에 소음이 발생하게 된다. 보통 60km 정도에서 윙-웅웅 하는 소리가 나는데 이를 무시하고 운행하다가 나중엔 더 큰 고장으로 이어진다.

① 차량을 리프트에 진입시키고 리프트를 상승시킨다.

[그림 1] 리프트 상승

② 오일 회수 통을 종감속기어 밑에 설치한다.

③ 종감속기어 뒤쪽 옆에 주입구 볼트를 풀어준다. 공기가 들어갈 수 있게 해주면 빠르게 오일이 배출된다.

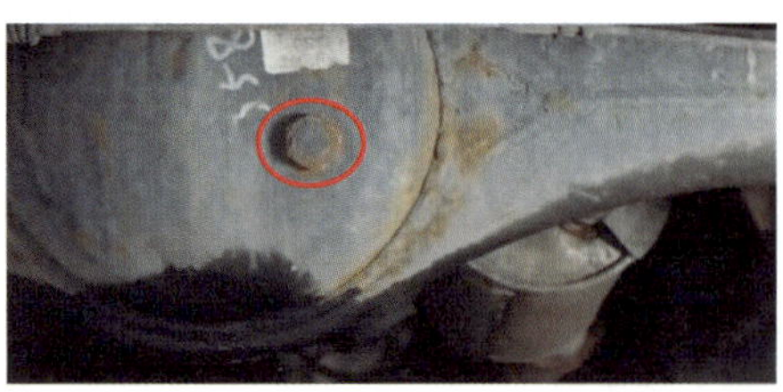

[그림 2] 주입구 볼트 탈거

④ 종감속기어 하부 드레인 볼트를 풀어서 오일을 배출한다.

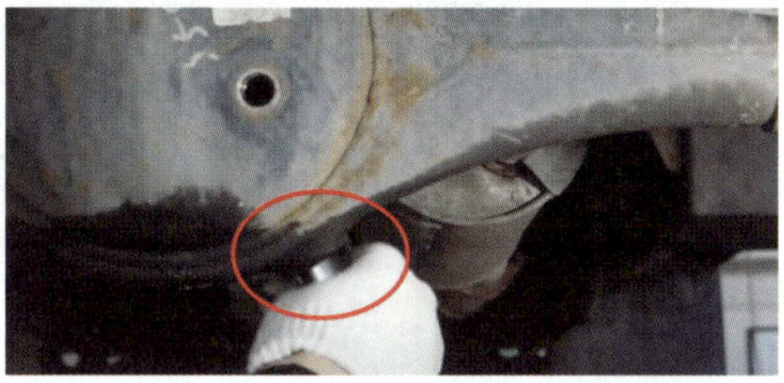

[그림 3] 드레인 볼트 탈거

⑤ 하단 드레인 볼트를 탈거 했을 때 자석 부분에 쇳가루를 확인하여 쇳가루가 있을 때에는 쇳가루를 닦아낸다.

[그림 4] 드레인 볼트 청소

⑥ 추진축 플랜지와 종감속기어 플랜지에 결합 일치를 표시 한다.
⑦ 추진축 플랜지와 종감속기어 플랜지 결합 볼트 4개와 너트 4개를 탈거한다.

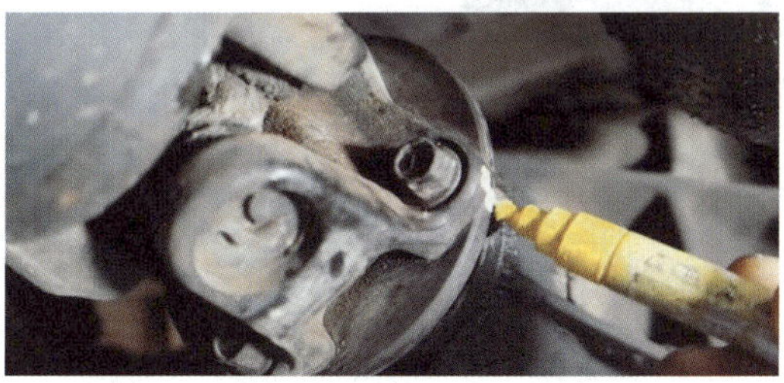

[그림 5] 결합 일치 표시

[그림 6] 추진축 볼트 및 너트 탈거

⑧ 추진축 플랜지를 종감속기어 플랜지에서 분리시키고 추진축을 종감속기어 방향인 뒤로 잡아당겨 변속기에서 추진축을 탈거한다.

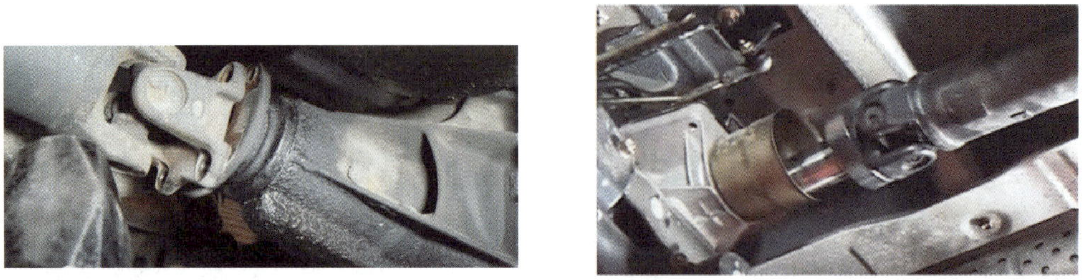

[그림 7] 추진축 탈거

⑨ 셀프 록킹 너트와 와셔를 탈거한다.

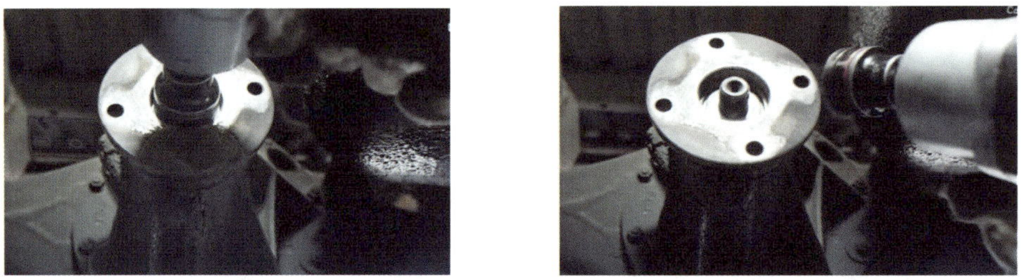

[그림 8] 너트와 와셔 탈거

⑩ 연질 해머로 톡톡 쳐서 종감속기어 플랜지를 탈거한다.

[그림 9] 플랜지 탈거

⑪ 일자드라이버를 이용하여 오일 실을 탈거한다.

[그림 10] 오일 실 탈거

⑫ 오일 실이 설치되었던 홈 및 주위의 이물질을 제거한다.

[그림 11] 이물질 제거

⑬ 신품 오일 실을 파손에 주의하면서 장착한다.

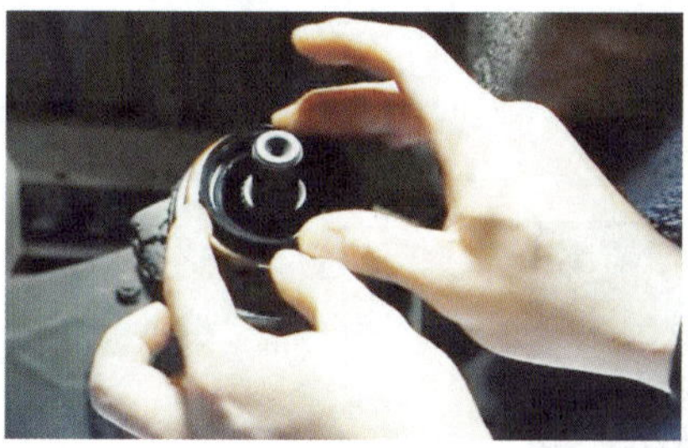

[그림 12] 오일 실 조립

⑭ 고무망치로 톡톡 쳐가면서 플랜지를 조립한다.

[그림 13] 플랜지 조립

⑮ 셀프 록킹 와셔와 너트를 조립하고 너트를 규정토크로 조인다.

(a) 와셔 조립 (b) 너트 조립

[그림 14] 와셔 및 너트 조립

⑯ 추진축 슬립이음 부분을 변속기 출력축에 밀어 끼우고, 탈거하기 전 추진축 플랜지와 종감속기어 플랜지를 결합 표시 위치에 맞춘다.

⑰ 추진축이 떨어지지 않도록 주의하면서 추진축 플랜지와 종감속기어 플랜지 결합 볼트와 너트를 규정토크로 조인다.

[그림 15] 추진축 조립

⑱ 하부 드레인 볼트를 체결한다.

⑲ 오일 주입기로 신유를 주입구 부분으로 넣어 준다. 오일이 어느 정도 들어가면 주입구 부분으로 오일이 흐르면 충분히 주입했으므로 오일주입을 멈추고 주입구 볼트를 체결한다.

[그림 16] 오일 주입

⑳ 오일 회수 통을 안전한 곳으로 이동시킨다.

㉑ 뒤 바퀴를 리프트에서 들어 올려서 구동시키며 오일 누유 및 이상부위가 있는지 확인한다.

㉒ 리프트를 하강시킨다.

1.2. 추진축

추진축이 불량하면 주행 중에 60km가 넘어가면 하부에서 웅~울리는 소음이 발생하고 기어를 전진 후진할 때 하부에서 탁~ 치는 소음과 함께 무언가 걸리는 현상이 발생하는데 이런 증상은 특히 자재이음 베어링이 불량하여 동력이 전달될 때 발생한다.

1.2.1. 자재이음 교환

① 추진축과 요크부에 결합마크를 표시하고 키를 모두 탈거한다.

[그림 17] **키 탈거**

② 망치를 이용하여 플랜지 요크 또는 슬리브 요크부분을 가볍게 두드려 캡을 탈거한다.

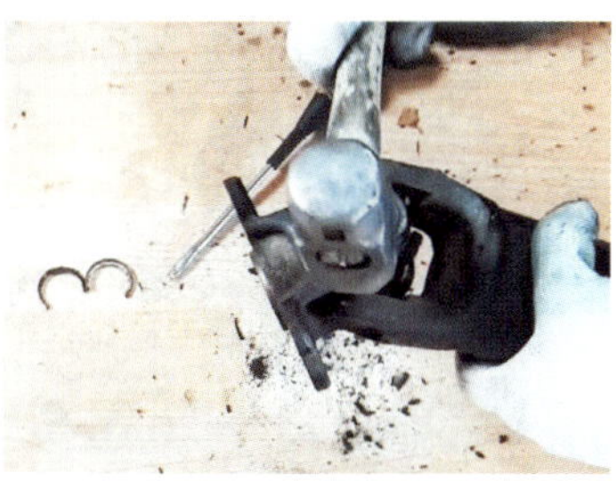
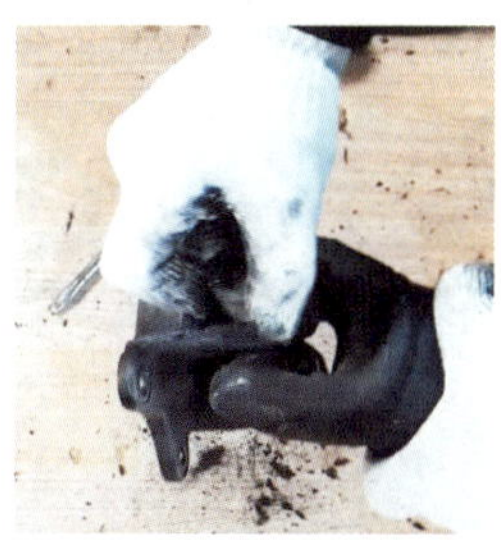

[그림 18] **캡 탈거**

③ 플랜지 요크 또는 슬리브 요크를 분리한다.

[그림 19] **요크 분리**

④ 망치를 이용하여 추진축 요크를 가볍게 두드려 캡을 분리한다.
⑤ 십자축을 탈거한다.

[그림 20] **캡 탈거**

[그림 21] **십자축 탈거**

⑥ 추진축 요크 및 플랜지 요크 또는 슬리브 요크 부위에 붙어 있는 이물질을 제거한다.

[그림 22] **이물질 제거**

⑦ 신품 십자축을 걸쳐놓고 신품 캡을 십자축 가운데에 조립한 후 망치로 살살 두드려 조립한다.

[그림 23] **신품 십자축 조립**

⑧ 망치로 키를 살살 두들겨 조립하고 마지막으로 ⊖드라버를 대고 망치로 살살 두드려서 키홈에 완전히 끼운다.

[그림 24] **키 조립**

⑨ 플랜지 요크 또는 슬리브 요크도 같은 위와 같은 방법으로 조립하고 십자축에 그리스를 주입한다.

1.2.2. 추진축 점검

① 슬리브 요크, 센터 요크, 플랜지 요크부의 마모 및 파손여부를 점검한다.

② 추진축 요크부와 추진축의 마모, 파손, 굽힘, 균열, 비틀림 등을 점검한다.

③ 자재이음 스파이더의 각 방향 작동상태를 점검한다.

1.3. 종감속 기어

1.3.1. 차동기어 어셈블리 분해

① 차축 하우징 밑면에 있는 드레인 플러그를 풀고, 오일 빼낸 후 다시 잠근다.

② 차축 떼어내기 작업을 참고하여 좌우 바퀴의 차축을 20㎝ 정도씩 차축 하우징으로부터 빼낸다.

[그림 25] 차축 탈거

③ 추진축과 연결된 플렌지 부분의 고정 볼트를 풀고 추진축으로 부터 분리한다.

④ 차축 하우징과 접촉된 고정 볼트를 대각선 방향으로 움직이면서 풀어 차동 기어 어셈블리를 차축 하우징으로부터 떼어낸다.

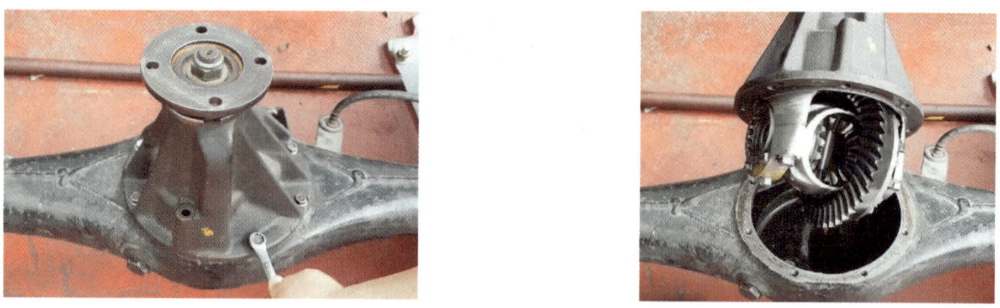

[그림 26] 차동기어 어셈블리 탈거

⑤ 좌우에 있는 조정 스크루로 고정판 볼트를 풀어 떼어낸다.

⑥ 좌우에 있는 사이드 베어링 캡 볼트를 탈거한다.
⑦ 좌우 조정 스크류를 탈거한다.

[그림 27] 사이드 베어링 캡 볼트 탈거

[그림 28] 좌우 조정 스크류 탈거

⑧ 사이드 베어링 컵을 탈거한다.
⑨ 링 기어 어셈블리를 차동 기어 캐리어에서 탈거한다.

[그림 29] 사이드 베어링 컵 탈거

[그림 30] 링 기어 어셈블리 탈거

⑩ 차동기어 케이스에서 링기어 고정 볼트를 탈거하고 링기어를 탈거한다.

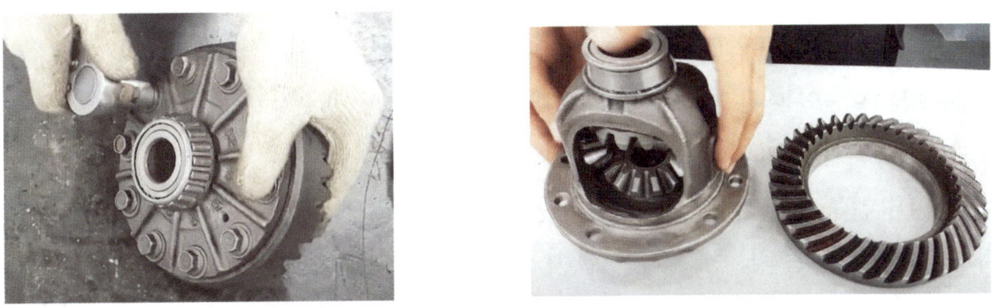
[그림 31] 링기어 탈거

⑪ 핀(pin) 펀치를 사용하여 피니언 샤프트 로크핀을 탈거하고, 피니언 샤프트를 탈거한다.

(a) 로크핀 탈거

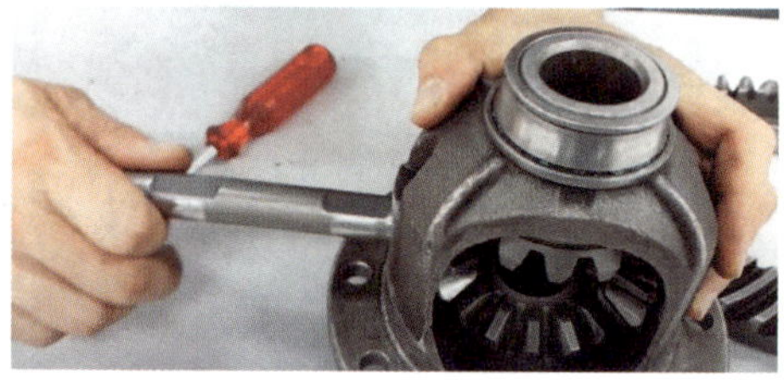

(b) 피니언 샤프트 탈거

[그림 32] **피니언 샤프트 탈거**

⑫ 차동 피니언 기어 탈거시 차동 피니언 기어를 90도 회전시켜 탈거하고, 사이드 기어도 탈거한다.

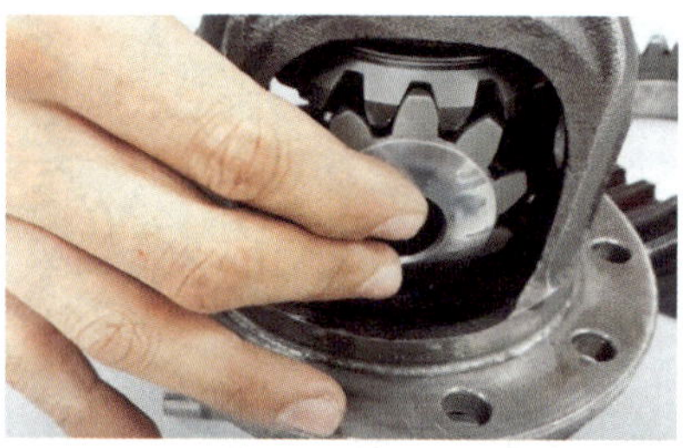

(a) 차동 피니언 기어 90도 회전

(b) 차동피니언 기어 및 사이드 기어

[그림 33] **차동피니언 및 사이드 기어 탈거**

1.3.2. 차동기어의 어셈블리 조립

① 차동 피니언과 사이드 기어를 차동 기어 케이스에 넣고, 스러스트 와셔 등을 분해 전의 위치로 넣는다.

② 차동 피니언 와셔를 양쪽 피니언에 대고 함께 넣으면서, 사이드 기어를 돌려 물리게 하고 차동 피니언축을 끼워 임시로 조립한다.

③ 차동 피니언축의 고정핀 구멍과 차동기어 케이스의 구멍을 맞추고 고정 핀을 끼운다.

④ 차동기어 케이스의 링 기어 설치 면을 깨끗이 닦고 링 기어를 설치한 후 고정 볼트에 고정 와셔를 끼우고 가볍게 죈 다음 규정 토크로 대각선방향의 순서로

다시 죈다. 이때 고정 와셔는 조립할 때마다 새것을 사용하고 또 볼트헤드와 평평하게 되면 구부려 고정해야 한다.

⑤ 차동 기어 어셈블리를 차축 하우징에 개스킷을 새것으로 교환하고 조립한다.
⑥ 추진축과 연결된 플렌지 부분의 고정 볼트를 조이고 추진축을 조립한다.
⑦ 좌우 바퀴의 차축을 설치한다.
⑧ 종 감속기어 오일을 규정의 유면이 될 때까지 넣는다.

1.3.3. 종감속 기어 점검

[1] 종감속 기어장치 백래시

(1) 측정

다이얼 게이지를 링 기어의 잇면과 직각으로 설치하고 "0" 점 조정을 한 후, 링 기어와 구동피니언이 회전하지 못하도록 고정한 상태에서 링 기어를 서서히 회전방향으로 움직여서 바늘이 움직인 값을 측정한다.

(a) 다이얼 게이지 설치

(b) 구동피니언 고정

[그림 34] 링 기어의 백래시 점검

[규정값]

차 종 / 점검항목	그레이스, 캘리퍼	마이티	록스타	타이탄 (E2500)
링 기어 백래시	0.11㎜~0.16㎜	0.20㎜~0.28㎜	0.09㎜~0.11㎜	0.23㎜~0.25㎜

(2) 조정

1) 너트 조정식

좌우 베어링 캡 볼트를 풀고 조정 너트에 의해서 조정한다.

① **백래시가 클 경우 :** 기어쪽 조정 너트를 풀고 반대쪽 조정 너트를 같은 양 만큼 조인다(1노치 풀고 반대쪽 1노치 조인다).

② **백래시가 작을 경우 :** 클 경우의 조정과 반대 방법으로 한다.

③ 너트 조정식에서 1노치의 이동은 약 0.06㎜ 정도의 백래시 변화량을 가져온다.

2) 심 조정식

백래시 조정 심의 두께를 가감시켜 조정한다. 링 기어를 구동 피니언 기어쪽으로 심을 선택하여 이동시키면 백래시가 작아지고, 반대이면 백래시가 커진다.

1. 주어진 자동차에서 종감속 기어의 백래시를 점검하여 기록・판정하시오.

항 목	① 측정(또는 점검)		② 판정 및 정비(또는 조치)사항		득 점
	측정값	규정(정비한계)값 (클릭)	판정(□에 "✔" 표)	정비 및 조치할 사항	
종감속기어 백래시			□양호 □불량		

[2] 링 기어의 흔들림(run out)

링기어 뒤쪽에 수직이 되게 다이얼 게이지를 설치하고 링기어를 한 바퀴 돌려 다이얼 게이지가 좌우로 총 움직인 값이 런아웃 측정값이다. 규정값을 벗어나면 링기어를 교환한다(규정값 : 0.05㎜ 이내 그레이스, 갤로퍼). 링 기어의 흔들림은 차동 기어 케이스의 설치 위치를 바꾸어서 수정할 수도 있다.

[그림 35] 링 기어 흔들림 점검

1. 주어진 자동차에서 종감속 기어의 링 기어의 흔들림(런아웃)를 점검하여 기록・판정하시오.

항 목	① 측정(또는 점검)		② 판정 및 정비(또는 조치)사항		득 점
	측정값	규정(정비한계)값 (클릭)	판정(□에 "✔" 표)	정비 및 조치할 사항	
종감속기어 런아웃			□양호 □불량		

[3] 링 기어와 구동 피니언의 접촉상태 점검

광명단(인주)를 링 기어 한곳에 골고루 바른 후 구동피니언을 몇 바퀴 돌려 링 기어에 광면단이 묻혀 있는 상태를 파악한다.

[그림 36] **광명단 바르기**

① 정상접촉 : 정상접촉은 구동 피니언과 링 기어의 접촉이 링 기어의 중심부 쪽으로 50~70% 정도 물리는 상태의 접촉이다.

② 페이스(face)접촉(상단부 접촉) : 페이스 접촉은 기어의 물림이 잇면의 끝 부분에 접촉하는 것이며, 백래시가 크고 소음을 낸다. 특히, 기어 이의 끝이 마모 손상되기 쉽다. 수정방법은 구동 피니언을 안으로 이동시켜야 한다.

③ 플랭크(flank)접촉(하단부 접촉) : 플랭크 접촉은 기어의 물림이 이뿌리 부분에 접촉하는 것이며, 백래시가 작기 때문에 소음을 내기 쉽고 기어의 아래쪽에 턱이 생긴다. 수정방법은 구동 피니언을 밖으로 이동시켜야 한다.

④ 토(toe)접촉(소단부 접촉) : 토우 접촉은 기어 잇면의 접촉이 토우쪽(기어 이빨 폭이 좁은 안쪽)으로 치우친 접촉이며, 백래시가 커져서 소음을 내기 쉽고 큰 하중이 걸릴 때 이가 손상되기 쉽다. 수정방법은 구동 피니언을 밖으로 이동시켜야 한다.

⑤ 힐(heel)접촉(대단부 접촉) : 힐 접촉은 기어 잇면의 접촉이 힐쪽(기어 이빨 폭이 넓은 바깥쪽)으로 치우친 접촉이며, 백래시도 비교적 크고 소음도 나기 쉽다. 수정방법은 구동 피니언을 안으로 이동시켜야 한다.

02 등속조인트

2.1. 등속조인트 교환

등속조인트 고장 중에서 많이 나타나는 증상으로 고무 부트가 찢어지고 그리스가 다 새어나오거나 고무 부트는 멀쩡한데 등속조인트 축과 밴드 사이로 그리스가 새어 나오기도 하고 출발할 때 핸들을 돌리면 하체에서 뚜둑~뚜드득~뚜득~따다닥 소리가 나고 유격이 느껴지고 주행 중에도 뚝뚝 거리는 소음이 나타나는 경우가 있다.

① 차량을 리프트에 진입시키고 리프트를 상승시킨다.

② 등속조인트 교환할 곳의 타이어를 탈거한다.

③ 언더커버 고정 볼트를 풀고 언더커버를 탈거한다.

[그림 37] 타이어 탈거

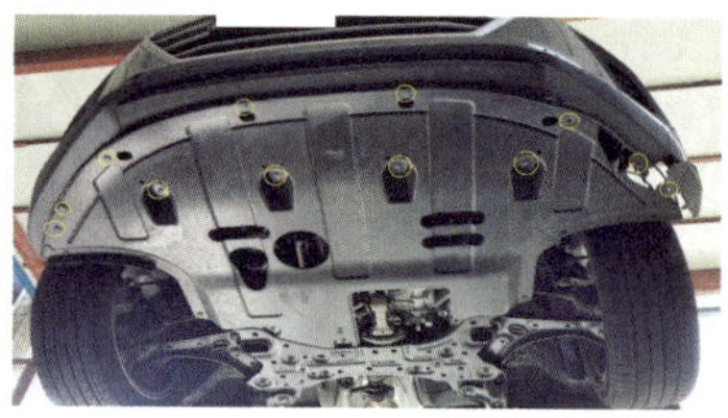

[그림 38] 언더커버 탈거

④ 등속조인트 끝단에 허브너트가 풀리는 것을 방지하기 위한 분할 핀(코터 핀)을 탈거한다.

[그림 39] 분할 핀 탈거

⑤ 허브 너트와 와셔를 탈거한다. 와셔는 자석 자바라를 이용하면 쉽게 탈거된다.

[그림 40] **허브 너트와 와셔 탈거**

⑥ 캘리퍼 가이드 핀 고정 볼트 2개를 탈거하고 캘리퍼 호스에 하중이 걸리지 않도록 캘리퍼를 종이박스나 통을 준비하여 위쪽에 올려놓는다.

[그림 41] **캘리퍼 탈거**

⑦ 쇽업소버와 너클을 연결해 주는 위쪽 관통볼트와 너트를 풀기만 한다.

[그림 42] **위쪽 관통볼트 및 너트**

⑧ 휠 스피드 센서 배선 고정 볼트 2개를 탈거한다.

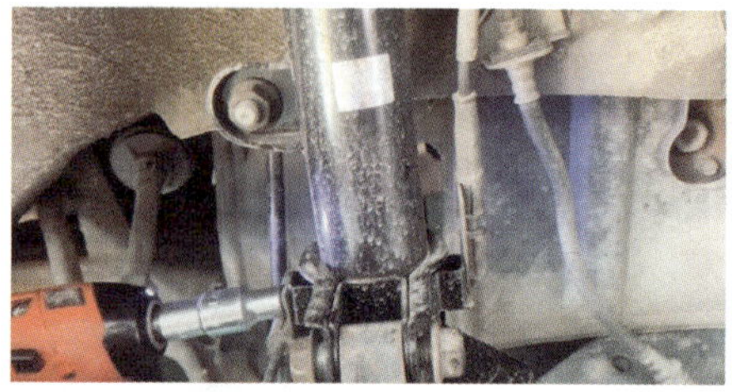

[그림 43] 배선 고정 볼트 탈거

⑨ 쇽업소버와 너클을 연결해 주는 아래쪽 관통볼트와 너트를 풀기만 한다.
⑩ 타이로드 엔드 분할 핀(코터 핀)을 탈거한다.

[그림 44] 아래쪽 관통볼트 및 너트

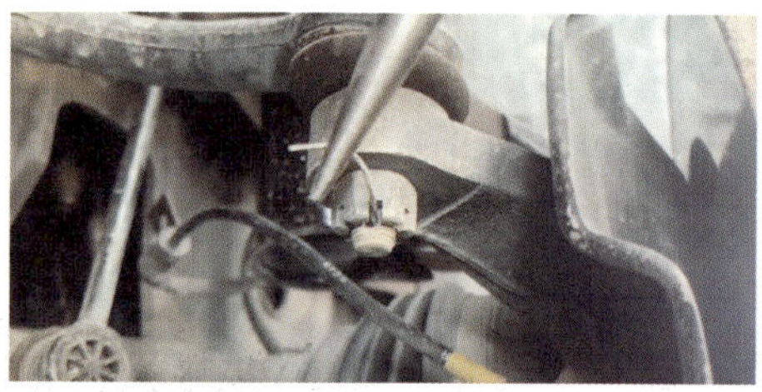

[그림 45] 분할 핀 탈거

⑪ 타이로드 엔드 고정 볼트를 풀어주었다가 손으로 볼트를 특수공구 사용 시 나사산이 망가지지 않을 정도로 다시 잠근다.
⑫ 특수공구(타이로드 엔드 풀러)를 아래 그림 47과 같이 타이로드 엔드 고무 부트와 허브 너클 사이에 끼우고 한쪽은 타이로드 엔드 고정 볼트에 설치하고 소켓으로 특수공구를 조이면 안전하게 타이로드 엔드가 탈거된다.

[그림 46] 타이로드 엔드 고정 볼트 탈거

[그림 47] 타이로드 엔드 탈거

⑬ 로워암 볼 조인트 고정 볼트 2개를 탈거 한다.

[그림 48] 로워암 고정 볼트 탈거

⑭ 허브너트를 살짝 잠가준다.

⑮ 망치로 허브너트를 쳐서 등속조인트 스플라인부를 허브에서 탈거한다.

[그림 49] 허브너트 설치

[그림 50] 스플라인부 탈거

⑯ 스피드 센서 고정 볼트를 탈거한다.

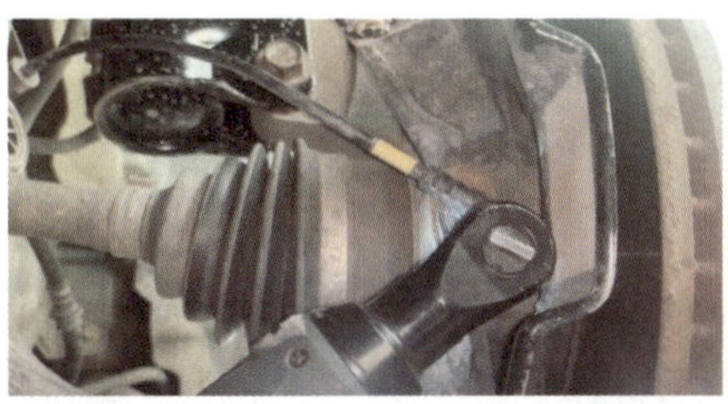

[그림 51] 스피드 센서 고정 볼트 탈거

⑰ 휠스피드 센서를 탈거한다.

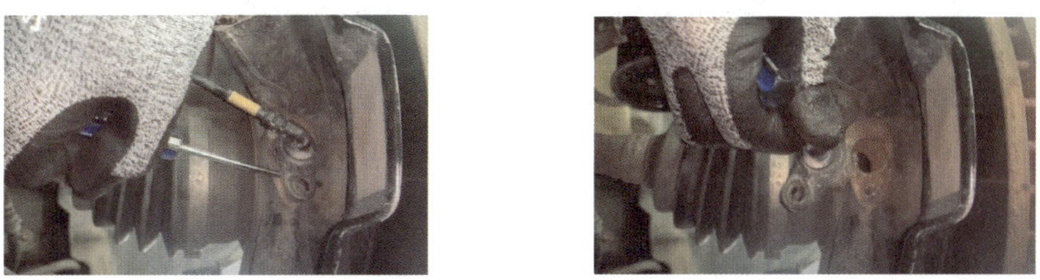

[그림 52] 스피드 센서 탈거

⑱ 작업에 방해가 되지 않도록 센서와 배선을 옆쪽에 정리해 놓는다.

[그림 53] 배선 정리

⑲ 타이로드 엔드 너트도 탈거하고 타이로드 엔드를 탈거한다.

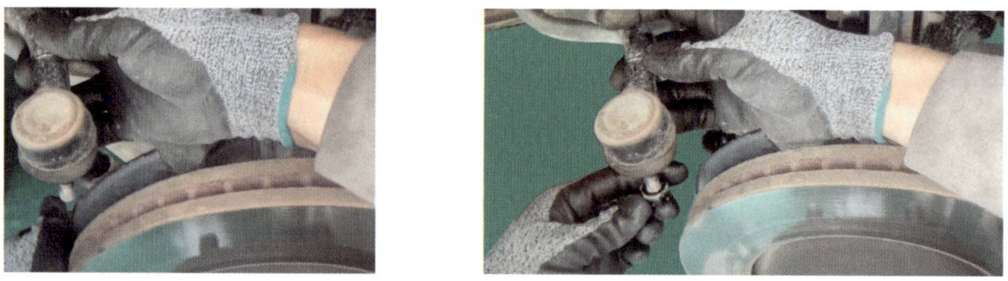

[그림 54] 타이로드 엔드 탈거

⑳ 쇽업소버 관통볼트 및 너트를 탈거한다.
㉑ 너클과 쇽업소버를 분리한다.

[그림 55] 관통볼트 및 너트 탈거

[그림 56] 너클과 쇽업소버 분리

㉒ 등속조인트 끝부분을 손으로 눌러주면서 허브를 탈거하여 등속조인트와 분리한다.

[그림 57] **허브 탈거**

㉓ 변속기 측 등속조인트를 탈거 시 변속기에서 오일이 빠질 수 있기 때문에 리테이너 실 아래에 오일 회수 통을 준비한다.

[그림 58] **오일 회수 통 준비**

㉔ 등속조인트를 손으로 당겨서 뽑을 수 있는 경우도 있지만 대부분 변속기 측 등속조인트는 일자대드라이버나 플라이바를 지렛대 원리를 이용하여 등속조인트를 변속기에서 뽑아서 탈거한다.

(a) 변속기 측 등속조인트 탈거

(b) 휠 하우스 쪽으로 탈거

[그림 59] **등속조인트 탈거**

㉕ 리테이너 실을 전용공구 또는 일자드라이버로 지렛대 원리를 이용하여 탈거한다.

(a) 일자드라이버 삽입

(b) 탈거 후 상태

[그림 60] **리테이너 실 탈거**

㉖ 신품 리테이너 실을 조립한다.

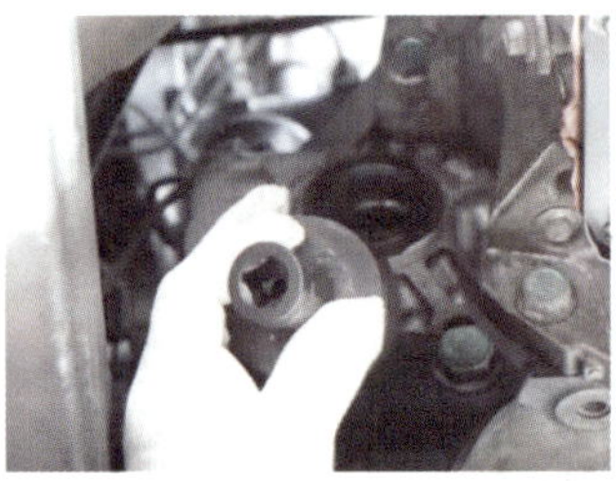

(a) 리테이너 실 설치

(b) 조립 후 상태

[그림 61] **리테이너 실 조립**

㉗ 리테이너 실이 손상되지 않게 등속조인트를 변속기에 끼워준다. 등속조인트 끝부분에 작은 링이 달려 있어서 순간적인 힘으로 잡아당겨 충격을 주어야만 빠지는 구조이기 때문에 링이 잘 들어가지 않으므로 등속조인트에 힘을 주면서 순간적으로 밀면서 충격을 주어 끼워야 한다.

㉘ 등속조인트 스플라인부를 허브에 조립한다.

[그림 62] **등속조인트 조립**

[그림 63] **등속조인트 허브에 조립**

㉙ 너클과 쇽업소버를 조립하고 관통볼트와 너트를 조여 준다.

㉚ 타이로드 엔드를 조립하고 고정너트를 조립하고 신품 분할 핀을 조립한다. 분할 핀이 안 들어가면 고정너트를 좀 더 조여 주어 분할 핀을 끼워준 후 분할 핀이 빠지지 않고 다른 부품과 간섭이 되지 않도록 적당히 휘어준다.

[그림 64] **분할 핀 설치**

㉛ 로워암을 살짝 내린 상태에서 로워암 고정 볼트를 조립한다.

(a) 로워암 눌러준다

(b) 고정 볼트 조립

[그림 65] **로워암 설치**

㉜ 와셔를 보면 한쪽 면은 평평하고 또 한쪽은 둥근 데 평평한 면이 안쪽을 보게 끼운후, 고정너트도 손으로 조인 후 규정토크로 조이고 신품 분할 핀을 끼우고 빠지지 않고 다른 부품과 간섭이 되지 않도록 적당히 휘어준다.

[그림 66] **와셔 조립**

㉝ 스피드 센서 배선 및 스피드 센서를 조립한다.
㉞ 캘리퍼를 설치하고 가이드 핀 고정 볼트를 조인다.
㉟ 타이어를 조립하고 언더커버도 조립한다. 시동을 걸고 기어를 넣고 바퀴를 돌려보고 리테이너 실에서 변속기 오일 누유 또는 이상이 없나 점검을 한다.
㊱ 리프트를 하강시킨다.

2.2. 프런트 드라이브 샤프트(TJ - BJ형식)

2.2.1. 분해조립

① 동력을 주는 쪽인 트리포드 조인트(TJ) 앞쪽 부트 클램프를 탈거한다.

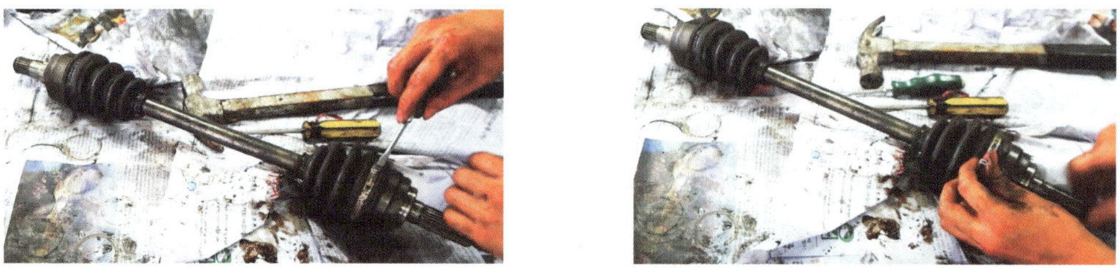

[그림 67] 클램프 탈거

② 트리포드 조인트 부트 뒤쪽 클램프를 탈거한다.

[그림 68] 뒤쪽 클램프 탈거

③ 트리포드 조인트 부트를 분리한다.

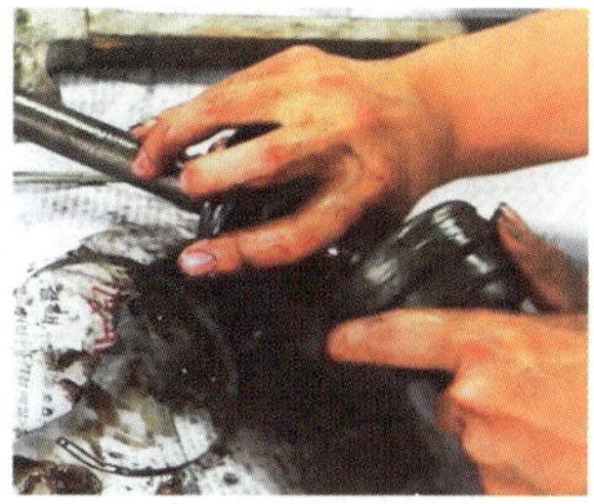

[그림 69] **부트 분리**

④ 트리포드 조인트 케이스를 탈거한다.

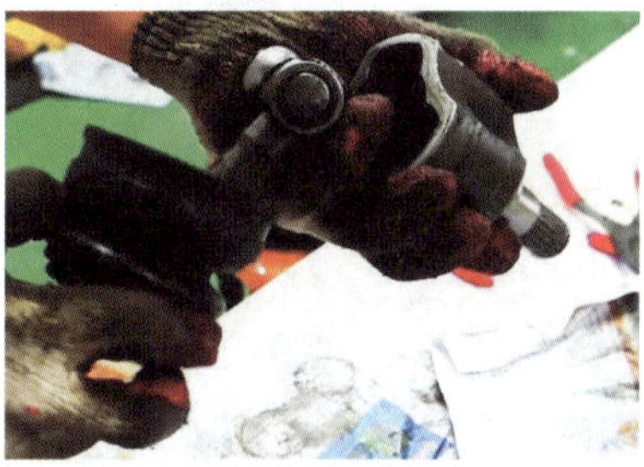

[그림 70] **케이스 탈거**

⑤ 스냅링 플라이어로 스파이더 어셈블리를 고정하는 스냅링을 탈거한다.
⑥ 스파이더 어셈블리를 탈거한다.

[그림 71] **스냅링 탈거**

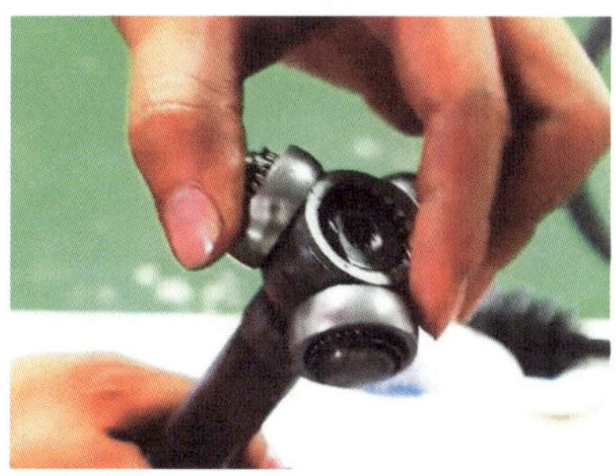

[그림 72] **스파이더 어셈블리 탈거**

⑦ 트리포드 조인트 쪽 부트를 탈거한다.

[그림 73] 부트 탈거

⑧ 버필드 조인트(BJ) 측 부트 클램프를 탈거하고, 부트를 분리한다.

[그림 74] 부트 탈거

⑨ 스냅링 플라이어를 이용하여 스냅링을 벌려 버필드 조인트와 샤프트를 분리한다.

[그림 75] 샤프트 분리

⑩ 버필드 조인트에서 스냅링 플라이어로 스냅링을 탈거한다.

[그림 76] **스냅링 탈거**

⑪ 버필드 조인트에서 망치와 정을 이용하여 볼케이지를 돌려가면서 볼케이지에서 볼을 하나씩 탈거한다.

[그림 77] **볼 탈거**

⑫ 이너 레이스를 수직상태에서 탈거한다.

[그림 78] **이너 레이스 탈거**

⑬ 볼 케이지를 수직으로 돌려 탈거를 한다.

[그림 79] 볼 테이지 탈거

⑭ 조립은 분해의 역순으로 하고, 이너 레이스 조립시에는 스냅링이 위로 가게 한다. TJ-BJ 부트에 해당 차종의 정비지침서를 참고로 하여 규정된 그리스를 도포하고 부트를 장착한다.

2.2.2. 점검

① 스플라인부의 마모를 검사한다.
② BJ 부트에 물이나 이물질이 유입되었는가를 점검한다.
③ 스파이더의 회전과 마모를 검사한다.
④ TJ 케이스 안쪽의 마모와 녹슴을 검사한다.
⑤ 다이내믹 댐퍼의 마모를 검사한다.

03 프런트 허브와 너클

3.1. 프런트 허브와 너클 탈부착 및 휠 베어링 교환

① 리프트로 차량을 작업하기 편하게 들어올린다.

② 타이어를 탈거한다.

③ 캘리퍼 뒤쪽 캘리퍼 고정 볼트를 풀고 캘리퍼를 탈거하고 브레이크 패드를 탈거한 후 캘리퍼 브래킷 고정 볼트를 탈거하여 캘리퍼 프레임을 탈거한다.

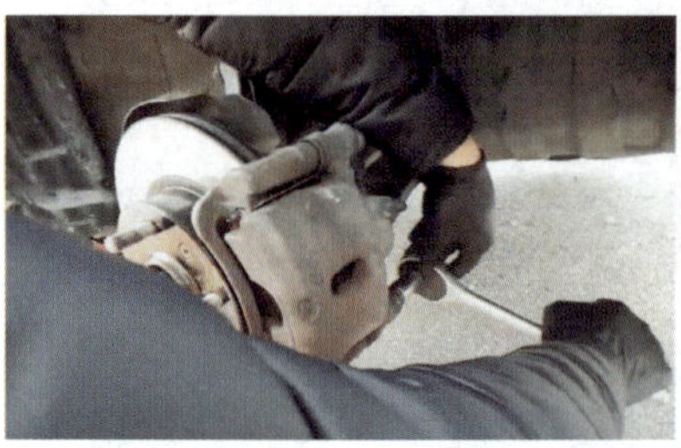

(a) 고정 볼트 탈거

(b) 캘리퍼 탈거

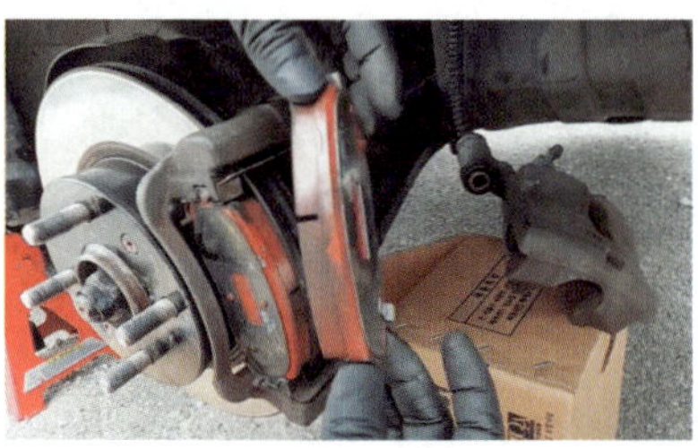

(c) 패드 탈거

(d) 브래킷 볼트 탈거

(e) 브래킷 탈거

[그림 80] 캘리퍼 탈거

④ 브레이크 디스크 고정 ⊕볼트를 탈거하고 브레이크 디스크를 탈거한다.

[그림 81] **브레이크 디스크 탈거**

⑤ 허브와 너클 고정 너트를 탈거하고 허브와 너클을 탈거한다.

[그림 82] **허브와 너클 탈거**

⑥ 스테빌라이저와 연결된 클립을 탈거하고 너트도 탈거하여 스테빌라이저와 너클을 분리한다.

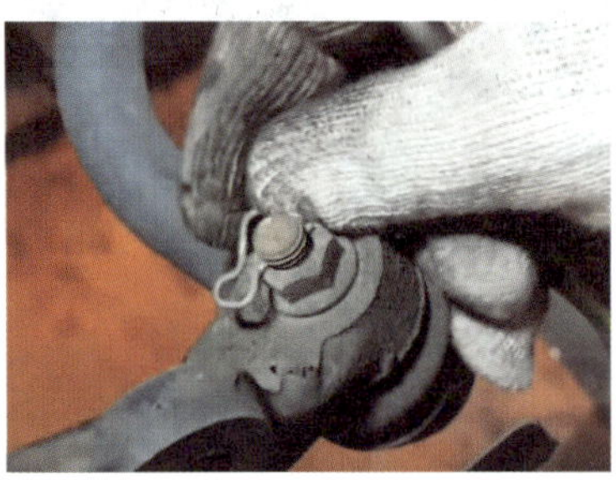

(a) 클립 탈거

(b) 너트 탈거

[그림 83] **클립 및 너트 탈거**

⑦ 쇽업소버와 연결된 볼트와 너트를 너트만 탈거하고 볼트는 탈거하지 않는다.

[그림 84] 너트 탈거

⑧ ABS 스피드 휠 센서 고정 볼트를 탈거하고 휠 스피드 센서를 너클에서 분리한다.

(a) 볼트 탈거

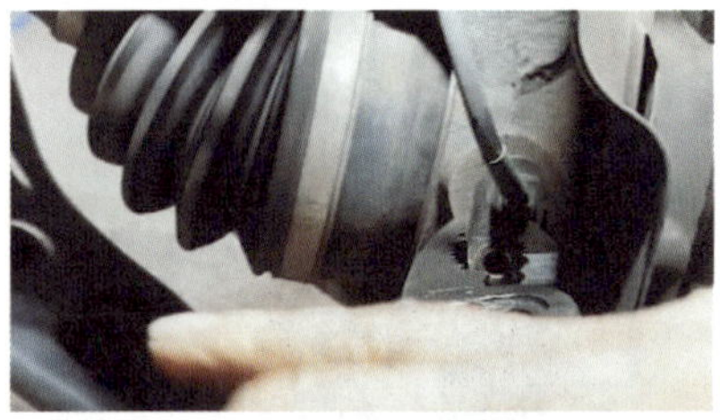

(b) 휠 스피드 센서 분리

[그림 85] 휠 스피드 센서 탈거

⑨ 로워암 하단에 있는 로워암 고정 볼트를 탈거한다.
⑩ 너트만 탈거한 쇽업소버 고정 볼트를 탈거한다.

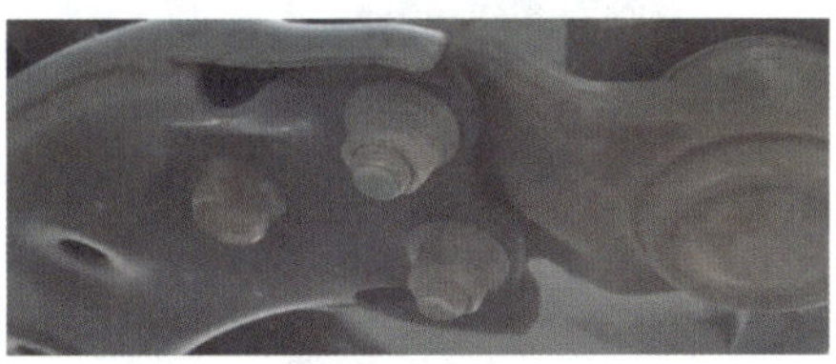

[그림 86] 로워암 고정 볼트 탈거

[그림 87] 쇽업소버 고정 볼트 탈거

⑪ 허브와 너클을 탈거한다.

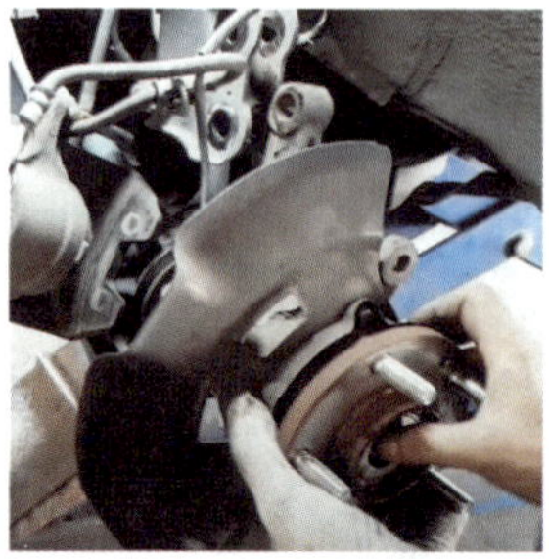

[그림 88] **허브와 너클 탈거**

⑫ 방청제를 뿌리고 로워암 볼 조인트 고정 볼트 분할핀을 탈거한다.

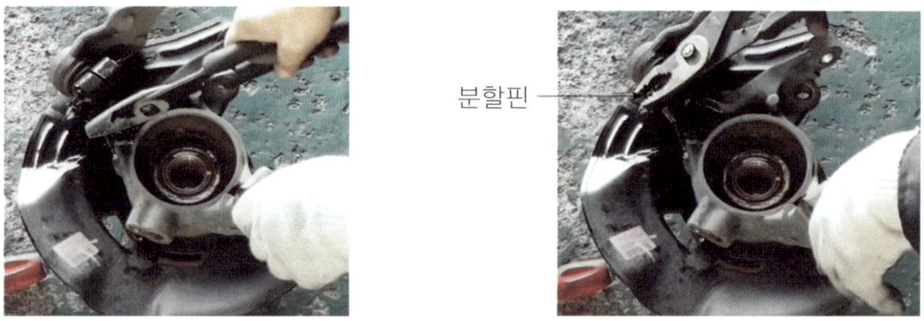

[그림 89] **분할핀 탈거**

⑬ 로워암 볼 조인트 고정 볼트에서 너트를 탈거한다.
⑭ 로워암 볼 조인트 고정 볼트를 탈거한다.

[그림 90] **너트 탈거**

[그림 91] **볼트 탈거**

⑮ 로워암 볼 조인트 고정 부위인 너클의 홈을 벌려 로워암 볼 조인트를 탈거한다.

[그림 92] 볼 조인트 탈거

⑯ 휠 베어링 고정 스냅링을 너클에서 탈거한다.

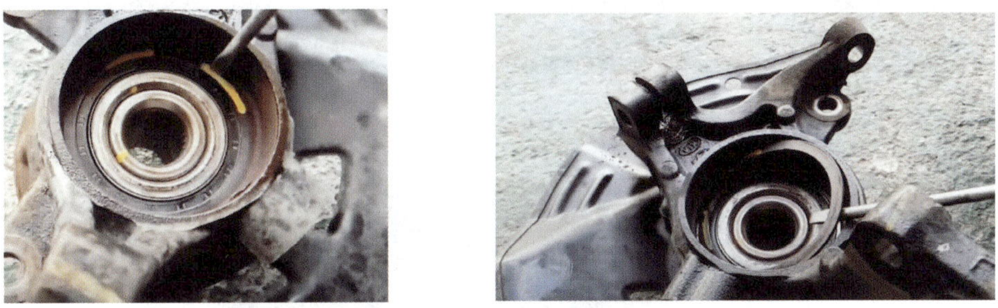

[그림 93] 스냅링 탈거

⑰ 유압식 프레스에 쇽업소버 고정 볼트 구멍과 로워암 볼 고정 볼트 구멍에 알맞은 볼트를 이용하여 허브와 너클을 설치한다.

[그림 94] 유압식 프레스에 허브와 너클 설치

⑱ 너클에서 허브를 탈거한다.

㉮ 허브를 탈거하기 위해 허브위에 어댑터를 수직으로 설치한다.

㉯ 유압 프레스 작동 페달을 밟아 유압 프레스 피스톤이 어댑터를 살짝 누르면 유압 프레스 작동을 멈추고 수직으로 설치되어 수직으로 작동되는지 확인한 후 유압 프레스를 다시 작동시켜 허브를 탈거한다. 유압 프레스 유압이 강하기 때문에 작업 중 어댑터가 튕겨 나가면 인명피해가 일어날 수 있다.

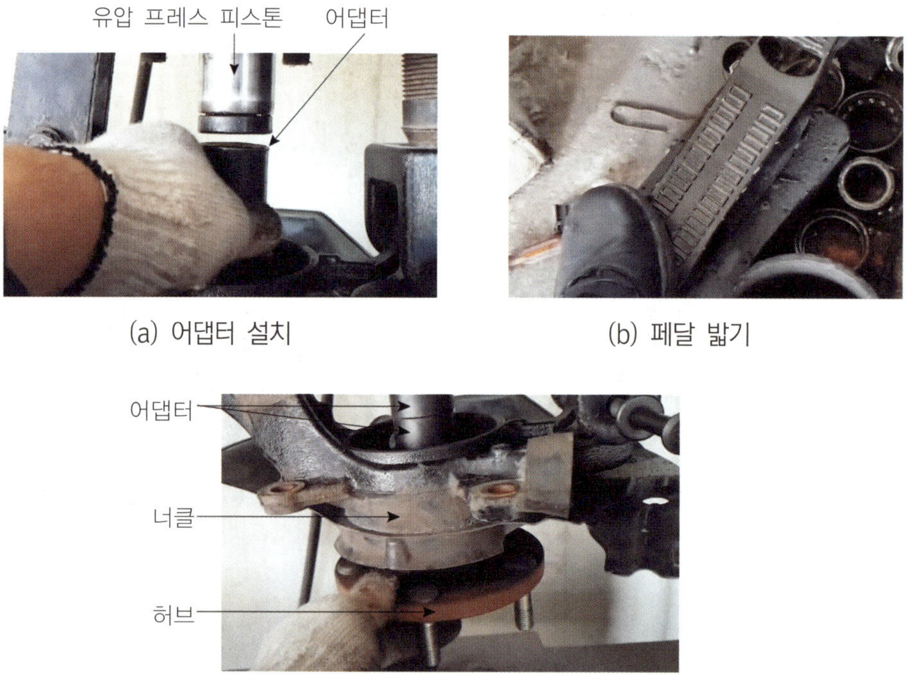

(a) 어댑터 설치

(b) 페달 밟기

(c) 허브 탈거

[그림 95] 너클에서 허브 탈거

⑲ 허브에서 분리되지 않은 인너 링(Inner ring)을 특수공구 베어링 세퍼레이터과 유압 프레스를 이용하여 탈거한다.

㉮ 베어링 세퍼레이터를 인너 링 아래 부분에 밀착되게 설치하고 베어링 세퍼레이터에 있는 조정볼트를 손으로 베어링 세퍼레이터가 완전히 밀착되도록 손으로 꽉 조여 준다.

[그림 96] **베어링 세퍼레이터 설치**

㉯ 유압 프레스 작업대에 허브를 올려놓기 위한 어댑터를 설치하고 베어링 세퍼레이터를 설치한 허브를 올려놓는다.

[그림 97] **허브 설치**

㉰ 허브 위에 어댑터를 유압 프레스의 유압 프레스 피스톤과 일직선으로 설치하고 유압 프레스 작동 페달을 밟아 유압 프레스 피스톤이 어댑터를 살짝 누르면 유압 프레스 작동을 멈추고 수직으로 설치되어 수직으로 작동되는지 확인한 후 유압 프레스를 다시 작동시켜 허브에서 인너 링을 탈거한다.

(a) 어댑터 설치 및 일직선 확인

(b) 허브에서 인너 링 탈거

[그림 98] **인너 링 탈거**

⑳ 유압 프레스 작업대에 어댑터를 설치하고 너클을 어댑터를 이용하여 수평으로 올려놓고 너클 위에 알맞은 어댑터를 수직으로 올려놓는다.

[그림 99] **너클 설치**

㉑ 너클 위에 어댑터를 유압 프레스의 유압 프레스 피스톤과 일직선으로 설치하고 유압 프레스 작동 페달을 밟아 유압 프레스 피스톤이 어댑터를 살짝 누르면 유압 프레스 작동을 멈추고 수직으로 설치되어 수직으로 작동되는지 확인한 후 유압 프레스를 다시 작동시켜 너클에서 베어링을 탈거한다.

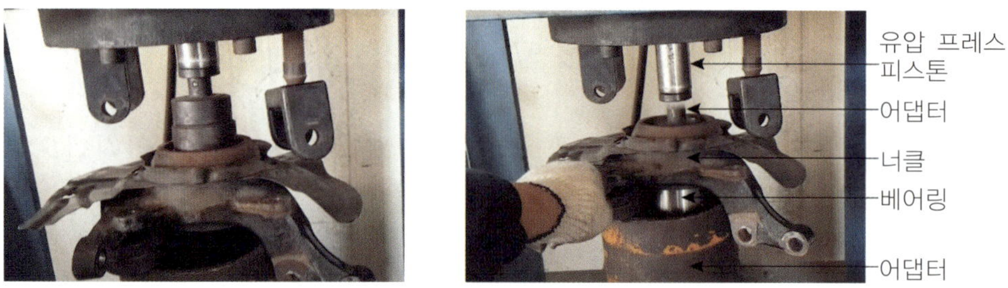

(a) 일직선 확인 (b) 베어링 분리

[그림 100] **베어링 탈거**

㉒ 신품 베어링을 구품 베어링 넘버와 맞는지 확인하고 너클 위에 올려놓고 신품 베어링 가장자리를 약간 두들겨서 베어링이 수평으로 일부분 들어가게 설치한다.

[그림 101] **베어링 설치**

㉓ 유압 프레스 작업대에 어댑터를 설치하고 너클을 올려놓고 탈거한 베어링을 신품 베어링 위에 설치하고 구품 베어링 위에 알맞은 어댑터들을 수직으로 올려놓는다.

(a) 너클 설치

(b) 구형 베어링 위 어댑터 설치

[그림 102] **너클 및 어댑터 설치**

㉔ 구형 베어링이 더 이상 내려가지 않을 때 까지 프레스를 작동 시킨 후 유압 프레스 피스톤을 분리시킨다.

[그림 103] **베어링 삽입**

㉕ 유압 프레스 작업대에 알 맞는 어댑터들을 설치하고 허브를 올려놓는다.

[그림 104] **허브 설치**

㉖ 허브 위에 너클을 수평으로 올려놓는다.

[그림 105] **너클 설치**

㉗ 너클 위에 알맞은 어댑터를 수직으로 설치하고 유압 프레스를 작동시켜 허브를 조립한다.

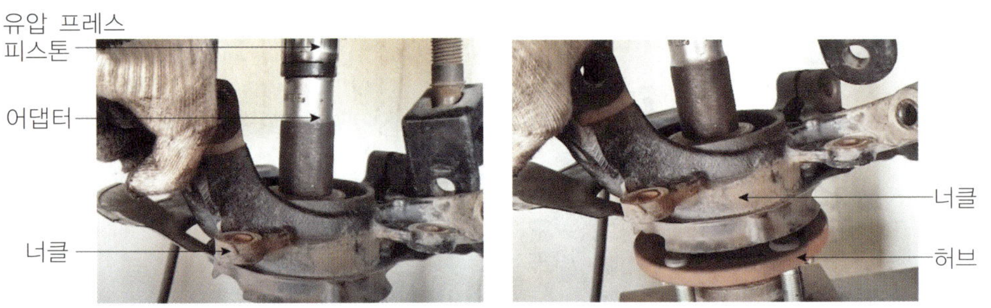

(a) 프레스 작동 (b) 허브 조립 완료

[그림 106] **허브와 너클 조립**

㉘ 너클 홈에 스냅링 플라이어를 이용하여 스냅링을 오무려서 홈에 맞춰서 조립하고 스냅링이 완전히 조립 되었나 확인한다.

[그림 107] **스냅링 조립**

㉙ 로워암에 로워암 볼 조인트를 먼저 설치한다.
㉚ 허브와 너클을 로워암 볼 조인트에 설치한다.

[그림 108] 로워암 볼 조인트 설치

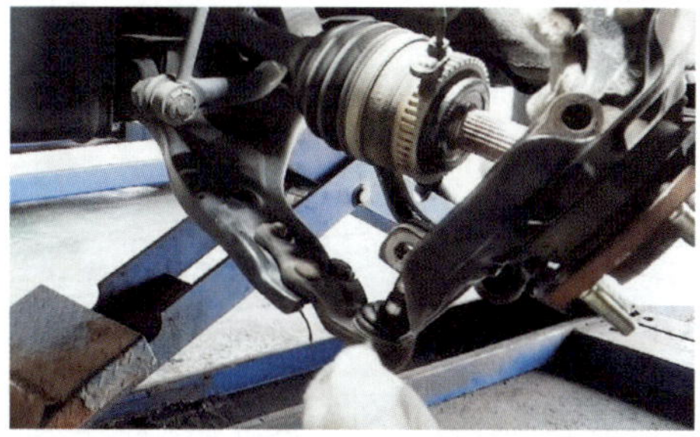

[그림 109] 허브와 너클설치

㉛ 허브와 너클 나머지 조립 작업은 탈거의 역순으로 하고 볼트 및 너트는 토크렌치를 이용하여 규정값으로 조인다.

3.2. 프런트 허브와 너클 및 휠 베어링 점검

① 허브의 균열, 스플라인의 마모를 점검한다.
② 브레이크 디스크의 긁힘, 손상을 점검한다.
③ 너클의 균열을 점검한다.
④ 베어링의 결함을 점검한다.

04 리어 허브 어셈블리

4.1. 리어 허브 어셈블리 탈부착

① 리프트로 차량을 작업하기 편하게 들어올린다.

② 뒷 타이어를 탈거한다.

[그림 110] 타이어 탈거

③ 캘리퍼 고정 볼트를 탈거하고 캘리퍼를 탈거한다.

[그림 111] 캘리퍼 탈거

④ 브레이크 디스크 고정 볼트에 ⊕드라이버를 볼트에 설치하고 ⊕드라이버 뒷 부분을 망치로 충격을 준 다음 고정 볼트를 푼다.

⑤ 브레이크 디스크에 망치로 약간 충격을 주어 유격이 생기면 브레이크 디스크를

탈거한다.

[그림 112] 디스크 고정 볼트 탈거

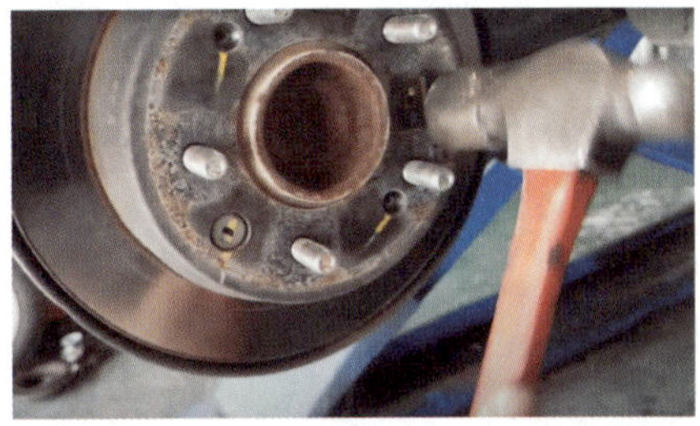

[그림 113] 브레이크 디스크 탈거

⑥ 허브 어셈블리 고정 볼트 4개를 탈거한다.

⑦ 허브 어셈블리와 백킹 플레이트를 탈거한다. 허브 어셈블리가 잘 빠지지 않으면 허브 어셈블리에 망치로 살짝 충격을 주면서 탈거한다. ABS 휠 스피드 센서가 설치된 차량은 ABS 휠 스피드 센서가 손상이 되지 않도록 주의한다.

[그림 114] 허브 어셈블리 고정 볼트 탈거

[그림 115] 허브 어셈블리 탈거

⑧ 조립은 탈거의 역순으로 하며, 볼트 및 너트는 토크렌치를 이용하여 규정값으로 조인다. 신품 허브 어셈블리 조립시 방향이 바뀌지 않도록 한다.

4.2. 리어 허브 어셈블리 점검

① 허브 베어링의 마모와 손상을 점검한다.

② 톤 휠의 깨짐과 손상을 점검한다.

③ 허브 내부면의 긁힘을 점검한다.

④ 캐리어 균열을 점검한다.

Chapter

05

조향장치 및 타이어

01 전동식 파워스티어링(MDPS) 및 MDPS 커플링 교환
02 타이로드 엔드 교환
03 스티어링 기어 어셈블리 교환
04 파워스티어링(동력조향장치)
05 휠 얼라인먼트
06 타이어
07 조향장치의 점검・정비

01 전동식 파워스티어링(MDPS) 및 MDPS 커플링 교환

1.1. 탈거

① 핸들을 직진으로 놓고 시동 및 전기장치를 OFF 시킨 다음 배터리 ⊖선을 탈거한다.

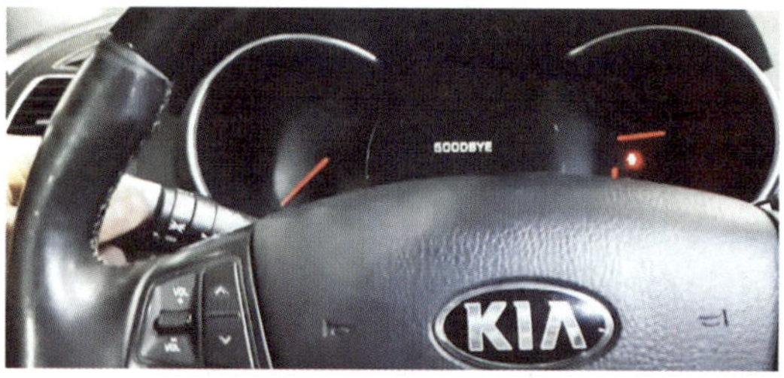

[그림 1] 전기장치 OFF

[그림 2] 배터리 ⊖선 탈거

② 에어백 모듈 좌・우측 고정 볼트를 풀고 에어백 모듈을 탈거한다.

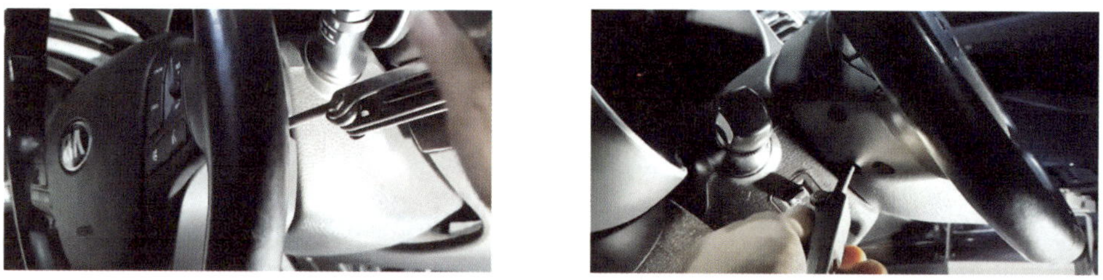

[그림 3] 에어백 모듈 탈거

③ 에어백 모듈에서 커넥터를 탈거한다.

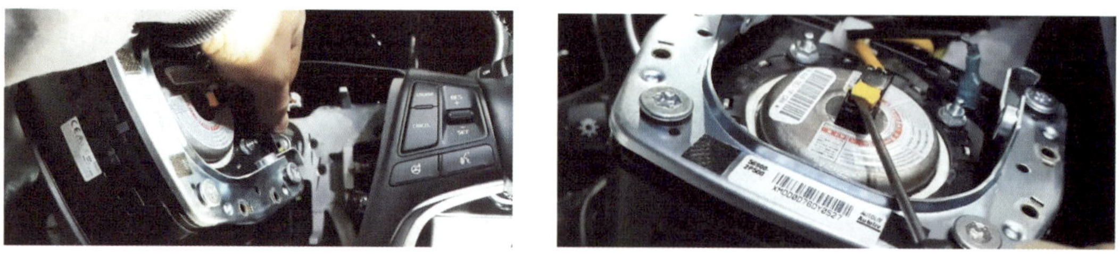

[그림 4] 에어백 모듈 커넥터 탈거

④ 조향핸들에서 커넥터를 탈거한다.

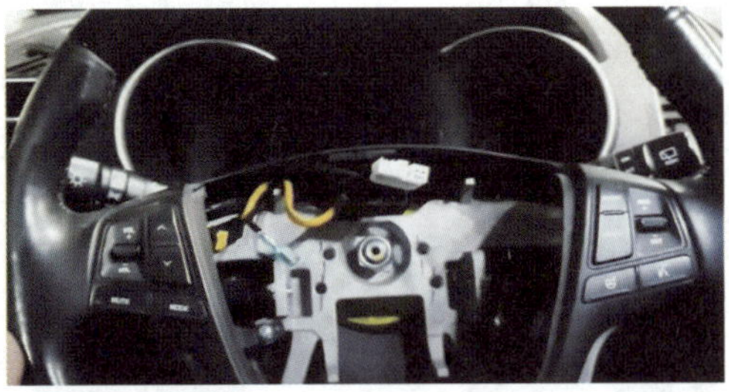

[그림 5] 커넥터 탈거

⑤ 핸들 중앙에 있는 락 너트를 탈거한다.

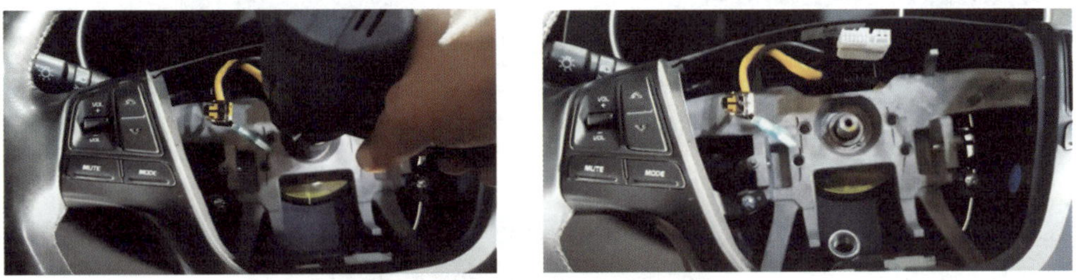

[그림 6] 락 너트 탈거

⑥ 핸들을 좌·우로 흔들면서 탈거한다. 핸들이 빠지지 않으면 특수공구(핸들 풀러)를 이용하여 핸들을 탈거한다.

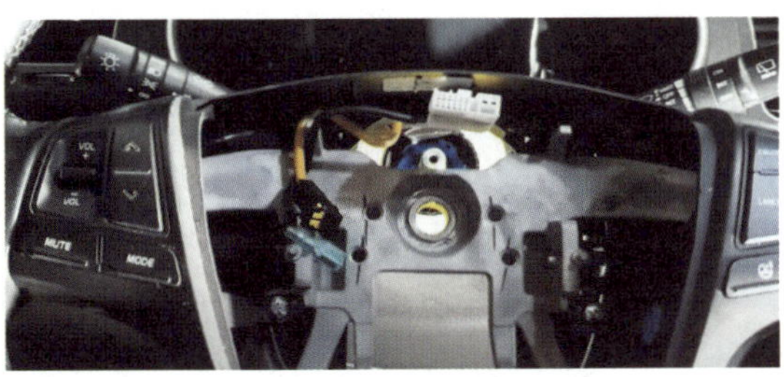

[그림 7] 핸들 탈거

핸들 풀러 사용 예

⑦ 컬럼 시라우드 고정 볼트를 탈거하고 ⊖자 드라이버를 이용하여 시라우드를 벌려 놓는다.

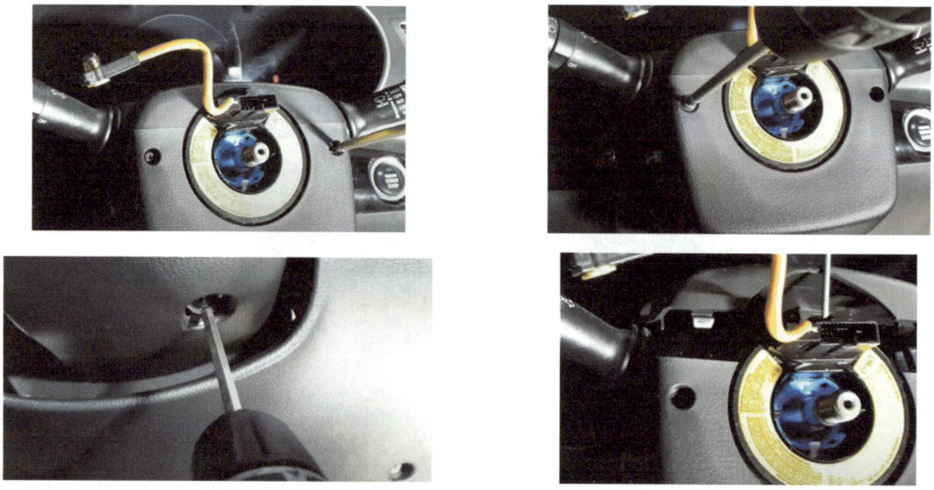

[그림 8] 컬럼 시라우드 탈거

⑧ 핸들 열선 커넥터를 눌러서 분리하고, 컬럼 시라우드를 탈거한다.

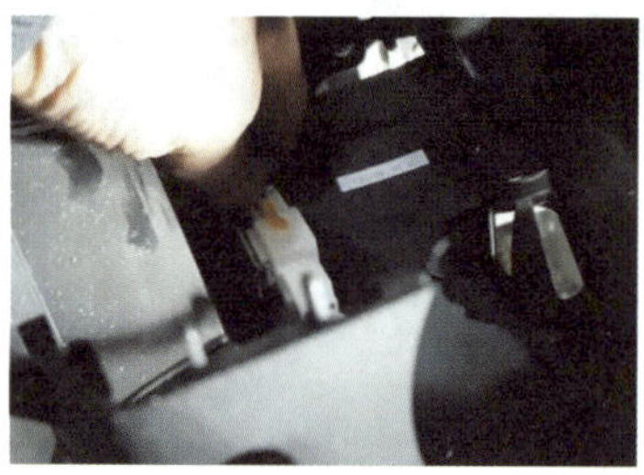

[그림 9] 열선 커넥터 분리

⑨ 에어백 클럭 스프링 커넥터를 분리하고 에어백 클럭 스프링이 돌아가지 않게 주의해서 탈거한다.

[그림 10] 에어백 클럭 스프링 커넥터 분리

⑩ 탈거된 에어백 클럭 스프링에서 분리되지 않은 뒤쪽 커넥터를 분리한다.

[그림 11] 에어백 클럭 스프링 뒤쪽 커넥터 분리

⑪ 다기능 스위치 고정 볼트를 풀어 다기능 스위치를 탈거하고, 다기능 스위치 커넥터를 분리한다.

(a) 고정 볼트 탈거

(b) 커넥터 탈거

[그림 12] 다기능 스위치 탈거

⑫ 스티어링 컬럼 샤프트 하단 커버 옆에 있는 커버를 ⊖드라이버나 리무버 등을 이용하여 제겨서 탈거한다.

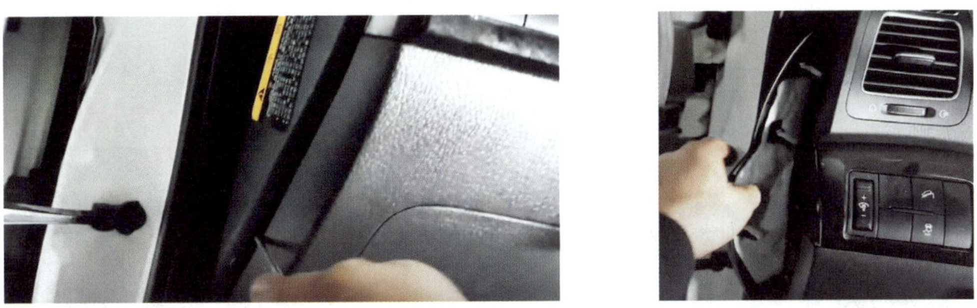

[그림 13] 옆 커버 탈거

⑬ 스티어링 컬럼 샤프트 하단 커버 고정 볼트를 풀고, 하단 커버를 잡아당겨 탈거한다.

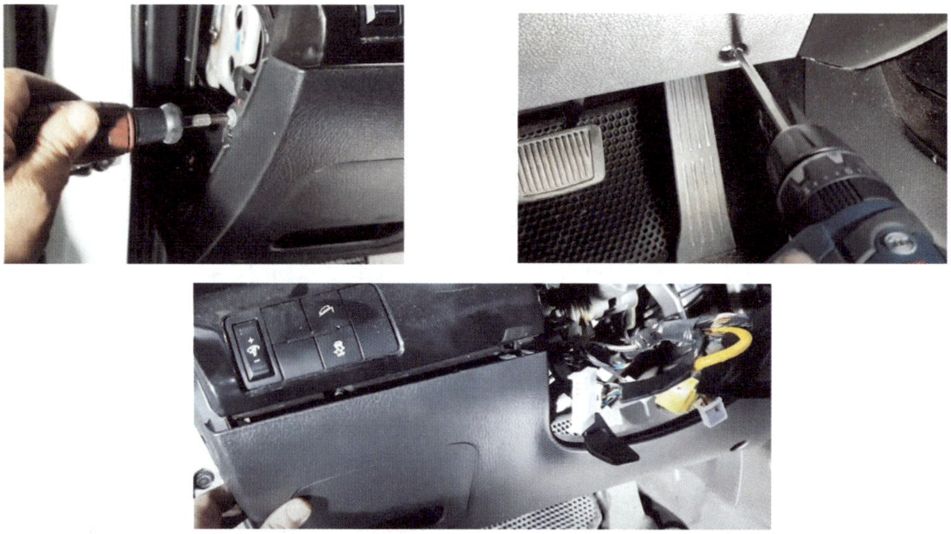

[그림 14] 하단 커버 탈거

⑭ 하단 커버에서 자기진단 커넥터를 분리한다.

[그림 15] 자기진단 커넥터 분리

⑮ 스티어링 컬럼 샤프트에서 배선 고정 핀을 탈거하여 배선을 샤프트에서 분리시킨다.

[그림 16] 배선 고정핀 탈거

⑯ 스티어링 컬럼 샤프트 탈거 시, 배선에 걸리므로 커넥터를 탈거하여 작업에 지장이 가지 않도록 배선을 정리한다.

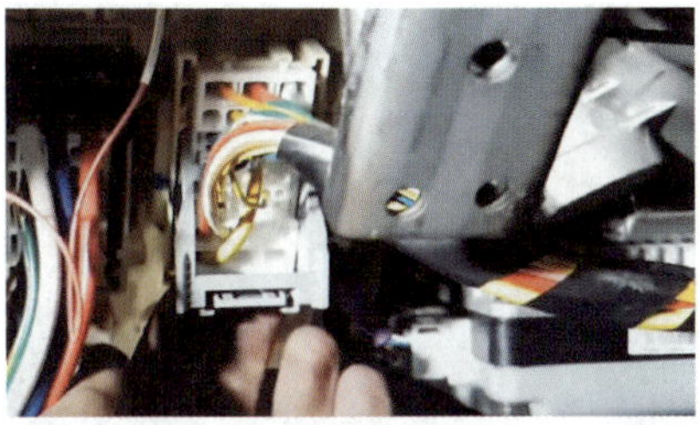

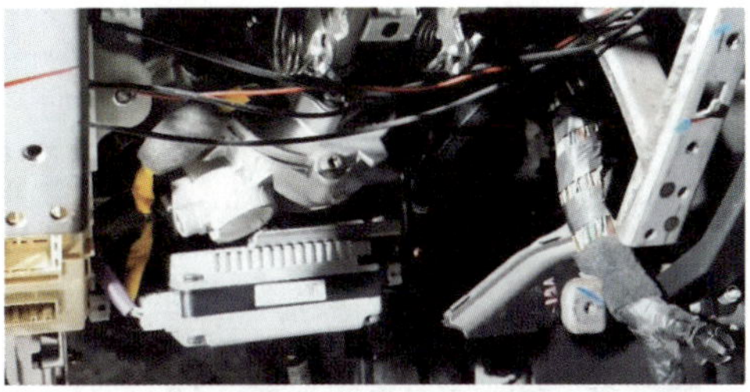

[그림 17] 커넥터 탈거하여 배선 정리

⑰ MDPS 모듈 및 관련된 커넥터를 탈거한다.

⑱ 스티어링 샤프트와 조인트를 연결하는 볼트를 탈거한다.

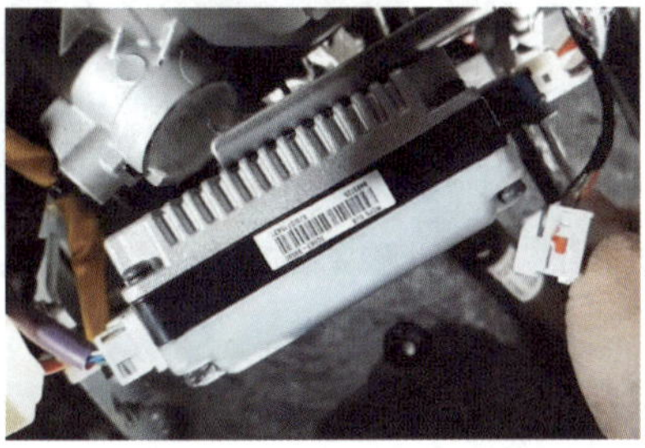

[그림 18] 커넥터 탈거

[그림 19] 조인트 연결하는 볼트 탈거

⑲ 조인트와 기어박스를 연결하는 볼트를 탈거한다.

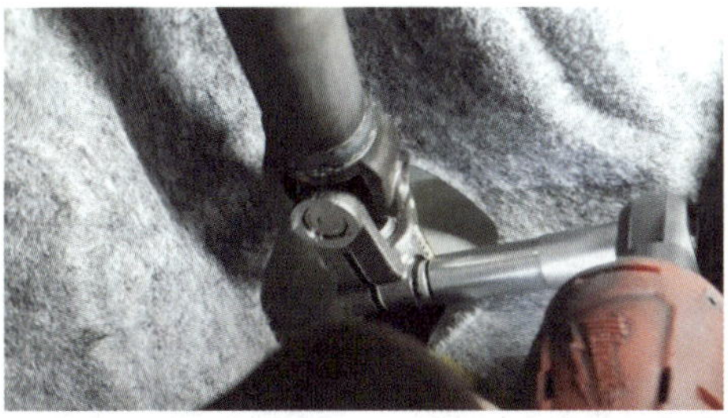

[그림 20] 기어박스 연결하는 볼트 탈거

⑳ 스티어링 컬럼 샤프트 아래 부분에 있는 고정 볼트와 윗부분에 있는 고정 볼트를 탈거한다.

(a) 아래 부분 볼트

(b) 윗부분 볼트

[그림 21] 스티어링 컬럼 샤프트 고정 볼트 탈거

㉑ 스티어링 유니버설과 스티어링 컬럼 샤프트를 분리한다.

㉒ 탈거 전 핸들을 좌·우로 돌릴 때 "딸각" "딸각" 소리가 나면 전동식 파워스티어링(MDPS : Motor Driven Power Steering) 커플링을 교환한다. 교환 순서는 다음과 같다.

㉮ 모터 고정 별 렌치를 이용하여 볼트를 풀고 후 모터를 탈거한다.

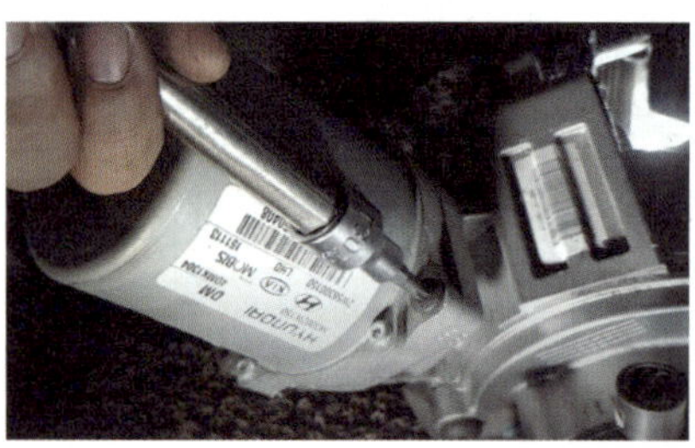

[그림 22] 모터 탈거

㉯ MDPS 커플링을 탈거한다.

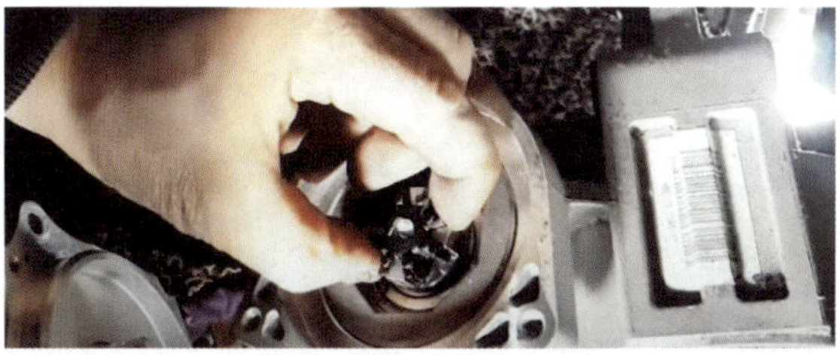

[그림 23] 커플링 탈거

㉰ 이물질을 청소하고 신품 MDPS 커플링을 조립한다.

㉱ 모터를 조립한다.

㉓ 조립은 탈착의 역순으로 한다. 조립시 에어백 클럭 스프링이 회전되지 않도록 주의하고, 스티어링 휠을 장착할 때 스티어링 휠이 똑바로 앞을 향하게 하여 장착한다.

㉔ 에어백 클럭 스프링이 회전되면 다음과 같이 클럭 스프링 중심위치를 정열 시켜야 한다.

㉮ 클럭 스프링을 시계방향으로 손가락으로 멈출 때까지 회전시킨다.

㉯ 반 시계 방향으로 회전시켜 전체 회전수를 세고(약 5회전) 그 1/2를 시계방향으로 돌려(약 2.5회전) 클럭 스프링에 마킹된 ▶◀마크를 일치 시킨다.

1.2. 검사

① 스티어링 샤프트와 손상, 변형을 점검한다.

② 연결부의 유격, 손상, 작동이 용이한가를 점검한다.

③ 볼 조인트 베어링의 마모와 손상을 점검한다.

④ MDPS 커플링 파손상태와 열화상태를 점검한다.

02 타이로드 엔드 교환

타이로드 엔드 볼에 문제가 생기면 왠지 휠얼라이먼트가 틀어진 것 같고, 핸들이 좀 불안하고, 급가속시 및 제동시 차량의 거동이 좀 불안해진다. 보통 볼 조인트에 구리스가 빠져 마모되면 유격이 커져 차량을 리프트에 올라갔을 때 타이어를 잡고 좌·우로 힘껏 흔들었을 때 흔들거린다.

① 차량을 들어 올리고 타이어를 탈거한다.

[그림 24] 타이어 탈거

② 타이로드에 윤활제를 뿌려주고, 티슈로 닦아주는 식으로 흙먼지부터 제거한다.
③ 타이로드 탈거 시 캘리퍼가 작업에 방해가 되기 때문에 캘리퍼 가이드핀 볼트 위·아래를 풀어주고 손으로 완전히 탈거한다.

[그림 25] 가이드 핀 탈거

④ 브레이크 호스 고정 볼트 때문에 캘리퍼가 안 빠진다. 소켓과 라쳇 렌치를 사용해서 12㎜ 고정 볼트를 탈거한다.

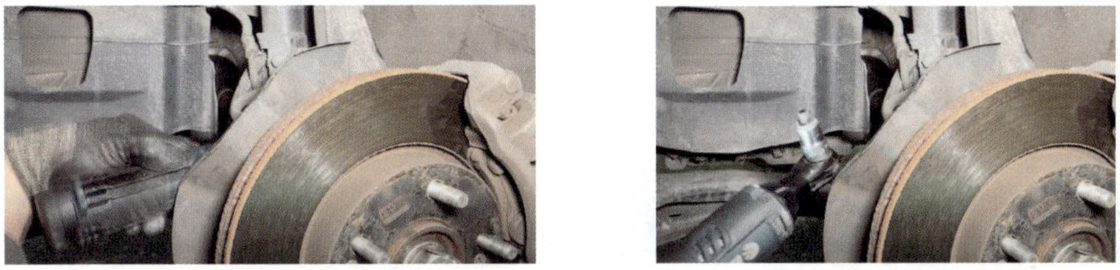

[그림 26] 브레이크 호스 고정 볼트 탈거

⑤ 캘리퍼를 탈거해서 끈을 사용해서 캘리퍼를 위쪽에 잘 묶어 놓거나 작업에 방해가 되지 않게 한쪽으로 이동시켜 놓는다.

[그림 27] 캘리퍼 탈거

⑥ 페인트 마커를 이용해서 이너 타이로드와 잼 너트를 연하는 직선을 그려준다.

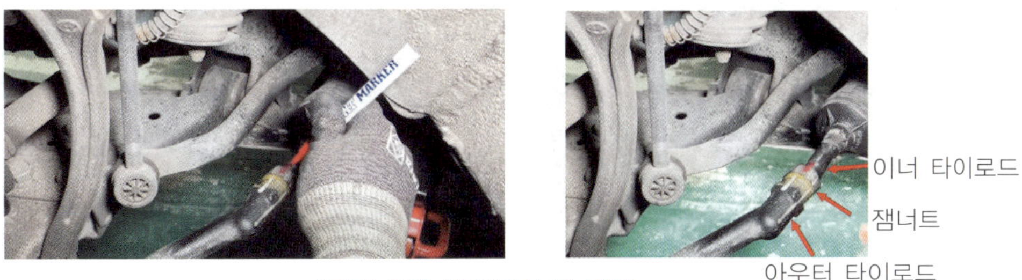

[그림 28] 타이로드에 마킹

⑦ 일단 잼너트 부터 몽키 스패너로 잡아주고, 24㎜ 렌치로 타이로드 엔드를 잡아주고, 잼너트를 살짝만 푼다.

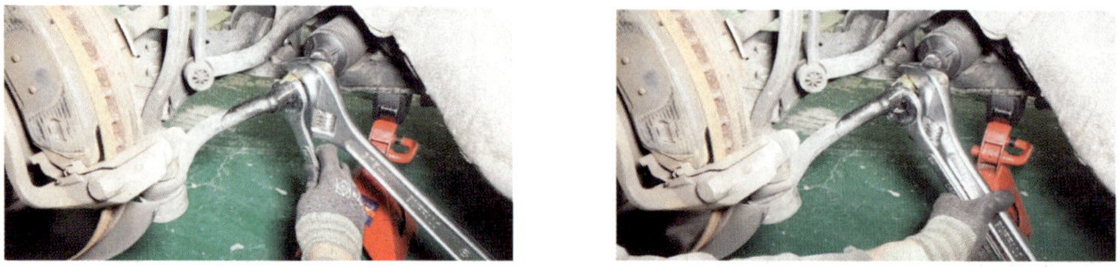

[그림 29] 잼너트 풀기

⑧ 타이로드 엔드볼에 있는 코터핀(분할핀) 니퍼를 사용하여 코터핀을 탈거한다.

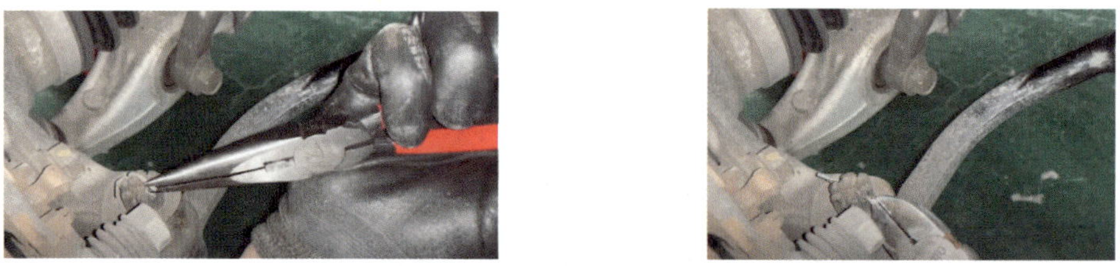

[그림 30] 코터핀 탈거

⑨ 타이로드 엔드볼 고정 너트를 17㎜ 소켓과 연결대, 라쳇을 사용해서 완전히 풀지는 말고, 적당히만 풀어준다.

⑩ 타이로드 엔드볼의 고무 부트와 휠 너트 사이에 볼 조인트 풀러를 설치한다.

[그림 31] 타이로드 엔드볼 고정 볼트 이완

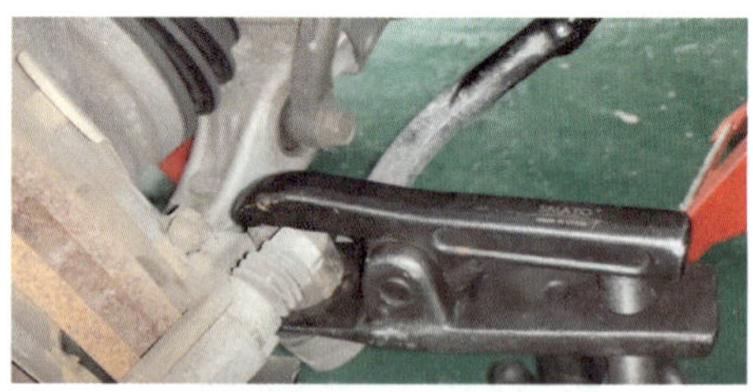

[그림 32] 볼 조인트 풀러 설치

⑪ 24㎜ 소켓과 라쳇 렌치를 사용해서 볼 조인트 풀러를 조여서 타이로드 엔드 볼을 탈거한다. 볼 조인트 풀러 공구가 없을 때는 쇠망치를 이용해서 타이로드 엔드 볼이 설치된 너클 부분을 망치로 분리될 때 까지 친다.

⑫ 타이로드 엔드볼 고정 너트를 완전히 탈거한다.

[그림 33] 타이로드 엔드볼 분리

[그림 34] 타이로드 엔드볼 고정 너트 탈거

⑬ 아우터 타이로드를 풀어주기 전에 잼너트 마킹을 기억해 놓고 아우터 타이로드를 돌려서 탈거한다. 가끔 아우터 타이로드가 안 풀리는 경우가 있는데, 이때는 이너 타이로드를 잡고 풀어줘야 한다. 몇 바퀴 풀었는지 셀 필요는 없다.

[그림 35] 타이로드 엔드 탈거

⑭ 신품 아우터 타이로드를 돌려서 끝까지 조립한다.

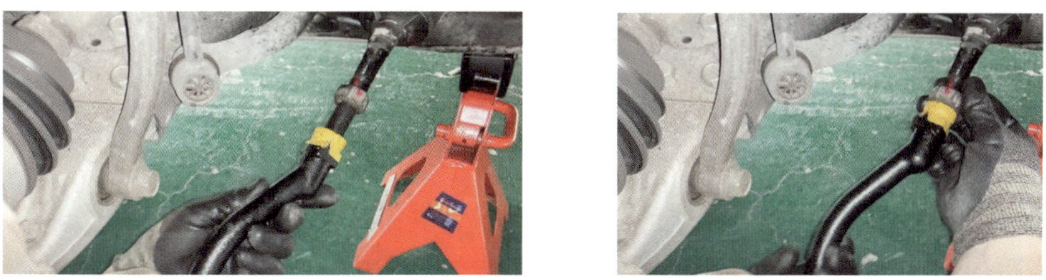
[그림 36] 신품 아우터 타이로드 조립

⑮ 탈거시 사용했던 공구로 마킹이 틀어지지 않게 조심하면서 잼너트를 살짝만 고정시킨다.

⑯ 타이로드 엔드볼을 너클에 끼우고 엔드볼 고정 너트를 손으로 최대한 잠가준다.

[그림 37] 잼너트 고정

[그림 38] 타이로드 엔드볼 고정너트 조립

⑰ 코터핀이 조립되는 고정 너트는 일단 체결 토크량의 최저값으로 체결하고, 필요시 좀 더 잠가서 코터핀이 조립되는 구멍을 맞춰준다.

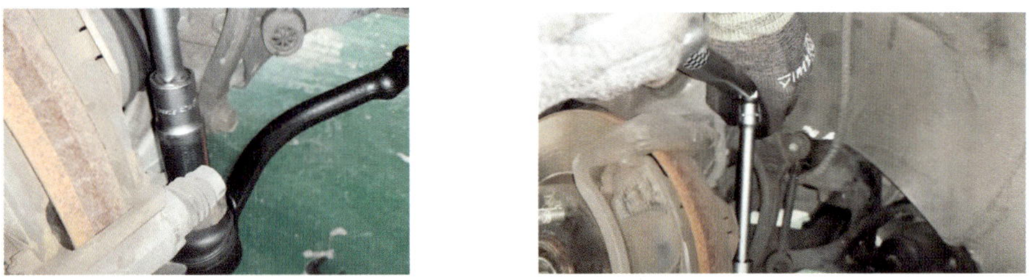

[그림 39] 타이로드 엔드볼 체결

⑱ 코터핀을 설치하고 코터핀이 빠지지 않게 롱노즈로 잘 휘어준다.
⑲ 몽키 스패너와 렌치로 잼너트를 꽉 체결한다.

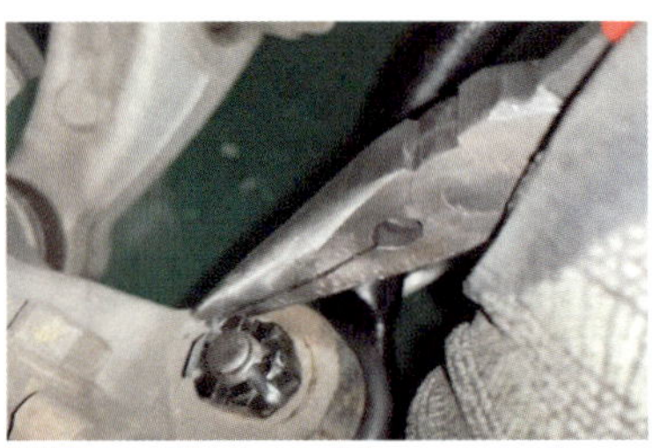

[그림 40] 코터핀 설치

[그림 41] 잼너트 체결

⑳ 캘리퍼를 끼워주고 라쳇렌치로 가이드핀 고정 볼트를 최대한 체결한다.

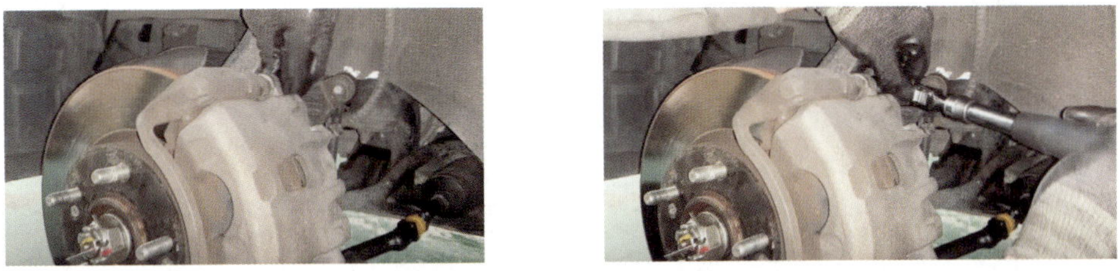

[그림 42] 캘리퍼 조립

㉑ 브레이크 호스 및 배선 고정 볼트를 브래킷 구멍에 맞추고 고정 볼트를 라쳇렌치를 이용하여 체결한다.

[그림 43] 브레이크 호스 체결

㉒ 타이어를 조립하고 차량을 내린다. 핸들이 정 위치에 있는지 확인을 하고 시운전을 하여 핸들이 한쪽으로 쏠리는지 확인해서 핸들이 정 위치에 있지 않거나 핸들이 쏠리면 휠 얼이먼트를 보면서 타이로드를 조정해야 한다.

03 스티어링 기어 어셈블리 교환

① 조인트와 기어박스를 연결하는 볼트를 탈거한다.

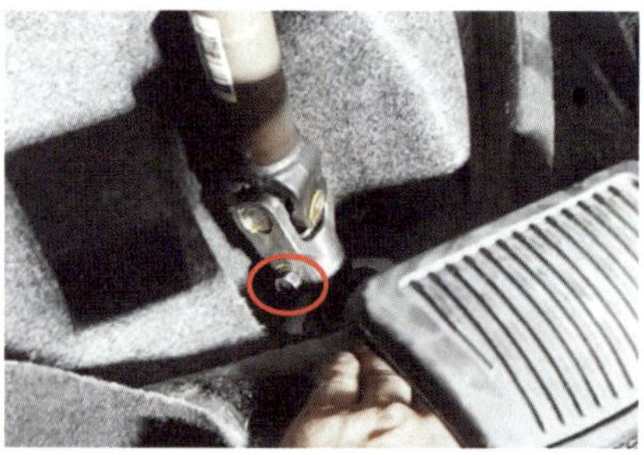

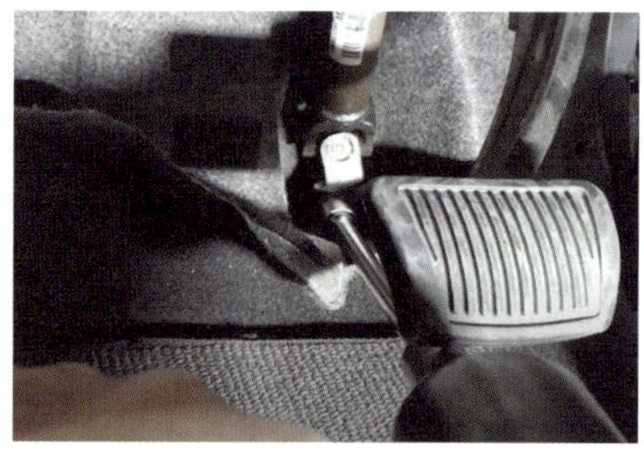

[그림 44] 볼트 탈거

② 에어백 클럭 스프링이 손상이 되지 않도록 핸들을 중앙으로 맞춘 시동을 OFF시키고 핸들을 고정시킨 다음 조인트를 운전석 쪽으로 분리한다.

(a) 핸들 중앙으로

(b) 조인트 분리

[그림 45] 조인트 분리

③ 좌・우 타이어를 탈거한다.

[그림 46] 타이어 탈거

④ 차량을 작업하기 편하게 가슴높이 까지 올린다.
⑤ 좌・우 타이로드 엔드 고정 볼트 코터핀과 볼트를 탈거한다.

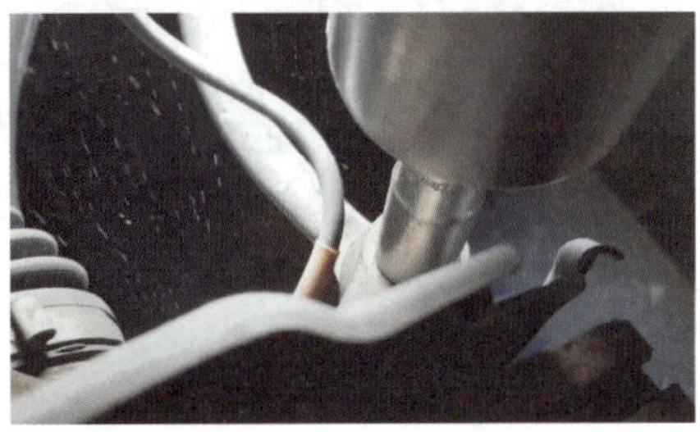

[그림 47] 코터핀 및 볼트 탈거

⑥ 좌・우 타이로드 엔드를 볼 조인트 풀러를 이용하여 탈거한다.

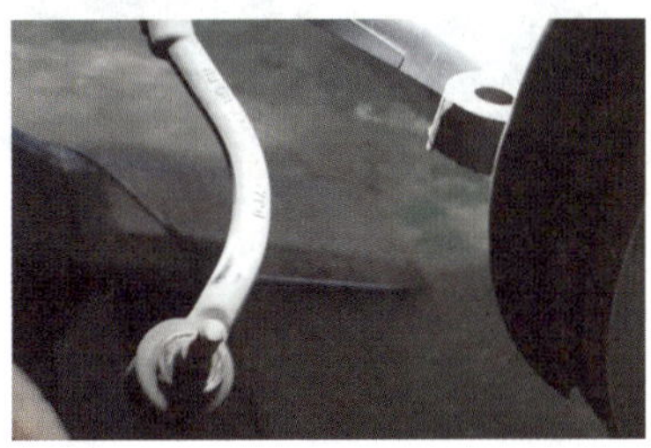

[그림 48] 타이로드 엔드 탈거

⑦ 차량을 멤버 탈착 작업에 알맞게 들어 올린다.

⑧ 변속기 마운트 고정 볼트를 탈거하고 변속기 마운트를 탈거한다.

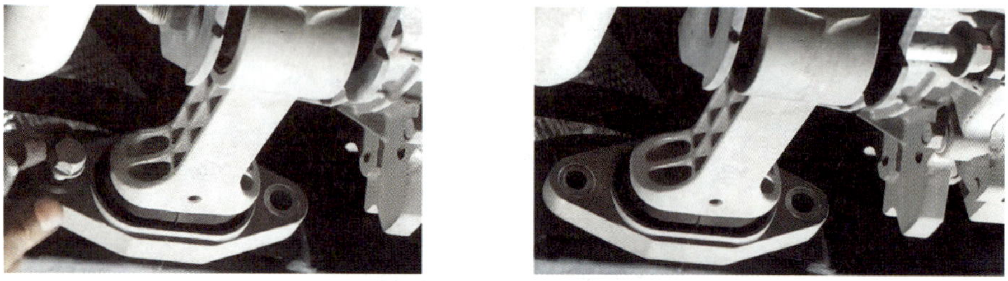

[그림 49] 변속기 마운트 탈거

⑨ 멤버 탈거시 행거 고무가 걸리므로 배기다기관 행거고무를 탈거한다.

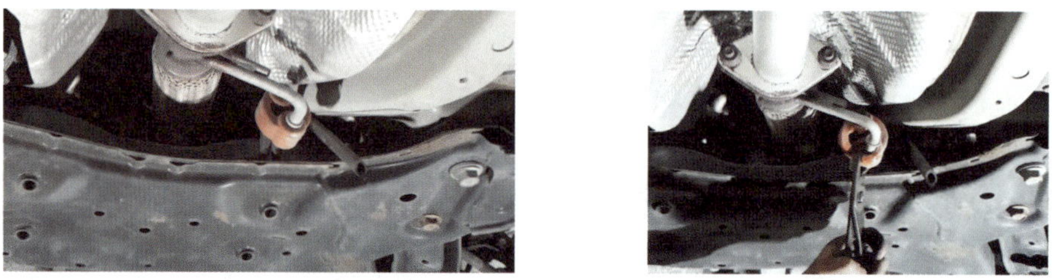

[그림 50] 행거고무 탈거

⑩ 좌·우 스테빌라이저 고정 볼트를 풀고 링크와 분리시킨다.

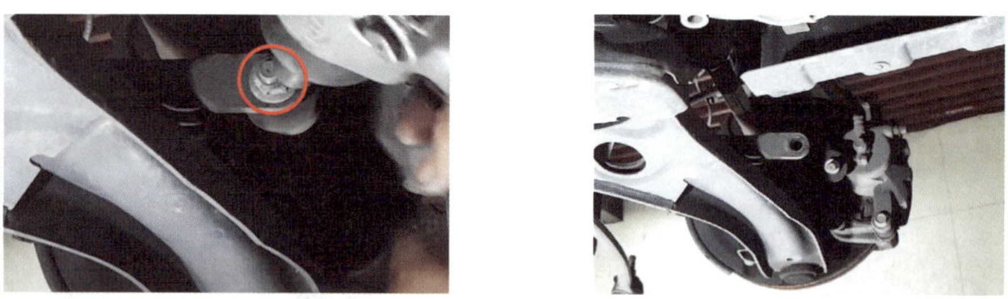

[그림 51] 스테빌라이저와 링크 분리

⑪ 멤버 고정 볼트를 모두 탈거한다.

⑫ 멤버가 처지면 스티어링 기어 어셈블리 방열 커버를 탈거한다.

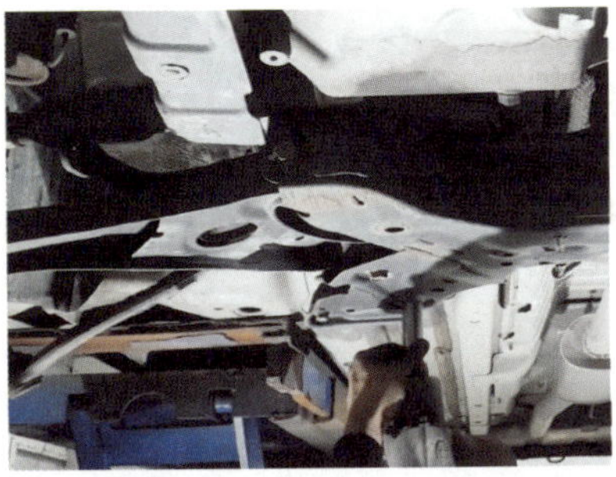

[그림 52] 고정 볼트 탈거

[그림 53] 방열 커버 탈거

⑬ 스티어링 기어 어셈블리를 고정하는 고정 볼트 4개를 탈거한다.

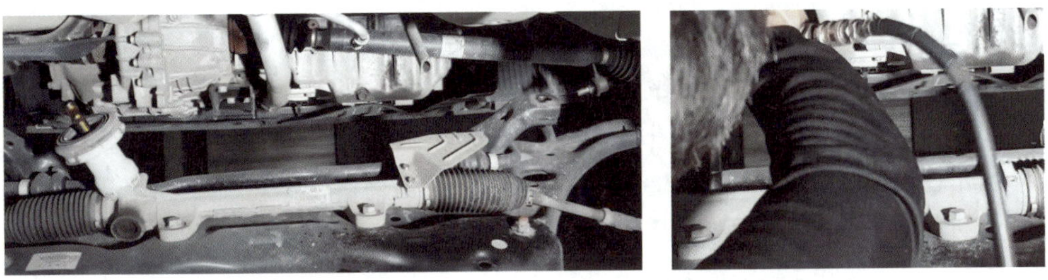

[그림 54] 스티어링 기어 어셈블리 고정 볼트 탈거

⑭ 스티어링 기어 어셈블리를 탈거한다.

⑮ 조립은 탈거의 역순으로 하고, 볼트 및 너트는 정비지침서의 규정 토크로 토크 렌치를 이용하여 조인다.

04 파워스티어링(동력조향장치)

4.1. 동력 조향장치의 고장진단

4.1.1. 조향핸들의 유격이 과다하다.

① 래크 지지 커버 또는 요크 플러그 풀림

② 조향 기어 고정 볼트 풀림

③ 타이로드 엔드의 볼 조인트 마멸 또는 풀림

4.1.2. 조향핸들의 작동이 무겁다.

① 구동벨트가 미끄러지고 있거나 손상되었다.

② 오일량이 부족하거나 오일 속에 공기가 유입되었다.

③ 호스가 비틀렸거나 손상되었다.

④ 오일펌프에서 오일 누출, 유압이 낮거나 제어 밸브가 고착되었다.

⑤ 기어 상자의 래크와 피니언에서 과도하게 오일이 누출된다.

⑥ 기어 상자 또는 밸브가 휘었거나 손상되었다.

⑦ 타이어의 공기압이 규정값 보다 너무 낮다.

4.1.3. 조향핸들이 원활하게 복원되지 않는다.

① 타이로드 볼 조인트의 과다한 회전저항 또는 안쪽 타이로드의 볼 조인트가 불량하다.

② 래크 지지 커버 또는 요크 플러그의 과다한 조임

③ 기어 상자와 크로스 멤버의 체결이 풀림

④ 조향축 및 보디 그로메트의 마멸

⑤ 래크가 휘었거나 피니언 베어링의 손상

⑥ 오일 압력 조절 밸브의 손상

⑦ 오일펌프 축 베어링의 손상

4.1.4. 래크와 피니언에서 덜거덕거리거나 삐거덕거리는 소리가 난다.

① 차체와 호스가 서로 간섭한다.
② 기어 상자의 브래킷이 풀렸다.
③ 타이로드 엔드 볼 조인트가 마멸되었거나 풀렸다.

4.1.5. 오일펌프에서 비정상적인 소음이 난다.

① 오일량이 부족하다.
② 오일 내에 공기가 유입되었다.
③ 오일펌프 설치 볼트가 풀렸다.

4.2. 파워스티어링 오일 교환

4.2.1. 공기빼기 작업

① 시동이 걸리지 않게 한 다음 스타터 모터를 주기적으로 15초에서 20초 정도 작동시키면서 스티어링 휠을 좌우측으로 완전히 5~6회 정도 작동시킨다. 이때 공기빼기 작업 중에 오일수준이 필터의 아랫부분 아래까지 떨어지지 않도록 오일을 공급해 준다. 차량이 공회전상태에서 공기빼기 작업을 실시하면 공기가 분해되어 오일에 흡수되므로 크랭킹 하면서 공기빼기 작업을 행해야 한다.
② 점화케이블을 연결하여 엔진을 시동한 다음 공회전 시킨다.
③ 오일 리저버에 공기방울이 없어질 때까지 스티어링 휠을 좌・우측으로 돌린다.
④ 오일이 탁하지 않은가와 오일 수준이 규정치내에 있는지 확인한다.
⑤ 스티어링 휠을 좌우측으로 돌렸을 때 오일수준이 약간 변하는지를 확인한다. 이때 오일수준이 5㎜ 이상이 차이가 나거나 오일이 탁하면 공기빼기 작업이 불완전한 것이므로 완전히 공기빼기를 해야 한다.

4.2.2. 파워스티어링 오일 교환

① 리저버 캡을 열고 리저버 탱크에 오일을 회수한다.
② 리저버 탱크를 탈거하고 교환기 라인을 설치한다.

[그림 55] 리저버 탱크 오일 회수

[그림 56] 교환기 라인 설치

③ 에어를 주입하여 폐유를 밀어낸다.

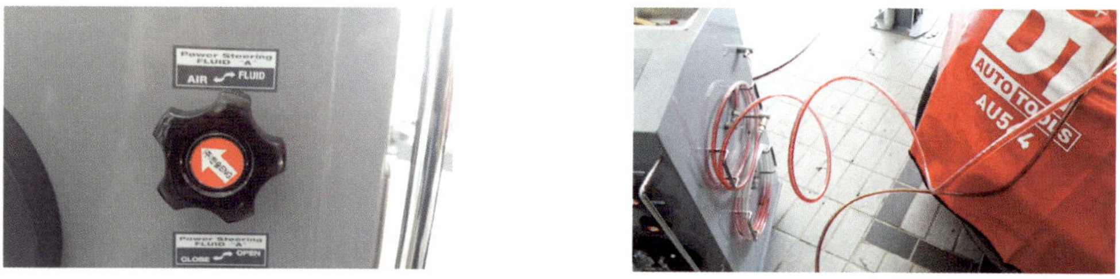

[그림 57] 에어 주입

④ 폐유가 완전히 회수되면 신유 오일로 라인변경 실시한다. 주입호스와 리턴 오일 색상이 동일할 때 까지 실시한다.

[그림 58] 신유 오일 주입

⑤ 리저버 탱크를 청소한다.

⑥ 교환기 라인을 탈거하고 리저버 탱크를 조립 후 호스를 연결하고 신유 오일을 보충한다.

[그림 59] 오일 보충

⑦ 엔진시동을 걸어서 마지막으로 라인에 남은 약간의 에어빼기 작업을 실시한다.

4.3. 파워스티어링 펌프 교환

① 보닛을 열고 작업의 편의를 위해 엔진커버를 탈거한다.

② 압력센서에 연결된 선을 탈거한다.

[그림 60] 엔진커버 탈거

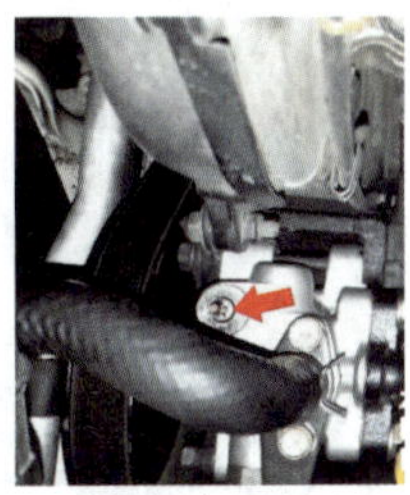

[그림 61] 압력센서 배선 탈거

③ 작업공간이 협소하므로 에어컨 냉각팬 커넥터를 탈거한다.

[그림 62] 에어컨 냉각팬 커넥터 탈거

④ 에어컨 냉각팬을 10㎜ 복스 또는 십자드라이버를 이용하여 볼트 2개를 탈거한다.

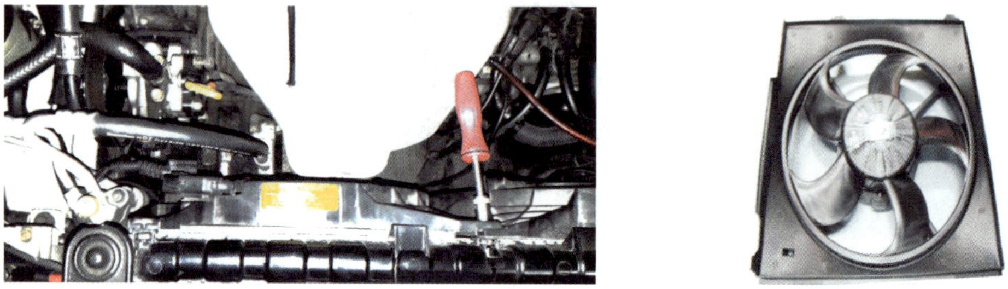

[그림 63] 에어컨 냉각팬 탈거

⑤ 텐션 베어링(아이들러)을 고정하고 있는 14㎜ 너트를 풀어준다. 완전히 풀지 말고, 어느 정도만 풀어서 유격만 조금 만들어 놓는다.

⑥ 고압호스 아래쪽에 있는 14㎜ 장력조정 볼트를 반시계 방향으로 돌려서 텐션 베어링이 점점 이동하면서 파워스티어링 펌프 벨트를 느슨하게 한다.

[그림 64] 텐션 베어링 고정너트 이완

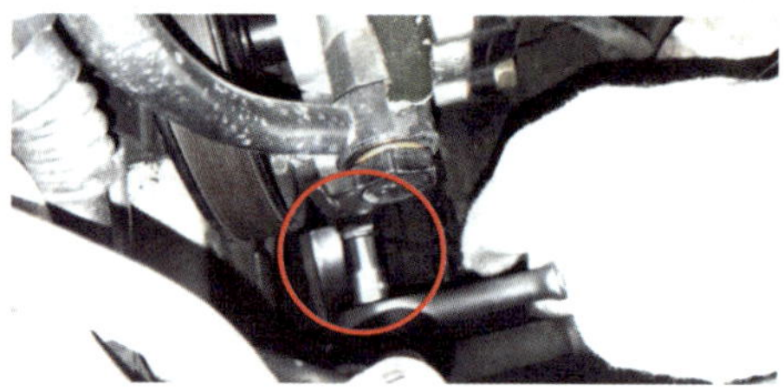

[그림 65] 장력조정 볼트 조절

⑦ 파워스티어링 펌프를 풀어내기 좋을 만큼 벨트가 헐겁게 되었는지 눌러본다.

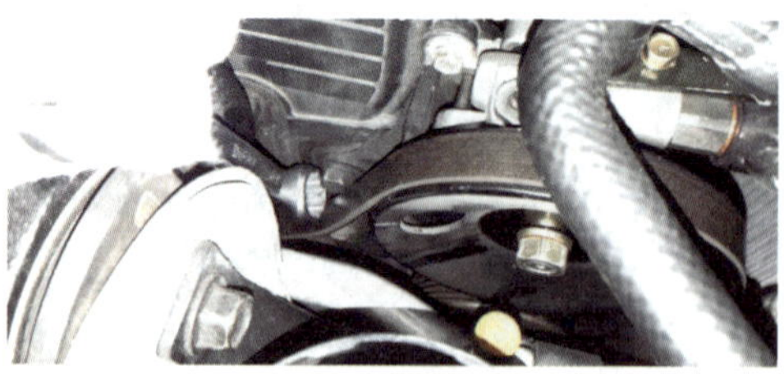

[그림 66] 벨트 이완 확인

⑧ 호스를 분리하기 전에 호스에서 오일이 흐를 것에 대비해 파워스티어링 펌프 아래쪽에 오일을 받힐 헝겊 등을 깔아놓는다.

⑨ 파워스티어링 펌프 흡입호스(펌프 위쪽에서 파워오일 리저버 쪽이랑 연결된 호스)를 분리하기 위해 클램프를 롱노즈나 플라이어 등을 이용하여 집어 올리고 흡입호스를 탈거한다.

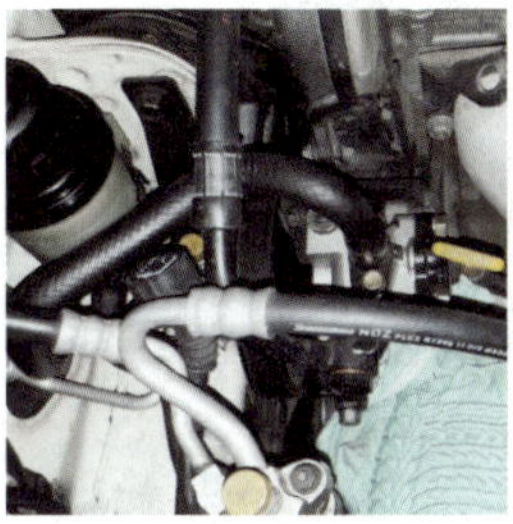

[그림 67] 헝겊 준비

[그림 68] 흡입호스 클램프 이완

⑩ 파워스티어링 펌프와 흡입호스가 분리가 되면 오일이 조금 흘러내리기 때문에 흡입호스와 펌프 흡입부를 막아 놓는다.

[그림 69] 흡입호스와 펌프 흡입부 오일 누출방지

⑪ 고압호스 탈거는 24㎜ 복스를 사용하여 풀어낸다. 풀어낸 고압호스, 동와셔 2개(개스킷)와 고압호스 볼트는 빠지지 않게 빼놓는다.

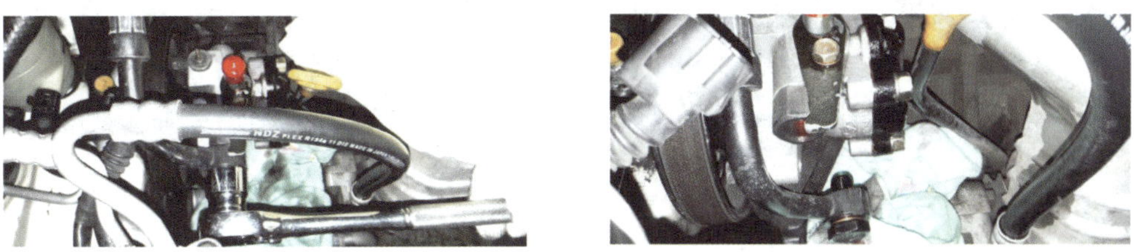

[그림 70] 고압호스 탈거

⑫ 고압호스를 탈거하고 파워스티어링 펌프 고압라인 쪽에 마개를 막고, 고압호스는 헝겊 등으로 감싸 놓는다.

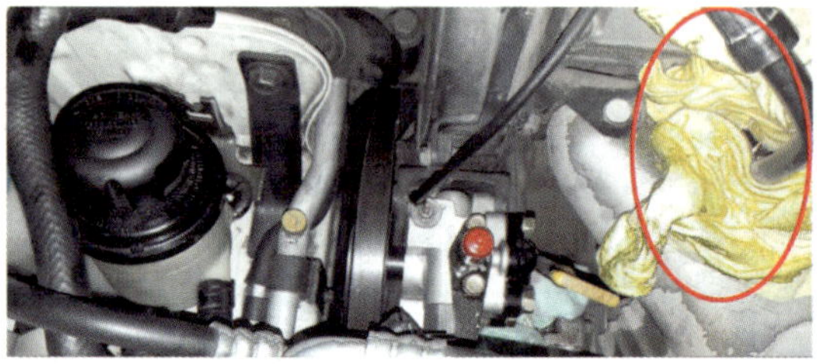

[그림 71] 고압호스 헝겊으로 감싸 놓기

⑬ 파워스티어링 펌프를 마운트에서 탈거하기 위해 파워스티어링 펌프 풀리를 돌려서 오른쪽 구멍으로 파워스티어링 펌프 고정 볼트가 보이게 한 후 12㎜ 볼트를 풀어낸다.

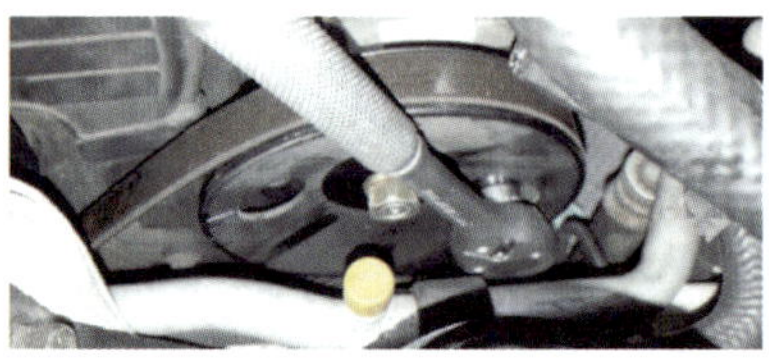

[그림 72] 오른쪽 고정 볼트 탈거

⑭ 왼쪽 볼트를 풀어내려면 파워스티어링 오일 리저버를 위로 빼낸 후 자리를 살짝 옮겨놓고 작업해야 한다. 길이가 짧고 각도가 나오는 볼 연결대로 파워스티어링 펌프 고정 볼트를 탈거하고, 파워스티어링 펌프를 마운트에서 탈거한다.

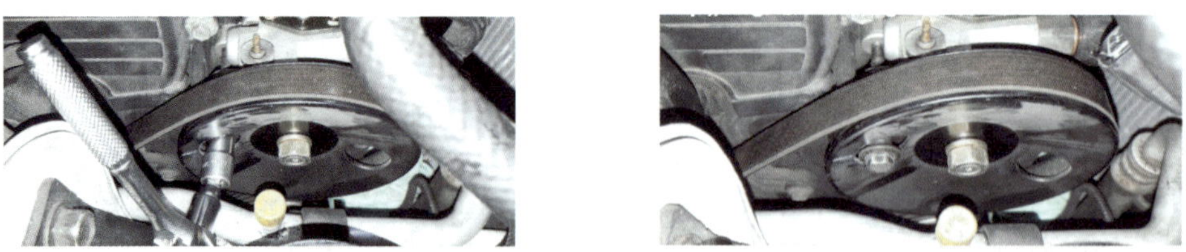

[그림 73] 왼쪽 고정 볼트 탈거

⑮ 텐션 베어링을 교환하려면 텐션 베어링 고정 볼트 14㎜ 너트를 완전히 풀어낸다.

[그림 74] 텐션 베어링 탈거

⑯ 신품 텐션 베어링을 장착한다. 오른쪽에 14㎜ 너트를 완전히 조이면 안 된다. 손으로만 최대한 조여 주면 된다. 이유는 벨트 장력을 조절해야하는데, 너트를 완전히 조여 버리면 장력조절이 안되고, 조절볼트나 조절 가이드가 망가진다.

⑰ 신품 파워스티어링 펌프를 마운트에 올리고 벨트를 파워스티어링 펌프 풀리에 걸어 놓는다.

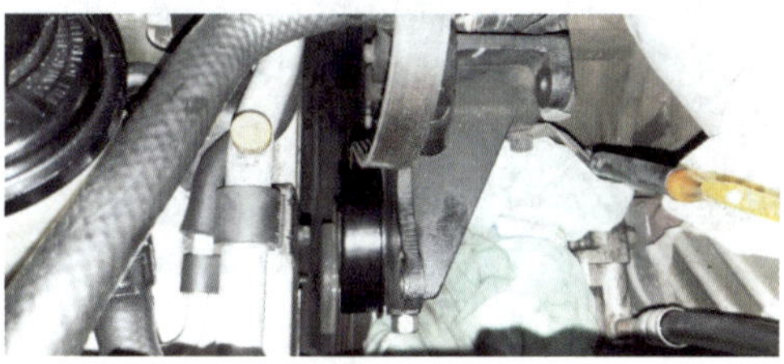

[그림 75] 신품 아이들러 장착

[그림 76] 신품 파워스티어링 펌프 장착

⑱ 마운트에서 풀어낸 파워스티어링 펌프 고정 볼트 2개(긴거 1개, 짧은거 1개)를 장착한다.

⑲ 고압호스 앞뒤로 신품 동 와셔를 넣고 고압호스를 규정토크로 조여 장착한다.

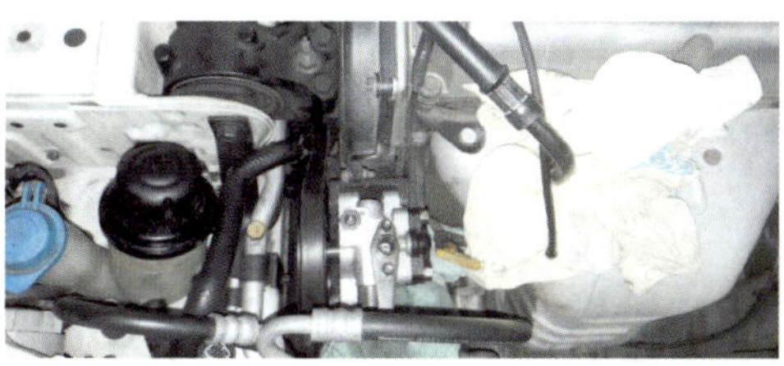

[그림 77] 고정 볼트 장착

[그림 78] 고압호스 장착

⑳ 흡입호스를 파워스티어링 펌프에 체결하고 파워스티어링 오일 리저버를 제자리에 끼운다.

[그림 79] 흡입호스 장착

㉑ 텐션 베어링을 조이기 전에 장력조절 볼트(고압호스 아래에 보이는 14㎜ 볼트)로 벨트 장력을 규정값(워터펌프 벨트 풀리와 파워스티어링 풀리 중앙부분에 엄지 손가락으로 약 10㎏의 힘으로 눌렀을 때 처짐량이 6~9㎜)에 맞게 조절하고 텐션 베어링 고정 너트를 규정토크로 체결한다.

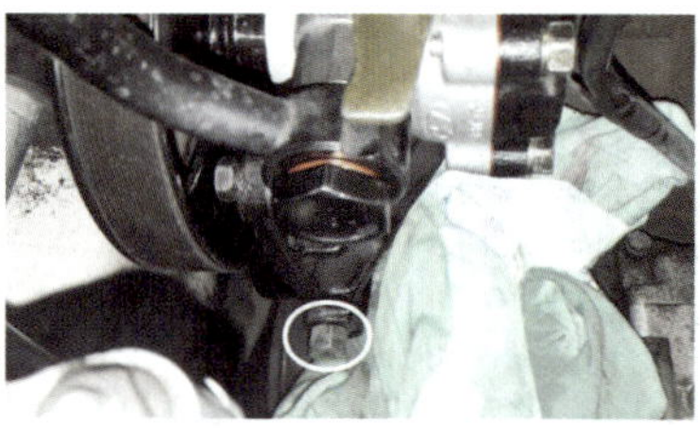

(a) 장력조절 볼트

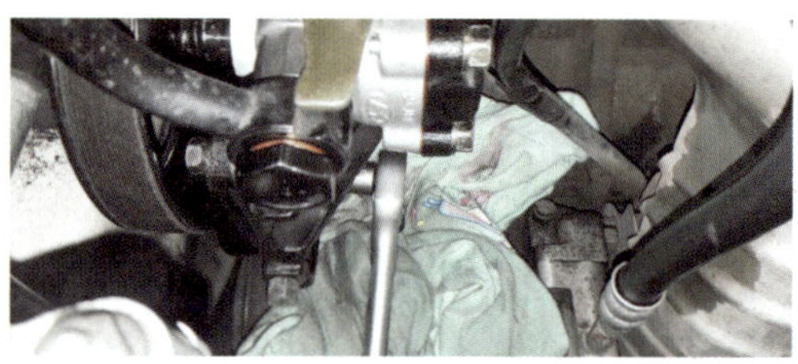

(b) 텐션 베어링 고정 너트 체결

[그림 80] 장력조절 및 텐션베어링 체결

㉒ 파워스티어링 오일을 리저버 통에 보충하고, 시동을 걸지 말고 키를 ACC나 ON으로 돌린다. 스티어링 휠을 좌우 끝까지 몇 번 돌려서 에어빼기를 한다.
㉓ 에어빼기 작업이 끝나면 리저버 통에 MAX와 MIN사이에 오도록 오일을 주입한다.

[그림 81] 오일보충

㉔ 에어컨 냉각팬을 장착하고 커넥터를 연결한다.

㉕ 시동을 걸고 스티어링 휠을 좌우로 돌려보면서 소리가 나는지 부드럽게 잘 작동하는지 확인하고 파워스티어링 펌프 쪽에서 오일 누유가 있는 지 확인한다. 1~2분 정도 확인하고 이상 없으면 시동을 끄고 다시 한 번 오일량을 확인한다.

4.4. 파워 스티어링 기어박스 분해 조립

4.4.1. 분해 전 검사 및 조정

[1] 피니언의 총 프리로드

① 피니언을 1회전당 4~6초로 돌리며 피니언의 총 프리로드를 측정한다.

② 측정치가 규정치(0.03~0.14kgf・m)를 벗어나면 요크 플러그로 조정한 다음 피니언의 총 프리로드를 다시 측정해 본다.

③ 랙 서포트 커버를 조정해도 규정치를 얻지 못할 경우에는 요크 플러그의 구성부품을 점검하여 교환한다.

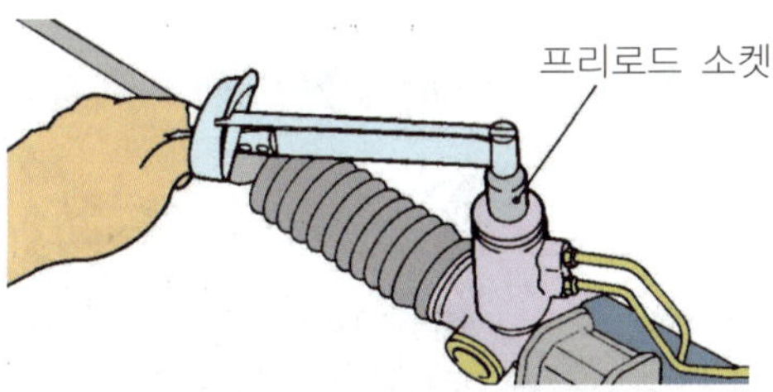

[그림 82] 피니언 총 프리로드 점검

[2] 타이로드의 회전저항

① 타이로드를 세게 10회전 정도 회전시킨다.

② 스프링 게이지로 타이로드의 회전저항을 약 0.2~0.5kgf・cm 정도 측정한다.

③ 측정치가 규정을 초과하면 타이로드 어셈블리를 교환한다. 이때 측정치가 규정보다 낮더라도 과도한 유격 없이 회전하는 타이로드는 사용할 수 없으며 측정치가 0.44kgf・cm 이하이면 타이로드를 교환한다.

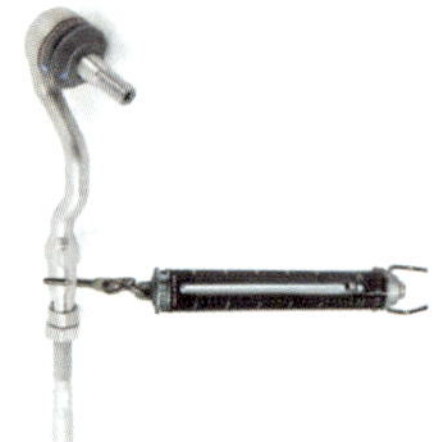

[그림 83] 타이로드 회전저항 측정

[3] 벨로즈 검사

① 벨로즈를 확장시켜 벨로즈의 파손을 점검한다.

② 벨로즈가 정확한 위치에 고정되어 있는지 확인한다.

③ 벨로즈가 결함이 있으면 벨로즈를 신품으로 교환해야 한다.

4.4.2. 분해

① 피드 튜브를 탈거한다.

[그림 84] 피드 튜브 탈거

② 타이로드에서 타이로드 엔드 록킹을 풀고 좌・우 타이로드 엔드를 탈거한다.

③ 좌・우 타이로드 엔드 록킹(잼 너트)을 탈거한다.

[그림 85] 타이로드 엔드 탈거

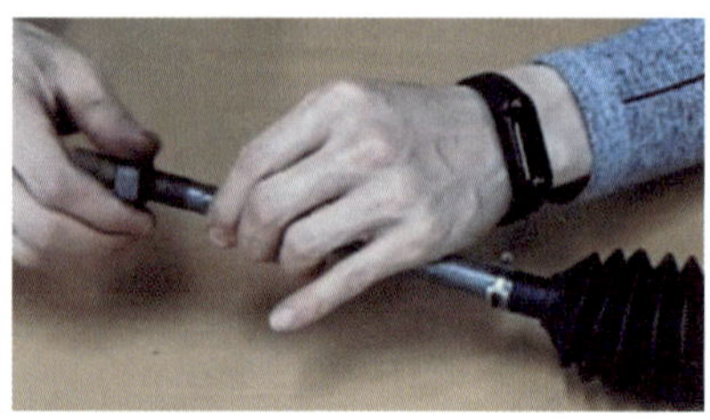

[그림 86] 엔드 록킹 탈거

④ 좌·우 벨로즈 밴드와 벨로즈 클립을 탈거한다.

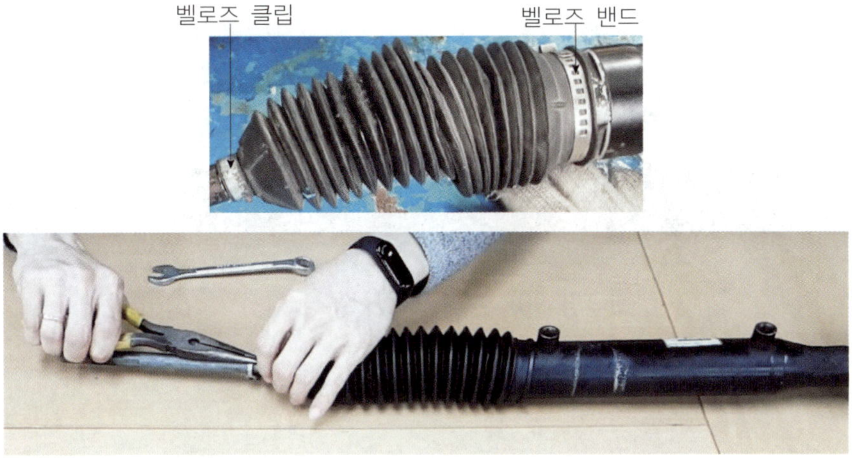

[그림 87] 벨로즈 밴드와 벨로즈 클립 탈거

⑤ 벨로즈를 타이로드 쪽으로 당겨 탈거한다.

[그림 88] 벨로즈 탈거

⑥ 좌·우 타이로드와 랙을 고정시키는 탭 와셔를 끌로 분리하고 랙에서 타이로드를 탈거한다. 이때 랙에서 타이로드를 탈거할 때 랙이 비틀리지 않도록 한다.

[그림 89] 타이로드 탈거

⑦ 볼트 2개를 풀어 밸브 보디 하우징을 탈거한다.

[그림 90] 밸브 보디 하우징 탈거

⑧ 요크 플러그 및 스프링과 스토퍼 요크를 탈거한다.

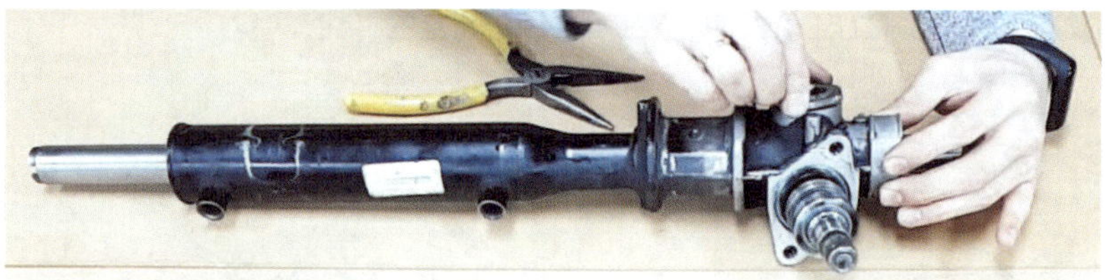

(a) 록킹 너트 및 요크 플러그 탈거

(b) 랙 서포트 스프링 탈거

(c) 랙 서포트 요크 탈거

[그림 91] 요크 플러그 및 스프링과 랙 서포트 요크 탈거

⑨ 엔드 플러그 및 볼베어링을 탈거한다.

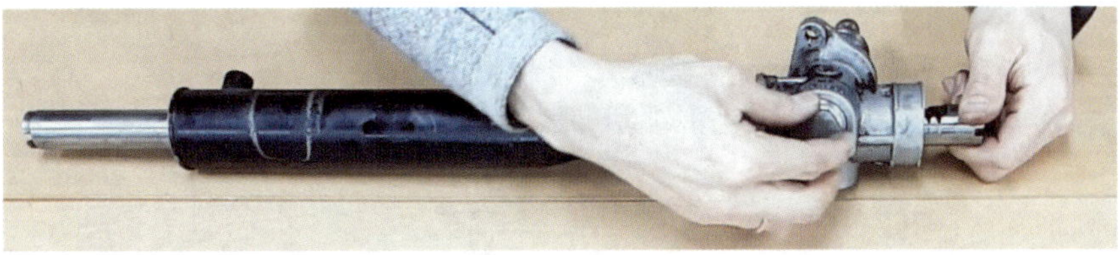

[그림 92] 엔드 플러그 탈거

⑩ 피니언과 제어밸브 어셈블리 고정너트(셀프 록킹 너트)를 탈거한다.

[그림 93] 고정너트 탈거

⑪ 피니언과 제어밸브 어셈블리를 탈거한다.

[그림 94] 피니언 제어밸브 어셈블리 탈거

⑫ 피니언과 제어밸브 어셈블리에서 오일실을 탈거한다.

[그림 95] 오일실 탈거

⑬ 피니언과 제어밸브 어셈블리에서 스냅링을 탈거한다.

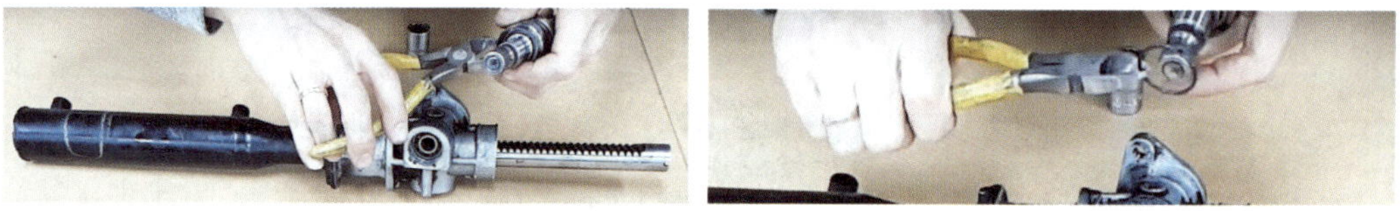

[그림 96] 스냅링 탈거

⑭ 피니언과 제어밸브 어셈블리에서 제어밸브를 탈거한다.

[그림 97] 제어밸브 탈거

⑮ 피니언에서 O링을 탈거한다.

[그림 98] O링 탈거

⑯ 서클립의 끝부분이 기어 하우징의 슬롯부분에서 나올 때까지 랙 스톱퍼를 시계방향으로 회전시킨다.

⑰ 서클립이 하우징 랙 실린더의 노치 가공된 구멍에서 빠져 나왔을 때 시계반대방향으로 회전시켜 서클립을 탈거한다. 이 때 랙이 손상되지 않도록 주의한다.

[그림 99] 서클립 탈거

⑱ 랙 스토퍼를 탈거한다.

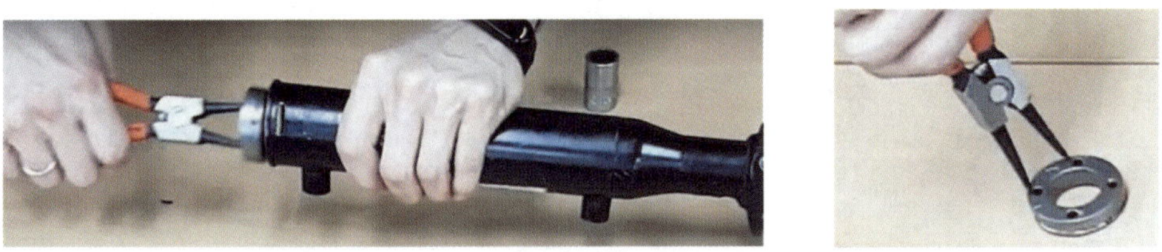

[그림 100] 랙 스토퍼 탈거

⑲ 래크 하우징에서 래크를 탈거한다.

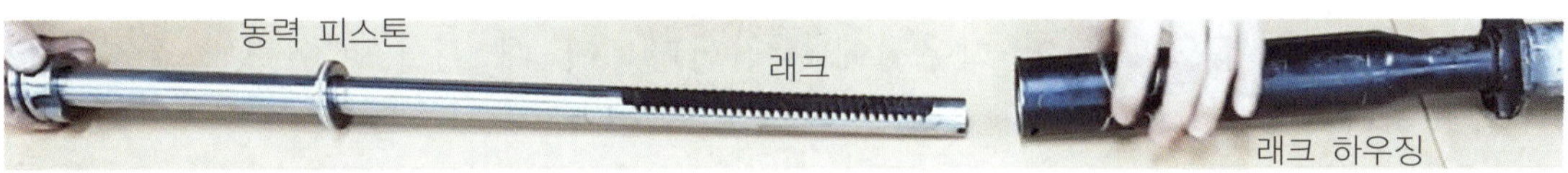

[그림 101] 래크 탈거

4.4.3. 검사

[1] 랙(rack)

① 랙 치면의 손상 또는 마멸점검
② 오일실 접촉면의 손상점검
③ 랙의 휠 점검
④ 오일 실링의 손상 또는 마멸 점검
⑤ 오일실의 손상 및 마멸점검

[2] 피니언 밸브

① 피니언 기어 치면의 손상 또는 마멸 점검

② 오일실 접촉면 손상 점검

③ 실링의 손상 또는 마모점검

④ 오일실의 손상 및 마멸점검

[3] 베어링

① 베어링을 작동시키면서 고착 또는 비정상적인 소음을 점검

② 베어링의 과도한 유격점검

③ 니들 롤러 베어링의 롤러 분실 점검

[4] 기타

① 기어 하우징, 실린더 내부의 손상 점검

② 부트의 손상, 노화, 균열을 점검

4.4.4. 조립

① 랙에 들어가는 오일실 전체면에 규정된 오일(ATF 덱스론 Ⅱ)을 바른다.

② 백업와셔와 오일실을 기어 하우징의 지정된 부위에 장착한다.

③ 니들 베어링의 전체면에 규정된 그리스를 바른다.

④ 니들 베어링의 표시된 쪽을 특수공구에 고정시켜 특수공구가 기어 하우징에 접촉할 때까지 두드려 기어 하우징에 장착한다. 이 때 니들 베어링의 장착방향에 주의한다.

⑤ 볼 베어링에 규정 그리스를 바른 다음 특수공구를 사용하여 장착한다. 이때 신품의 베어링을 사용해야 한다.

⑥ 랙 부싱에 들어가는 오일실의 전면에 규정된 오일을 도포한다.

⑦ 랙 부싱에 오일 시일을 장착한다.

⑧ O링의 전면에 규정오일을 바른 다음 랙 부싱에 장착한다.

⑨ 랙의 이빨에 규정 그리스를 바른다. 이때 랙에 있는 통기구를 그리스로 막지 않도록 한다.

⑩ 랙을 기어 하우징에 집어넣는다. 랙 부싱과 랙 스톱퍼를 장착한다.

⑪ 랙 스톱퍼를 서클립 홈과 랙 하우징의 노치 가공구멍이 일치될 때까지 랙 스톱

퍼를 민 다음 랙 스톱퍼를 돌리면서 서클립을 장착한다. 서클립 끝이 랙 하우징의 노치 가공구멍을 통해서 보이면 안된다.

⑫ 밸브보디에 오일실과 볼 베어링을 장착한다.

⑬ 피니언 밸브 어셈블리를 규정된 오일과 그리스를 바른 다음 기어 하우징 어셈블리를 장착한다.

⑭ 규정오일을 바른 다음 특수공구를 사용하여 실을 밸브보디 하우징에 장착한다.

⑮ 기어박스에 실링과 함께 밸브보디 어셈블리를 장착한다.

⑯ 탭와셔를 장착하고 타이로드를 장착한 다음 타이로드의 두 점에서 탭와셔의 끝을 막는다.

⑰ 피니언을 시계방향으로 완전히 돌린 상태에서 셀프 록킹너트를 조인다. 이 때 신품의 너트를 장착한다.

⑱ 엔드 플러그의 나사부에 반건성 실런트를 바른 다음 규정토크로 조인다.

⑲ 펀치를 사용하여 엔드 플러그를 이용하여 두 지점을 고정시킨다.

⑳ 랙 서포트 요크, 랙 서포트 스프링, 요크 플러그를 장착한다. 장착하기 전에 랙 서포트 커버의 나사부에 반건성 실런트를 바른다.

㉑ 랙을 중앙에 놓고 기어 하우징에 랙 서포트 커버를 장착한다. 특수공구를 사용하여 랙 서포트 커버를 1kgf·m의 토크로 조였다가 30° ~ 60° 정도 풀고 록크너트를 규정토크로 조인다.

㉒ 피드 튜브를 규정토크로 조이고 건성 접착제를 바른 다음 러버를 장착한다.

㉓ 규정 그리스를 타이로드의 벨로우즈 장착부위에 바른다.

㉔ 벨로우즈에 신품의 장착밴드를 장착한다. 이 때 벨로우즈를 장착할 때 신품 밴드를 사용한다.

㉕ 벨로우즈가 뒤틀리지 않도록 주의하면서 벨로우즈를 정 위치에 장착한다.

㉖ 더스트 커버 내측과 둘레에 규정 그리스를 채우고 타이로드 엔드의 홈 안에 부착된 클립 링으로 더스트 커버를 정 위치에 고정시킨다.

㉗ 좌·우측 길이가 규정치가 되도록 타이로드를 장착한다. 이 때 타이로드의 자유길이는 해당 차량의 정비지침서를 참조로 한다.

㉘ 피니언의 총 프리로드를 점검한다.

4.5. 파워 스티어링 펌프 분해 조립

4.5.1. 분해조립

① 펌프 구동 풀리를 탈거한다.

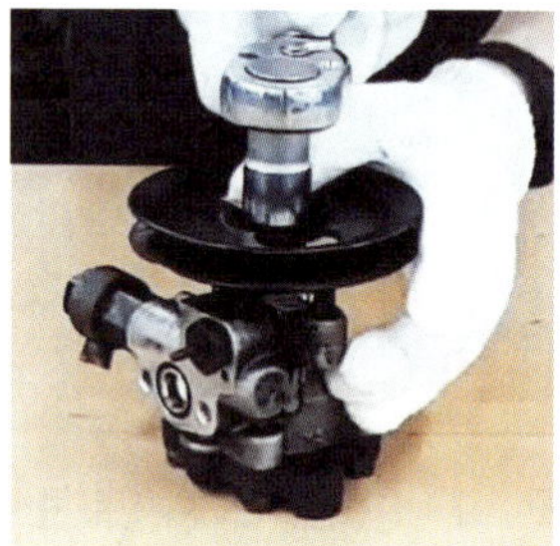

[그림 102] 펌프 구동 풀리 탈거

② 오일압력 스위치를 탈거한다.

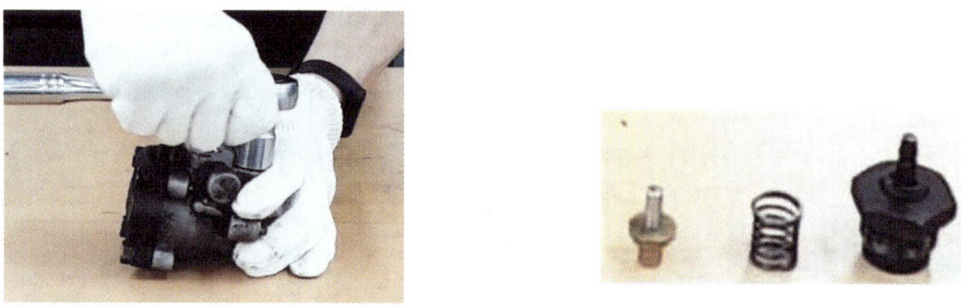

[그림 103] 오일압력 스위치 탈거

③ O링을 탈거한다.

[그림 104] O링 탈거

④ 압력 포트 유니온, 유량 제어 밸브 및 스프링을 탈거한다.

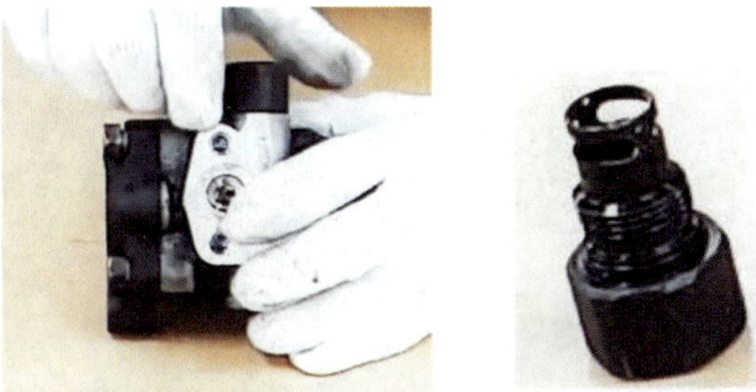

(a) 압력포트 유니온

(b) 압력컨트롤 밸브 및 스프링

[그림 105] 압력 포트 유니온, 유량 제어 밸브 및 스프링 탈거

⑤ 베어링 풀리 샤프트에서 반달키를 탈거한다.

⑥ 리어 하우징 고정 볼트를 탈거한다.

[그림 106] 반달키 탈거

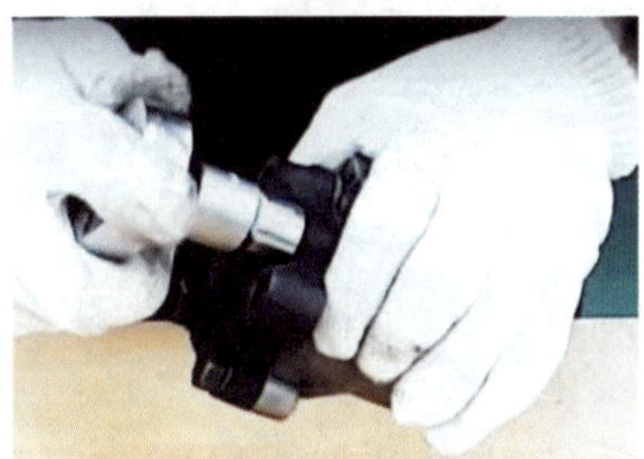

[그림 107] 리어 하우징 고정 볼트 탈거

⑦ 리어 하우징을 탈거한다.

[그림 108] 리어 하우징 탈거

⑧ 베인펌프 로터 어셈블리를 탈거한다.

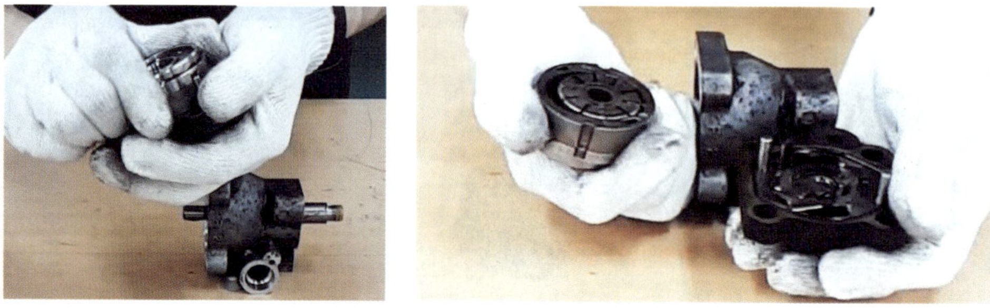

[그림 109] 베인펌프 로터 어셈블리 탈거

⑨ 베인펌프 로터 어셈블리에서 캠링을 탈거한다.
⑩ 사이드 플레이트와 베인펌프 로터를 분리한다.

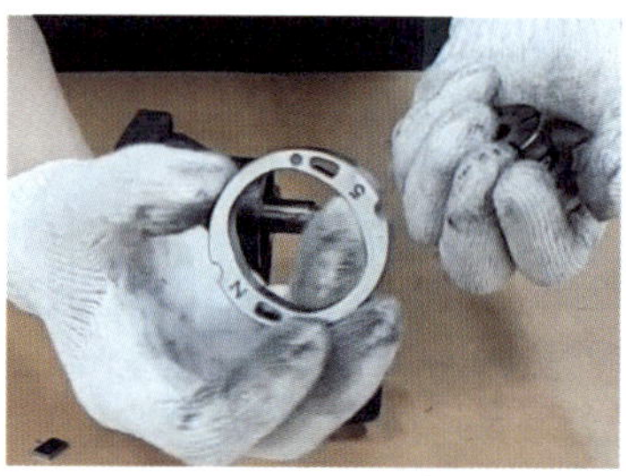

[그림 110] 캠링 탈거

[그림 111] 사이드 플레이트와 베인펌프 로터 분리

⑪ 베인을 탈거하여 정리한다.
⑫ 스트레이트 핀을 탈거한다.

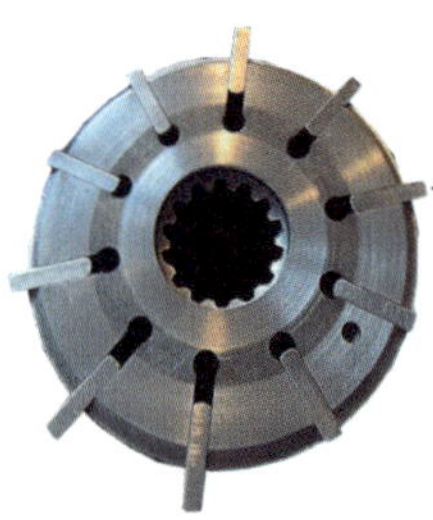

[그림 112] 베인 탈거

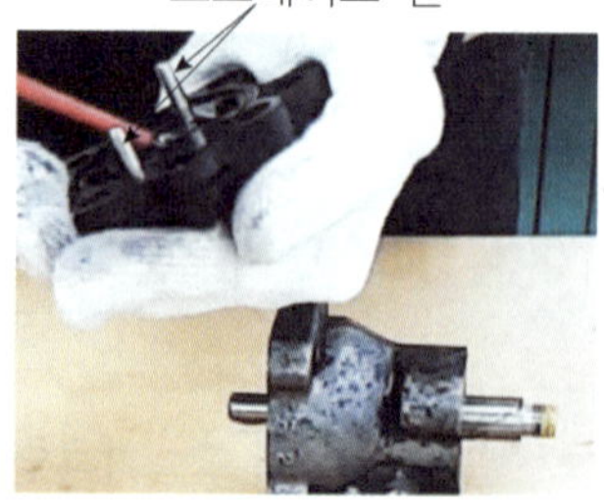

[그림 113] 스트레이트 핀 탈거

⑬ 프런트 하우징에서 O링을 탈거한다.

⑭ 프런트 하우징에서 스프링을 탈거한다.

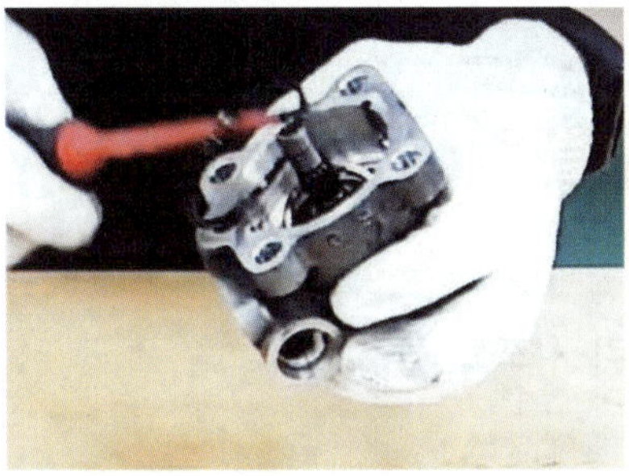

[그림 114] O링 탈거

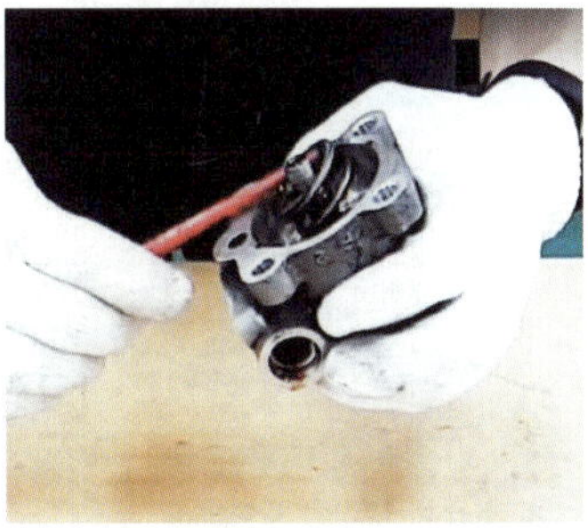

[그림 115] 스프링 탈거

⑮ 베어링 풀리 샤프트에서 스냅링을 탈거한다.

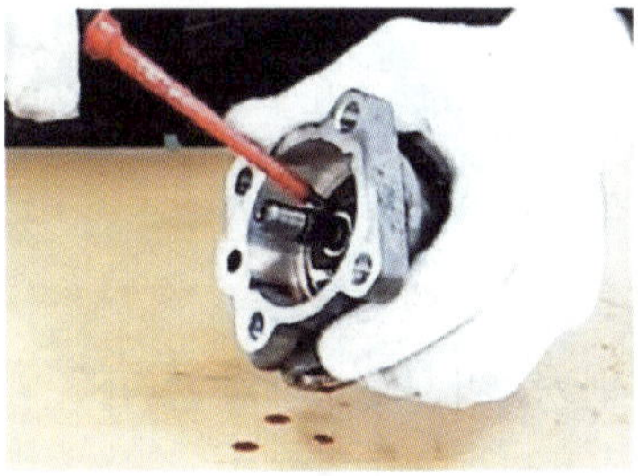

[그림 116] 스냅링 탈거

⑯ 프런트 하우징에서 유량 컨트롤 밸브를 탈거한다.

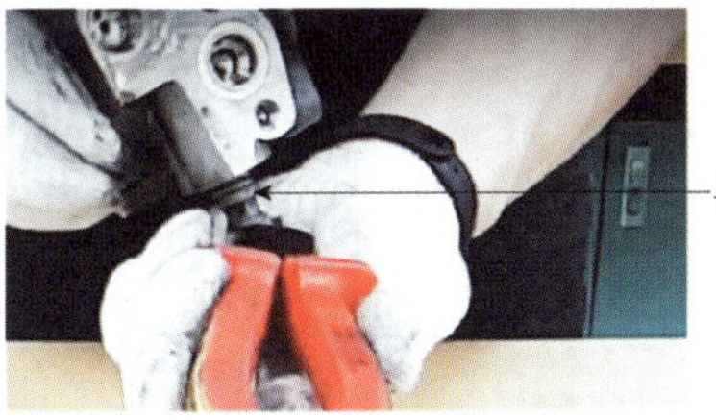

[그림 117] 유량 컨트롤 밸브 탈거

⑰ 프런트 하우징에서 베어링 풀리 샤프트를 탈거한다.

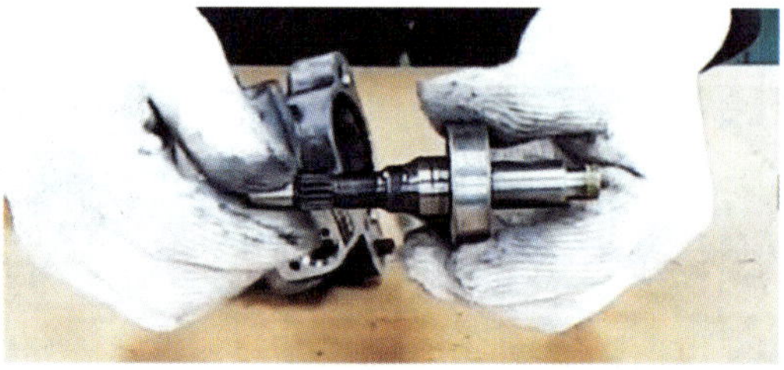

[그림 118] 베어링 풀리 샤프트 탈거

⑱ 조립은 탈거의 역순으로 한다.

4.5.2. 검사

① 플로우 컨트롤 스프링의 자유길이를 점검한다. 자유길이는 36.5㎜이다.
② 컨트롤 밸브의 휨을 점검한다.
③ 샤프트의 마모와 손상을 점검한다.
④ V벨트의 마모와 변질을 점검한다.
⑤ 로터 베인 홈의 단층마모를 점검한다.
⑥ 캠링과 베인의 접촉면에 단층 마모를 점검한다.
⑦ 베인의 손상을 점검한다.
⑧ 가이드 플레이트 또는 펌프커버 표면과 샤프트가 접촉되는 부분에 줄무늬 마멸 여부를 점검한다.

05 휠 얼라인먼트

5.1. 캠버, 캐스터, 토우

5.1.1. 캠버

[1] 측정

① 측정 전 다음 사항에 대하여 점검한다.

㉮ 타이어의 공기압 및 편 마멸

㉯ 바퀴(휠) 베어링의 상태(마모 및 체결상태 등)를 상하, 좌우로 바퀴를 흔들어 본다.

㉰ 현가장치의 볼 조인트 및 킹핀의 헐거움

㉱ 타이로드 엔드의 마멸

[그림 119] 휠 베어링의 유격점검

㉲ 바퀴(휠)가 불평형, 흔들림

㉳ 조향 링키지의 이음부의 마멸

㉴ 쇽업소버의 기능

㉵ 현가 스프링의 피로정도

㉶ 수평 바닥으로부터 차량의 높이

② 앞바퀴를 직진 상태로 턴테이블 위로 올린다음 각도판 은 0점에 맞추고 턴테이블 고정 핀을 탈거한다.

[그림 120] 턴테이블 설치

③ 앞바퀴의 휠 캡(wheel cap)과 허브 캡(hub cap), 그리스 캡(grease cap)을 탈거한다.

④ 허브 캡 설치면(허브 플랜지)의 가공 면을 깨끗이 닦는다.

⑤ 캠버, 캐스터 게이지를 설치할 때 게이지의 센터 로드(center rod)를 스핀들 중심 구멍에 정확히 설치한다(알루미늄 휠은 특수공구를 설치한다).

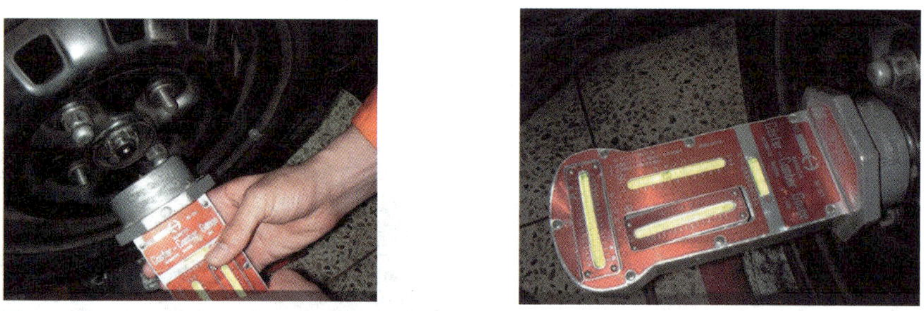

[그림 121] 캠버, 캐스터 게이지 설치

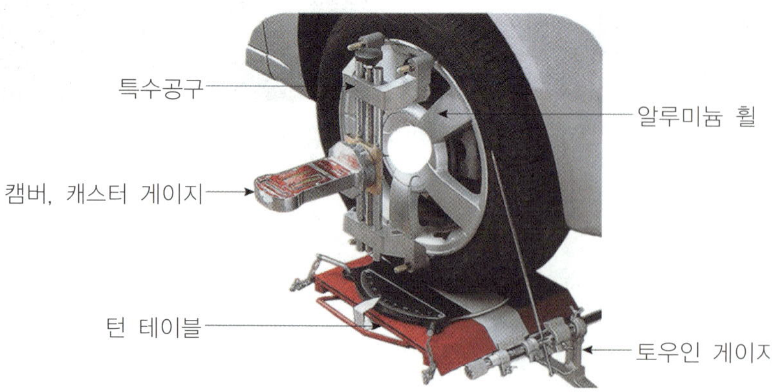

[그림 122] 알루미늄 휠 장착차량 설치방법

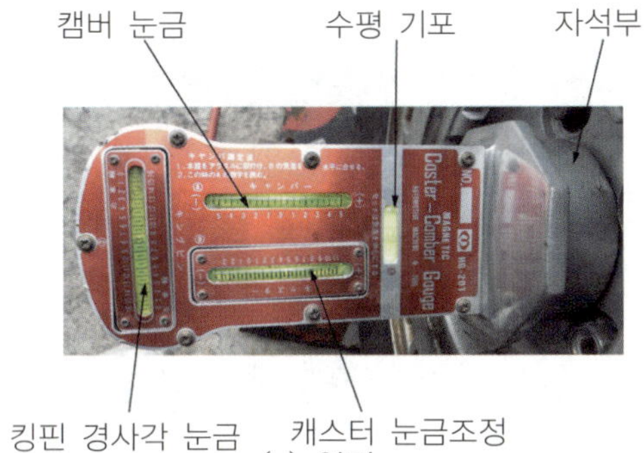

(a) 앞면

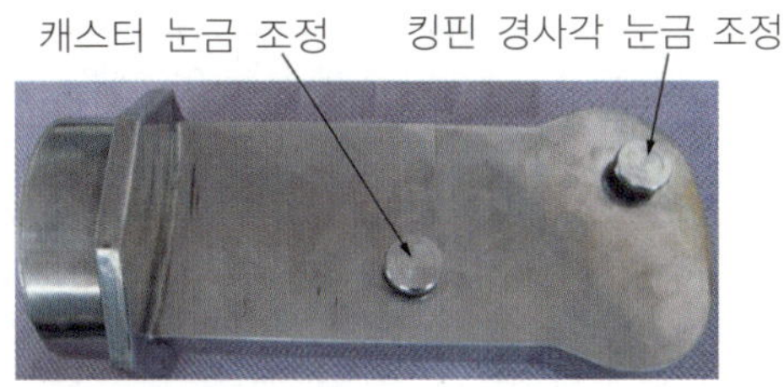

(b) 뒷면

[그림 123] 캠버, 캐스터 게이지

⑥ 턴테이블 각도판을 0점에 맞춘 상태에서 캠버, 캐스터 게이지를 수평으로 하고 게이지 수평기포를 수평(물방울이 가운데 있게)으로 맞추고 캠버 게이지에서 캠버값을 읽는다.

(a) 턴테이블 0에 맞추기

(b) 수평기포 0점 조정

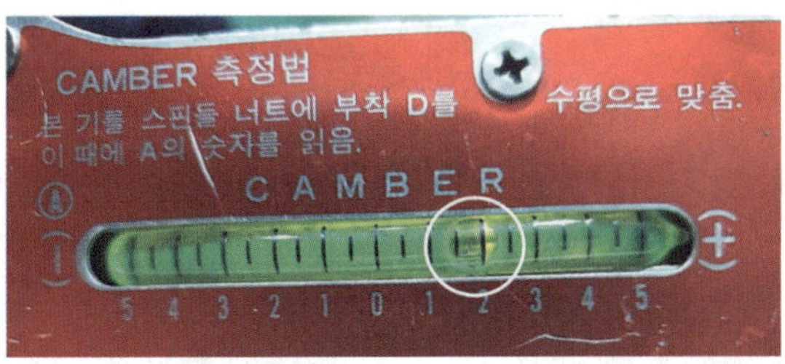

(c) 눈금 판독

[그림 124] 캠버 측정

[캠버 규정값]

제원 \ 차종	소나타	아반떼 XD	마티즈	모닝, 스펙트라	세라토
캠버(°)	0° ±30′	0° ±30′	0.5° ±30′	0° ±30′	0° ±30′

[2] 캠버 조정

현재 사용하고 있는 앞차축의 형식은 소형차의 경우 맥퍼슨 형식은 조정할 수 없는 구조로 되어 있다.

(1) 심 방식

어퍼 암 샤프트와 크로스 멤버 사이에 캠버 조정용 심을 가감하여 조정한다.

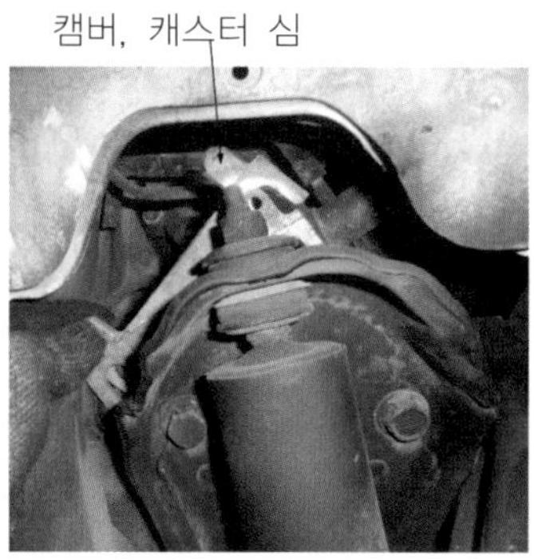

[그림 125] 조정심 방식

(2) 캠버 볼트 방식

로워암 장착 캠버 볼트를 회전시키면서 조정한다.

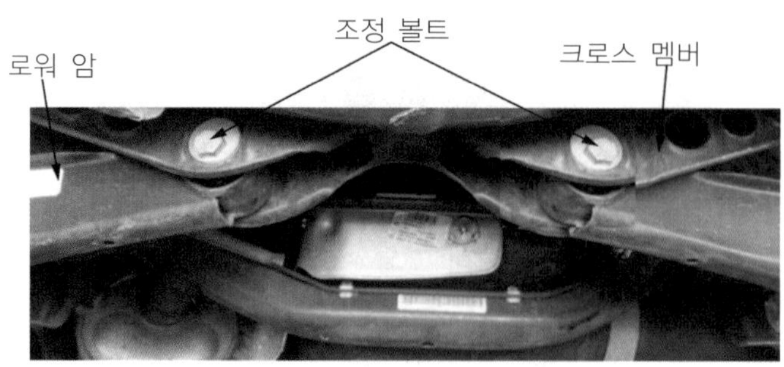

[그림 126] 캠버 볼트 방식

1. 주어진 자동차에서 시험기를 사용하여 캠버각을 점검하여 기록・판정하시오.

항 목	① 측정(또는 점검)		② 판정 및 정비(또는 조치)사항		득점
	측정값	규정(정비한계)값	판 정	정비 및 조치할 사항	
캠버 각			□ 양호 □ 불량		

5.1.2. 캐스터(caster)

[1] 캐스터의 측정

① 좌, 우 턴테이블의 지침을 0눈금에 맞춘 다음 측정하려는 바퀴를 바깥쪽으로 20° (턴테이블의 눈금) 돌린다.

② 게이지 본체 수평기포를 수평으로 한다(물방울이 가운데에 있게 한다).

③ 캐스터 수준기 물방울을 게이지 밑면에 있는 조정 스크루를 돌려 0눈금에 일치시킨다.

[그림 127] 턴테이블 0에 맞추기

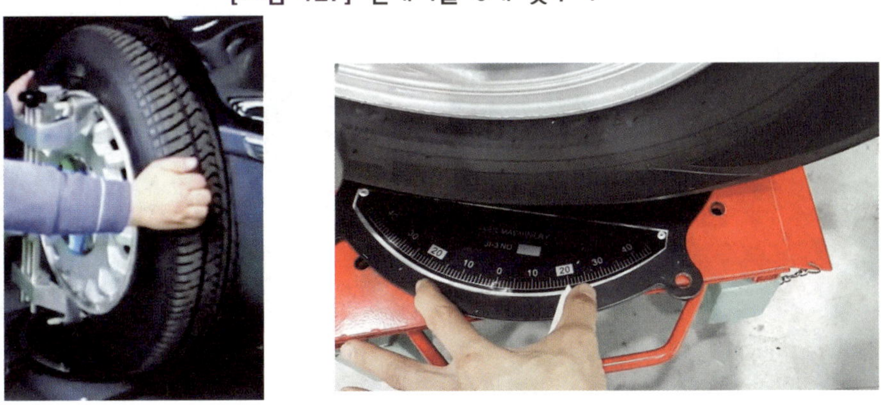

(a) (b)

[그림 128] 밖으로 20° 회전

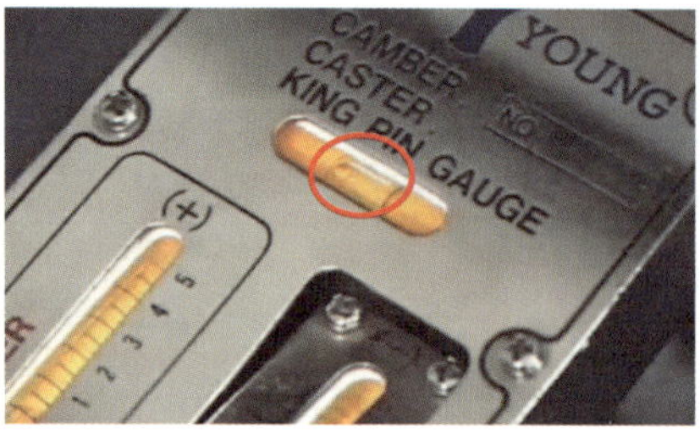

[그림 129] 수평기포 0점 조정

[그림 130] 캐스터 0점 조정

④ 앞바퀴를 안쪽으로 20° 돌린다(이때 턴테이블 전체 움직인 각도는 40° 가 된다).

(a)

(b)

[그림 131] 안으로 20° 회전

⑤ 게이지를 수평으로 하고 게이지 수평기포를 수평으로 맞춘다(물방울이 가운데에 있게 한다).

⑥ 캐스터 수준기에서 캐스터 눈금을 읽는다.

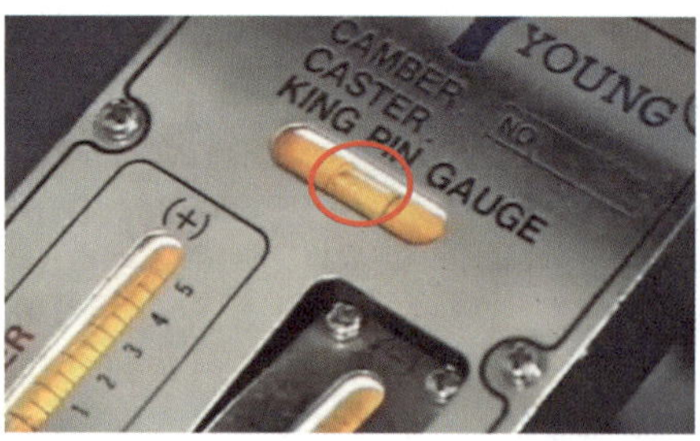

[그림 132] 수평기포 0점 조정

[그림 133] 캐스터 눈금판독

⑦ 측정값과 제작회사의 규정값을 비교하여 수정값을 정한다.

[캐스터 제원]

차 종 / 제 원	아반떼XD	엑셀(MPI)	EF쏘나타 (NF 소나타)	모닝
캐스터	2°30′ ± 30′	0° 30′ ± 20′	2°30′ ± 1° (4°30′ ± 1°)	2°30′ ± 30′

차 종 / 제 원	라세티	스펙트라	오피러스	아반떼
캐스터	4° ±0.30′	2°45′ ± 0.30′	3°30′ ± 1°	2° 35′ ±30′ (0° ± 30′)

[2] 캐스터의 조정

맥퍼슨형식의 앞 차축에서는 캠버와 같이 캐스터도 조정할 수 없는 구조로 되어 있다.

(1) 심에 의한 조정방식

컨트롤 암의 안쪽 샤프트 너트를 조금 풀고 심을 가·감하여 조정한다.

① 앞쪽의 심 빼내어 뒤쪽에 심 증가시 : (+ : 정)의 캐스터로 조정

② 뒤쪽의 심 빼내어 앞쪽에 심 증가시 : (− : 부)의 캐스터로 조정

(a) 심방식

(b) 스트럿바 방식

[그림 134] 캐스터 조정방식

(2) **스트럿 바 방식**

고정 너트를 이완시킨 후 스트럿 바 너트를 회전시켜 조정한다.

1. 주어진 자동차에서 시험기를 사용하여 캐스터 각을 점검하여 기록·판정하시오.

항 목	① 측정(또는 점검)		② 판정 및 정비(또는 조치)사항		득점
	측정값	규정(정비한계)값	판 정	정비 및 조치할 사항	
캐스터 각			□ 양호 □ 불량		

5.1.3. 토(toe)

[1] 토(toe) 측정

① 측정 전 조향 링크, 휠 베어링의 헐거움, 타이어 공기압 등에 대해 점검한다.

② 측정장소 바닥의 수평면을 확인한다.

③ 앞바퀴를 잭으로 들어 올리고 타이어 트래드(tire tread) 중심에 금을 긋는다.

④ 앞바퀴를 지면에 내리고 앞바퀴를 정확히 직진상태로 유지시킨다.

⑤ 토인 게이지를 지침 높이를 타이어의 반경(스핀들의 중심높이)에 맞춘다. 마이크로미터를 0에 맞춘다.

⑥ 게이지를 앞바퀴의 뒤쪽에 놓고 마이크로미터 쪽 침봉을 타이어 중심에 오도록 하고 바의 길이를 조정하여 반대 쪽 침봉이 타이어 중심선에 맞도록 한 후 조인다.

⑦ 게이지를 바퀴 앞쪽으로 이동하여 마이크로미터와 반대쪽 침봉을 타이어 중심선에 맞춘다.

⑧ 마이크로미터를 돌려 마이크로미터 쪽의 게이지 침봉 양끝을 정확히 타이어 중심선에 맞춘 후 마이크로미터의 눈금을 읽는다.

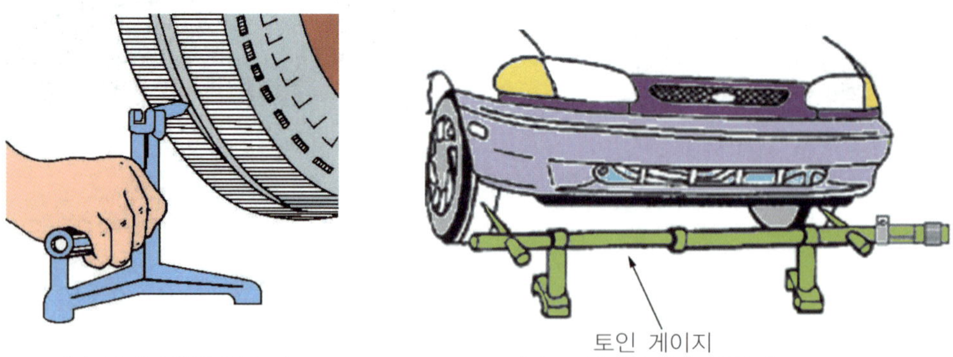

(a) 바퀴중심에 금긋기　　(b) 토인게이지에 의한 측정

[그림 135] 토(toe)의 측정

(1) 토아웃

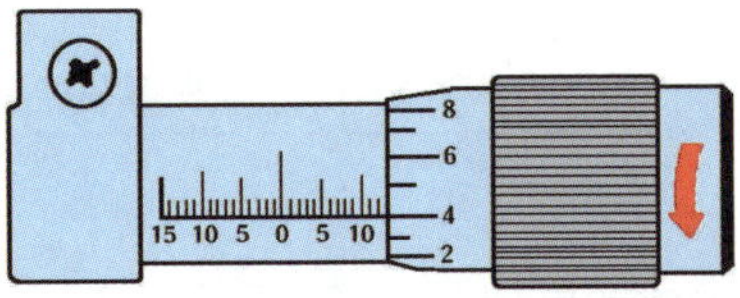

측정값 12mm+0.4mm= 12.4mm

[그림 136] 토아웃인 경우

(2) 토인

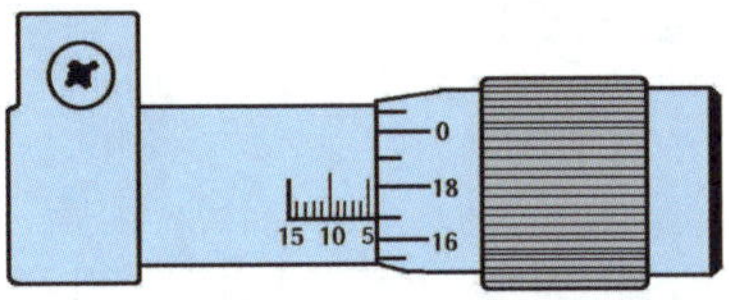

측정값 4mm+0.3mm= 4.3mm
(∵ 0.3mm = 2.0mm−1.7mm)

[그림 137] 토인인 경우

[토인 제원]

차 종 / 제 원	아반떼XD	쏘나타 II	리오	모닝
토 인	0±2mm	0±3mm	3±3mm	0±2mm

[2] 토인의 조정

타이로드 엔드를 회전시켜 타이로드의 길이를 변화시켜 조정한다.

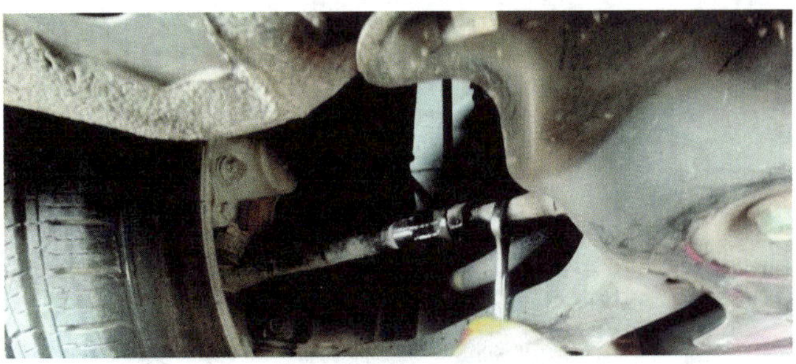

[그림 138] 토인의 조정

[토인 변화량]

토 인 \ 차 종	엑셀	엑센트	프라이드	캐피탈
타이로드 변화량 회전수(1회전)	12㎜	11㎜	6㎜	8㎜

1. 주어진 자동차에서 시험기를 사용하여 토(toe)를 점검하여 기록 · 판정하시오.

항 목	① 측정(또는 점검)		② 판정 및 정비(또는 조치)사항		득점
	측정값	규정(정비한계)값	판 정	정비 및 조치할 사항	
토(toe)			□ 양호 □ 불량		

5.2. 휠 얼라이먼트 테스터기

① 차량을 휠 얼라이먼트 전용 리프트에 진입시켜 차량을 리프트로 측정 및 조정하기 편한 높이로 들어 올리고 다시 리프트의 휠프리 잭으로 차량을 리프트에서 살짝 들어 올린 후, 차량 높이가 모두 같도록 모든 바퀴에 턴테이블을 설치한다.

[그림 139] 차량 리프트 진입

[그림 140] 턴테이블 설치

② 모든 타이어의 공기압력을 규정압력으로 조정한다.

[그림 141] 규정 공기압 주입

③ 변속기 셀렉터 레인지를 중립(N)위치에 둔다.

④ 휠 얼라이먼트 프로그램을 작동시킨다.

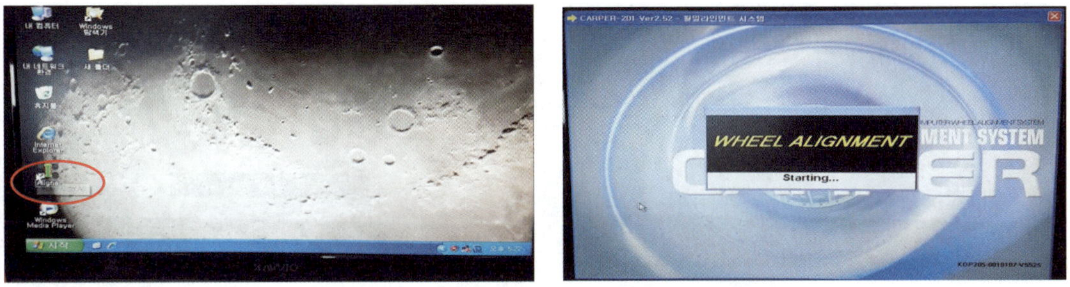

[그림 142] 휠얼라이먼트 프로그램 클릭

⑤ 화면에서 F1을 클릭한다.

⑥ 제조사 및 차종을 선택한다.

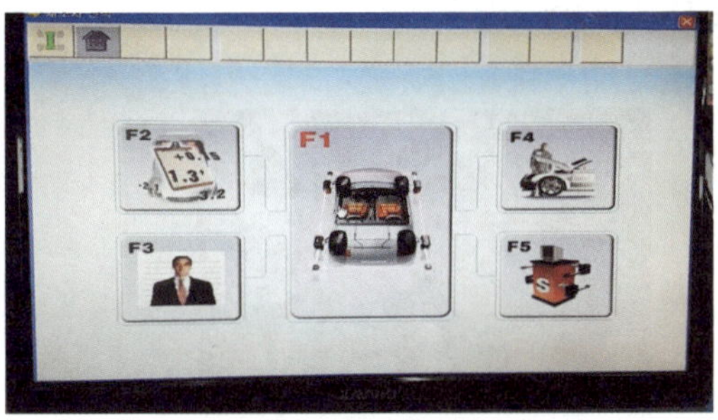

[그림 143] F1 선택

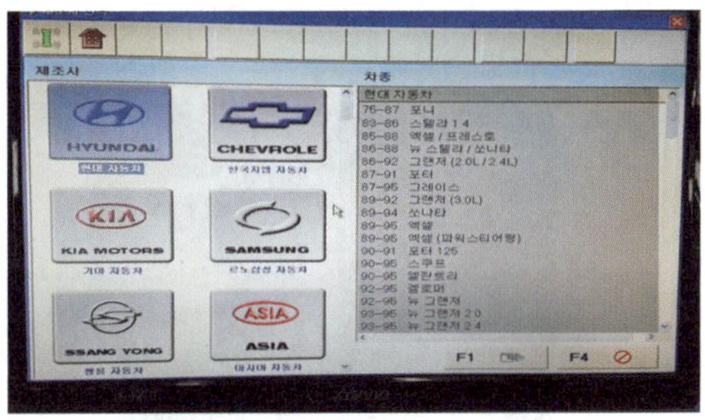

[그림 144] 제조사 및 차종 선택

⑦ 차주이름, 전화번호, 차량번호, 주행거리를 기록한 후 F1을 클릭한다.

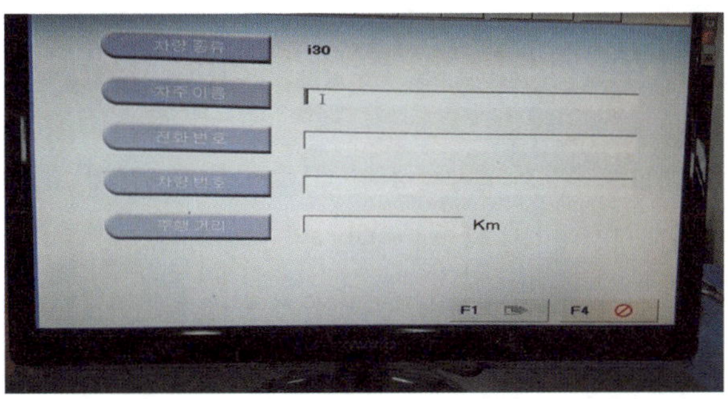

[그림 145] 차주이름, 전화번호, 차량번호, 주행거리를 기록

⑧ 측정하고자 하는 사항을 설정하고 F1을 클릭한다.
⑨ 센서 설치하라는 지시 화면이 나오면 센서를 설치한다.

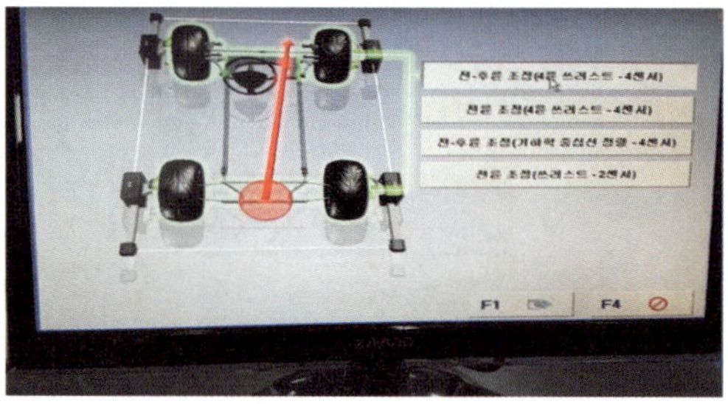

[그림 146] 측정설정

[그림 147] 센서 설치 지시 화면

⑩ 센서를 지정된 4바퀴에서 이탈하지 않도록 장착해야 한다. 4개 센서 모두 위치가 정해져 있다.
⑪ 센서 이탈을 방지하기 위해서 바퀴마다 센서 설치 시 안전 고리를 휠에 설치한다. 센서가 떨어져 출격이 가해지면 고장 날 수 있다.

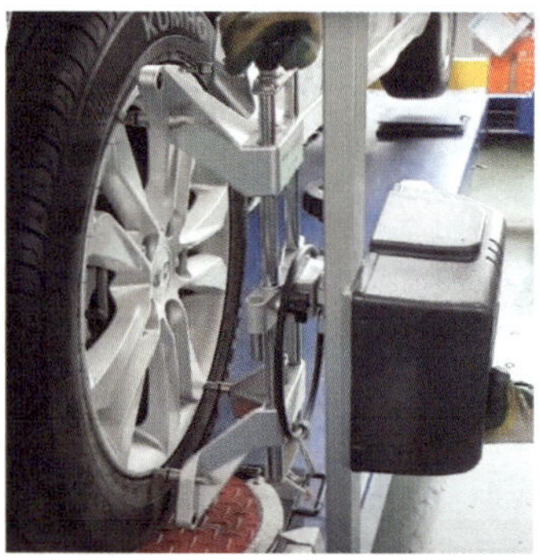

[그림 148] 센서 설치

[그림 149] 안전 고리 설치

⑫ 앞·뒤, 좌·우 센서 사이에는 장애물이 없어야 한다. 장애물이 있으면 화면에 에러가 뜬다.
⑬ 센서에 배선을 연결한다. 배선은 총 4개 이며 긴 배선(휠 얼라이먼트와 앞바퀴 센서부 연결) 2개와 짧은 배선(앞바퀴 센서와 뒷바퀴 센서에 연결)으로 구성되어 있다.

(a) 테스터기와 앞바퀴에 연결

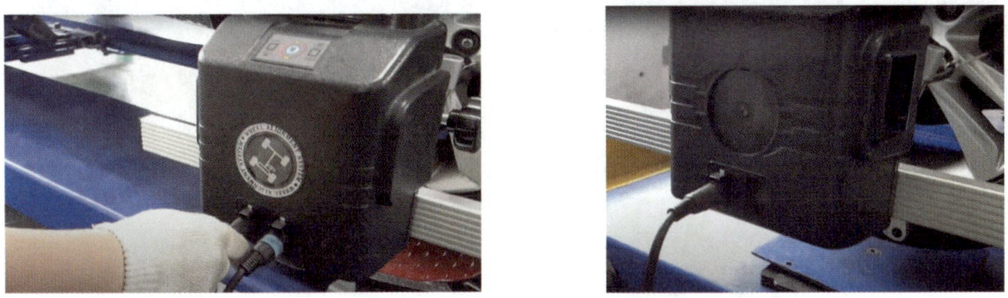

(b) 앞바퀴와 뒷바퀴 연결

[그림 150] 배선 연결

⑭ 센서 설치가 완료되면 F1을 클릭한다.

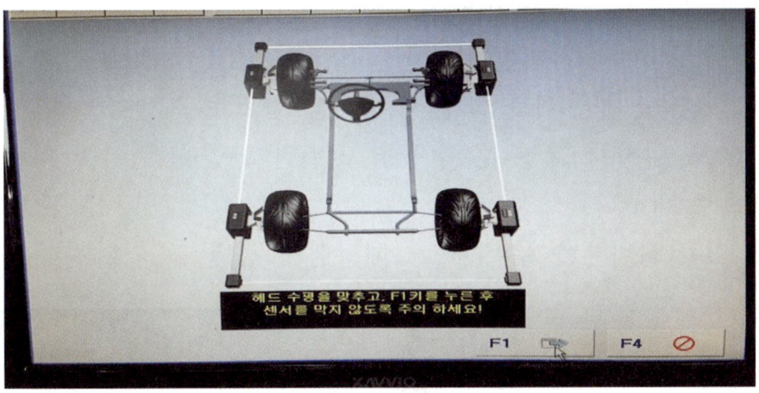

[그림 151] 센서 설치 후 F1 클릭

⑮ 붉은색 "깜빡 깜빡" 이는 것은 통신에러 이다.

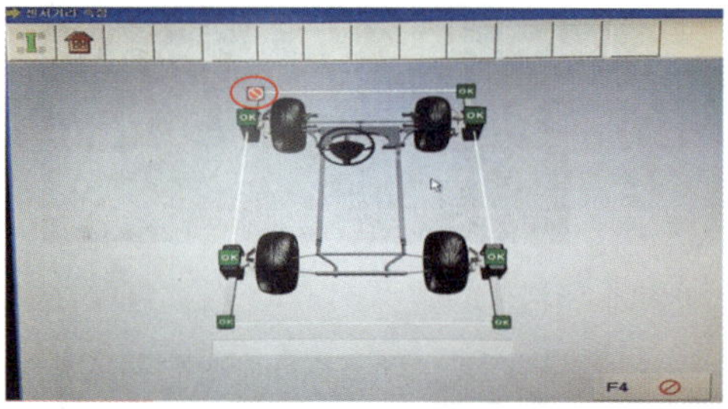

[그림 152] 통신에러

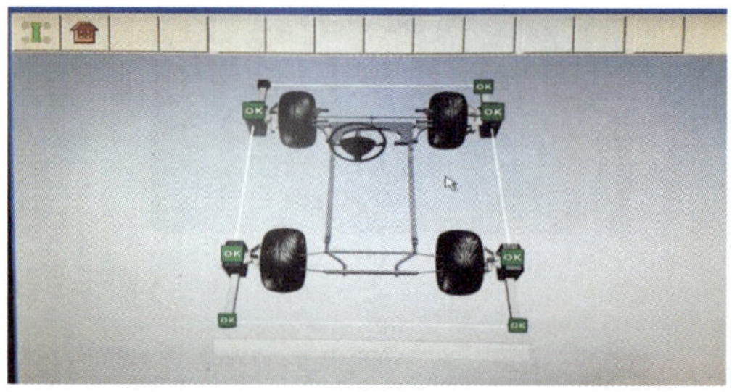

[그림 153] 정상 통신

⑯ 통신이 정상적이면 다음 단계인 런아웃 작업 화면으로 넘어간다.

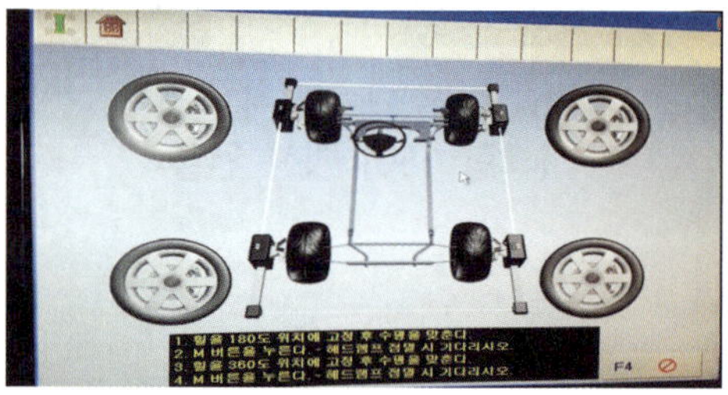

[그림 154] 런아웃 작업 화면

⑰ 4바퀴의 런아웃은 화면 아래 노란색 글씨를 참고로 화면을 보면서 한다.

㉮ 휠을 180도 위치에 고정 후 수평을 맞추면 화면에 런아웃 하는 바퀴가 180도 파란색으로 바뀐다.

㉯ 센서에 있는 M버튼을 누른다. - 헤드램프 점멸 시 기다린다.

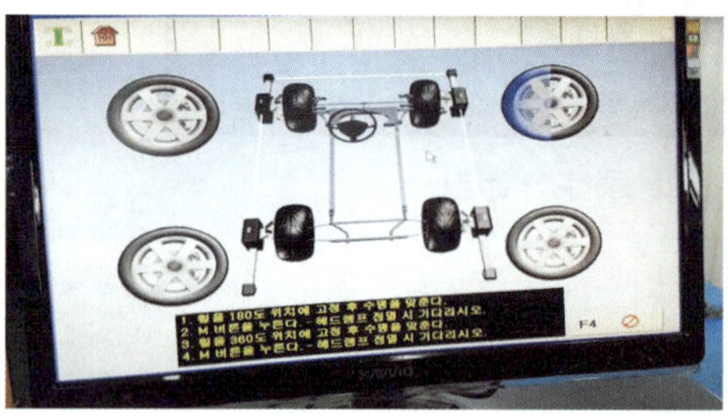

[그림 155] 180도 런아웃 완료 상태

[그림 156] M 버튼

㉰ 휠을 360도 위치에 고정 후 수평을 맞추면 화면에 런아웃 하는 바퀴가 360도 파란색으로 바뀐다.
㉱ 센서에 있는 M 버튼을 누른다. - 헤드램프 점멸 시 기다리시오
㉲ 4바퀴 모두 런아웃을 위와 같은 방식으로 한다.

[그림 157] 360도 런아웃 완료 상태

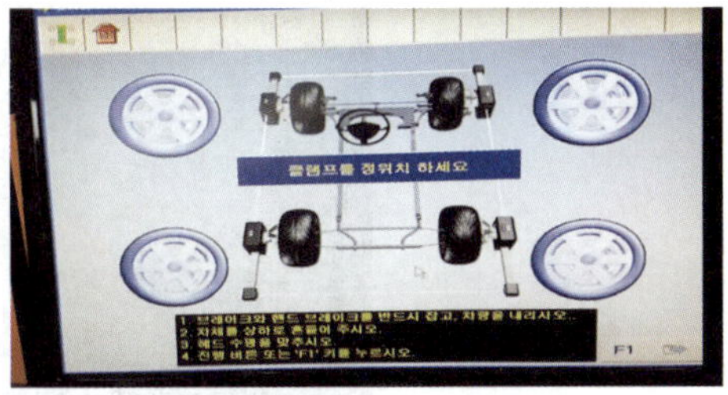

[그림 158] 런아웃 완료 화면

⑱ 브레이크 페달을 고정시키고, 핸드 브레이크를 반드시 작동시키고 차량을 하강시킨다.

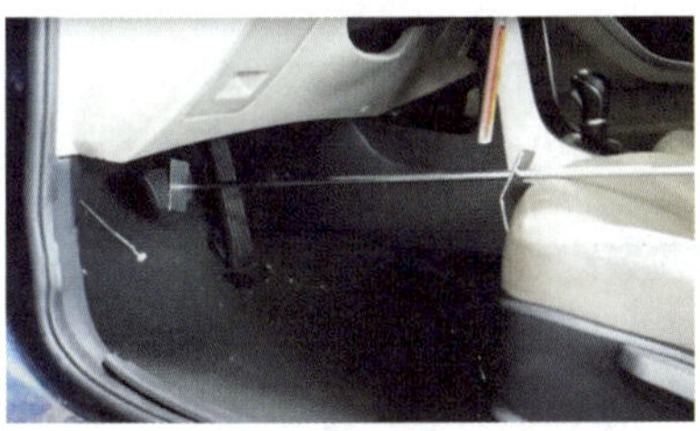

(a) 브레이크 페달 고정

(b) 핸들 브레이크 작동

[그림 159] 브레이크 작동

⑲ 리프트 하강시에는 천천히 조심해서 내리고, 턴테이블 고정핀을 탈거한다.

[그림 160] 리프트 하강

⑳ 차량을 상하로 흔들어 준다.

㉑ 헤드 수평을 맞추고 F1 키를 클릭하면 전체 화면이 나타난다. 화면에서 빈칸은 측정을 하지 않은 상태이고, 붉은색은 불량을 나타낸다. 파란색은 양호를 나타내며, 최소값과 최대값은 규정값이 된다.

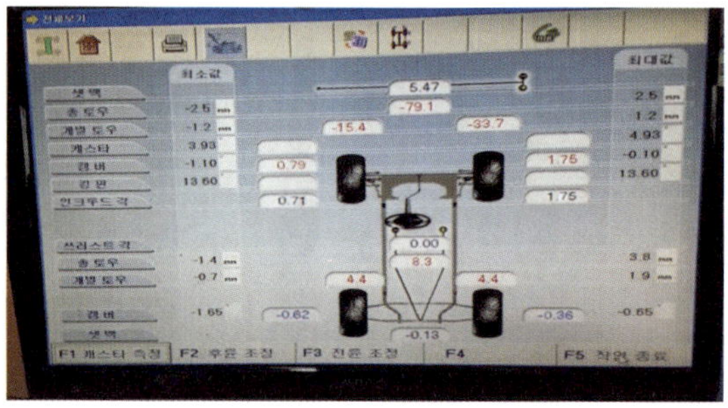

[그림 161] 전체화면

㉒ 캐스터 측정시에는 F1 캐스터 측정을 클릭한다.

㉓ 초기직진 화면이 나타나면 화면이 화살표 방향으로 핸들을 돌려 바늘이 녹색 바탕에 오도록 초기직진 스윙을 한다. 스윙시 센서가 상당히 민감하니 천천히 잘 맞추어야 한다.

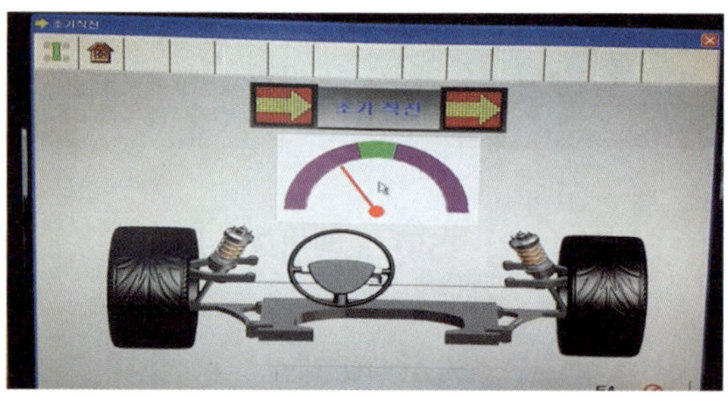

[그림 162] 초기직진 화면

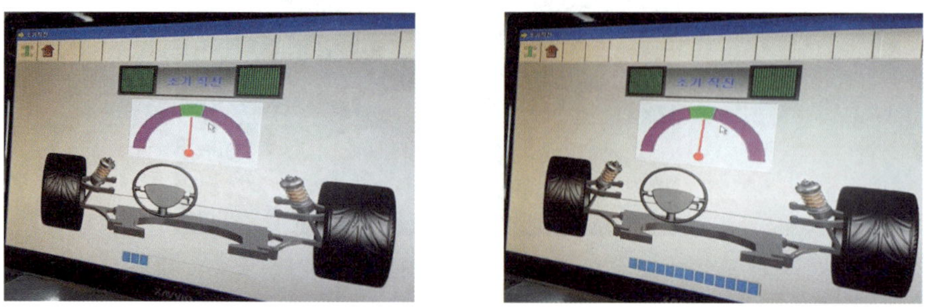

[그림 163] 초기직진 스윙

㉔ 좌 스윙 화면이 나오면 화면의 화살표 방향으로 좌 스윙을 한다.

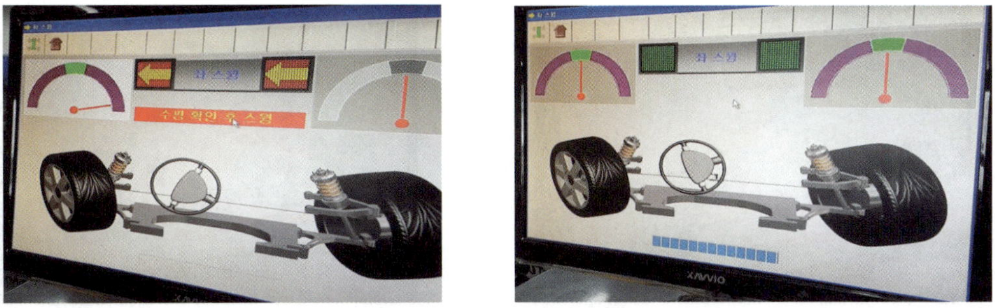

[그림 164] 좌 스윙(1)

㉕ 좌 스윙 화면이 나오면 화면의 화살표 방향으로 좌 스윙을 한번 더 한다.

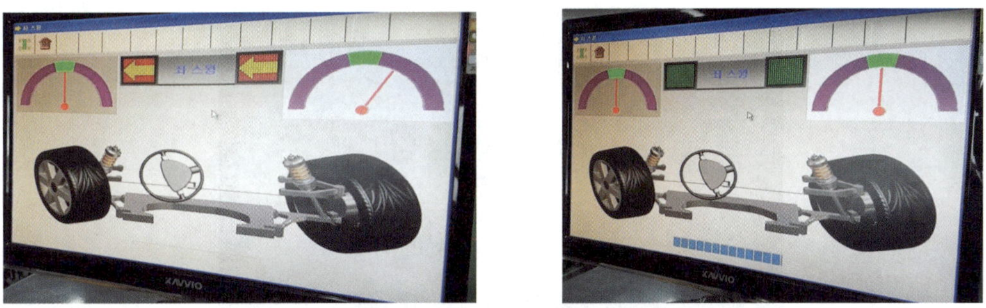

[그림 165] 좌 스윙(2)

㉖ 우 스윙 화면이 나오면 화면의 화살표 방향으로 우 스윙을 한다. 화면의 지시에 따라 측정한다.

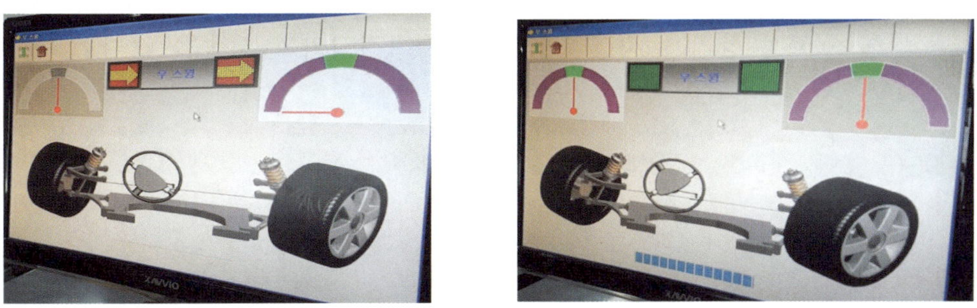

[그림 166] 우 스윙

㉗ 좌우 직진 화면이 나오면 화면의 화살표 방향으로 핸들을 직진 위치로 한다.

[그림 167] 좌우 직진

㉘ 캐스터 측정이 완료되면 빈칸 이었던 캐스터 및 킹핀값이 나타난다.

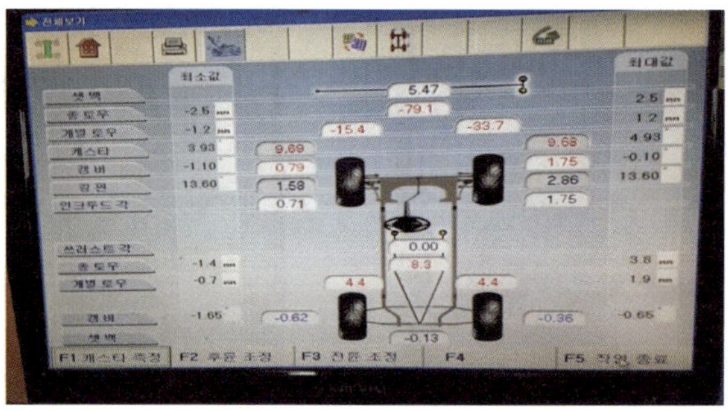

[그림 168] 전체 측정값

㉙ 화면의 측정값을 보면서 조정을 하면 정상 값일 때는 붉은색에서 파랑색으로 값이 변한다. 조정은 다음과 같이 한다.

㉮ 차량의 핸들을 정중앙에 맞추고 시동을 걸어 핸들을 좌우로 돌린 후 중앙에 놓고 핸들 고정 장치를 사용해서 핸들을 고정시키고 시동을 끈다.

[그림 169] 핸들고정

㉯ 차량전체의 휠 얼라이먼트 점검 화면이 표시되며 이상부위는 적색표시가 된다.

㉰ 모니터를 보며 토우 조정볼트를 돌려 규정값이 되도록 조정한다.

㉚ 프린트 할 때는 프린트를 클릭하여 프린트 설정을 클릭한다.

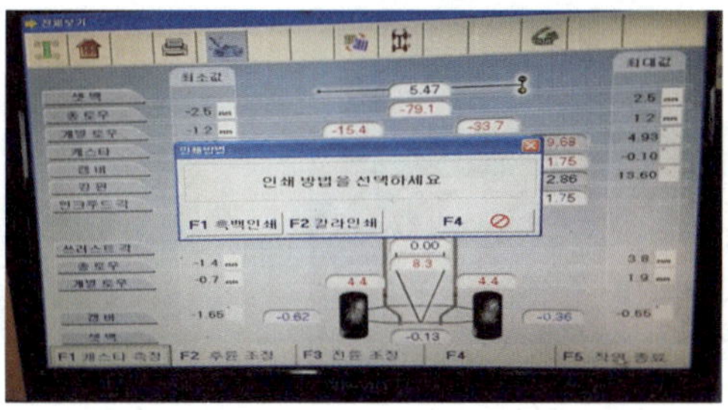

[그림 170] 프린트 설정

㉛ 모든 휠에서 휠 고정척을 제거한다.

㉜ 모든 바퀴의 턴테이블 고정핀을 끼워 턴테이블을 고정한다.

㉝ 조향핸들 고정 장치를 제거한다.

㉞ 브레이크 페달 고정장치를 제거한다.

㉟ 리프트에서 차량을 내린다.

5.3. 사이드슬립

5.3.1. 검사기준

① **조향륜 옆 미끄러짐 양** : 1m 주행 때 ±5㎜ 이내

② 변형, 느슨함 및 누유가 없을 것

5.3.2. 검사조건

① 자동차는 공차상태의 자동차에 운전자 1인이 승차상태로 한다.
② 타이어의 공기압은 표준 공기압으로 하고 조향 링크의 마모상태를 점검한다.
③ 자동차를 측정기와 정면으로 대칭시킨다.
④ 자동차의 진입속도는 5km/h 이하로 한다.
⑤ 조향핸들에서 손을 떼고, 5km/h 이하로 한다.
⑥ 답판 위에서는 브레이크를 밟지 아니할 것
⑦ 답판 위를 통과 중에는 핸들을 돌리지 말 것

5.3.3. 검사방법

① 답판이 움직이는지 확인한다.
② 답판이 움직이지 않으면 답판 중앙에 있는 잠금장치를 해제한다.
③ 테스터기의 전원을 ON시킨 후 사이드슬립 테스트를 선정한다.

[그림 171] 사이드슬립 테스터기 답판

[그림 172] 잠금장치 해제

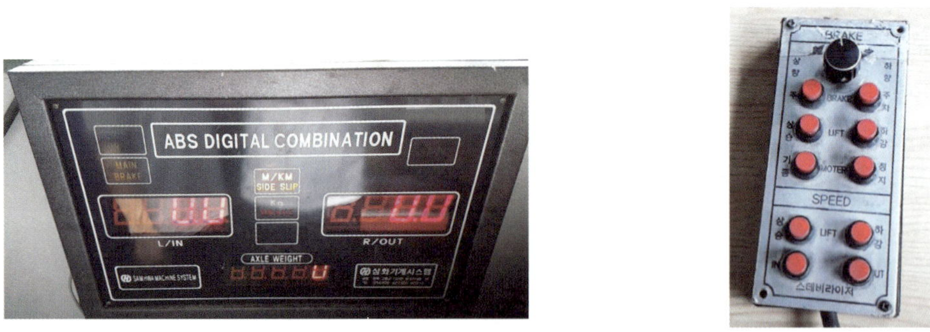

(a) 테스터기 (b) 선택 스위치

[그림 173] 사이드슬립 선정

④ 테스터기의 0점 조정을 확인한다.

⑤ 차량을 5km/h 이하로 답판 위로 진입한다.

⑥ 진입 통과와 동시에 검사는 종료되므로 통과시 테스터기의 지시 최대값을 판독한다.

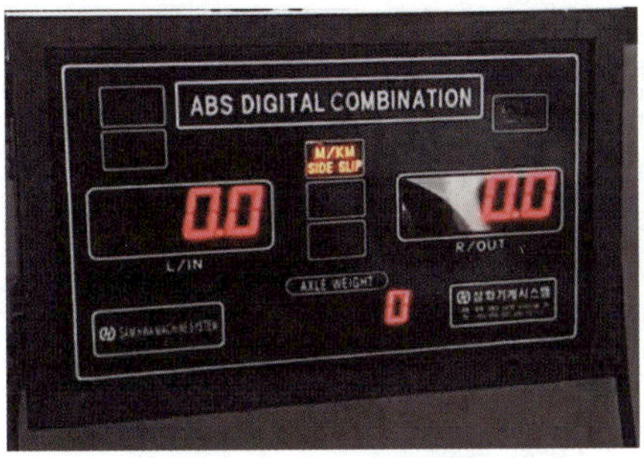

[그림 174] 0점 확인

[그림 175] 답판 진입

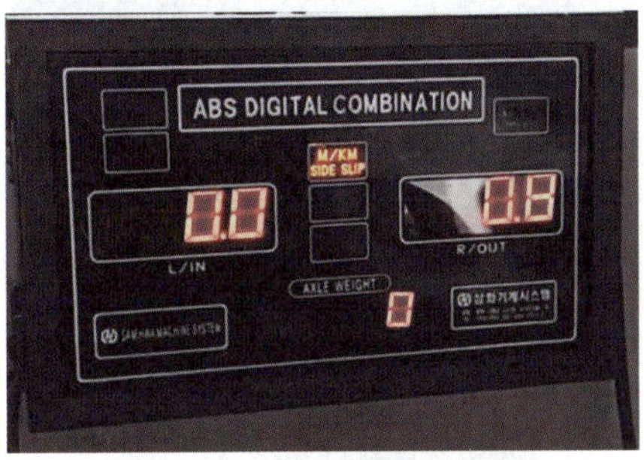

[그림 176] 판정값 판독

5.3.4. 조정방법

타이로드의 길이를 가・감하여 조정하며, 조정시 양쪽을 동일하게 조정하여야 한다.

1. 주어진 자동차에서 시험기를 사용하여 사이드슬립을 점검하여 기록・판정하시오.

항 목	① 측정(또는 점검)		② 판정 및 정비(또는 조치)사항		득점
	측정값	규정(정비한계)값	판 정	정비 및 조치할 사항	
사이드슬립			□ 양호 □ 불량		

06 타이어

6.1. 타이어 마모 점검

① 타이어의 트레드 깊이를 측정한다. 트레드 깊이는 한계치가 약 1.6㎜이다.

② 트레드 깊이가 한계치 이하이면 타이어를 교환한다. 이때 트레드 깊이가 1.6㎜ 이하이면 마모 한계 표시가 나타난다.

[그림 177] 타이어 마모한계선 및 타이어 마모

[그림 178] 타이어 트레드 마모 한도점검

1. 주어진 자동차에서 시험기를 사용하여 트레드 깊이를 점검하여 기록・판정하시오.

항 목	① 측정(또는 점검)		② 판정 및 정비(또는 조치)사항		득점
	측정값	규정(정비한계)값	판 정	정비 및 조치할 사항	
트레드 깊이			□ 양호 □ 불량		

6.2. 펑크 수리

타이어 펑크 수리는 타이어를 차량에서 탈거해서 수리하기도 하고 타이어를 탈거 안 하고 바퀴를 조금씩 돌리면서 펑크 난 곳을 찾아내서 수리하기도 한다. 펑크 난 곳은 눈으로 이물질이 박힌 곳을 직접 확인하고 이물질을 제거 후 비눗물을 뿌려 거품이 발생하는지 점검 하지만 이물질이 없을 때는 타이어에 비눗물을 뿌려가며 거품이 나오는 곳을 찾기도 한다. 이때 타이어에는 규정압력보다 약간 높은 공기압을 주입하면 좋다. 타이어 밸브 코어 플러그(공기주입구)도 점검해봐야 한다. 특히 타이어 밸브코어플러그를 손으로 돌렸을 때 돌아가면 타이어를 휠에서 탈거하여 밸브코어플러그를 필히 교환해야 한다. 미세 펑크일 때는 타이어에 규정압력보다 2배 정도 높은 공기압을 주입하고 물속에 잠기게 하여 기포가 발생하는 부위를 천천히 찾아봐야 한다.

타이어 펑크 씰(지렁이)은 임시방편으로 펑크 난 공간만 채우고 시간이 경과되면 접착력이 약해지고 점성도 약해저서 쪼그라들어 공간이 생겨 타이어 공기압이 샐 수가 있다. 패치는 안쪽으로 넓게 밀봉되므로 펑크 수리가 더 완벽한 수리 방법이다.

(a) 타이어 펑크 씰 사용 시

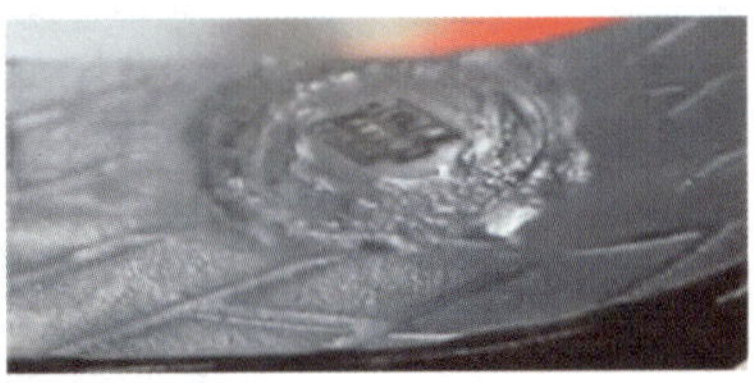

(b) 패치 사용 시

[그림 179] 펑크 수리 방법 종류

타이어가 지면에 닫는 트레드는 펑크 수리가 가능하지만 측면인 사이드월은 주행 중 움직임이 있고 타이어 재질상 펑크 수리가 어렵다. 트레드도 유리조각 등으로 인해서 찢어지거나 펑크 부위가 넓은 경우에는 수리가 어렵다.

[그림 180] 타이어 수리가능 부위 및 어려운 부위

6.2.1. 타이어 펑크 씰(지렁이) 사용법

① 이물질(못, 쇳조각 등)이 있는 곳에 비눗물을 뿌려서 거품이 나는지 확인한다.

② 니퍼를 이용하여 지렛대 원리를 이용하여 이물질을 제거한다. 이물질이 직각으로 박혀있는지 사선으로 박혔는지 뽑으면서 이물질이 박힌 방향을 파악한다.

(a) 타이어 탈거시

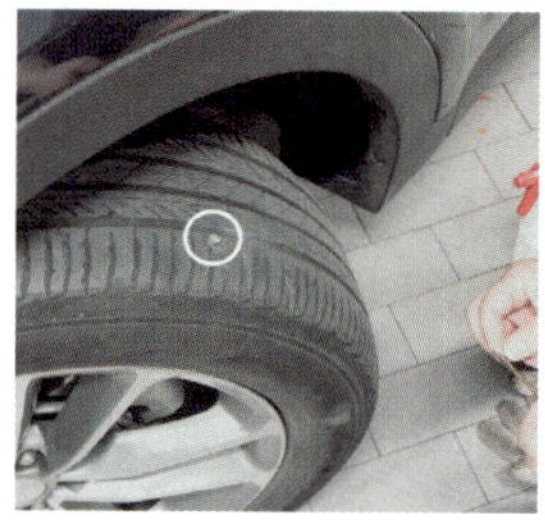

(b) 실차에서

[그림 181] 펑크상태 확인

[그림 182] 이물질 제거

③ 이물질 제거 및 타이어 펑크 씰 삽입 공간 확보를 위한 펑크 수리 공구중 가이드 구멍을 뚫어 주는 송곳으로 가이드 구멍을 뚫으면서 약간 넓혀 준다.

(a) 전동드릴 사용

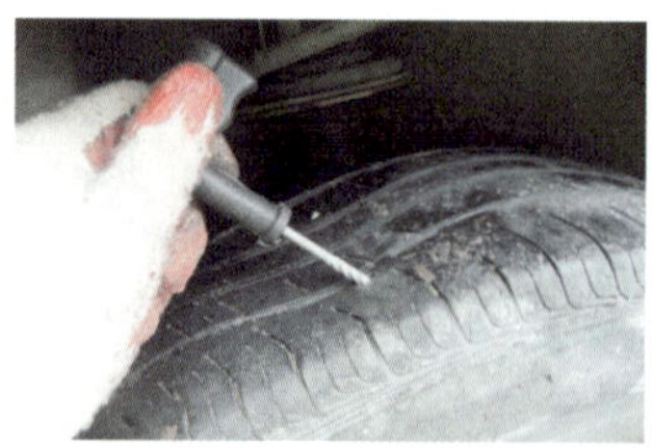

(b) 송곳 사용

[그림 183] 가이드 구멍 작업

④ 타이어 펑크 씰 을 타이어에 꽂는 바늘에 타이어 펑크 씰 을 끼워 넣어준다.

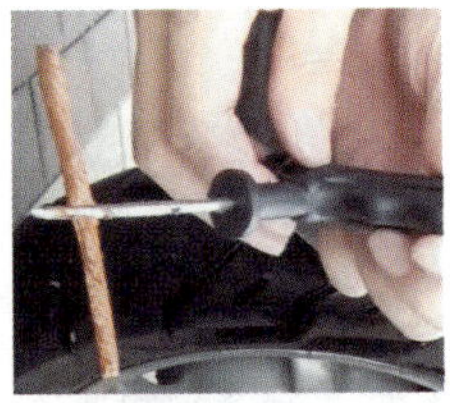

[그림 184] 바늘에 타이어 펑크 씰 삽입

⑤ 타이어에 규정량 공기를 주입한다. 타이어에 공기가 너무 없으면 타이어 펑크 씰 이 타이어가 눌려 잘 안 들어간다.

⑥ 타이어 펑크 씰 을 펑크 난 곳에 트레드 밖으로 1㎝ 정도 튀어 나올 때까지 찔러 넣어주고 타이어 펑크 씰 꽂은 바늘을 잡아당겨 뺀다.

(a) 타이어 탈거시

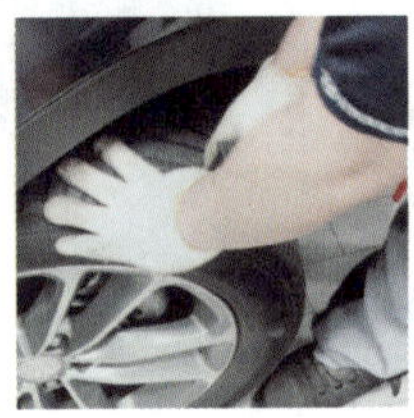

(b) 실차에서

[그림 185] 타이어 펑크 씰 타이어에 삽입

⑦ 비눗물을 뿌려 공기가 누출되나 확인한다.

⑧ 타이어 펑크 씰 노출 부위를 트레드 높이 정도로 커트 칼 또는 니퍼로 잘라준다.

⑨ 타이어에 공기를 규정량 주입한다.

(a) 타이어 탈거시

(b) 실차에서

[그림 186] 공기 누출 확인

6.2.2. 패치 사용법

① 타이어를 휠에서 탈거한다.

[그림 187] 타이어 탈거

② 펑크 난 곳 타이어 안쪽에 그라인더로 패치 붙일 자리를 표면만 살짝 벗겨낸다.

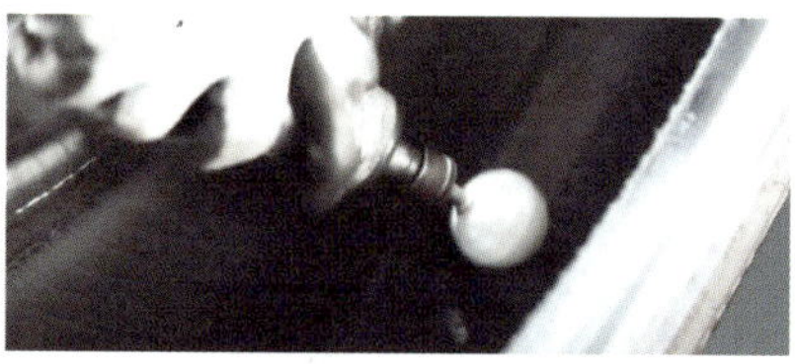

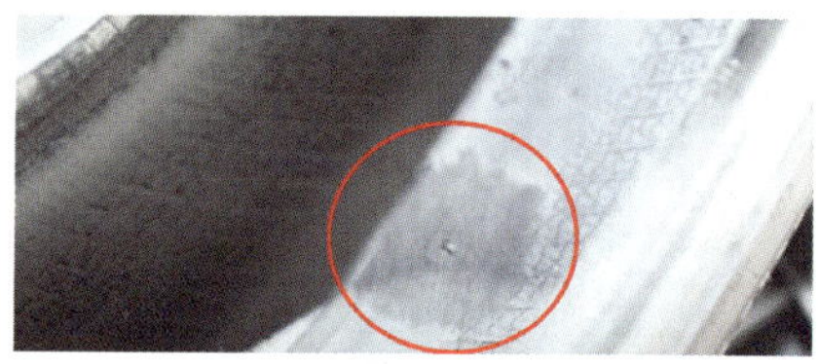

[그림 188] 그라인더 작업

③ 패치를 붙인 자리에 본드를 발라준다.

④ 펑크 난 부위에 패치를 끼운다.

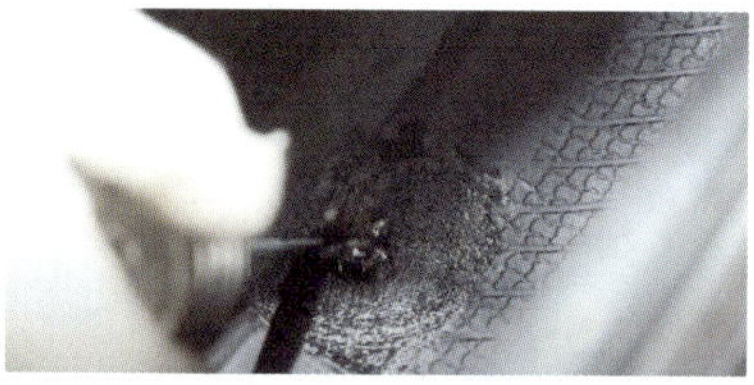

[그림 189] 본드 바르기

[그림 190] 패치 설치

⑤ 패치를 당겨준다.

⑥ 패치가 잘 붙도록 롤러로 골고루 눌러준다. 롤러가 없으면 고무망치로 두들겨 준다.

[그림 191] 패치 당김

[그림 192] 롤러로 눌러주기

⑦ 그라인더로 긁어냈던 부분까지 튜브 역할을 하는 고무 재질인 실러를 완전히 덮어서 발라준다. 실러를 굳히기 위해 실러를 바른 상태로 10분 정도를 건조 시킨다.
⑧ 실러가 굳으면 패치 꼬리를 잘라준다.

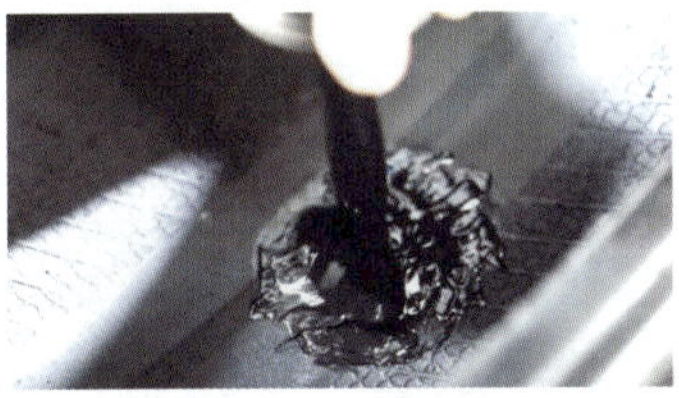

[그림 193] 실러 바르기

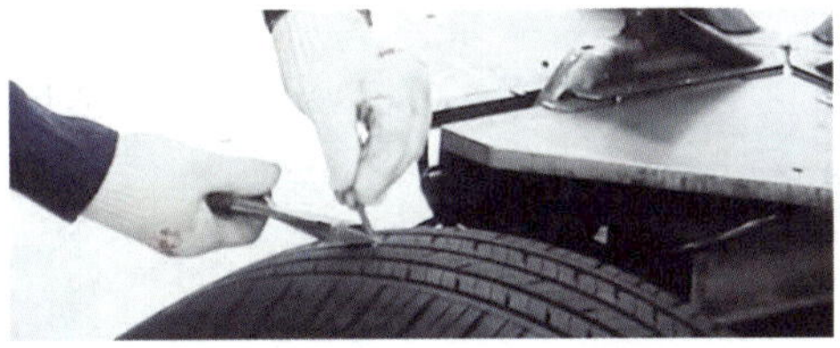

[그림 194] 패치 꼬리 자르기

⑨ 타이어를 휠에 조립한다.
⑩ 규정 공기압을 주입한다.
⑪ 펑크 수리가 잘 되었나 비눗물로 확인한다.

[그림 195] 펑크 수리 확인

⑫ 휠 밸런스를 맞추고 차량에 타이어를 조립한다.

6.3. 타이어 탈착기 사용법

6.3.1. 탈거

① 탈거된 휠에서 에어밸브 마개를 열고 에어밸브 탈착기를 이용하여 밸브 코어 플러그(에어밸브)를 제거하여 공기압을 해제하고 평형추(밸런스 웨이트)를 탈거한다.

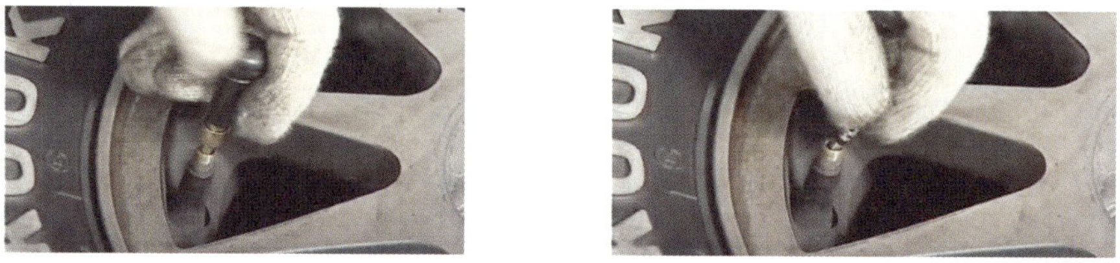

[그림 196] 공기압 해제

② 비드 브레이크를 벌려 바깥 쪽 으로 타이어를 사이에 끼우고 비드 브레이크 페달을 밟아 림과 타이어를 분리시킨다. 타이어가 림에서 완전히 분리될 때 까지 타이어를 돌려가며 작업을 한다.

(a) 비드 브레이크 설치

(b) 페달 밟기

(c) 타이어 압축

[그림 197] 바깥쪽 림과 타이어 분리

③ 안쪽 부분도 ②번과 같은 방법으로 시행한다.

[그림 198] 안쪽 분리

④ 타이어를 탈착기 위에 올려놓고 휠 고정 록 페달을 밟아 탈착기에 휠을 고정시킨다.

[그림 199] 휠 고정

⑤ 마운팅 바를 내려서 마운트 헤드 위치를 조정하여 휠에 밀착시킨다.

[그림 200] 마운트 헤드 휠에 밀착

⑥ 레버를 상단 휠과 타이어 사이에 끼워 반대방향으로 당겨서 타이어의 비드 부위를 마운트 헤드 위로 들어올린다.

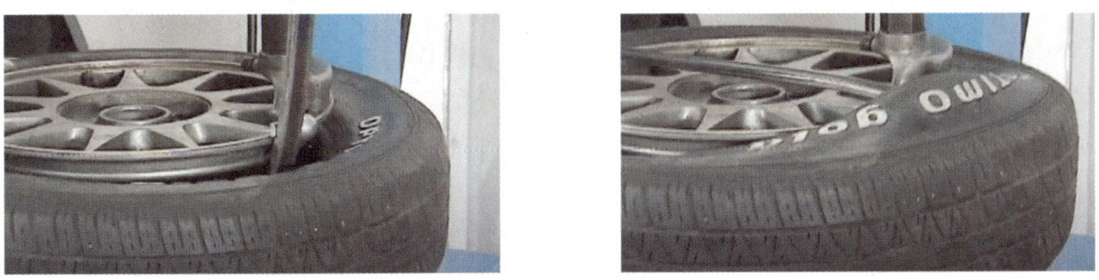

(a) 레버 끼우기 (b) 비드 들어올리기

[그림 201] 레버를 이용한 상단 비드 들어올리기

⑦ 모터 회전 페달을 밟아 회전시켜 상단 휠과 타이어를 분리시킨다.

[그림 202] 상단 휠과 타이어 분리

⑧ 레버를 상단 휠과 하단 타이어 사이어 끼워 반대방향으로 당겨서 타이어의 비드 부위를 마운트 헤드 위로 들어올린다.

[그림 203] 하단 비드 들어올리기

⑨ 모터 회전 페달을 밟아 회전시켜 하단 타이어를 휠과 분리시킨다.

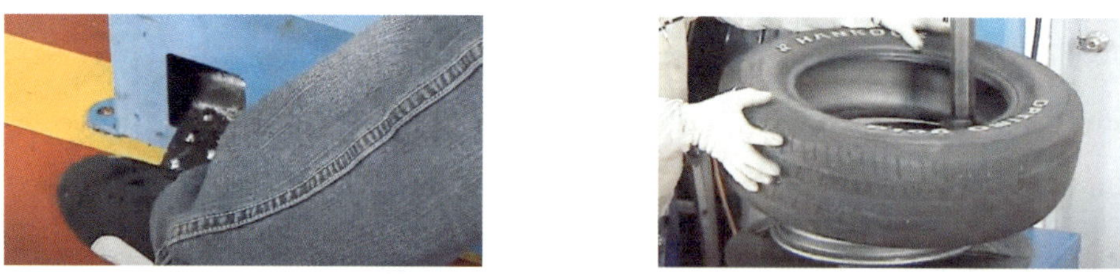

[그림 204] 하단 휠과 타이어 분리

⑩ 록 레버를 해제해서 고정된 마운팅 바를 올려놓고, 고정된 스윙 암을 분리해서 제껴 놓고 타이어를 내려놓는다.

[그림 205] 록 레버 해제

6.3.2. 조립

① 타이어 비드부에 타이어 크림(오일)을 바른다.

[그림 206] 비드부에 크림 바르기

② 타이어를 끼울 때는 타이어 사이드부에 inside와 outside가 표시되어 있는 타이어는 방향을 확인하여 조립한다.

③ 마운팅 바를 내려서 마운트 헤드 위치를 조정하여 휠에 밀착시킨다.

④ 타이어를 휠에 끼울 때는 모터 구동 페달을 밟아 돌려주면서 타이어를 화살표 방향으로 눌러주면서 장착한다.

[그림 207] 하단부 타이어 끼우기

[그림 208] 상단부 타이어 끼우기

⑤ 휠 고정 록 페달을 밟아 탈착기에서 휠을 탈거한다.

⑥ 밸브 코어 플러그를 장착한다.

[그림 209] 밸브 코어 플러그 장착

⑦ 압력 게이지 사용시 타이어에 공기 주입기를 설치하고 스위치를 눌렀을 때는 공기가 들어가고, 스위치를 놨을 때는 공기량이 표시되기 때문에 스위치를 눌렀다 놨다를 하며 공기량을 점검해가면서 규정 공기를 주입하고, 에어밸브 마개를 닫는다.

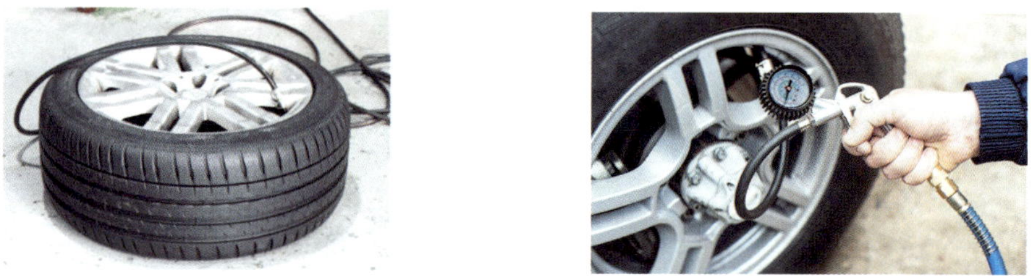

(a) 자동 주입 (b) 압력 게이지로 주입

[그림 210] 공기 주입

⑧ 타이어 공기압은 운전석 차량 문을 열면 안쪽에 혹은 주유구 쪽에 나와 있는 적정 공기압대로 넣어야 되며, 타이어 제조사에서도 타이어에 권장 공기압이 타이어에 기록되어 있다.

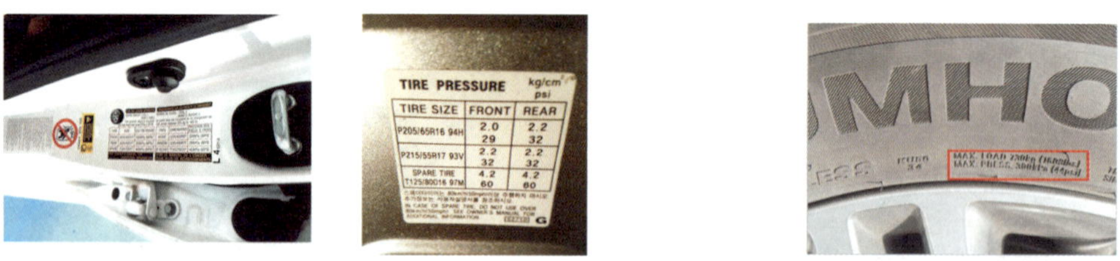

(a) 차량에 기록된 공기압 (b) 타이어에 기록된 공기압

[그림 211] 타이어 공기압

⑨ 타이어 공기압 자동 주입기 사용 시는 사용법에 따라 공기를 주입한다.

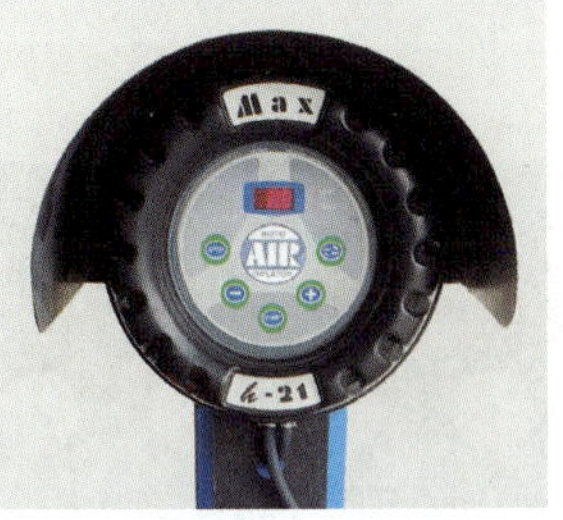

[그림 212] 타이어 공기압 자동 주입기

㉮ 차량별 적정 공기압 수치를 확인한다.
㉯ 적정 공기압을 (+), (−) 눌러 설정한다.
㉰ 에어밸브 마개를 탈거한다.

[그림 213] 에어밸브 마개 탈거

㉱ 공기주입기 호스를 타이어 공기주입구에 연결한다. 타이어압이 5psi 이상 시 자동으로 동작되고, 타이어압이 5psi 이하 시 START키를 누른다.

[그림 214] 공기 주입

㉲ 부저음이 울리면 주입 완료된 것이다. 공기주입기를 타이어에서 분리시킨다.
㉳ 에어밸브 마개를 닫는다.

6.4. 광폭타이어 탈착기

6.4.1. 사용 방법

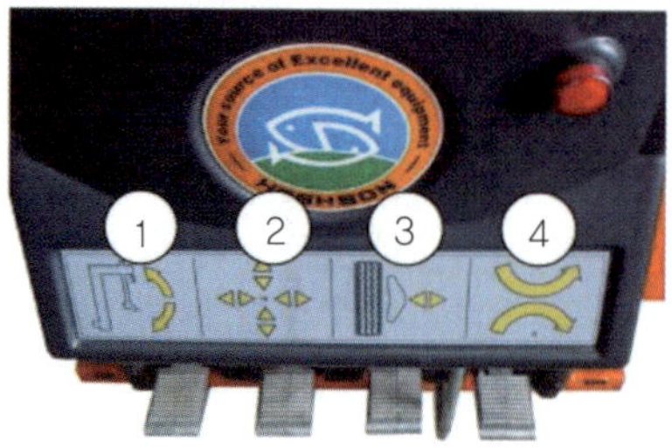

[그림 215] 페달

[1] 스윙 아암 작동 페달

① 스윙 아암 뒤로 젖힘 : ①번 페달을 한번 누르면 스윙 아암이 뒤로 젖혀진다.

② 스윙 아암 원상 복귀 : ①번 페달을 한번 더 누르면 스윙 아암이 원상복귀 한다.

[2] 클램프 죠오

① 클램프 죠오 조임 : 클램프 죠오가 멀어져 있거나 중간 멈춤 상태에서 ② 번 페달을 밟으면 죠오가 조여진다.

② 클램프 죠오 멈춤 : ② 번 페달을 한번 더 누르면 클램프 죠오가 멈춘다.

③ 클램프 죠오 벌림 : ② 번 페달을 한번 더 누르면 클램프 죠오가 벌어진다.

[그림 216] 스윙 아암 작동 페달

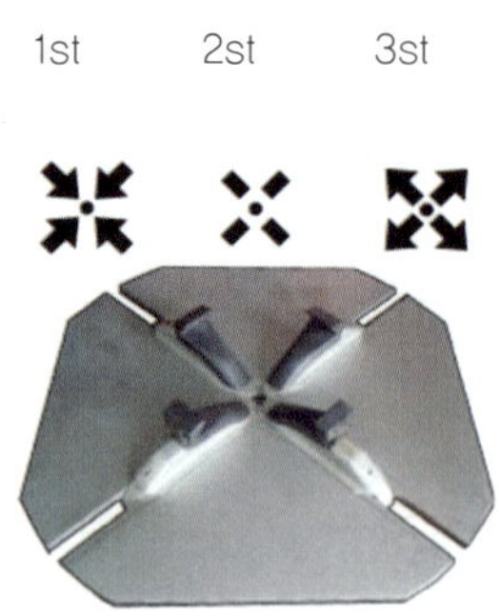

[그림 217] 클램프 죠오

[3] 타이어 압착

① 타이어 압축 : ③ 번 페달을 타이어가 완전히 압착될 때까지 밟는다.

② 비드 브레이커 복귀 : ③ 번 페달을 타이어가 완전히 압착된 후 페달을 놓으면 자동복귀 된다.

[4] 턴테이블 회전

① 턴테이블 정회전 : ④ 번 페달을 아래로 밟으면 시계방향(오른쪽)으로 정회전 한다.

② 턴테이블 역회전 : ④ 번 페달을 발등으로 위로 올리면 시계반대 방향(왼쪽)으로 역회전 한다.

[그림 218] 타이어 압착

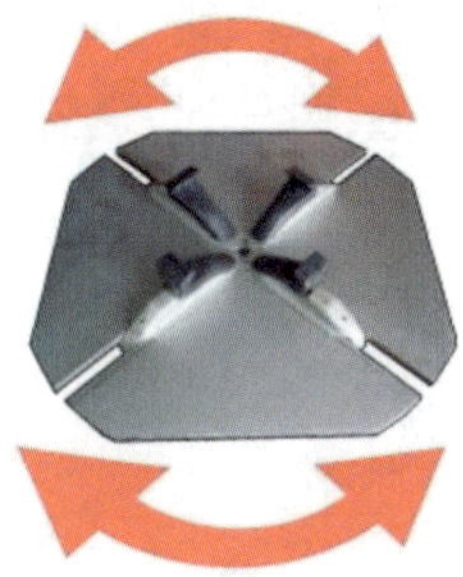

[그림 219] 턴테이블 회전

[5] 부가 기능

① 스윙 아암 작동 버튼(손잡이) : 버튼을 누르고 스윙 아암을 상·하·좌·우로 자유롭게 위치를 조정할 수 있다.

② 제트 브러스터 작동 페달 : 1단계 누르면 타이어에 공기를 주입하고, 2단계 깊게 페달을 밟으면 타이어 전체에 공기압을 불어넣는다.

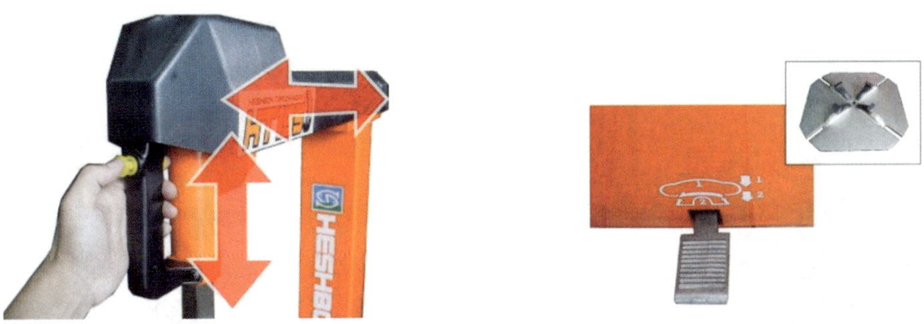

(a) 스윙 아암 작동 버튼　(b) 제트 브러스터 작동 페달

[그림 220] 부가 기능

6.4.2. 타이어 탈착 방법

① 비드 브레이커 위치에 바퀴를 고정 후 타이어 비드 근처에 비드 브레이드를 대고 압축용 페달을 누른다.

② 타이어의 비드 전체가 림(RIM)으로 부터 자유로워 질 때 까지 타이어의 다른 위치에서 반복하여 작동시킨다.

③ 타이어를 탈착기의 턴테이블 위에 바르게 올려놓는다.

④ 림(RIM)을 바깥쪽과 안쪽 클램핑 하는 것을 휠 규격에 맞춰 선택 후 클램핑 한다.

⑤ 클램핑 할 때에는 클램핑 죠오 위에 바퀴를 올려놓고 홈 아래로 림(RIM)을 슬며시 밀며 바르게 고정시킨다.

⑥ 고정 후 비드에 오일(크림)을 붓으로 발라 준다.

⑦ 마운트헤드를 타이어 휠의 정 위치에 고정 시킨다.

⑧ 헬퍼의 탈착공구 ①을 타이어에 고정시킨다.

[그림 221] 마운트헤드 타이어 휠에 설치

[그림 222] 탈착공구 타이어에 고정

⑨ 레바를 이용해 타이어 상부를 마운트헤드 위치에 올려놓는다.

⑩ 턴테이블을 회전시켜 타이어윗부분을 휠에서 빼낸다.

[그림 223] 타이어 상부 마운트헤드에 올려놓기

[그림 224] 턴테이블 회전

⑪ 타이어 상부가 탈착이 완료된다.

[그림 225] 타이어 상부 탈착완료

⑫ 헬퍼의 탈착공구 ②를 타이어 하부에 위치시킨다.

[그림 226] 탈착공구 타이어 하부에 위치

⑬ 레바를 사용해 타이어 하부를 마운트헤드에 걸리게 하고 턴테이블을 회전시킨다.
⑭ 타이어 전체가 탈착이 완료된다.

[그림 227] 타이어 하부 마운트 헤드에 올려놓기

[그림 228] 타이어 탈착 완료

6.4.2. 타이어 부착 방법

① 타이어를 부착하기 전에 비드 뒷부분에 약간의 오일(크림)을 붓으로 바른다.

② 마운트헤드를 타이어 위에 올려놓는다.

③ 림(RIM)쪽으로 비드의 한 부분을 손으로 미끄러뜨린 후 헤드로부터 오른쪽으로 90° 각도에 튜브밸브를 놓는다.

④ 마운트헤드 모서리 쪽으로 타이어의 비드 뒷부분을 올린다.

⑤ 턴테이블을 회전시키면서 타이어가 1차로 끼워지는지 확인한다.

[그림 229] 타이어의 비드 뒷부분을 올린다

[그림 230] 턴테이블 회전

⑥ 회전페달을 누르면서 타이어를 1차로 끼운다.

⑦ 헬퍼의 탈착공구 ①과 ②를 사용해 타이어 상부를 눌러준다.

[그림 231] 타이어 1차로 끼우기

[그림 232] 타이어 상부 눌러주기

⑧ 타이어를 누르면서 턴테이블을 회전시킨다.

⑨ 타이어 부착작업이 완료 되었다.

[그림 233] 턴테이블 회전

[그림 234] 타이어 부착 완료

6.5. 타이어 휠 밸런스

① 타이어의 평형추(밸런스 웨이트)를 탈거한다.
② 타이어를 휠 밸런스 테스터기에 장착한다.
③ 휠 허브 사이즈에 맞는 콘을 밀어 넣는다.
④ 휠 클램프를 끼운다.
⑤ 테스터기와 휠과의 거리를 측정한 후 입력시킨다(자동은 자동으로 입력됨).

[그림 235] 평형추 탈거

[그림 236] 타이어 콘 장착

[그림 237] 타이어 클램프 장착

[그림 238] 휠과의 거리 측정

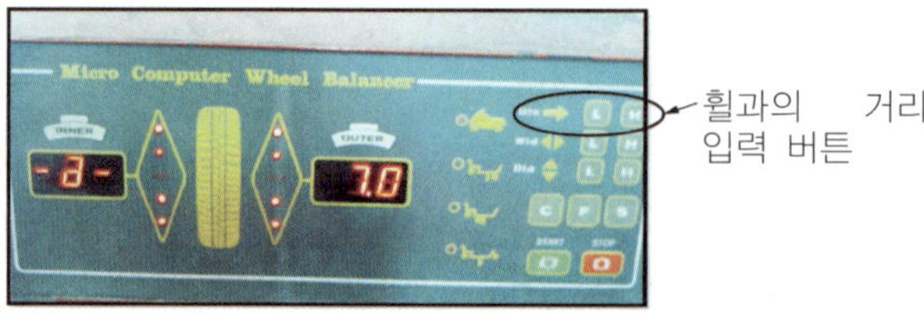

[그림 239] 휠과의 거리 입력

⑥ 휠의 폭을 입력 시킨다(휠의 안쪽 또는 바깥쪽에 휠 사이즈가 기록되어 있다).

⑦ 휠의 사이즈를 입력 시킨다(휠의 안쪽 또는 바깥쪽에 휠 사이즈가 기록되어 있다).

⑧ 안전커버를 닫는다.

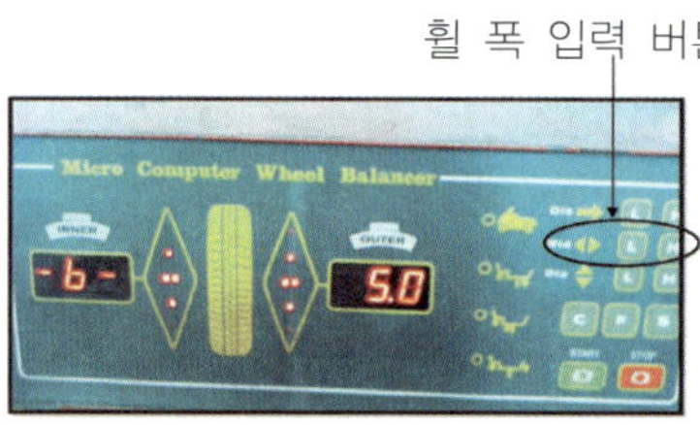

[그림 240] 휠 폭 입력

[그림 241] 휠 사이즈 입력

⑨ start버튼을 누른다(안전커버를 내리면 자동으로 회전하는 장비도 있음).

⑩ 타이어가 회전을 하고 멈추면 계기판에 수정할 수치가 나타난다.

[그림 242] 안전 커버를 닫는다

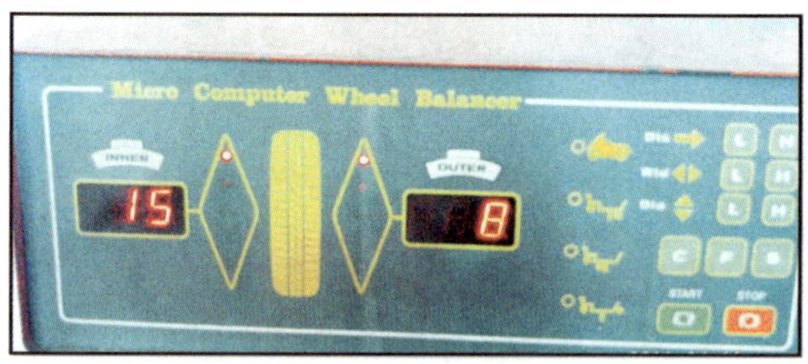

[그림 243] 수정 수치

⑪ INNER 값을 확인하고 타이어를 손으로 돌려 INNER의 수정 위치에(왼쪽 불이 모두 점등될 때)화면에 나타난 값의 평형추를 휠 상단 안쪽에 부착한다.

(a) 수정위치 점등 (b) 평형추 부착

[그림 244] 안쪽(INNER) 수정

⑫ OUTER 값을 확인하고 타이어를 손으로 돌려 OUTER의 수정위치에(오른쪽 불이 모두 점등될 때) 화면에 나타난 값의 평형추를 휠 상단 바깥쪽에 부착한다.

(a) 수정위치 점등 (b) 평형추 부착

[그림 245] 바깥쪽(OUTER) 수정

⑬ 평형추를 부착하고 START 버튼을 누르고 안전커버를 내려 평행추의 부착이 정확한지 확인한다.

⑭ INNER, OUTER 모두 “0” 의 값이 나오면 수정이 완료된 것이다.

[그림 246] 수정 완료

1. 주어진 자동차에서 1개의 휠을 탈거하여 휠 밸런스 상태를 점검하여 기록・판정하시오.

항 목	① 측정(또는 점검)		② 판정 및 정비(또는 조치)사항		득 점
	측정값	규정(정비한계)값	판정(□에 "✔" 표)	정비 및 조치할 사항	
휠 밸런스	IN : OUT :	IN : OUT :	□양호 □불량		

6.6. TPMS 센서

6.6.1. 교환

① 타이어를 탈거한다. 비드 브레이크 설치시 TPMS센서와 접촉되지 않도록 주의한다.
② 톡스(별) 렌치를 사용하여 스크류를 푼다.
③ 화살표 방향으로 센서를 분리한다.

[그림 247] 스크류 탈거

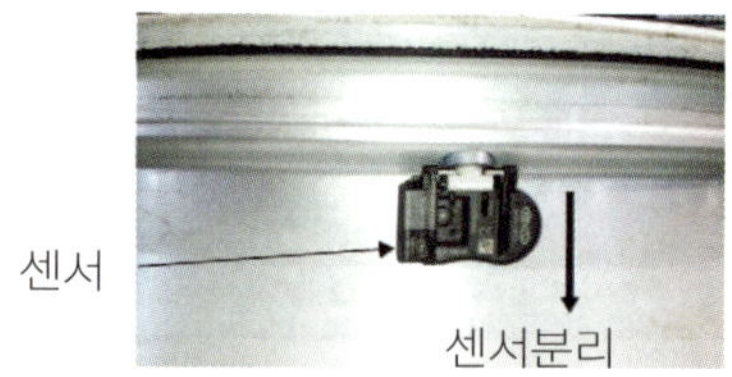

[그림 248] 센서 분리

④ 림에서 분리되기 용이하도록 칼로 밸브 하단의 고무부분을 적당히 잘라낸다. 밸브 장착 도구를 장착하고 화살표 방향으로 힘을 가해 밸브를 림에서 분리한다.

(a) 밸브 하단 고무부분 절단 (b) 밸브 림에서 분리

[그림 249] 밸브 림에서 분리

⑤ 새로운 밸브의 표면에 물을 뿌려 주거나 타이어용 비누를 적당량 도포해 준다.
⑥ 밸브의 고무 부분이 림에 장착되어 헐렁하지 않는지 확인하고 센서 몸체의 앞부분이 림에 닿지 않는지 확인한다.

⑦ 밸브 장착 기구를 사용하여 휠에 센서를 삽입한다.

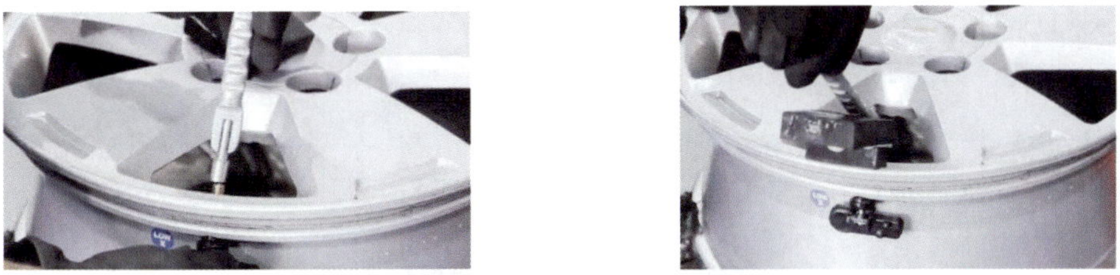

[그림 250] 휠에 센서 삽입

⑧ 타이어의 상부 및 하부 비드에 비눗물 또는 윤활제를 도포한다.
⑨ TPMS 센서를 5시 방향으로 놓고 12시 방향으로부터 하부 비드를 장착한다.
⑩ 시계방향으로 회전시키면서 3방향에서 타이어를 눌러준다.
⑪ 같은 방법으로 상부 비드도 장착한다.
⑫ 비드가 제자리를 찾을 때 까지 에어를 주입한다.
⑬ 규정 타이어 공기압에 맞게 에어를 주입한다.

6.6.2. 진단기기를 이용한 진단 절차

① 운전석 측 크래쉬 패드 하부에 있는 자기 진단 커넥터(16핀)에 진단기기를 연결하고, 시동 키 ON후 진단기기를 켠다.
② GDS 차종 선택 화면에서 “차종” 과 “TPMS” 시스템을 선택한 후 확인을 선택한다.

[1] 센서 ID 등록

① 센서 ID 등록 초기화면

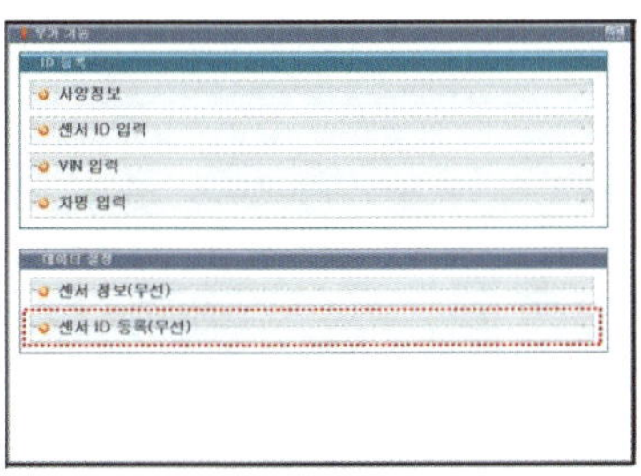

[그림 251] 센서 ID 등록 초기화면

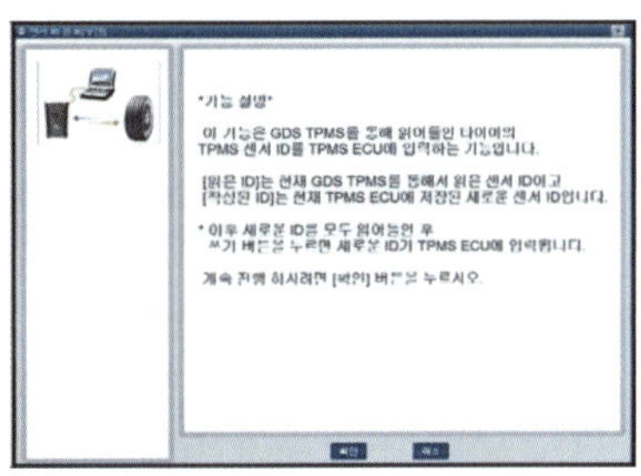

[그림 252] 센서 ID 등록 1

② 센서 ID 등록 1

③ 센서 ID 등록 2

④ 센서 ID 등록 3

⑤ 읽은 ID와 작성된 ID가 일치하는지 반드시 확인한다.

⑥ 정상적으로 센서 등록 후 “센서 무선 정보”를 실행을 해서 센서가 정상작동 되는지 여부를 확인한다.

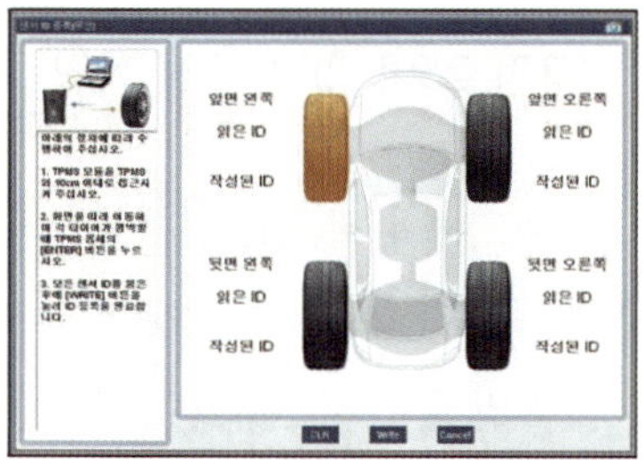

[그림 253] 센서 ID 등록 2

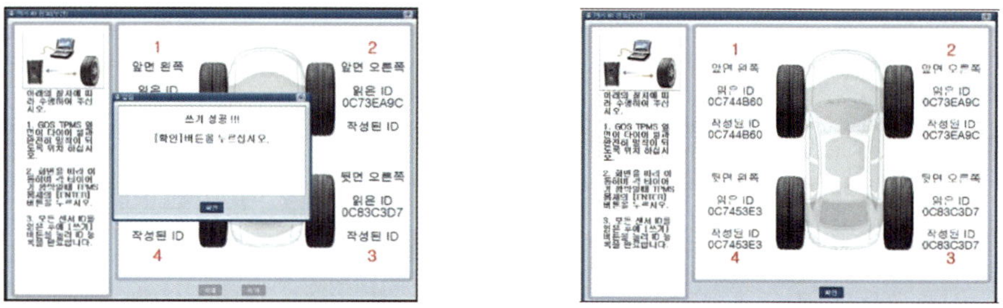

[그림 254] 센서 ID 등록 3

[2] 센서 정보

① 센서 정보 초기 화면

② 센서 정보 1

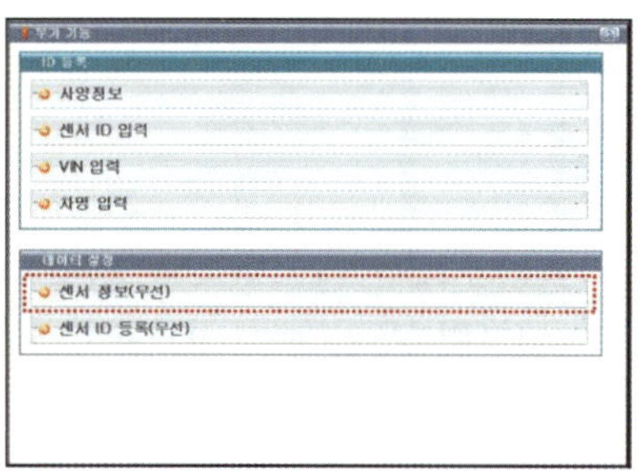

[그림 255] 센서 정보 초기 화면

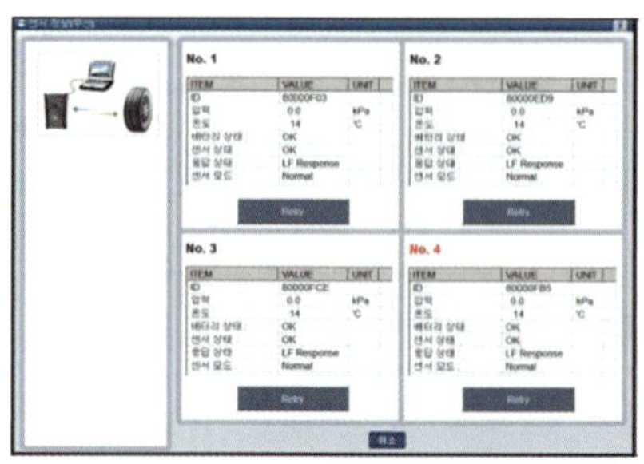

[그림 256] 센서 정보 1

07 조향장치의 점검 · 정비

7.1. 조향 휠 유격

7.1.1. 측정조건

① 자동차는 공차상태의 자동차에 운전자 1인 승차한 상태로 한다.
② 타이어의 공기압은 표준 공기압으로 한다.
③ 자동차를 건조하고 평탄한 기준면에 조향축의 바퀴를 직진위치로 자동차를 정차시키고 엔진은 시동한 상태로 한다.
④ 자동차의 제동장치(주차 제동장치를 포함한다)는 작동하지 않은 상태로 한다.
⑤ 조향핸들을 움직여 직진의 위치로 한다.

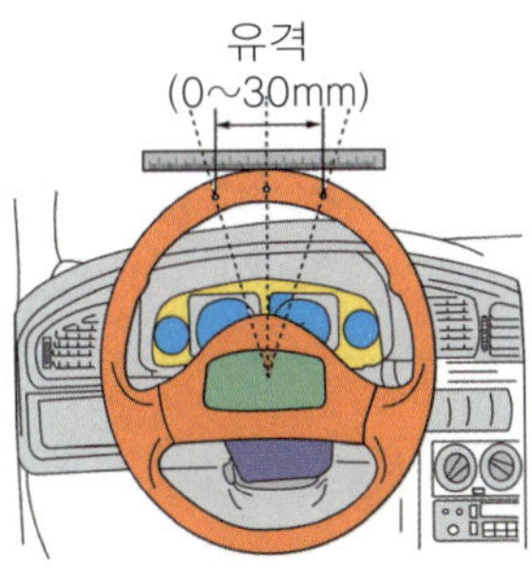

[그림 257] 조향핸들의 유격점검

⑥ 핸들지름을 직각자로 측정하여 둔다.
⑦ 직진 위치의 상태에 놓인 자동차 조향바퀴의 움직임이 느껴지기 전까지 조향 휠을 좌회전시키고 이때 조향 휠 상의 한 점과 인스트루먼트 패널 한 부분에 표시한다.
⑧ ⑦상태에서 조향 휠을 반대로 돌려 조향바퀴의 움직임이 느껴지는 부분에서 조향 휠을 인스트루먼트 패널과 만난 점을 표시한다.
⑨ 조향 휠의 점과 점사이의 직선거리가 유격이다.

7.1.2. 검사기준

당해 자동차 조향핸들 지름의 12.5% 이내

[조향핸들 유격 제원]

제 원	규 정 값		
차종별 / 점검항목	아반떼	소나타 II	엑셀(MPI), 소나타
스티어링 휠 자유유격	0mm~30mm	0mm~30mm	0mm~30mm

[조향핸들 직경]

제 원	규 정 값		
차종별 / 점검항목	소나타	그랜저XG	엑셀(MPI)
핸들 직경	360mm	360mm	350mm

1. 주어진 자동차에서 조향휠 유격을 측정하여 기록·판정하시오.

항 목	① 측정(또는 점검)		② 판정 및 정비(또는 조치)사항		득 점
	측정값	기준값	산출근거(계산)기록	판 정	
조향휠 유격				□ 양호 □ 불량	

7.1.3. 유격조정

토크렌치 소켓을 이용하여 요크 플러그를 조이면 유격이 감소하고, 풀면 유격이 증가한다.

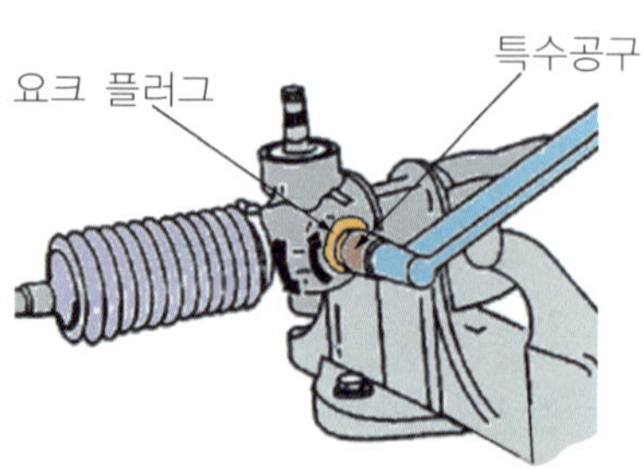

[그림 258] 조향핸들의 유격조정(랙과 피니언 형식)

7.2. 스티어링 각 점검

① 앞바퀴를 회전반경 게이지에 놓고 스티어링 각을 점검한다. 이때 스티어링 각은 해당 차량의 정비지침서를 참고로 한다.

② 측정치가 규정치를 벗어나면 토우(toe)에 이상이 있는 것이므로 토우를 조정하고 재점검한다.

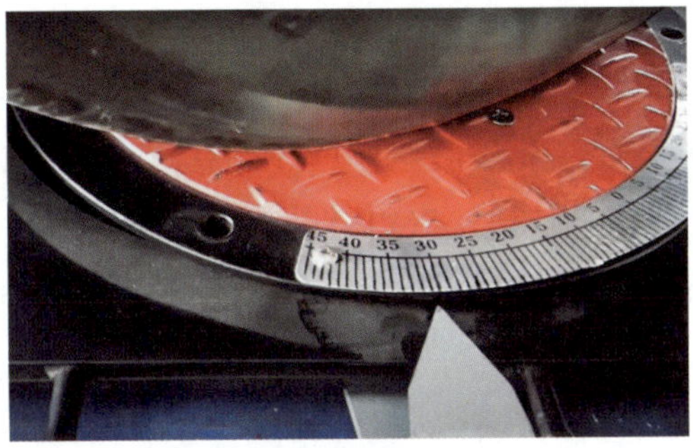

[그림 259] 스티어링 각 점검

7.3. 타이로드 엔드 기동토크 점검

① 특수공구로 타이로드와 너클을 분리시킨다.

② 볼 조인트 스터드를 몇 번 움직이고 스터드에 너트를 장착한 다음 해당 차량의 정비지침서를 참고로 하여 볼 조인트 기동토크를 점검한다.

③ 기동토크가 규정치(0.05~0.25kgf・m)를 초과하면 타이로드 엔드를 교환한다.

[그림 260] 특수공구로 타이로드와 너클 분리

④ 기동토크가 규정치 이하이면 볼 조인트의 유격 또는 장착상태를 점검한다.

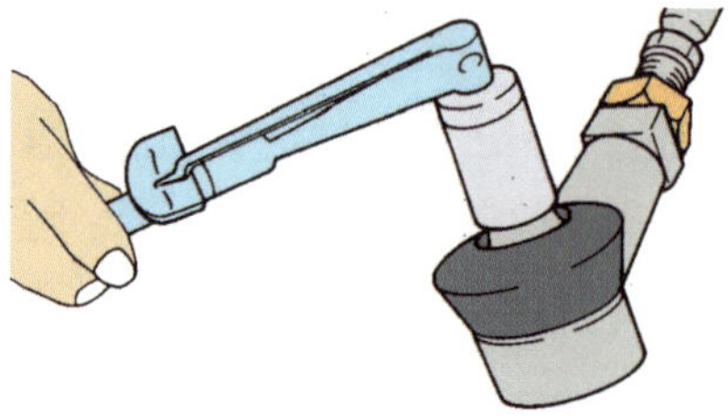

[그림 261] 볼 조인트 유격 또는 장착 상태 점검

7.4. 스티어링 휠 복원 점검

① 스티어링 휠을 회전시켰다가 복원시키는데 필요한 힘이 천천히 돌릴 때나 빨리 돌릴 때나 좌우측이 동일한가를 확인한다.

② 차량을 35km/h의 속도로 운행하면서 스티어링 휠을 90° 회전시켜 1~2초 정도 잡고 있다가 놓았을 때 70° 이상 복원하면 스티어링 휠은 정상이다. 이 때 스티어링 휠을 빨리 돌리면 스티어링 휠 작동이 순간적으로 무거울 수 있지만 이것은 작동불량이 아니다. 특히 공회전 중에는 오일펌프의 출력이 약간 떨어지기 때문에 발생한다.

③ 복원력이 정상이 아닌 경우 타이어 공기압, 스티어링 기어의 프리로드, 스티어링 기어의 이상 여부를 점검하여 결함의 원인을 정비한다.

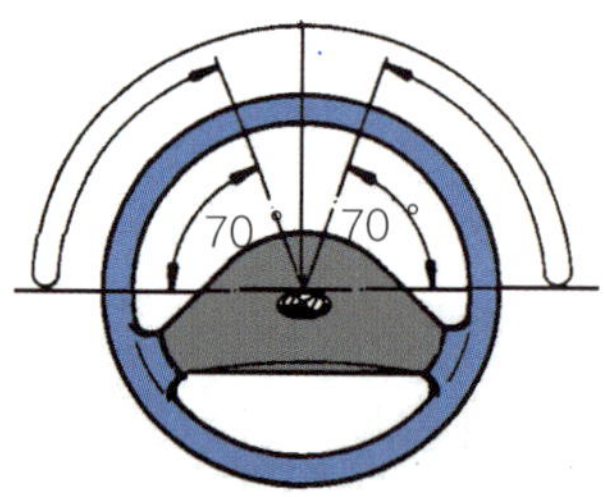

[그림 262] 스티어링 휠 복원 점검

7.5. 최소 회전반경

7.5.1. 검사방법

[1] 외측 최대 조향각도 측정

① 차량의 앞바퀴를 회전반경 게이지(턴테이블)에 직진 상태로 올려놓는다.

② 턴테이블의 고정핀을 제거한다.

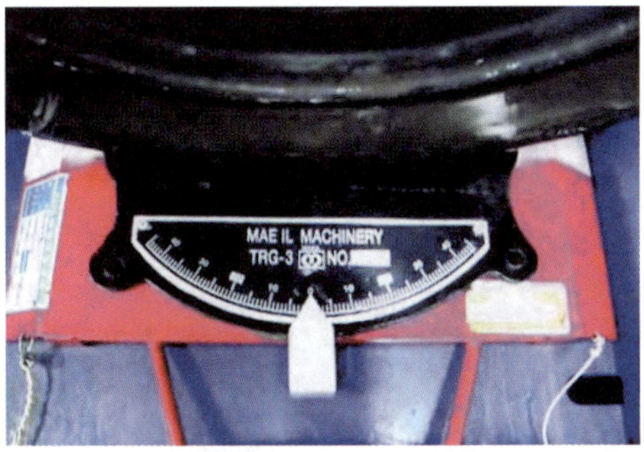

[그림 263] 턴테이블 설치

③ 좌측 또는 우측으로 핸들을 최대로 회전시킨 후 좌·우 바퀴의 조향각도를 측정한다.

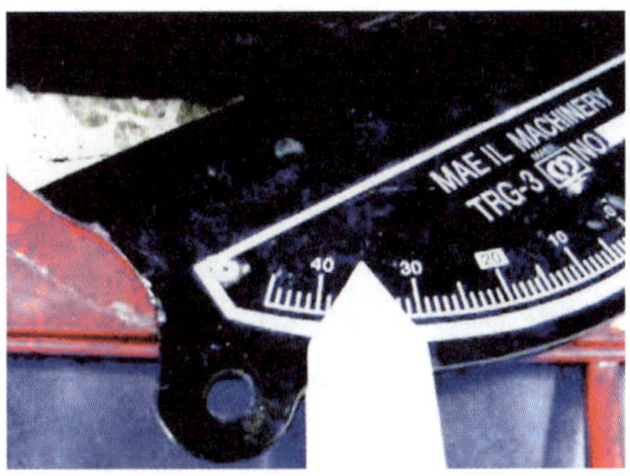

[그림 264] 조향각도 측정

[2] 축간거리(축거 : 휠베이스)측정

줄자를 이용하여 앞 차축(앞바퀴)의 중심과 뒤 차축(뒷바퀴)의 중심과의 거리를 측정한다.

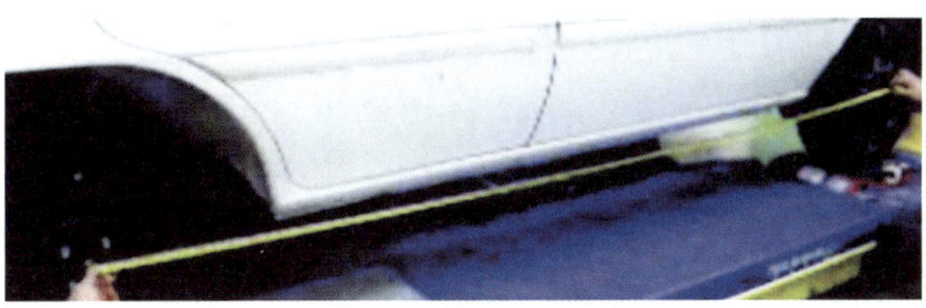

[그림 265] 축거 측정

7.5.2. 계산식

최소 회전반지름 $R = \frac{L}{\sin\alpha} + r$

R : 최소 회전반지름(m)
L : 축간거리(m)
Sin α : 외측바퀴 조향각도(°)
r : 바퀴접지선과 킹핀(볼 조인트) 중심선과의 거리(m)

7.5.3. 검사기준

자동차의 최소 회전반경은 바깥쪽 앞바퀴 자국의 중심선을 따라 측정할 때에 12m를 초과하여서는 안 된다.

[차종별 축간거리 및 조향각 기준값]

차 종	축 거	조향각	
		내 측	외 측
아반떼	2550㎜	40° 45'	34° 45'
쏘나타Ⅲ	2700㎜	39° 45'	32° 45'
EF쏘나타	2700㎜	39°45′± 2°	32°45′± 2°
아반떼XD	2610㎜	40°45′± 2°	32° 45'
누비라	2570㎜	36°	31° 45'
라노스	2520㎜	39° 45'	39° 45'

1. 주어진 자동차에서 좌 또는 우회전시 최소 회전반경을 측정하여 기록・판정하시오.

항 목	최대회전각도		기준	판정	산출근거	점수
□좌회전 □우회전	좌측	유측		□양호 □불량		

Chapter

06

현가장치

01 현가장치의 고장원인과 조치

1.1. 조향핸들의 조작이 무거운 원인

원인	조치방법
① 타이어의 공기압력이 부족하다. ② 로워 암 볼 조인트 윤활이 부족하다. ③ 과도한 포지티브 캐스터가 되었다. ④ 조향 기어 또는 링키지의 조정이 불량하다.	① 타이어 공기압력을 조정한다. ② 로워 암 볼 조인트를 교환한다. ③ 규정의 캐스터로 조정한다. ④ 조향 기어 또는 링키지를 조정한다.

1.2. 승차감이 불량한 원인

원인	조치방법
① 앞바퀴 얼라이먼트가 불량하다. ② 쇽업소버의 작동이 불량하다. ③ 스태빌라이저의 마모 또는 파손되었다. ④ 코일 스프링의 손상 또는 파손되었다. ⑤ 로워 암의 부싱이 마모되었다.	① 앞바퀴 얼라이먼트를 조정한다. ② 쇽업소버를 교환한다. ③ 스태빌라이저를 교환한다. ④ 코일 스프링을 교환한다. ⑤ 로워 암 어셈블리를 교환한다.

1.3. 자동차가 한쪽으로 쏠리는 원인

원인	조치방법
① 좌우 타이어의 캠버 각이 다르다. ② 좌우 타이어의 캐스터 각이 다르다. ③ 한쪽의 로워 암 볼 조인트의 저항이 다르다. ④ 한쪽의 코일 스프링이 쇠손 되었다. ⑤ 한쪽의 로워 암이 변형되었다. ⑥ 한쪽의 타이어 공기 압력이 낮다.	① 좌우의 캠버 각을 동일하게 조정한다. ② 좌우의 캐스터 각을 동일하게 조정한다. ③ 점검하여 마모된 볼 조인트를 교환한다. ④ 점검하여 쇠손된 코일 스프링을 교환한다. ⑤ 점검하여 로워 암 어셈블리를 교환한다. ⑥ 점검하여 공기 압력을 동일하게 조정한다.

1.4. 조향핸들이 불안정한 원인

원인	조치방법
① 앞바퀴 얼라이먼트가 불량하다. ② 로워 암의 부싱이 마모 또는 손상되었다. ③ 로워 암 볼 조인트가 마모 또는 손상되었다.	① 앞바퀴 얼라이먼트를 조정한다. ② 로워 암 어셈블리를 교환한다. ③ 볼 조인트를 교환한다.

1.5. 조향핸들이 흔들리는 원인

원인	조치방법
① 앞바퀴 얼라이먼트가 불량하다. ② 로워 암 볼 조인트의 마모가 과도하다. ③ 스태빌라이저의 마모 또는 파손되었다. ④ 로워 암 부싱의 마모가 과도하다. ⑤ 쇽업소버의 작동이 불량하다. ⑥ 코일 스프링의 피로 또는 파손되었다.	① 앞바퀴 얼라이먼트를 조정한다. ② 로워 암 볼 조인트를 교환한다. ③ 스태빌라이저를 교환한다. ④ 로워 암 어셈블리를 교환한다. ⑤ 쇽업소버를 교환한다. ⑥ 코일 스프링을 교환한다.

1.6. 타이어에 편 마모가 발생되는 원인

원인	조치방법
① 앞바퀴 얼라이먼트가 불량하다. ② 타이어의 공기 압력이 부적절하다. ③ 쇽업소버의 작동이 불량하다.	① 앞바퀴 얼라이먼트를 조정한다. ② 타이어의 공기압력을 조정한다. ③ 쇽업소버를 교환한다.

02 쇽업소버 교환

쇽업소버에서 오일의 누출 등으로 인하여 고장 시 증상은 다음과 같다.

① 주행 중 과속방지턱이나 노면이 안 좋은 도로를 달리거나 넘어갈 때 하체에서 소음이 발생하거나 차가 튀는 현상이 발생하여 승차감이 안 좋아진다.

② 측풍을 맞았을 때 차량이 심하게 밀려나는 현상이 발생한다.

③ 타이어 마모가 비정상적으로 진행된다.

④ 스티어링 휠(핸들) 조작에 따른 차량의 움직임이 둔해지는 등, 핸들링 성능이 저하되기도 한다.

⑤ 제동거리가 늘어나고 자세 제어 장치(ESC)의 효율이 저하한다.

국산 자동차 제조사들은 시기에 맞춰 꾸준한 점검을 하고 약 10만km 주행거리에 정도에 도달하면 교체를 고려하는 것이 좋다는 의견도 내놓는다. 댐퍼의 수명도 운전자의 주행 습관, 환경에 따라 달라질 수 있다. 때문에 주기적인 점검을 통해 제 성능을 이어갈 수 있도록 관리를 해주는 것이 중요하다. 쇽업소버 교환 시 쇽업소버 마운트도 같이 교환해 주어야 한다. 오랜 시간 사용하면 마운트 베어링 손상 및 마운트 고무부분이 갈라져서 쇽업소버와 분리되기도 한다.

2.1. 프론트 쇽업소버 교환

① 쇽업소버를 교환할 앞 타이어를 탈거한다.

② 포크 중앙에 있는 브레이크 호스와 ABS센서 배선 고정 볼트 12㎜를 옵셋 렌치를 이용하여 몇 번 풀어주고 손으로 완전히 탈거한다.

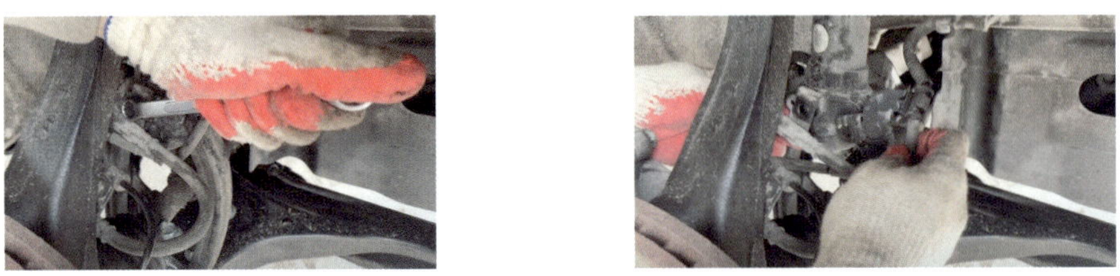

[그림 1] 포크 중앙 고정 볼트 탈거

③ 휠 너클 쪽 고정 볼트 12㎜를 옵셋 렌치를 이용하여 몇 번 풀어주고 손으로 완전히 탈거한다.

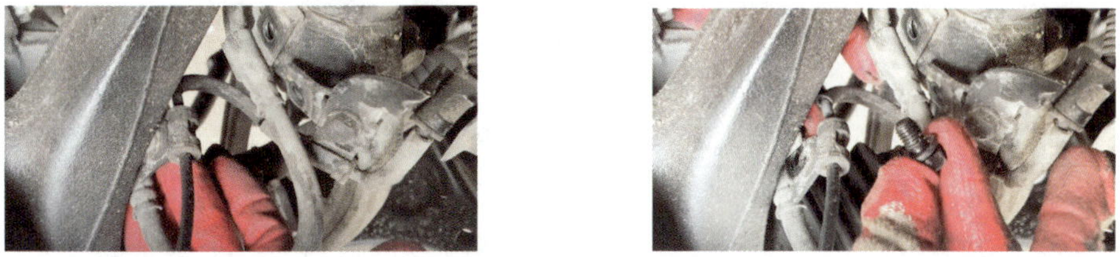

[그림 2] **휠 너클 고정 볼트 탈거**

④ 포크 좌측에 브레이크 호스 고정 볼트를 12㎜ 소켓과 라쳇 렌치를 이용하여 탈거한다.

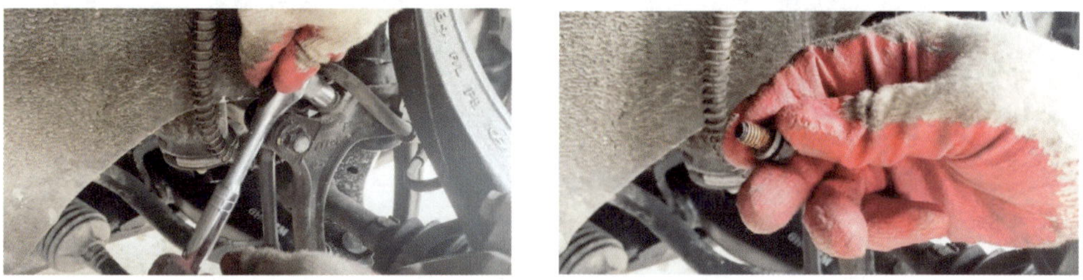

[그림 3] **포크 좌측 고정 볼트 탈거**

⑤ 브레이크 호스가 스태빌라이저 링크 뒤로 지나가는 것을 파악해 논다.

[그림 4] **호스 위치 파악**

⑥ 휠 너클에 ABS센서 10㎜ 고정 볼트를 소켓과 라쳇을 이용해서 탈거한 후 클립 리무버나 일자드라이버를 이용하여 지렛대 원리로 ABS 센서를 탈거한다.

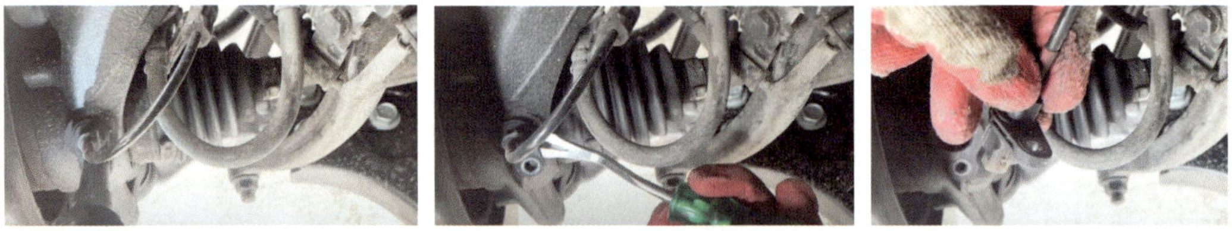

(a) 고정 볼트 탈거 (b) ABS 센서 탈거

[그림 5] **ABS 센서 탈거**

⑦ ABS 배선 및 브레이크 호스를 작업에 방해가 안 되는 곳에 놓는다.

⑧ 스테빌라이저 링크 17㎜ 고정너트를 소켓과 연결대를 복스대에 연결하여 몇 번 풀어주고 손으로 돌려서 완전히 탈거한다.

[그림 6] **배선 정리**

[그림 7] **링크 고정너트 탈거**

⑨ 포크와 로워암을 연결해주는 관통볼트를 탈거하기 위해 19㎜ 관통볼트 고정 너트를 소켓과 연결대 복스대를 이용하여 탈거한다.

[그림 8] **관통볼트 고정 너트 탈거**

⑩ 고무망치를 이용하여 관통볼트를 쳐준다.

⑪ 관통볼트가 포크 안으로 들어가면 3/8인치 연결대와 쇠망치를 이용하여 관통볼트를 쳐주면서 탈거한다.

[그림 9] 고무망치사용

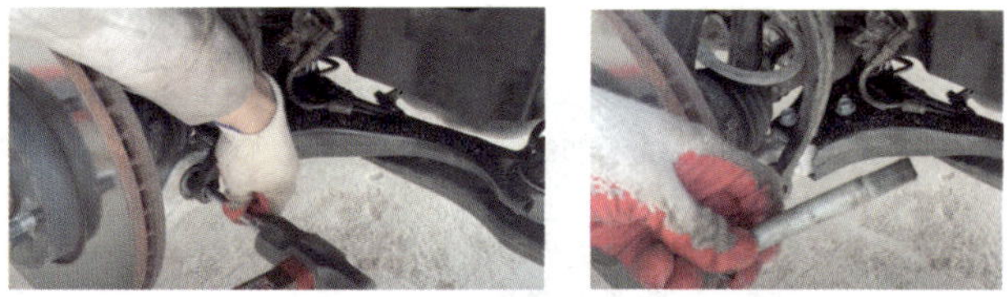

[그림 10] 관통볼트 탈거

⑫ 쇽업소버와 포크를 연결하는 17㎜ 관통볼트를 소켓과 복스대를 이용하여 한번 풀어주고 라쳇렌치로 완전히 풀어 탈거한다.

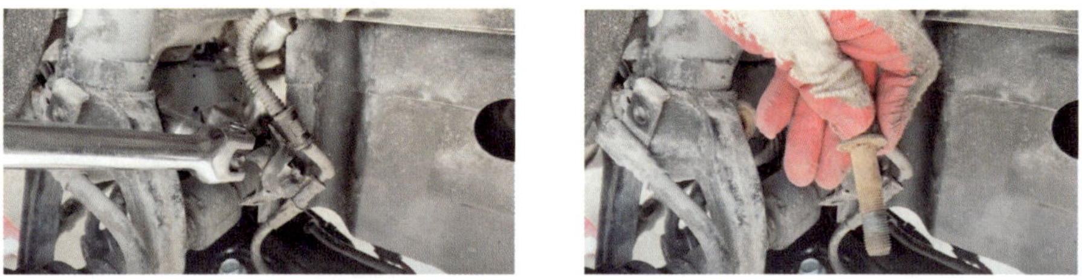

[그림 11] 관통볼트 탈거

⑬ 쇽업소버와 포크 연결부에 윤활제를 뿌려준다.
⑭ 쇽업소버 실린더 로드 17㎜ 고정너트를 소켓과 복스대를 이용하여 살짝 풀어준다. 절대 다 풀면 안 된다. 스프링 탈거 시 작업하기 쉽게 하기 위한 목적이다.

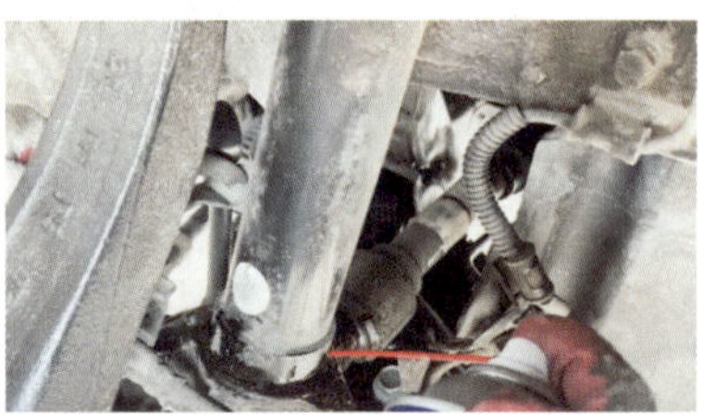

[그림 12] 윤활제 뿌리기

[그림 13] 실린더 로드 고정너트 이완

⑮ 복스대를 지렛대로 써서 스테빌라이저를 눌러주면서 스테빌라이저 링크를 포크에서 분리한다.
⑯ 포크를 잡고 비틀면서 쇽업소버에서 탈거한다.

[그림 14] 링크 분리

[그림 15] 포크 탈거

⑰ 마운트 14㎜ 고정너트를 라쳇을 이용하여 어느 정도 풀어주고 오른손으로 쇽업소버를 잡고 왼손으로 마운트 고정너트를 탈거한다.

[그림 16] 마운트 고정너트 탈거

⑱ 쇽업소버를 탈거한다.
⑲ 쇼바작기를 임팩으로 돌려주면서 길이를 조정한다.

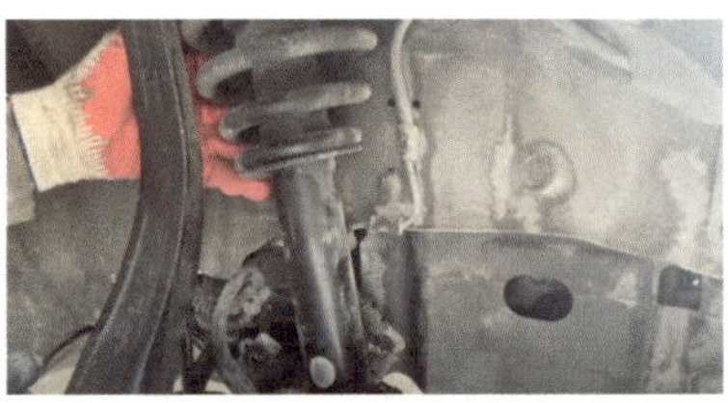

[그림 17] 쇽업소버 탈거

[그림 18] 쇼바작기 길이 조정

⑳ 스프링에 박스나 호스 같은 완충제를 끼워주고 쇼바작기를 설치한다. 반대쪽도 쇼바작기를 설치한다.
㉑ 라쳇렌치를 이용해서 양쪽을 조금씩 쇼바작기 볼트를 천천히 잠가주어 스프링을 압축시킨다.

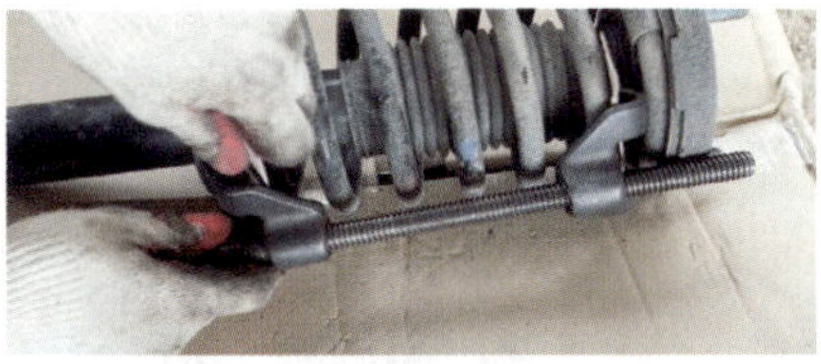

[그림 19] 쇼바작기 설치

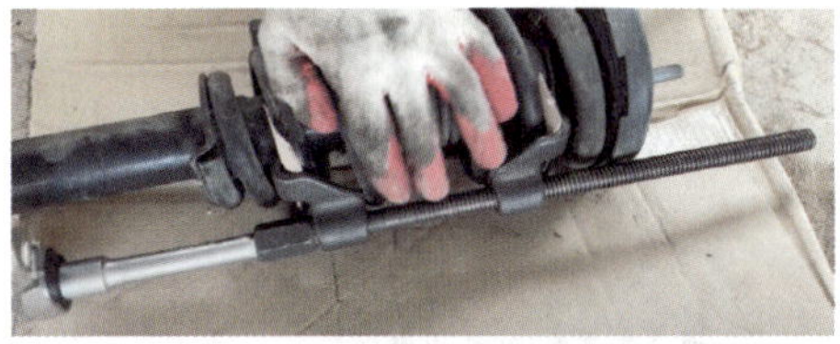

[그림 20] 스프링 압축

㉒ 실린더 로드 17㎜ 고정너트를 옵셋 렌치를 이용해서 마운트가 스프링에서 이완 될 정도로만 풀어준다. 이때 실린더 로드가 회전하는지 확인하여 로드가 회전하면 회전하지 않도록 바이스 플라이어 등으로 로드가 회전하지 않도록 고정시킨다.

[그림 21] 고정너트 풀어주기

㉓ 스프링과 마운트를 분리한다. 그런데 스프링과 마운트가 고착되는 경우가 있어서, 마운트와 스프링 사이에 일자드라이버 같은 걸 찔러 넣어서 미리 벌려 놓는다. 이때 실린더 로드 너트는 스프링이 갑자기 튀어나오는 것을 방지하기 위해 완전히 풀려있지 않아야 한다.

㉔ 스프링과 마운트를 분리되면 고정너트를 완전히 풀어주고 스프링에서 쇽업소버를 탈거한다.

[그림 22] 스프링과 마운트를 분리

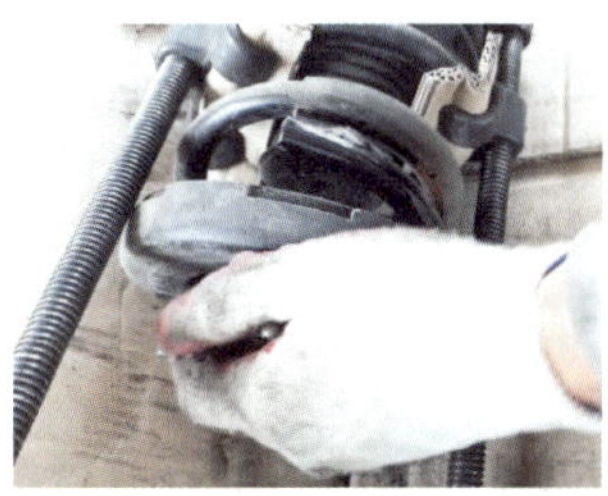

[그림 23] 쇽업소버 탈거

㉕ 마운트에서 클립 리무버나 일자드라이버를 이용해서 고무패드를 탈거한다.

㉖ 신품 마운트에 고무패드를 조립한다.

[그림 24] **고무패드 탈거**

[그림 25] **고무패드 조립**

㉗ 신품 쇽업소버에 우레탄 범퍼부터 조립한다.

㉘ 쇽업소버에 더스트 커버를 끼우고 스프링 하단부와 쇽업소버 위치도 정확히 맞추어 준다.

[그림 26] **우레탄 범퍼 조립**

[그림 27] **위치 맞추기**

㉙ 마운트를 고무패드와 스프링 방향을 맞춰서 조립한다.

[그림 28] **마운트 조립**

㉚ 플레이트부터 조립해야 하나 너트만 손으로 꽉 끼워준다.

㉛ 쇼바작기 설치 역순으로 쇼바작기를 탈거한다.

㉜ 쇽업소버를 어퍼암 쪽으로 통과시켜서 관통볼트 들어가는 부분이 안쪽을 바라보

게 끼우고 마운트 고정너트들을 어느 정도 임시로 고정해준다.

[그림 29] **고정너트 임시고정**

㉝ 포크로 들어가는 쇽업소버 연결부에 윤활제를 뿌려준다.

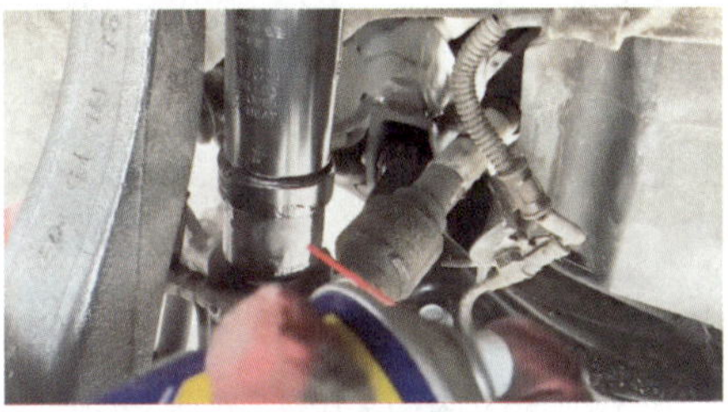

[그림 30] **윤활제 뿌리기**

㉞ 포크를 비틀면서 끼우는데 잘 안 들어간다. 작기로 포크 한쪽을 받쳐주고 또 다른 작기를 이용하여 반대편도 포크를 받쳐준다. 양쪽 다 번갈아가면서 작기를 올려주면 쇽업소버가 조금씩 포크로 들어간다.

[그림 31] **작기로 포크 양쪽 받히기**

[그림 32] **작기 조금씩 올리기**

㉟ 쇽업소버 뒤쪽에 돌기가 있는데 포크의 갈라지는 부분에 맞춰준다. 돌기를 맞춘 상태로 계속 올려주면 포크와 쇽업소버가 완벽하게 조립된다.

[그림 33] **쇽업소버와 포크 조립**

㊱ 전동 그라인더를 이용해서 관통볼트 녹을 제거하고 윤활제를 뿌려 세척한다.

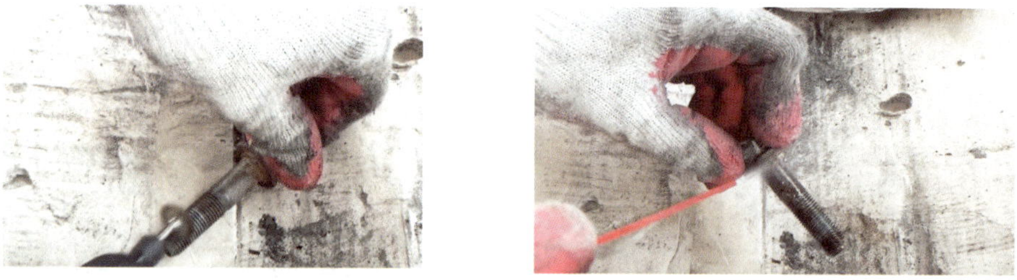

(a) 관통볼트 녹 제거

(b) 윤활제로 세척

[그림 34] **관통볼트 녹 제거 및 세척**

㊲ 관통볼트 조립 위치 구멍에 윤활제를 뿌린다.

[그림 35] **윤활제 뿌리기**

㊳ 쇽업소버와 포크 고정 관통볼트를 끼워주고, 끝까지 조인 후 토크렌치를 이용하여 규정토크로 조인다. 작기를 제거한다.

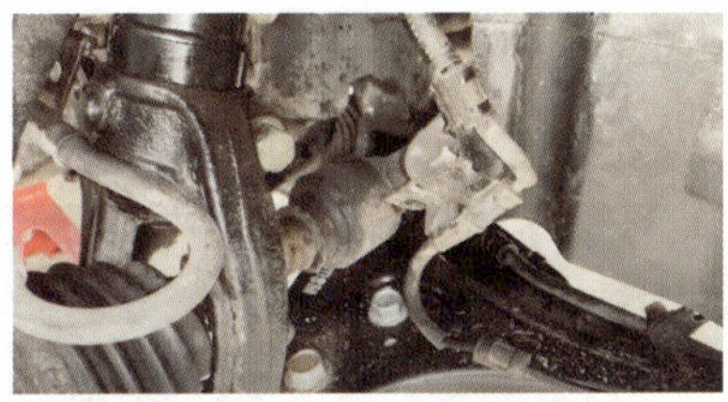

[그림 36] **관통볼트 조립**

㊴ 휠 너클을 손으로 눌러주면서 포크와 로워암 관통볼트를 끼워주고 너트를 조이고 토크렌치를 이용하여 규정토크로 조인다.

(a) 관통볼트 끼우기

(b) 너트 조립

[그림 37] **관통볼트 및 너트 조립**

㊵ 작기로 로워암 아래쪽을 받치고, 스테빌라이저 링크가 포크에 들어갈 때 까지 작기를 올려주면서 링크를 포크에 조립한다.

(a) 작기로 올리기

(b) 포크에 조립

[그림 38] **링크 포크에 조립**

㊶ 브레이크 호스를 스테빌라이저 링크 뒤쪽으로 넘겨준다.

㊷ 스테빌라이저 링크 17㎜ 고정너트를 손으로 최대한 잠가주고, 소켓과 연결대를 토크렌치에 연결해서 규정토크로 조인다.

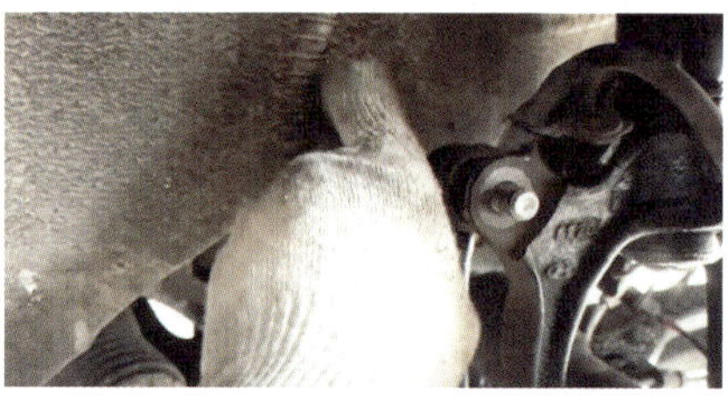

[그림 39] **브레이크 호스 정리**

[그림 40] **스테빌라이저 링크 조립**

㊸ 실린더 로드 고정너트를 풀고 로워암에 설치했던 작기를 더 올려주면 스프링이 압축되면서 실린더 로드가 조금씩 올라온다.

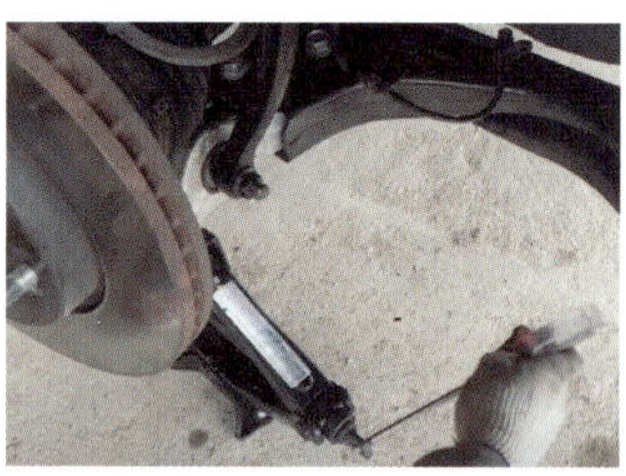

[그림 41] **실린더 로드 올리기**

㊹ 플레이트를 올려놓고 실린더 고정너트를 손으로 잠그고 로워암에 고정시켰던 작기를 작업에 지장이 가지 않도록 이동시킨다.

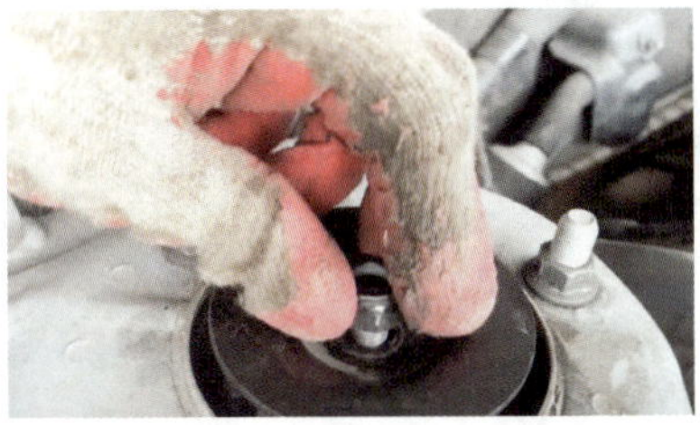

[그림 42] **고정너트 조립**

㊺ 옵셋렌치를 이용해서 실린더 로드 17㎜ 고정너트를 조여 준 후 토크렌치를 이용해서 규정토크로 체결한다.

㊻ 마운트 고정너트도 토크렌치를 이용하여 규정토크로 체결한다.

[그림 43] **고정너트 체결**

[그림 44] **마운트 고정너트 체결**

㊼ 브레이크 호스 고정 볼트를 조립한다. 처음에는 손으로 조이고 규정토크로 조인다.

㊽ ABS센서 배선은 안쪽으로 브래킷은 바깥쪽으로 포크 앞에 고정 볼트를 조립한다.

[그림 45] **브레이크 호스 고정 볼트 조립**

[그림 46] **포크 고정 볼트 조립**

㊾ ABS 배선 고정 볼트를 조여 주고 ABS센서 고정 볼트를 손으로 어느 정도 조립하고 소켓과 라쳇을 이용하여 잠그고 규정토크로 조인다.

[그림 47] ABS 배선 설치

[그림 48] ABS 센서 조립

㊿ 타이어를 조립하고 리프트를 하강시킨다.

2.2. 리어 쇽업소버 교환

① 리어 쇽업서버를 교환할 곳의 타이어를 탈거한다.

② 휠 너클에서 휠 하우스 위쪽의 쇽업소버 마운트 14㎜ 고정 볼트 2개를 소켓과 라쳇렌치로 조금씩만 풀어준다.

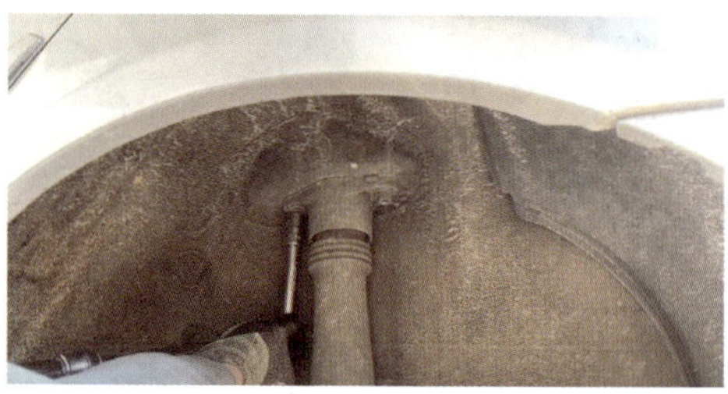

[그림 49] 마운트 고정 볼트 2개 이완

③ 쇽업소버 아래 부싱 쪽은 19㎜ 너트로 고정되는데 소켓과 라쳇 렌치로 너트를 완전히 탈거한다. 와셔도 탈거한다.

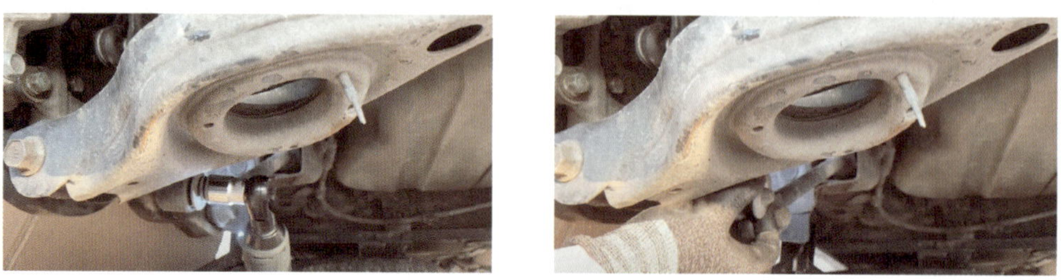

[그림 50] 너트와 와셔 탈거

④ 어퍼암과 스테빌라이저 링크가 있어서 코일 스프링이 튀겨나가지는 않지만 혹시 모르니 스프링이 튀겨나가면 위험하므로 안전을 위해 로워암 아래에 작기를 받쳐준다.

⑤ 쇽업소버 마운트 고정 볼트 14㎜ 고정 볼트를 완전히 탈거한다.

[그림 51] **로워암에 작기 설치**

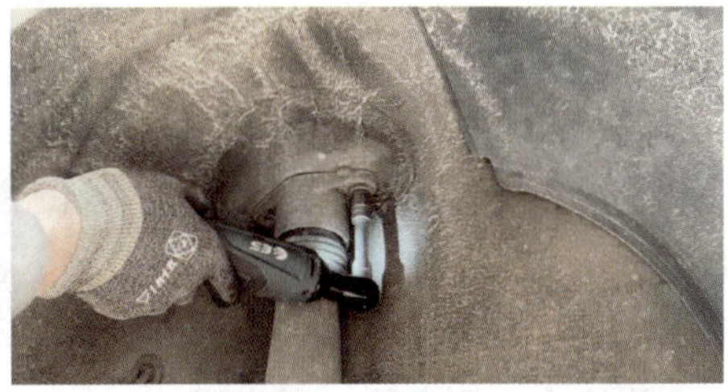

[그림 52] **마운트 고정 볼트 탈거**

⑥ 휠 너클 핀에 걸려있는 쇽업소버를 빼야 하는데 고무 부싱 금속부와 핀이 고착되어 있으면 탈거가 되지 않으므로 기어 풀러의 다리 세 개와 고무 부싱의 바깥쪽 금속부를 잡아주도록 하고 볼트 끝 부분이 정확히 핀 중앙에 오도록 잠가주고 기어 풀러를 조여 휠 너클 핀에서 쇽업소버 아래 부분을 탈거한다.

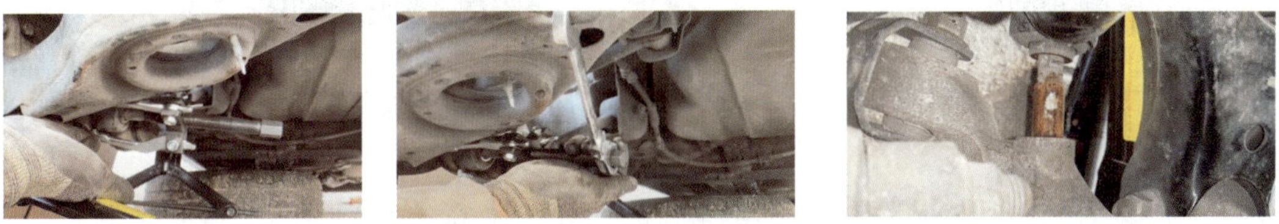

(a) 기어 풀러 설치 (b) 기어 풀러 조이기 (c) 휠 너클 핀에서 탈거

[그림 53] **휠 너클 핀에 걸려있는 쇽업소버 탈거**

⑦ 쇽업소버를 살짝 빼고 위쪽 마운트를 살짝 내리면서 쇽업소버를 탈거한다.

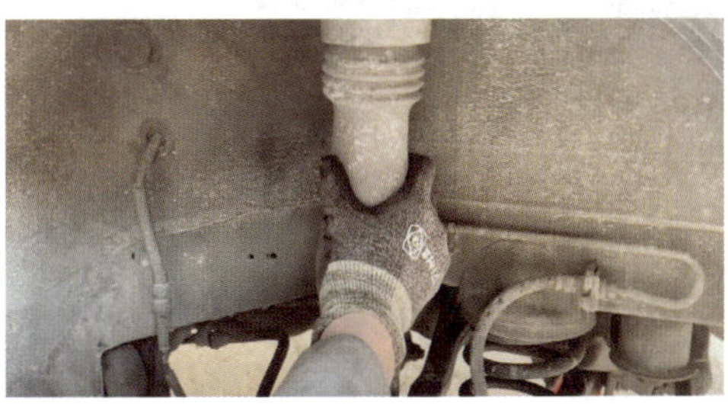

[그림 54] **쇽업소버 탈거**

⑧ 피스톤 로드 고정너트를 풀려면 피스톤 로드를 바이스 플라이어로 잡아서 고정해 준다.
⑨ 피스톤 로드 17㎜ 고정너트를 라쳇 렌치로 한번 풀어주고 임팩으로 완전히 탈거한다.

[그림 55] 피스톤 로드 고정

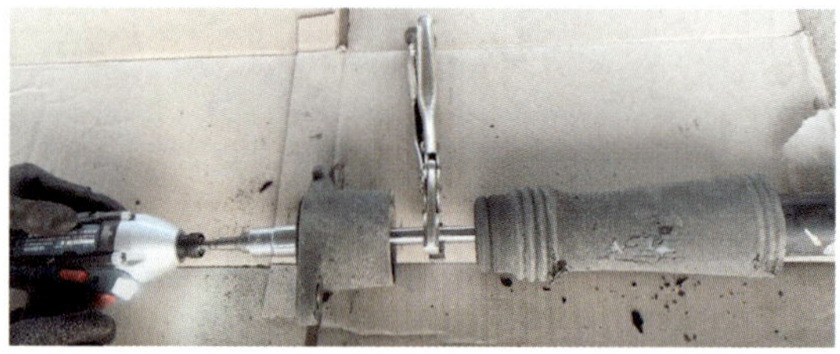
[그림 56] 피스톤 로드 고정너트 탈거

⑩ 쇽업소버 마운트를 탈거한다.
⑪ 바이스 플라이어를 제거해주고 우레탄 범퍼와 더스트 커버를 탈거한다.

[그림 57] 마운트 탈거

[그림 58] 우레탄 범퍼와 더스트 커버를 탈거

⑫ 신품 쇽업소버에 우레탄 범퍼와 더스트 커버를 조립한다.
⑬ 교체하는 쇽업소버와 마운트 설치 방향을 확인한다.

[그림 59] 우레탄 범퍼와 더스트 커버 조립

[그림 60] 방향확인

⑭ 신품 마운트를 가져와서 방향에 상관없이 끼워주고 피스톤 로드 고정너트를 손으로 잠가주는데 내부 플라스틱 부분이 바깥쪽을 보게 해준다.

[그림 61] **고정너트 손으로 조임**

⑮ 피스톤 로드에 흠집이 가지 않도록 두꺼운 종이 박스 등으로 피스톤 로드를 감싸고 바이스 플라이어로 고정시키고 임팩 드릴로 피스톤 로드 고정너트를 적당히 조여 주고 토크렌치로 규정토크로 조인다. 바이스 플라이어를 탈거한다.

⑯ 우레탄 범퍼를 마운트에 붙여준다.

[그림 62] **피스톤 로드 고정너트 조임**

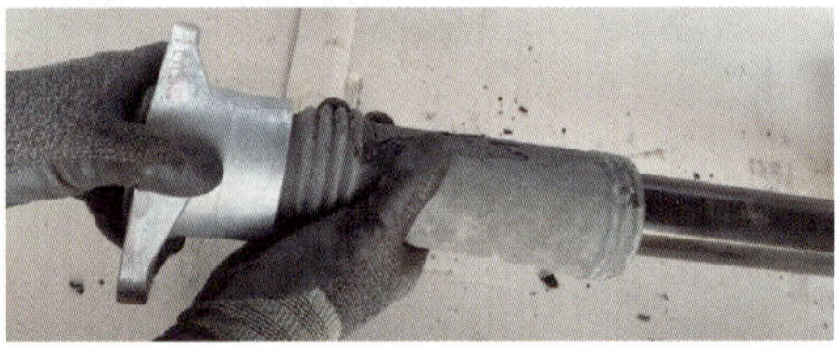

[그림 63] **우레탄 범퍼 설치**

⑰ 소형 그라인더를 이용해서 쇽업소버 아래 부싱이 설치되는 휠 너클 핀의 녹을 제거하고 고착방지제도 발라준다.

(a) 녹 제거

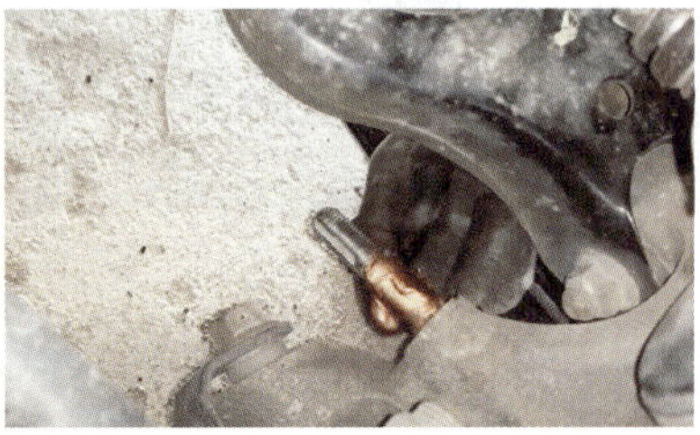

(b) 고착방지제 발라주기

[그림 64] **녹 제거 및 고착방지제 발라주기**

⑱ 신품 쇽업소버를 아래쪽 휠 너클 핀에 부싱부터 끼워준다.

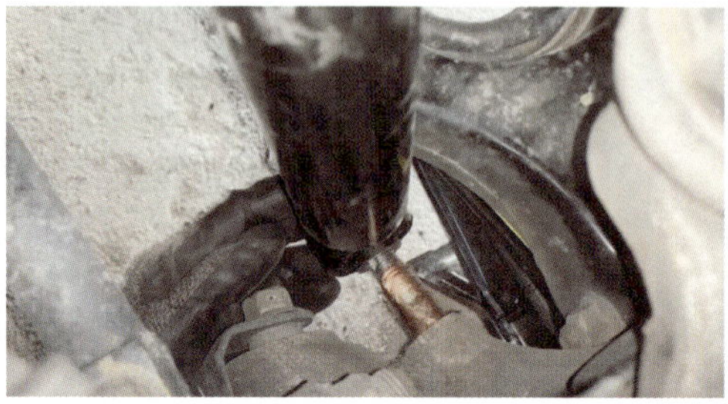

[그림 65] **부싱부위 조립**

⑲ 위쪽 마운트도 위치를 잡고 일단 고정 볼트를 손으로 조립하고 라쳇을 이용해 고정 볼트를 조인 후 토크렌치로 규정토크로 조립한다.

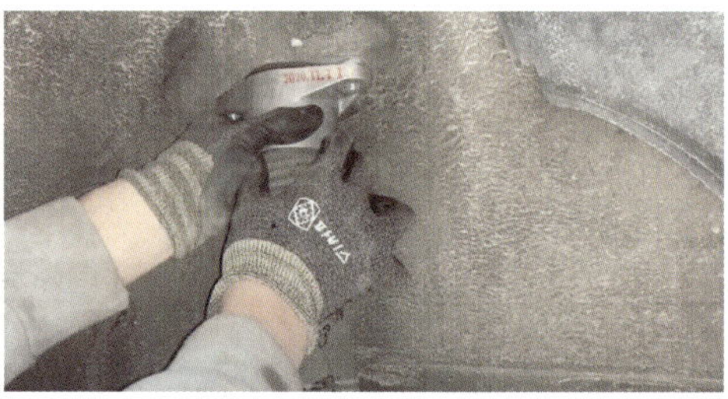

(a) 마운트 위치 잡기

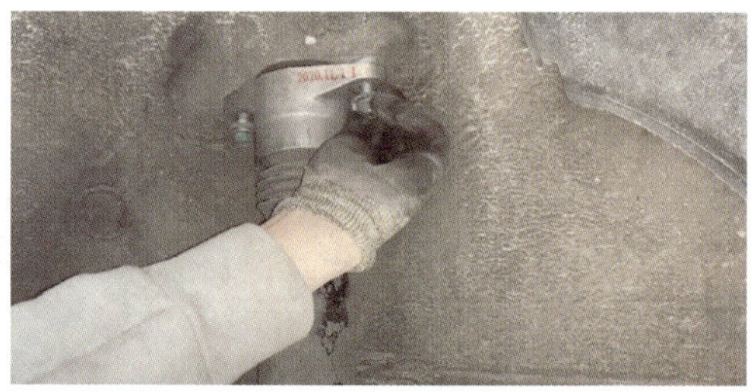

(b) 고정 볼트 가 체결

(c) 고정 볼트 조임

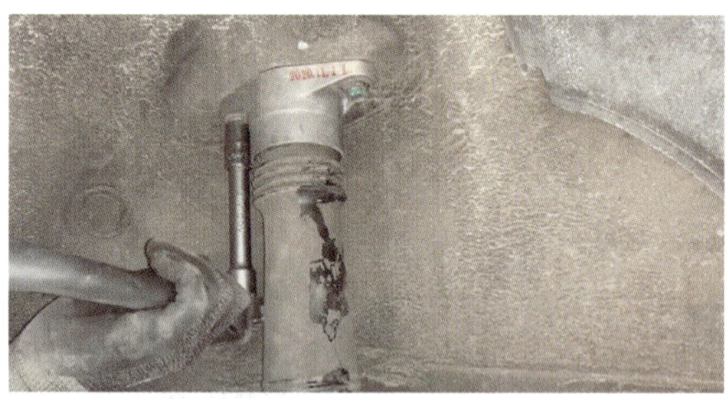

(d) 규정토크로 조이기

[그림 66] **마운트 고정 볼트 조립**

⑳ 쇽업소버 아래쪽 휠 너클 핀에 와셔를 조립한다.

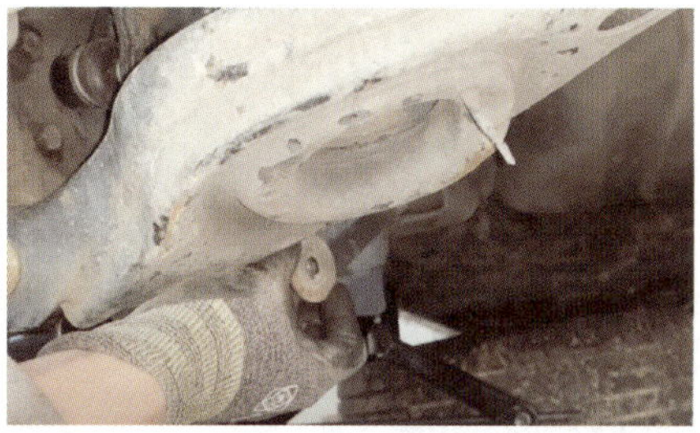

[그림 67] 와셔 조립

㉑ 휠 너클 핀에 고정너트를 손으로 조립하고 임팩을 이용해 조립한다.

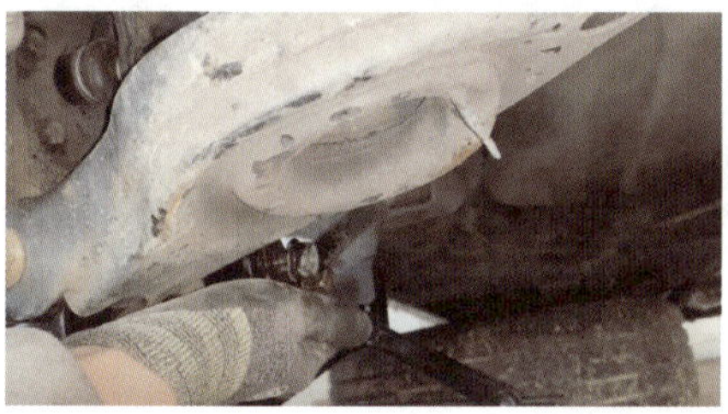

[그림 68] 고정너트 조립

㉒ 작기를 치우고 토크렌치로 규정토크로 조립한다.

[그림 69] 규정토크로 조임

㉓ 탈거했던 타이어를 조립한다.

2.3. 쇽업소버 작기 사용법

2.3.1. 쇽업소버 어셈블리 탈거

① 쇽업소버 어셈블리를 탈착기와 쇽업소버가 중심이 서로 나란하게 일치가 될 수 있게끔 조절하고, 윗부분 탈착기의 걸쇠를 이용하여 좌측과 오른쪽이 서로 어긋나게끔 조절을 해서 고정기를 이용해서 고정시키고 쇽업소버 스프링 탈착기에 안전하게 설치한다.

② 더스트 커버를 탈거한다.

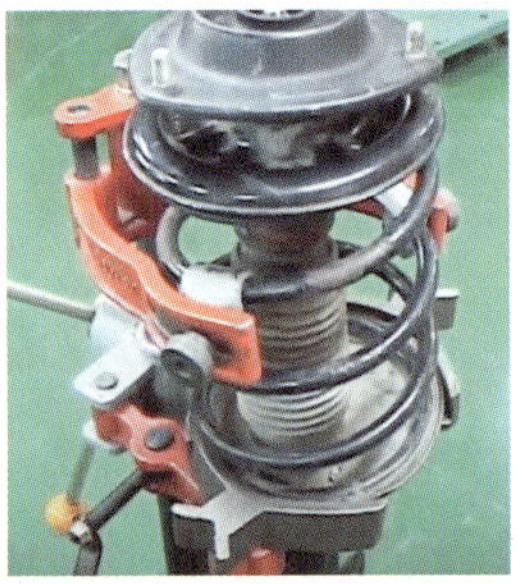

[그림 70] **탈착기에 설치**

[그림 71] **더스트 커버 탈거**

③ 압축기 핸들을 돌려 코일스프링에 저항이 생기면 멈춘다.

④ 셀프 로킹 너트를 푼다. 이때 셀프 로킹 너트는 2~3바퀴만 풀기만 하고 분리하지 않는다.

[그림 72] **셀프 로킹 너트 이완**

⑤ 코일스프링 압축기 핸들을 돌려 코일스프링이 스프링 어퍼 시트 에서 분리될 때까지 압축시킨다. 이때 탈착기가 움직이므로 발로 탈착기를 밟아 고정시킨다.

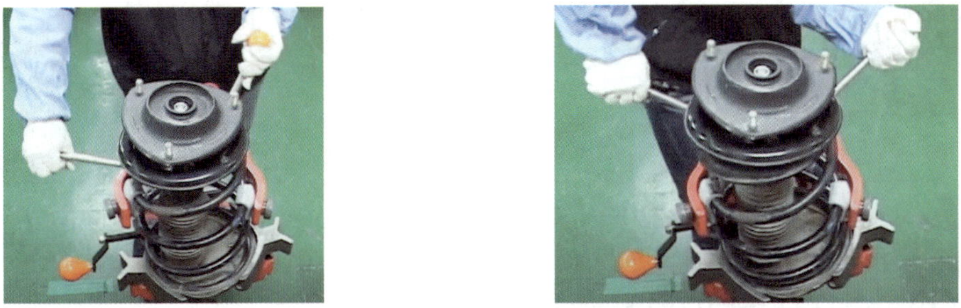

[그림 73] **스프링 압축**

⑥ 쇽업소버 인슐레이터 어셈블리에서 셀프 로킹 너트를 탈거한다.

⑦ 쇽업소버 인슐레이터 어셈블리, 쇽업소버 어퍼 커버, 어퍼 스프링 패드를 탈거한다.

(a) 인슐레이터 탈거 (b) 쇽업소버 어퍼 커버 탈거 (c) 스프링 패드탈거

[그림 74] **인슐레이터, 어퍼 커버, 스프링 패드 탈거**

⑧ 코일스프링 압축기에 압축된 코일스프링의 압력을 서서히 해제시킨다.

⑨ 고정기를 제거 시키고 코일스프링을 탈거한다.

[그림 75] **스프링 압력 해제**

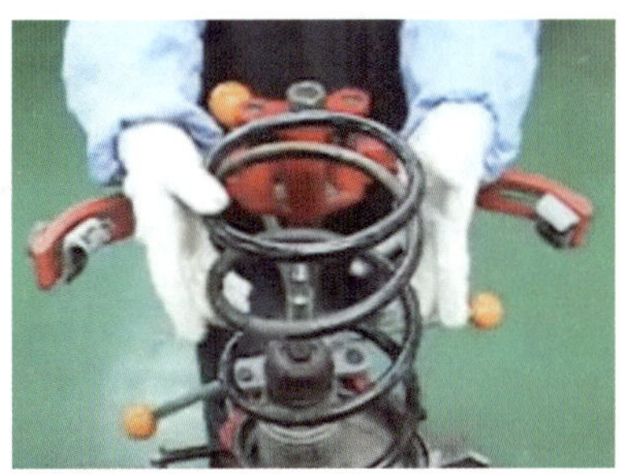

[그림 76] **스프링 탈거**

⑩ 더스트 커버 및 범퍼 러버 및 로우 스프링 패드를 탈거한다.

[그림 77] **더스트 커버, 범퍼 러버, 아래 스프링 패드를 탈거**

2.3.2. 쇽업소버 어셈블리 장착

① 돌출부가 스프링 아래 시트의 구멍에 끼워지도록 로우 스프링 패드를 장착한다.
② 더스트 커버 및 범퍼 러버를 장착한다.
③ 코일스프링의 아래 끝을 스프링 시트 홈에 일치시킨다.

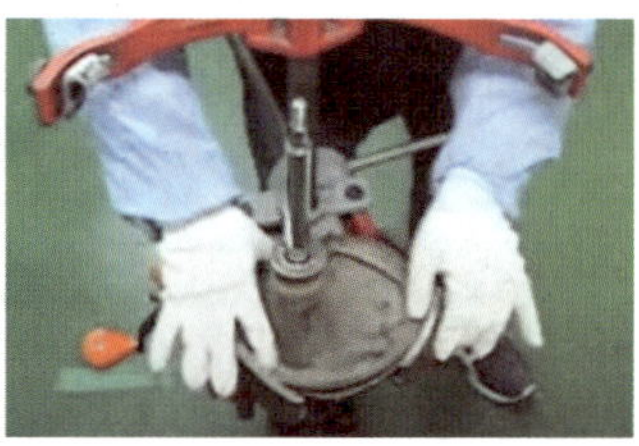

[그림 78] **로우 스프링 패드 장착**

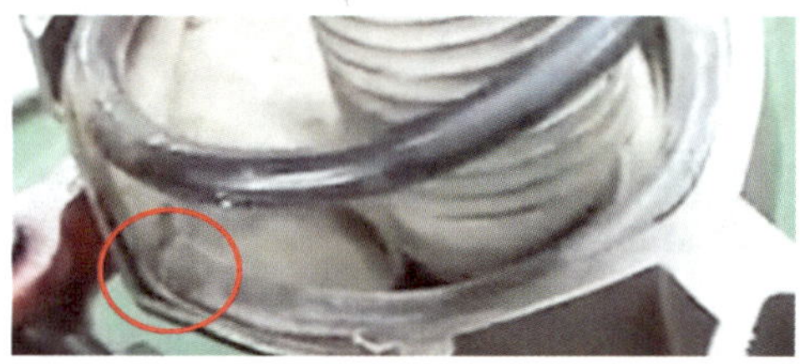

[그림 79] **코일스프링 끝 단부 조립**

④ 코일스프링에 스프링 고정기를 설치한 후 스프링을 압축시킨다.
⑤ 어퍼 스프링 패드를 장착한다.

[그림 80] **어퍼 스프링 패드 장착**

⑥ 피스톤 로드의 노치를 위 스프링 어퍼 커버의 홈키(D형 구멍)에 장착한다.

(a) 로드 노치

(b) 어퍼 커버 홈키

(c) 조립

[그림 81] **어퍼 커버 장착**

⑦ 쇽업소버 인슐레이터 어셈블리를 장착한다.
⑧ 셀프 로킹 너트를 쇽업소버 인슐레이터 어셈블리에 가체결한다.

[그림 82] **인슐레이터 어셈블리 장착**

[그림 83] **셀프 로킹 너트 가 체결**

⑨ 코일스프링의 압축을 서서히 해제시키면서 코일스프링의 끝을 스프링 시트 홈에 일치시킨 후 코일 스프링의 압축을 완전히 해제시킨다.
⑩ 셀프 로킹 너트를 규정토크로 조인다.
⑪ 적정량의 그리스를 인슐레이터 베어링에 바른 후 더스트 커버를 장착한다.

03 어퍼암 교환

어퍼암 고장시 주행 중 요철 통과시나 방지 턱 지날 때 “따깍 따깍” 소음이 발생하고 주행 중 간접 롤링 발생 및 주행 중 핸들 흔들림 현상이 발생하며 타이어가 불규칙한 마모 등이 발생한다.

① 타이어를 탈착하고 로워암에 작기를 받치고 어느 정도만 올려준다.

[그림 84] **로워암에 작기 설치**

② 코터핀(분할핀)을 탈거한다.

③ 휠 하우스 안쪽에 있는 볼 조인트 17㎜ 고정 너트를 소켓과 라쳇 렌치로 탈거한다.

[그림 85] **볼 조인트 고정너트 탈거**

④ 볼 조인트를 풀러가 있으면 풀러를 사용하여 볼 조인트를 탈거하지만 어퍼암을 교환하는 것이라 망치로 쳐서 탈거해도 된다.

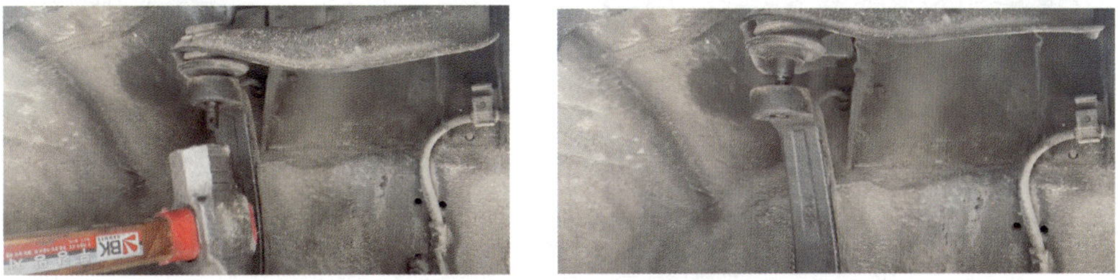

[그림 86] **볼 조인트 탈거**

⑤ 볼 조인트를 탈거하면 휠 너클이 축 늘어지는데 작기를 이용해서 잘 고정해 준다.

[그림 87] **작기로 휠 너클 고정**

⑥ 어퍼암 14㎜ 고정 볼트를 소켓과 라쳇 렌치로 어느 정도만 풀어준다.

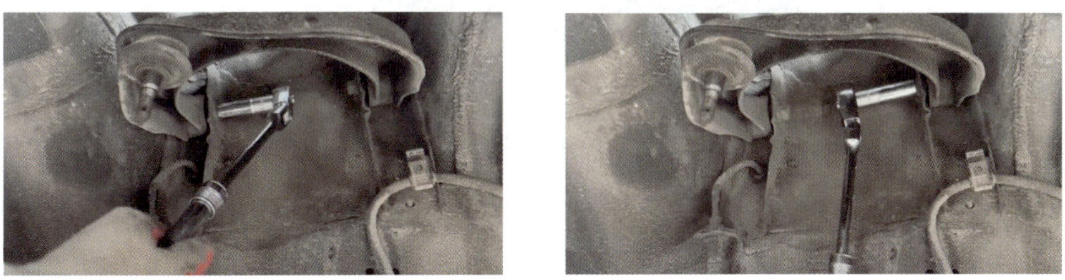

[그림 88] **고정 볼트 이완**

⑦ 어퍼암을 내려서 양쪽 볼트를 완전히 탈거한다.
⑧ 어퍼암을 탈거한다.

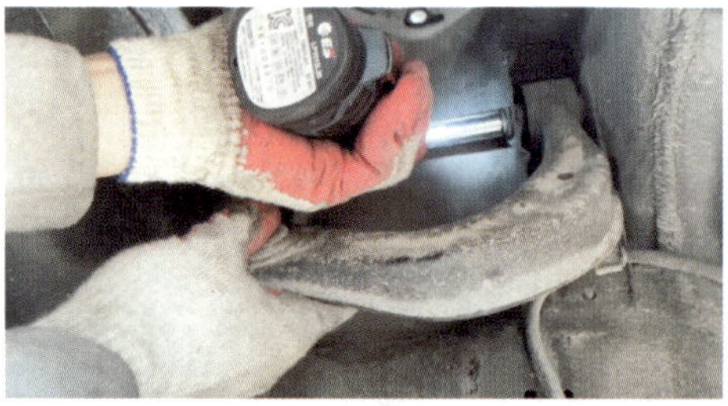

[그림 89] **어퍼 암 내려서 볼트 탈거**

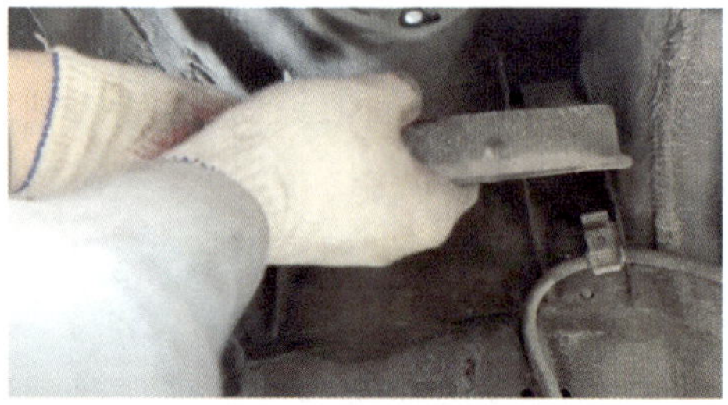

[그림 90] **어퍼 암 탈거**

⑨ 신품 어퍼 암을 설치한다.

⑩ 손으로 고정 볼트를 어느 정도 끼워서 가체결 한다.

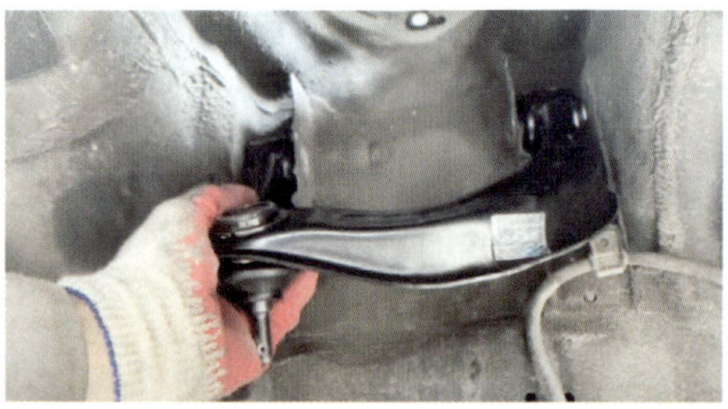

[그림 91] **어퍼암 설치**

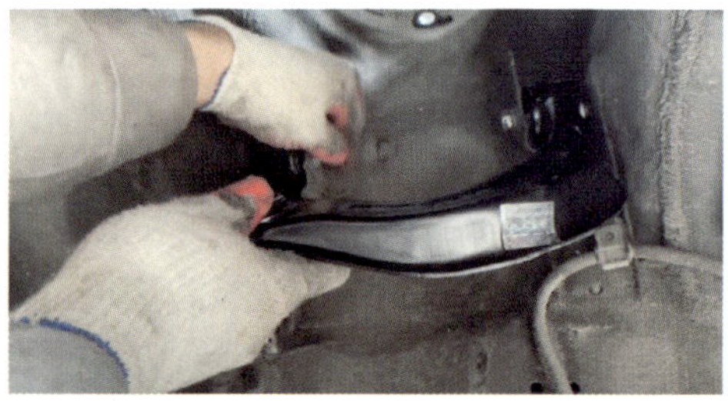

[그림 92] **고정 볼트 가 체결**

⑪ 휠 너클에 볼 조인트를 끼우고 너트를 가 조립 한다.

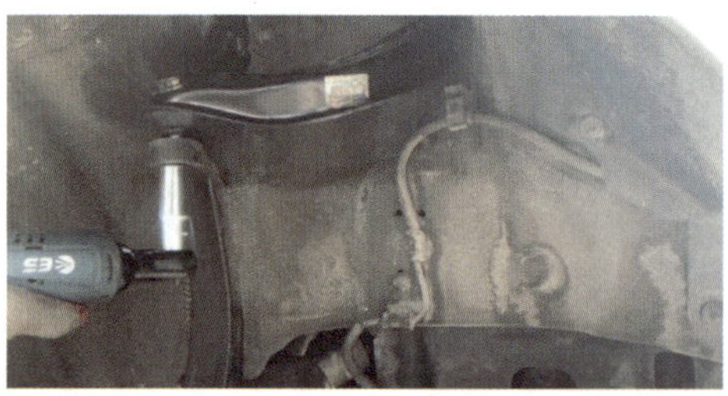

[그림 93] **볼 조인트 가 조립**

⑫ 허브에 받혀놨던 작기를 다시 로워암에 작기를 받쳐준다. 차가 지면에 서 있을 때의 높이만큼 로워암이 거의 수평에 가까운 상태가 될 때 까지 올려준다.

[그림 94] **작기로 로워암 상승**

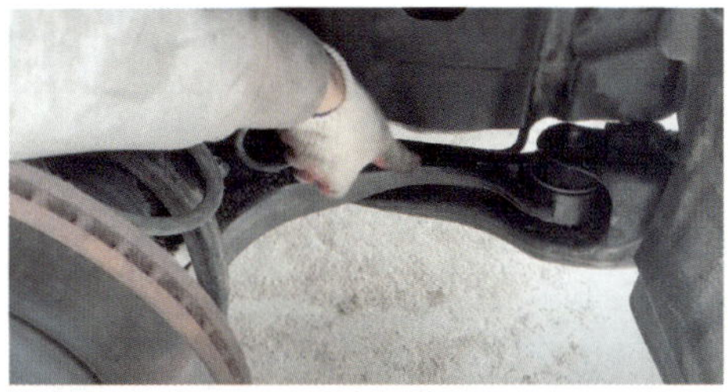

[그림 95] **로워암 수평**

⑬ 어퍼암도 아래에 있던 게 위로 올라가는데 이때 볼트를 체결해줘야 부싱이 뒤틀리지 않는다. 볼트 및 너트 전부를 조립하고 토크렌치를 이용하여 규정토크로 체결한다.

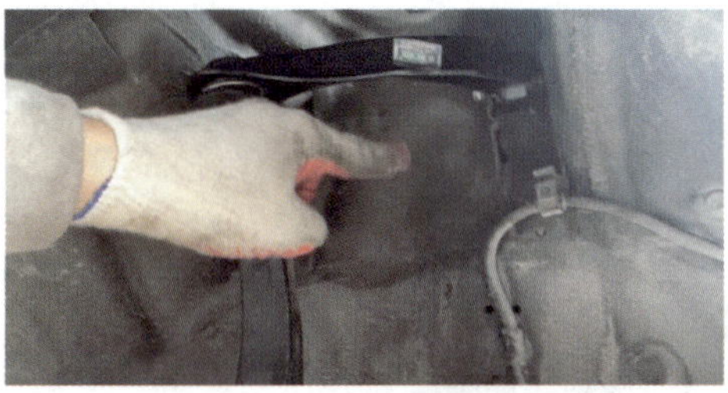

[그림 96] **어퍼암 상승**

[그림 97] **볼 조인트 체결**

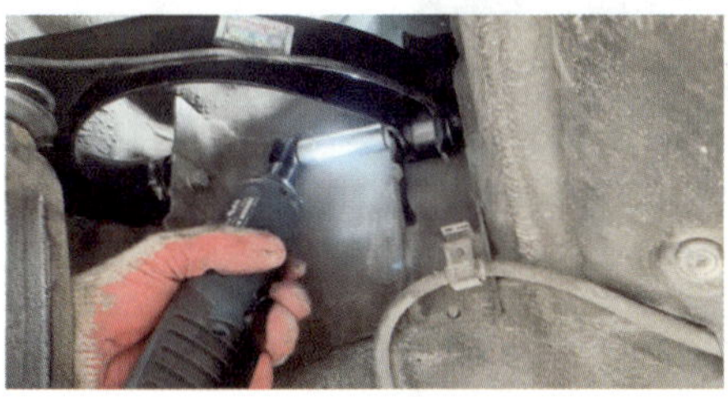

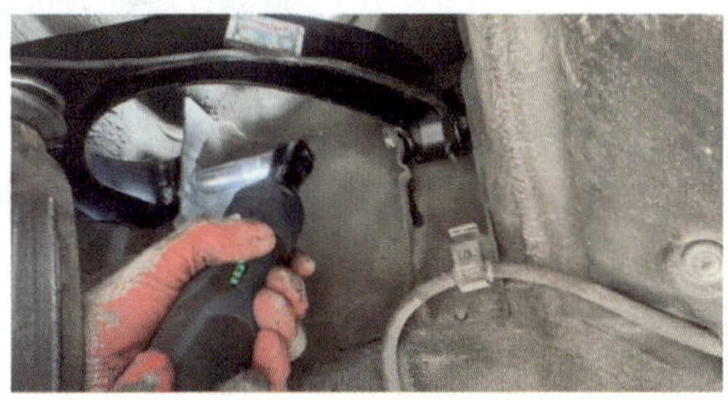

[그림 98] **어퍼암 고정 볼트 체결**

⑭ 코터핀 (분할핀)을 롱노즈로 빠지지 않게 잘 고정해 준다.

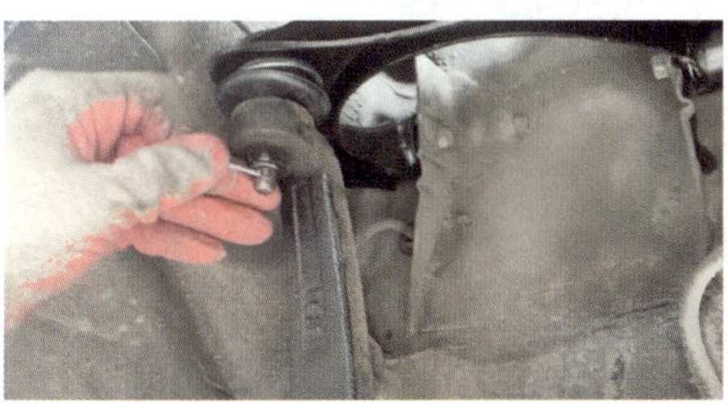

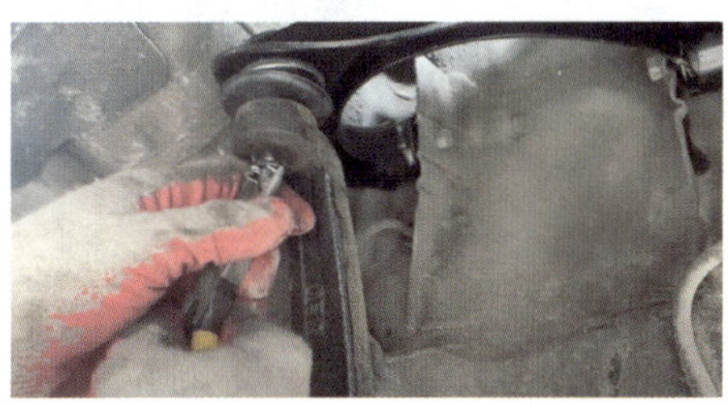

[그림 99] **코터핀 설치**

⑮ 타이어를 조립하고 작기를 내려서 작기를 꺼낸다.

04 로워암 교환

로워암 고장 시 주행 중 요철 통과 시 "찌그덕 찌그덕" 거리는 소음 발생하며, 주행 중 차량 롤링 및 쏠림으로 불안정한 증상과 타이어에 불규칙한 마모 등의 증상이 나타난다.

① 차량을 들어 올려서 타이어를 탈거한다.

[그림 100] **타이어 탈거**

② 볼 조인트 고정 17㎜ 볼트 2개를 소켓과 연결대, 복스대를 이용해서 볼트를 조금씩만 풀어준다.

[그림 101] **볼 조인트 고정 볼트 이완**

③ 로워암에 포크와 연결된 19㎜ 관통볼트에 옵셋 렌치를 걸어주고, 연결대와 복스대를 이용해서 19㎜ 너트를 완전히 풀지 말고 볼트 끝 부분에 어느 정도 잠가서 걸어둔다.

(a) 옵셋 렌치 설치

(b) 너트 풀기

(c) 볼트 끝 부분 너트 걸어두기

[그림 102] **로워암과 포크 관통볼트 이완**

④ 대 부싱은 19㎜ 너트와 관통볼트로 고정되어 있다. 옵셋 렌치로 19㎜ 너트에 걸어준다.

⑤ 소켓과 복스대를 이용해서 19㎜ 관통볼트를 탈거한다.

[그림 103] **옵셋 렌치 설치**

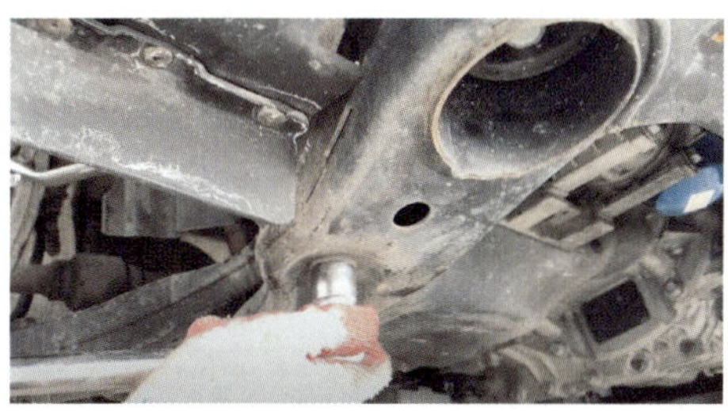

[그림 104] **관통볼트 탈거**

⑥ 소 부싱 도 소켓과 라쳇 렌치를 이용해서 19㎜ 너트를 살짝만 풀어준다.

⑦ 볼 조인트 17㎜ 볼트 2개를 이번에는 완전히 탈거한다.

[그림 105] 소 부싱 너트 이완

[그림 106] 볼 조인트 볼트 탈거

⑧ 로워암에 포크와 연결된 관통볼트 끝 부분과 평평하게 맞추고, 망치로 너트를 살살 때려서 밀어주면서 너트가 포크에 닿으면 너트를 탈거한다. 너트 없이 그냥 때리면 볼트 나사산이 손상 될 수 있으니 주의 하는 게 좋다.

[그림 107] 관통볼트 망치로 밀어주기

⑨ 3/8인치 연결대를 가져와서 볼트 끝 부분에 대고 해머로 살살 때려서 밀어주어 관통볼트를 탈거한다.

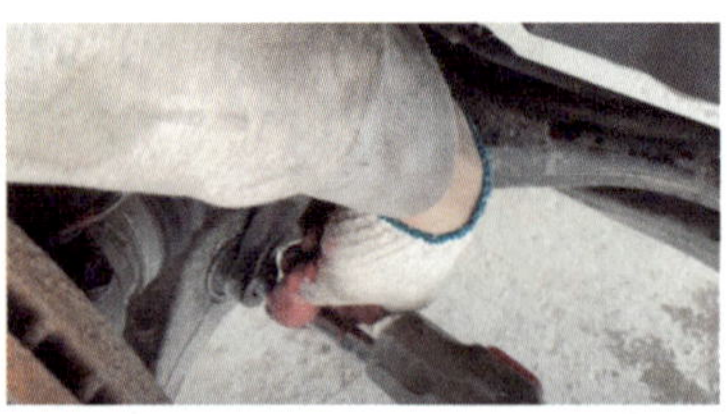

[그림 108] 관통볼트 탈거

⑩ 19㎜ 옵셋 렌치로 대 부싱 너트에 걸어주고 소켓과 라첫 렌치로 19㎜ 관통볼트를 풀어 너트부터 탈거하고, 살짝 돌리면서 걸려 있는 관통볼트를 탈거한다.

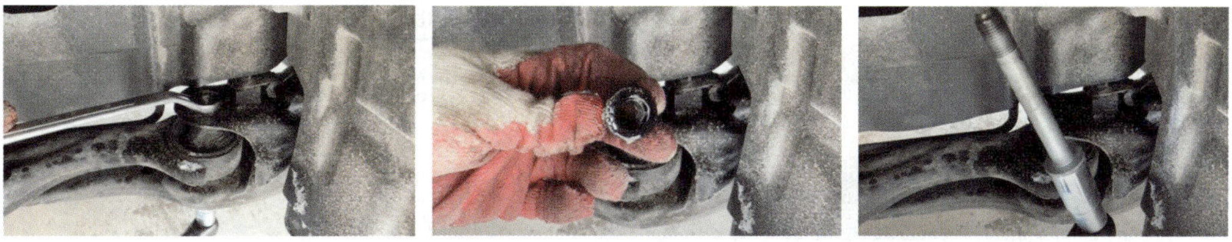

(a) 옵셋 렌치 설치　　(b) 너트 탈거　　(c) 관통볼트 탈거

[그림 109] **대 부싱 관통볼트 탈거**

⑪ 소 부싱도 19㎜ 옵셋렌치로 볼트에 걸어주고 소켓과 라쳇렌치를 이용해서 19㎜ 너트를 탈거한다.

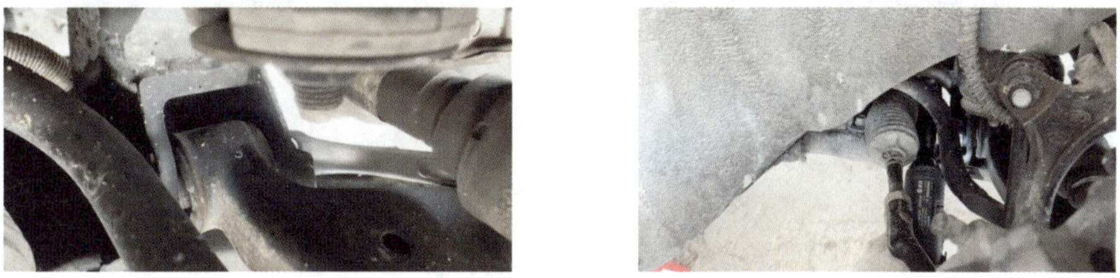

(a) 옵셋 렌치 설치　　(b) 너트 탈거

[그림 110] **소 부싱 너트 탈거**

⑫ 3/8인치 연결대와 망치로 관통볼트를 밀어준다. 그런데 반대편에 파워펌프 오일 파이프가 있어서 볼트가 안 빠진다.

[그림 111] **관통볼트 밀어주기**

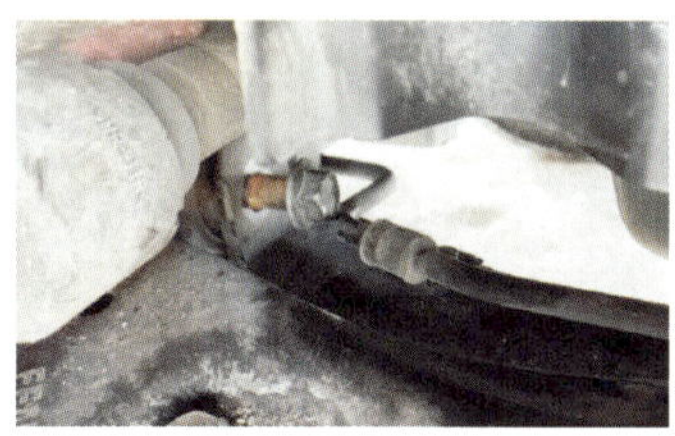

[그림 112] **파워펌프 오일 파이프**

⑬ 파워펌프 오일 파이프 10㎜ 고정 볼트를 소켓과 라쳇 렌치를 이용해서 파이프 고정 볼트를 탈거한다. 이렇게 볼트를 빼내면 파이프의 유격이 생겨서 파이프를 약간 들면서, 관통볼트를 탈거한다. 잘 안 빠지면 일자드라이버를 지렛대처럼 이용해서 수 부싱 쪽을 살짝 들어주면서 탈거한다.

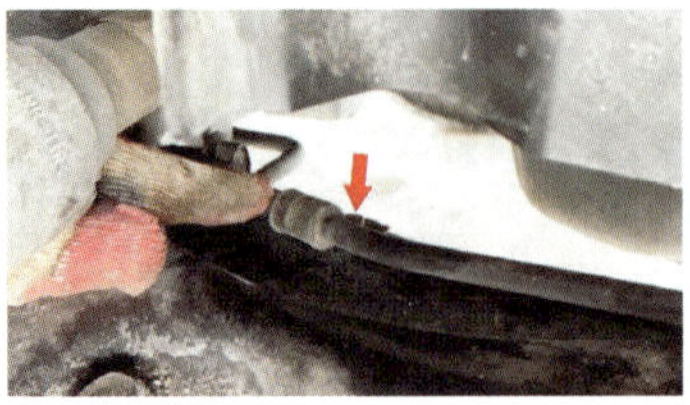 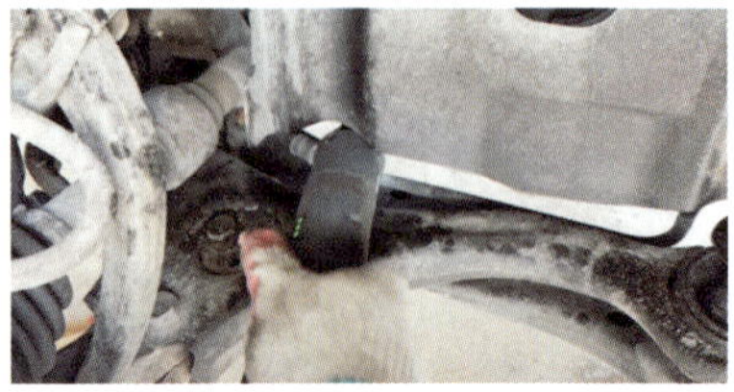

[그림 113] **파워펌프 오일 파이프 고정 볼트 탈거**

⑭ 대 드라이버를 이용해서 지렛대 원리로 살짝 들어 주면서 로워암을 탈거한다.

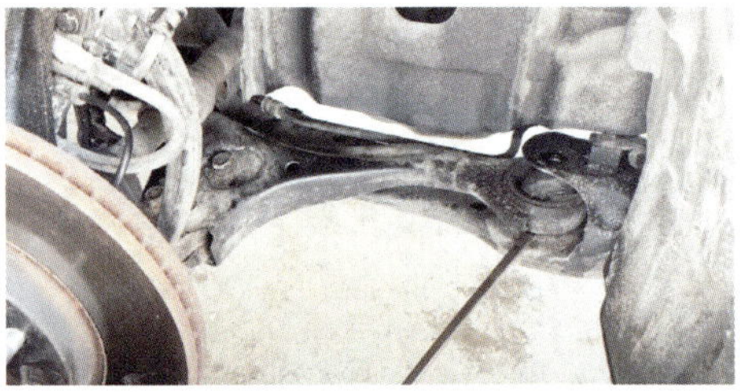

(a) 대 부싱

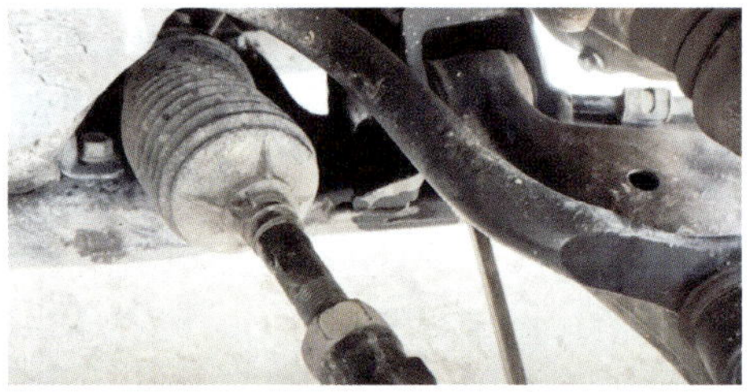

(b) 소 부싱

[그림 114] **로워암 탈거**

⑮ 롱노즈를 이용해서 볼 조인트 코터핀(분할핀)을 탈거한다.

[그림 115] **코터핀 탈거**

⑯ 소켓과 복스대를 이용해서 22㎜ 캐슬 너트를 한번 느슨하게 풀어준 다음 라쳇렌치를 이용해서 탈거한다.

[그림 116] **캐슬 너트 탈거**

⑰ 신품 로워암에 신품 볼 조인트를 조립하고 조금 전에 탈거했던 캐슬 너트를 손과 라쳇 렌치로 잠가준다. 꽉 잠가줄 필요는 없다.

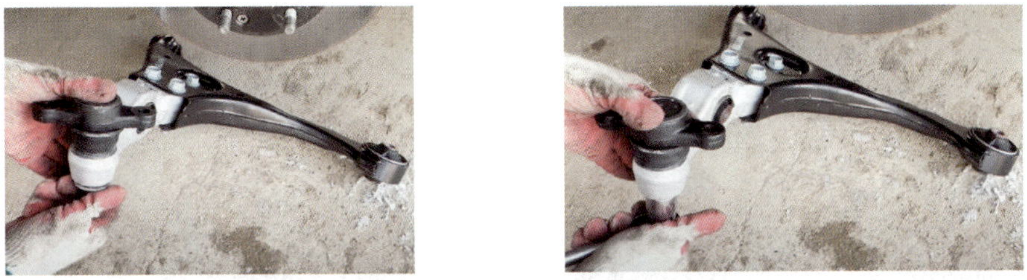

[그림 117] **캐슬 너트 가 체결**

⑱ 로워암 장착에 앞서서 윤활제를 이용해서 소 부싱과 대 부싱 조립할 곳을 세척해 준다.

⑲ 소 부싱 쪽부터 확실하게 끼워주고, 대 부싱 쪽은 로워암을 최대한 수평하게 올려서 고무망치로 때려 넣는다.

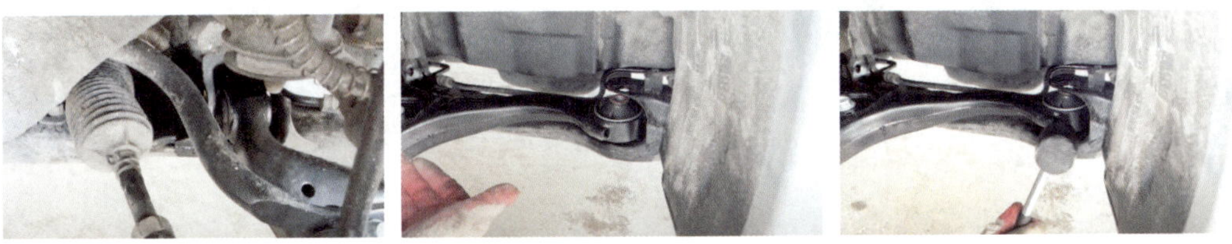

(a) 소 부싱 끼우기　　(b) 대 부싱 끼우기　　(c) 고무망치로 끼우기

[그림 118] **로워암 조립**

⑳ 어느 정도 대 부싱 쪽을 밀어 넣고, 일자드라이버를 이용해서 아래쪽 구멍을 통해 지렛대로 써서 구멍을 맞춘다.

[그림 119] **대 부싱 구멍 맞추기**

㉑ 관통볼트를 조립한다. 하지만 이렇게 하고도 끝까지 안 들어가는 경우가 대부분이기 때문에 위에서 들여다보고, 필요하면 대 부싱 부위를 고무망치로 툭툭 치면서 좀 더 밀어 넣어주고, 관통볼트를 전동 라쳇 이든 라쳇 렌치를 돌리면서 좀 더 끼워주고, 관통볼트를 고무망치로 볼트를 때리면 보통은 쉽게 들어간다.

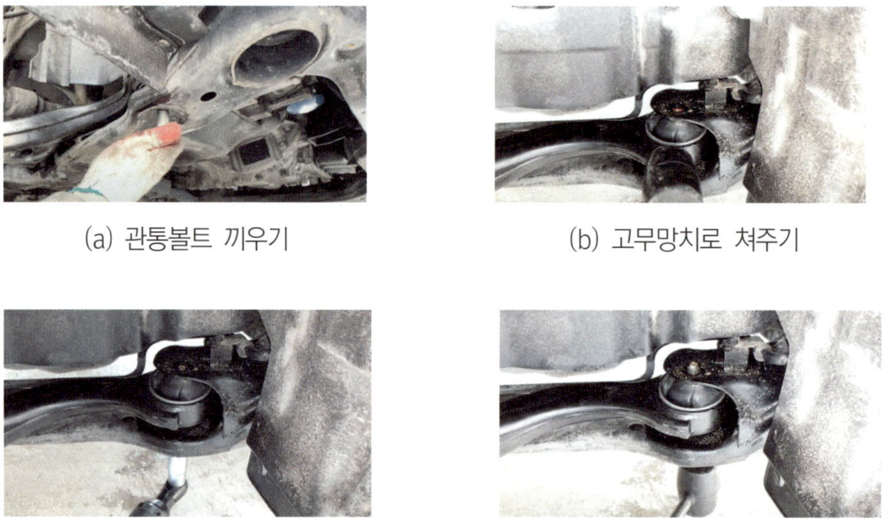

(a) 관통볼트 끼우기

(b) 고무망치로 쳐주기

(c) 라쳇 렌치로 조이기

(d) 관통볼트 고무망치로 쳐주기

[그림 120] **대 부싱 관통볼트 조립**

㉒ 대 부싱 관통볼트 너트를 손으로 어느 정도 잠가준다.

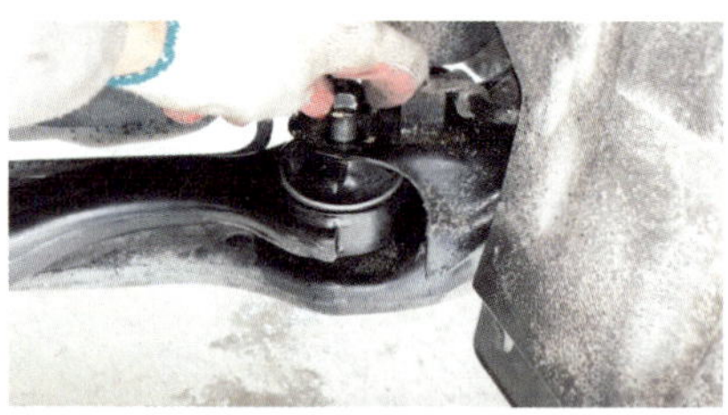

[그림 121] **너트 가체결**

㉓ 19㎜ 옵셋 렌치를 너트에 걸어주고, 라쳇 렌치로 관통볼트를 잠가 주는데, 일단 꽉 잠그지 않는다. 이런 상태를 공차체결이라고 하는데 차가 지면에 그냥 서 있을 때와, 리프트나 OVM잭으로 떠 있을 때와, 휠과 하체 부품에 실리는 무게는 다르다. 공중에 뜬 상태에서 토크렌치로 체결하면 지면에 서 있을 때 부싱이 뒤

틀리고, 지면에 서 있는 상태에서 토크렌치로 체결하면, 공중에 떠 있을 때 부싱이 뒤 틀린다. 이렇게 부싱이 뒤 틀리겠지만 자동차 수명 중 99% 이상을 지면에서 보내기 때문에 공차체결을 해 주어야 부싱이 뒤 틀리지 않는다.

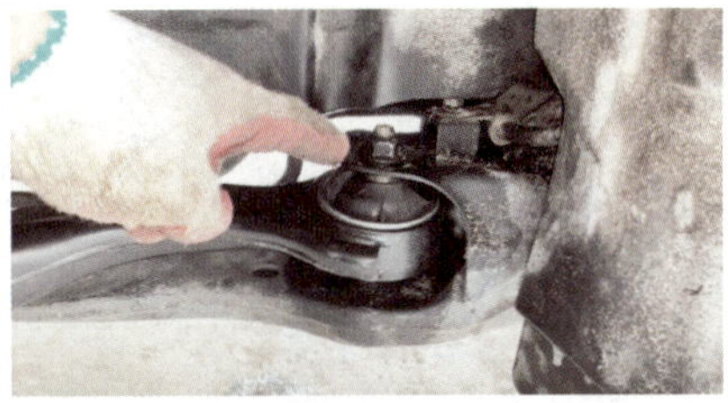

[그림 122] **대 부싱 공차체결**

㉔ 소 부싱 쪽에 파워펌프 오일 파이프를 들어주면서 관통볼트를 끼워준다. 로워암을 흔들면서 끼우거나, 일자드라이버와 고무망치를 이용해서 몇 번 쳐주면 쉽게 들어간다.

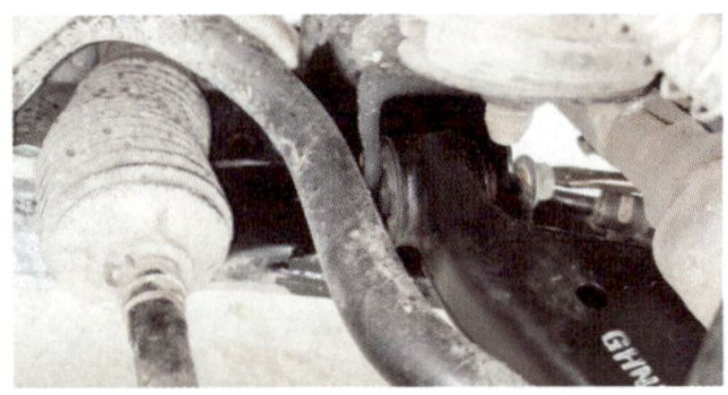

[그림 123] **소 부싱 관통볼트 끼우기**

㉕ 관통볼트를 끝까지 끼워주고, 너트를 손으로만 최대한 잠가준다.

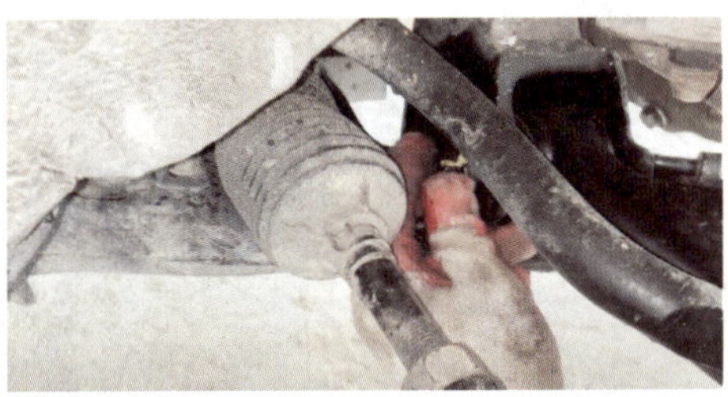

[그림 124] **너트 가 체결**

㉖ 손으로 포크를 밀어서, 포크와 로워암 구멍을 최대한 맞춰주고 관통볼트를 끼워 준다. 대 드라이버를 지렛대로 써서 구멍을 맞추면서 망치로 관통볼트를 살살 쳐주면서 끝까지 끼운다.

[그림 125] **관통볼트 조립**

㉗ 너트를 손으로 어느 정도 조여 주고 19㎜ 소켓과 라쳇 렌치를 이용해서 꽉 체결한다.

[그림 126] **너트 조립**

㉘ 휠 너클과 볼 조인트를 같이 맞춰주고, 한손으로 고정하면서 고정 볼트를 잠가 준다. 끝까지 잠그지 말고, 살짝만 잠가주고, 반대쪽 볼트도 같은 방법으로 잠가 준다.

㉙ 17㎜ 소켓과 라쳇 렌치를 이용해서 끝까지 조이고, 토크렌치로 규정토크로 체결 한다.

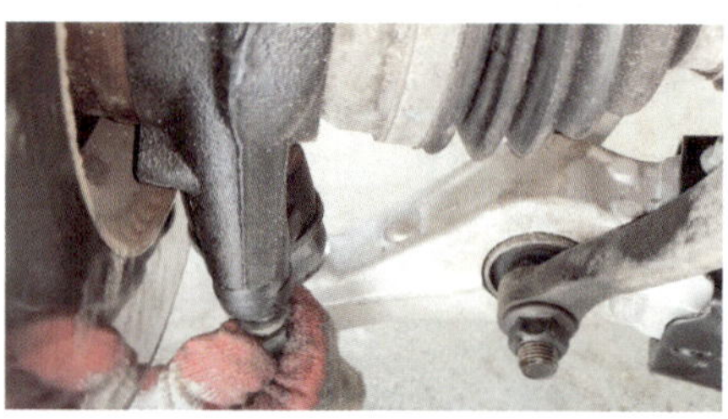

[그림 127] **볼 조인트 고정 볼트 가 체결**

[그림 128] **볼 조인트 고정 볼트 체결**

㉚ 코터핀이 조립되는 캐슬 너트는 일단 체결 토크량의 최저값으로 체결하고, 필요시 좀 더 잠가서 코터핀이 조립되는 구멍을 맞춰준다.

(a) 너트 체결

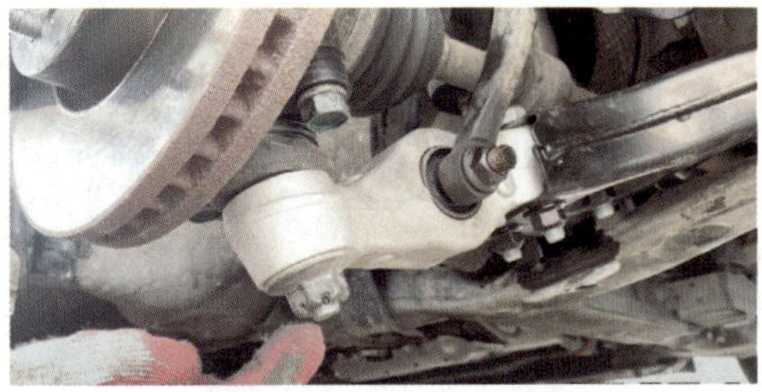

(b) 코터핀 조립 구멍 맞추기

[그림 129] **캐슬 너트 체결**

㉛ 코터핀을 잘 보이는 방향으로 끼워주고, 롱노즈를 이용해서 하나는 옆으로, 하나는 아래로 향하게 휘어준다.

[그림 130] **코터핀 조립**

㉜ 코터핀을 끼우고 타이어를 임시로 장착하고, 타이어가 지면에 닿게 차량을 완전히 내린다.

㉝ 휠 하우스 사이로 19㎜ 옵셋 렌치를 대 부싱 너트에 걸어준다. 그리고 소켓과 라쳇 렌치를 이용해서 19㎜ 관통볼트를 끝까지 잠가주고, 토크렌치로 규정토크로 체결한다.

[그림 131] **대 부싱 관통볼트 체결**

㉞ 소 부싱 쪽은 공간이 협소하여 차 시동을 걸고 핸들을 최대한 꺾어서 작업공간을 확보한다.

[그림 132] **작업 공간 확보**

㉟ 확보된 공간으로 19㎜ 소켓과 라쳇렌치를 이용해서 너트를 최대한 체결한다.

[그림 133] **소 부싱 체결**

㊱ 차량을 들어 올리고 타이어를 탈거한다.
㊲ 소 부싱이 임시로 공차체결 된 상태인데 토크렌치로 규정토크로 체결한다.
㊳ 타이어를 장착하고 차량을 내린다.

05 프런트 스테빌라이저 링크, 고무 교환

스테빌라이저 링크가 손상이 되면 차체가 좌우로 심하게 흔들린다.

① 차량을 들어서 타이어를 탈거한다.

② 위쪽은 12㎜ 스패너로 스테빌라이저 링크가 돌아가지 않게 고정시킨 상태에서 아래쪽 17㎜ 고정 너트를 복스와 라쳇 렌치로 탈거한다.

[그림 134] 아래쪽 고정너트 탈거

③ 스테빌라이저와 연결된 14㎜ 너트를 복스와 라쳇 렌치로 탈거한다. 어느 정도 풀리면 헛도는 경우가 있는데 그럴 땐 14㎜ 스패너를 안쪽 볼 조인트 고무 쪽에 딱 맞게 걸어 고정하거나 바이스 플라이어로 고무 부트 앞부분을 고정해주고 탈거한다.

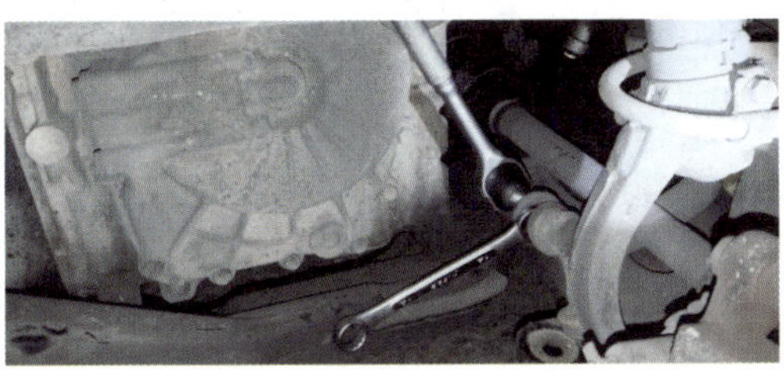

(a) 스패너로 고정

(b) 바이스 플라이어로 고정

[그림 135] 스테빌라이저 고정방법

④ 스테빌라이저 고무 브래킷 14㎜ 고정 볼트 2개를 스패너를 이용하여 탈거한다.

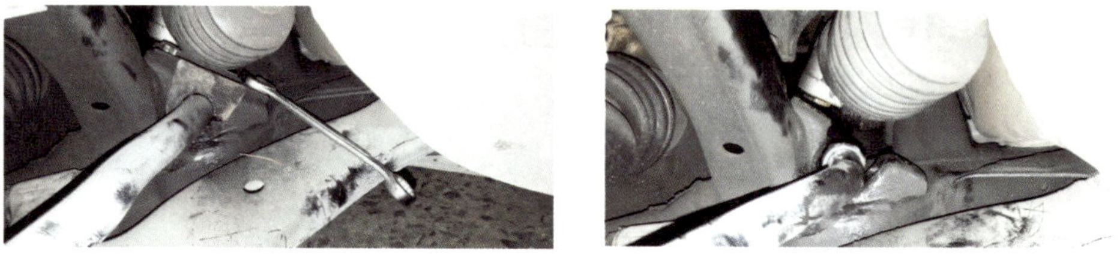

[그림 136] **고정 볼트 탈거**

⑤ 스테빌라이저 고무를 장착하기 전에 주변을 깨끗이 닦아낸다.

[그림 137] **고무 주변 청소**

⑥ 스테빌라이저 고무를 장착한다. 고무를 고무가 터진 부분이 위로가면 안 되고 고무가 잘 들어가지 않으면 대 드라이버를 이용하여 지렛대 원리를 이용하여 스테빌라이저를 들면서 고무를 장착한다.

⑦ 스테빌라이저 고무 브래킷을 설치하고 14㎜ 볼트를 체결한다.

[그림 138] **고무 장착**

[그림 139] **고정 볼트 체결**

⑧ 신품 스테빌라이저 링크를 스테빌라이저에 먼저 가체결한다.

⑨ 아래쪽은 스테빌라이저 링크에 고무를 삽입하고 로워암에 설치한 후 작기를 이용하여 로워암을 들어 올려줘서 아래쪽 너트를 장착할 만큼 나사 부위가 아래로

튀어 나오게 하고 고무를 끼우고 와셔를 조립한 다음 17㎜ 너트를 가체결한다.

⑩ 위쪽 14㎜ 너트를 복스와 라쳇 렌치로 조이고 토크렌치로 규정토크로 체결한다. 아래쪽도 17㎜ 너트를 조이고 토크렌치로 규정토크로 체결한다.

[그림 140] 너트 가 체결

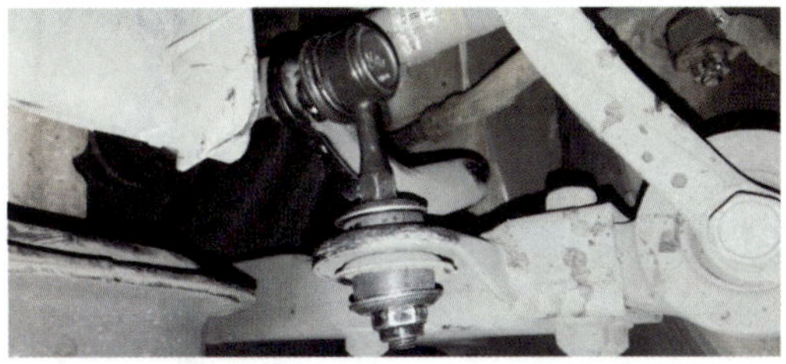

[그림 141] 스테빌라이저 체결상태

⑪ 반대쪽도 같은 방법으로 교환한다.

⑫ 타이어를 조립하고 차량을 내린다.

06 ECS 자기진단

① OBD 커넥터에 스캐너 선을 연결하고 스캐너에 전원을 연결한다.

[그림 142] 진단기 연결

[그림 143] 진단기 전원 연결

② 점화스위치를 ON한다.

③ Hi-DS 스캐너의 ON키를 눌러 전원을 공급한다(MENU키와 ON키를 같이 누르고 있으면 전원이 OFF된다).

④ 전원이 공급되면 기본 로고 화면이 나타난 후 소프트웨어 카드 로고가 나타난다.

⑤ 로고 화면상태에서 엔터(ENT) 키를 누르면 기능 선택화면이 나타난다.

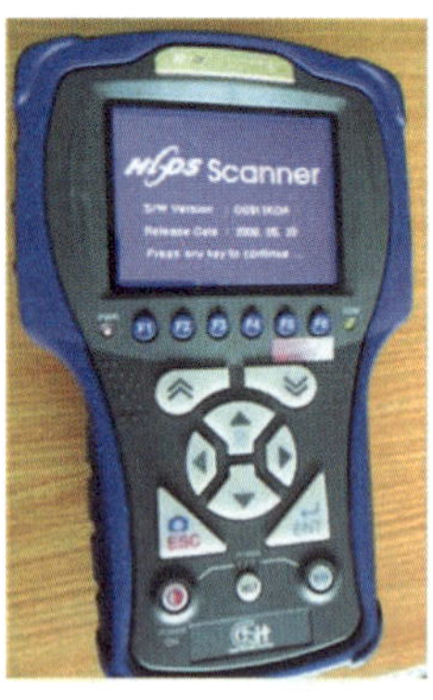

[그림 144] 로고화면

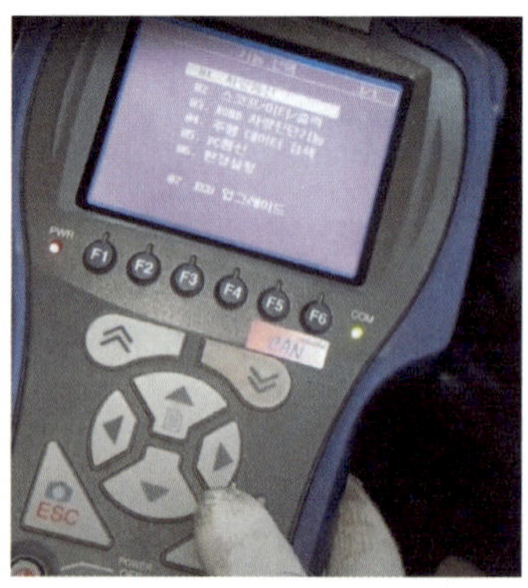

[그림 145] 기능 선택화면

⑥ 차종별 진단기능을 선택하는 경우에는 방향 이동키를 사용하여 커서를 차량통신에 위치시키고 엔터키를 누르면 차량 제조회사를 선택하는 화면이 나타난다.

⑦ 점검 대상 차량을 방향키를 이동하여 해당 제조회사를 선택하고 엔터키를 누르면 차종을 선택하는 화면이 나타난다.

⑧ 방향 이동키를 사용하여 커서를 점검대상 차종에 위치시키고 엔터키를 누르면 제어장치 선택화면이 나타난다.

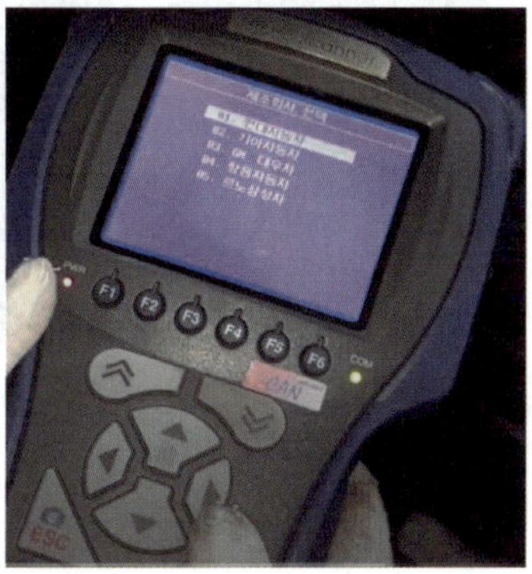

[그림 146] **제조회사 선택화면**

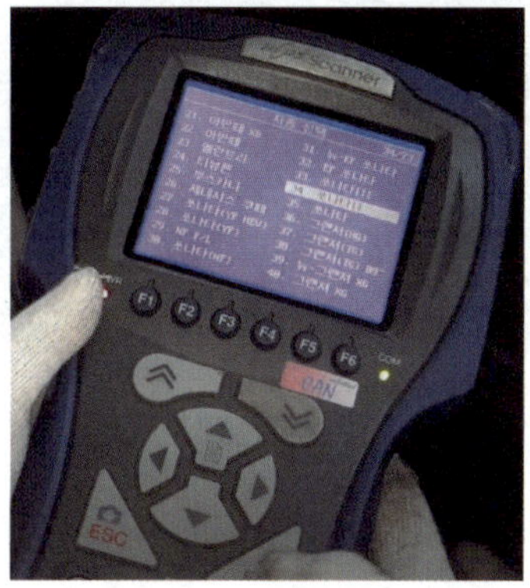

[그림 147] **차종 선택화면**

⑨ 방향 이동키를 사용하여 커서를 "현가장치"에 위치시키고 엔터키를 누르면 엔진사양에 대한 화면이 나타난다.

⑩ 커서를 해당 사양에 위치시키고 엔터키를 누르면 통신시작을 알리는 화면이 나온 후 진단기능 선택화면이 나타난다.

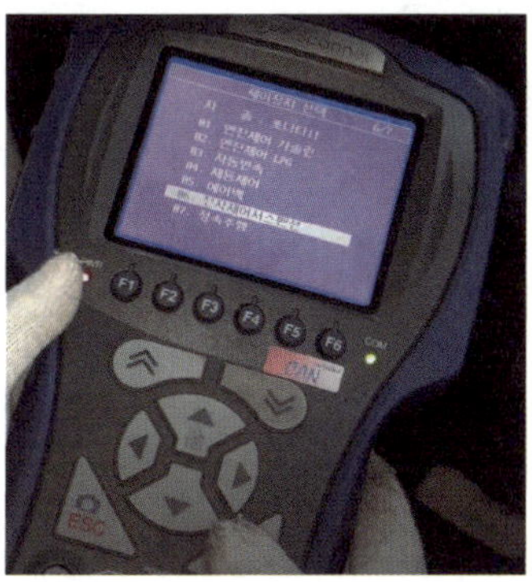

[그림 148] **제어장치 선택화면**

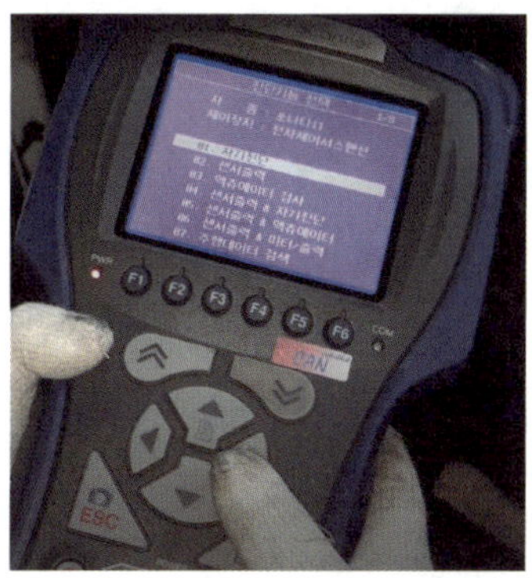

[그림 149] **진단기능 선택화면**

⑪ 진단기능 선택화면에서 방향 이동키를 사용하여 커서를 자기진단에 위치시키고 엔터키를 누르면 자기진단을 실시 중 화면이 나타난 후 자기진단 결과 화면이 나타난다.

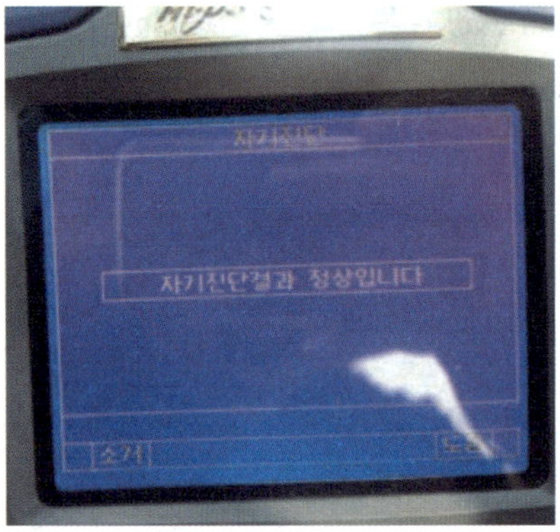

[그림 150] **정상인 경우 화면**

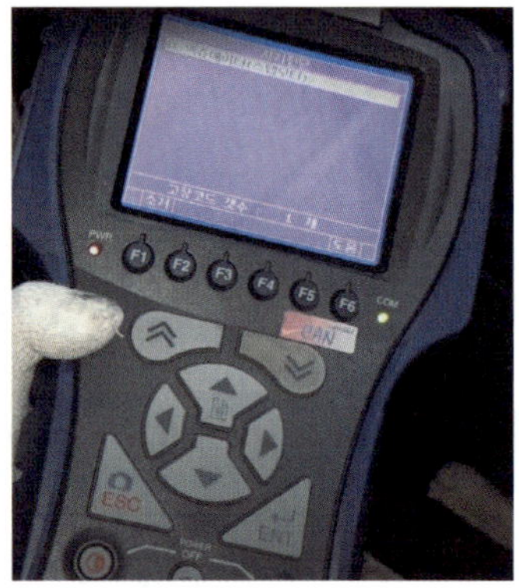

[그림 151] **고장개소 있을 때 출력화면**

⑫ 고장개소가 있을 때 ESC 키를 누르고 센서출력을 선택하여 ENTER 키를 누르면 센서 출력 화면이 나타난다.
커서 이동키를 이용하여 고장개소 센서로 이동하여 도움(F6)에서 기준을 선택하면 기준값이 나타난다.

1. 주어진 자동차에서 진단기(스캐너)로 전자제어 현가장치(ECS)를 점검하고, 기록·판정하시오.

항 목	① 측정(또는 점검)		② 판정 및 정비(또는 조치)사항		득 점
	이상부위	내용 및 상태	판정(□에 “✔” 표)	정비 및 조치할 사항	
전자제어 현가장치 자기진단			□양호 □불량		

Chapter 07

제동장치

01 유압 브레이크 고장진단

1.1. 브레이크 페달을 밟아도 브레이크 효과가 나쁘다.

① 브레이크 오일의 부족
② 라이닝의 오일 부착
③ 브레이크 오일에 공기 유입
④ 브레이크 간격 조정이 지나치게 적을 때

1.2. 브레이크 페달을 밟았을 때 조향핸들이 쏠린다.

① 좌·우 캐스터가 불평등하다.
② 조향 너클이 휘었다.
③ 타이어의 공기 압력이 낮거나 불평등하다.
④ 스태빌라이저 바가 파손되었다.
⑤ 좌우 타이어의 공기압력이 같지 않다.
⑥ 라이닝의 접촉이 불량하다.
⑦ 앞바퀴 얼라이먼트가 불량하다.
⑧ 라이닝의 접촉이 불량하다.
⑨ 브레이크 드럼이 편 마모 되었다.

1.3. 브레이크가 한쪽만 듣는다.

① 브레이크 드럼이 편 마모 되었다.
② 타이어 공기압력이 불 평형하다.
③ 라이닝의 접촉이 불량하거나 오일이 부착되었다.

1.4. 브레이크가 풀리지 않는다.

① 마스터 실린더의 리턴 스프링이 불량하다.

② 마스터 실린더의 리턴 구멍이 막혔다.
③ 브레이크 드럼과 라이닝이 소결되었다.
④ 피스톤 1차 컵이 부풀었다.
⑤ 라이닝 간극이 없다.
⑥ 마스터 실린더의 푸시로드 길이가 너무 길다.

1.5. 브레이크 페달의 자유간극이 크다.

① 브레이크 계통에 공기가 들어 있다.
② 브레이크 드럼이 마모되었다.
③ 피스톤 컵에서 오일이 샌다.

1.6. 브레이크가 듣지 않는다.

① 브레이크 오일이 누설되고 있다.
② 브레이크 라이닝이 과대 마모되었다.
③ 브레이크 오일이 부족하다.
④ 브레이크 계통에 공기가 들어 있다.
⑤ 브레이크 드럼과 슈의 간극이 너무 과다하다.
⑥ 오일회로의 잔압이 낮다.
⑦ 마스터 실린더의 피스톤 컵이 파손되었다.

1.7. 브레이크 진동(Judder)

① 허브, 허브 플랜지 및 또는 휠 베어링의 심한 마모, 손상
② 스티어링 및 서스펜션 부품의 심한 마모 또는 느슨한 체결
③ 느슨한 휠 볼트 체결
④ 휠 또는 디스크의 잘못된 장착
⑤ 타이어 손상 또는 이상마모
⑥ 휠 굴절
⑦ ABS 결함
⑧ 브레이크 구성 요소의 느슨한 체결

02 피스톤 브레이크 패드 교환

2.1. 패드 전용 공구 없을 때 패드 교환 및 OVM 작기 설치법

① 뒷바퀴에 고임목부터 설치한다.
② 21mm 소켓과 복스로 앞바퀴 휠 볼트를 오른쪽에서 조금씩 풀어준다.

[그림 1] 고임 목 설치

[그림 2] 휠 볼트 이완

③ OVM작기 설치시 작기 포인트(홈이 파여 있는 부분 사이)에 OVM작기를 걸어준다. OVM작기가 지면과 수직이 되도록 조절해준다.
④ OVM 작기로 차량을 타이어가 지면에 뜰 정도로 올려준다.

[그림 3] 작기 포인트에 작기 설치

[그림 4] 차량 올리기

⑤ 차체 두꺼운 부분에 안전잭을 설치한다.

[그림 5] **안전잭 설치**

⑥ 반대편에도 OVM작기를 홈이 파여 있는 부분 사이에 OVM작기를 걸어준다. OVM작기가 지면과 수직이 되도록 조절해주로 차량을 타이어가 지면에 뜰 정도로 올려준다.
⑦ 반대편에도 차체 두꺼운 부분에 안전잭을 설치한다.
⑧ 휠 너트를 모두 탈거하고 차체 아래쪽에 타이어로 받혀준다.

[그림 6] **타이어 탈거 및 타이어 차체 아래 설치**

⑨ 반대편에도 휠 너트를 모두 탈거하고 차체 아래쪽에 타이어로 받혀준다.
⑩ 캘리퍼 뒤쪽에 가이드 볼트 2개를 시계 반대방향으로 돌려 탈거한다.

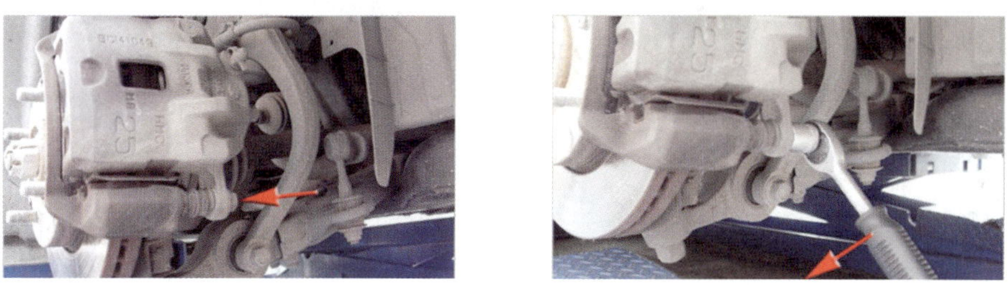

[그림 7] **가이드 볼트 탈거**

⑪ 캘리퍼를 위로 들어 올린다.

⑫ 바깥쪽에 있는 패드를 먼저 탈거한다.

[그림 8] **캘리퍼 올리기**

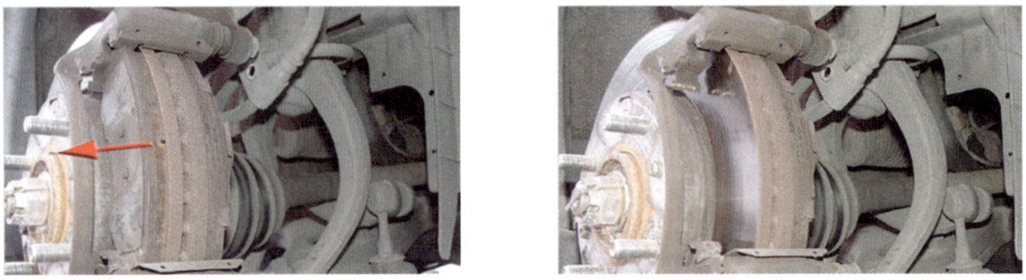

[그림 9] **바깥쪽 패드 탈거**

⑬ 다시 캘리퍼를 내려놓는다.

[그림 10] **캘리퍼 아래로**

⑭ 캘리퍼에 있는 홈으로 일자드라이버를 넣는다. 일자드라이버 끝이 디스크 앞으로 나오게끔 한 다음 바깥쪽으로 당겨주면 피스톤이 안쪽으로 들어간다. 완전히 들어갈 때 까지 당긴다. 일자드라이버를 이용해서 안쪽 패드와 디스크 사이에 넣고 바깥쪽으로 당겨 피스톤을 안쪽으로 마저 밀어 넣는다.

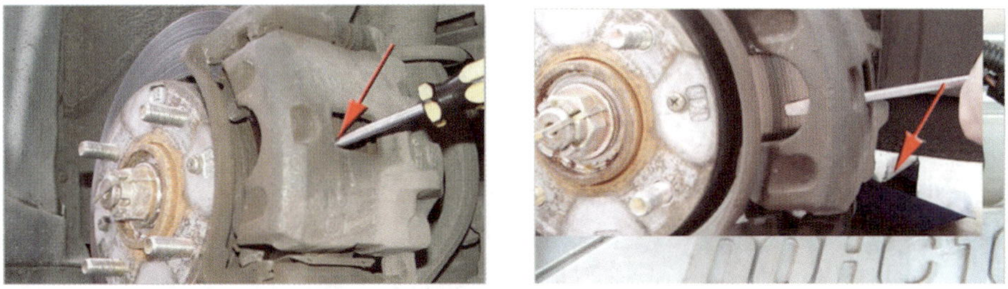

[그림 11] 일자드라이버로 젖히기

⑮ 캘리퍼를 들어 올리고 나머지 반대편 패드도 탈거한다.

⑯ 신품 브레이크 패드를 심이 있는 것이 안쪽으로 들어가게 끼워주고 캘리퍼를 내려서 안 들어가면 피스톤이 덜 들어간 것이니 일자드라이버로 다시 피스톤을 완전하게 집어넣는다. 가이드 볼트를 다 채운다.

[그림 12] 뒤쪽 패드 탈거

[그림 13] 신품 패드

⑰ 반대쪽 브레이크 패드도 같은 방법으로 교환한 후 시동을 걸고 브레이크 페달이 단단해질 때까지 밟아 준다.(이 작업은 필히 실시해야 한다. 현장에서 이 작업을 하지 않아서 사고가 발생하기도 한다.)

[그림 14] 브레이크 밟아주기

⑱ 타이어를 조립하고 OVM 작기를 약간 들어 안전잭을 제거하고 OVM 작기를 완전히 내리고 OVM작기를 빼낸 후 타이어 볼트를 규정토크로 조인다.

2.2. 패드 전용 공구 사용 시 패드 교환, 디스크 교환

2.2.1. 패드 교환

① 차를 안전하게 들어 올린 후 브레이크 타이어를 탈거 한다.

② 17㎜ 렌치로 가이드 핀 육각부를 고정하고 14㎜ 소켓과 복스대로 풀어주고 라쳇 렌치와 손을 이용해서 위・아래 가이드 볼트를 탈거한다.

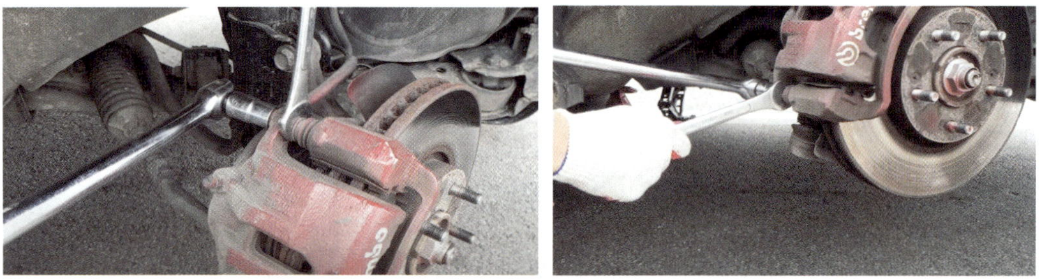

[그림 15] 가이드 볼트 탈거

③ 휠 스피드 센서 배선 클립을 롱노즈로 눌러서 클립을 탈거한다.

④ 라쳇렌치로 휠 스피드 센서 배선 12㎜ 고정 볼트를 탈거한다.

[그림 16] 클립 탈거

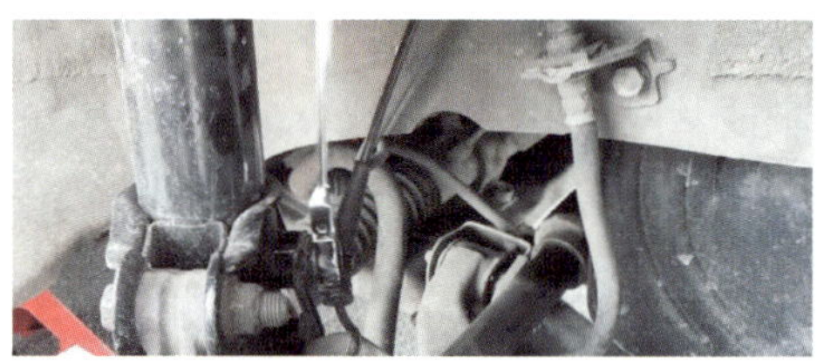

[그림 17] 고정 볼트 탈거

⑤ 위쪽 휠 스피드 센서 배선 12㎜ 고정 볼트도 탈거한다.

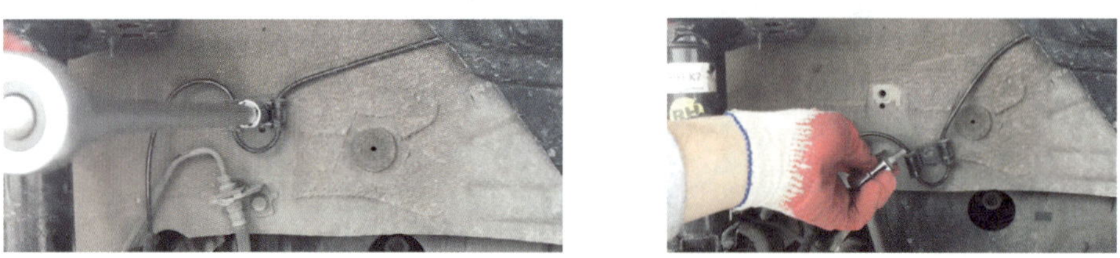

[그림 18] 위쪽 고정 볼트 탈거

⑥ 브레이크 호스 12㎜ 고정 볼트도 라쳇 렌치를 이용해서 탈거한다.

⑦ 캘리퍼를 탈거하여 호스가 손상되지 않게 안전한 곳에 놔둔다.

[그림 19] **브레이크 호스 고정 볼트 탈거**

[그림 20] **캘리퍼 탈거**

⑧ 캘리퍼 17㎜ 브래킷 볼트를 2개를 소켓과 복스대로 풀고 라쳇 렌치와 손을 이용해서 볼트를 탈거한다.

⑨ 캘리퍼 브래킷을 탈거한다.

[그림 21] **브래킷 볼트 탈거**

[그림 22] **브래킷 탈거**

⑩ 디스크 고정나사 2개를 탈거한다. 임팩트 드라이버로 때리면 쉽게 풀린다. 임팩트 드라이버가 없을 때는 해머 십자드라이버를 고정나사에 설치하고 해머 십자드라이버를 망치로 몇 번 때리면 쉽게 풀린다.

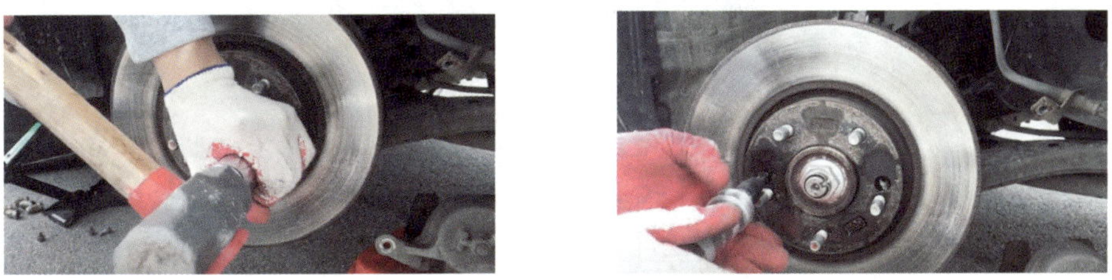

[그림 23] **디스크 고정나사 탈거**

⑪ 손으로 디스크를 탈거한다. 탈거가 되지 않으면 망치로 디스크 상·하·좌·우를 툭툭 친 후 디스크를 탈거한다.

(a) 망치로 친다

(b) 디스크 탈거

[그림 24] **디스크 탈거방법**

⑫ 고정나사 구멍에 주의해서 디스크를 장착한다.
⑬ 디스크 고정나사를 십자드라이버로 체결한다.

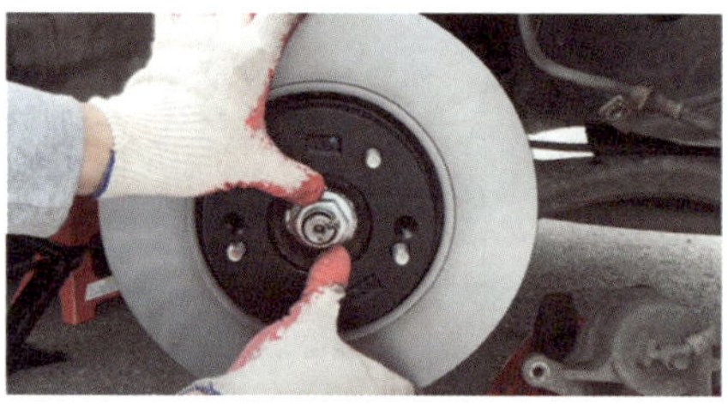

[그림 25] **디스크 장착**

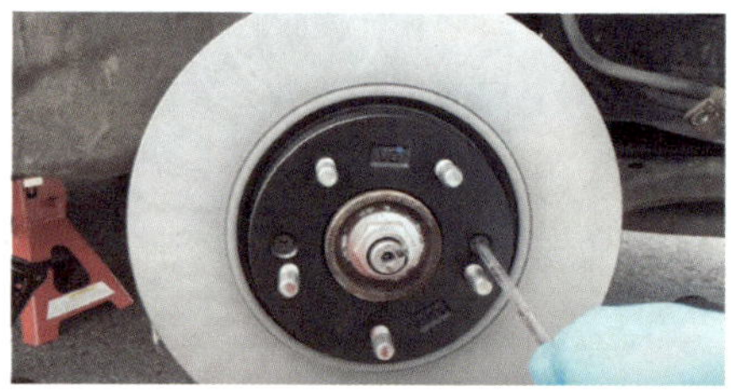

[그림 26] **디스크 고정나사 조립**

⑭ 캘리퍼 브래킷에서 브레이크 패드를 탈거한다.

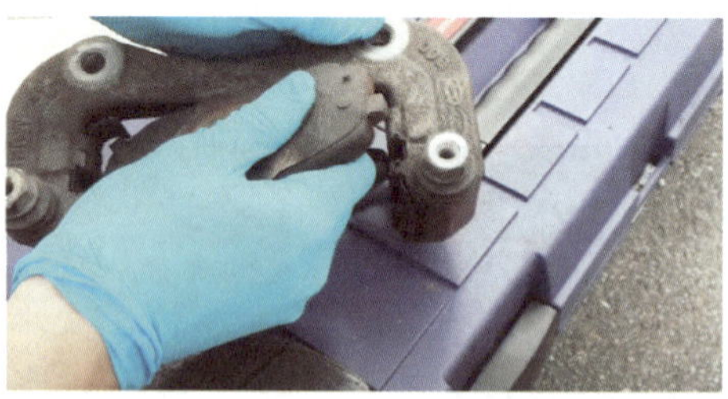

[그림 27] **브레이크 패드 탈거**

⑮ 패드 심을 탈거한다. 패드 심은 피스톤이 과열되는 걸 막아서 캘리퍼가 고착되는 것을 방지한다. 신품 패드에 심이 없는 경우(비품인 경우)는 탈거한 심을 재사용 한다.

⑯ 패드 스프링 2개를 탈거한다. 신품 패드에 패드 스프링이 없는 경우(비품인 경우)는 탈거한 패드 스프링을 재사용 한다.

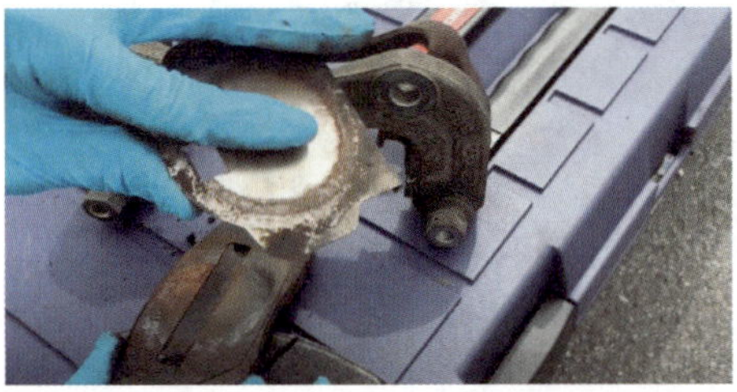

[그림 28] **패드 심 탈거**

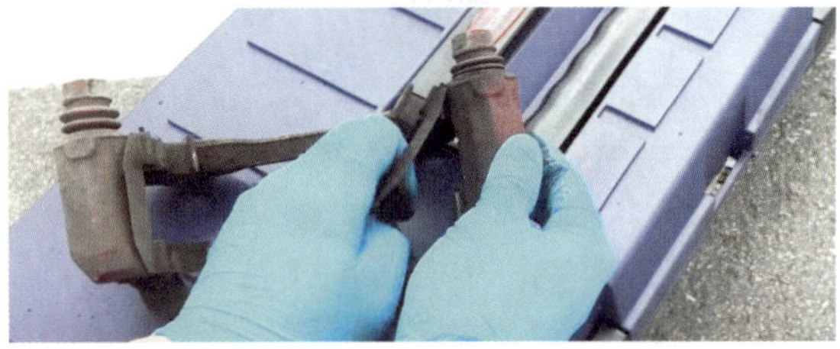

[그림 29] **패드 스프링 탈거**

⑰ 캘리퍼 브래킷에 묻은 분진을 청소하고 부트는 놔두고, 양쪽 가이드 핀만 탈거해서 오염된 구리스를 닦아 준다.

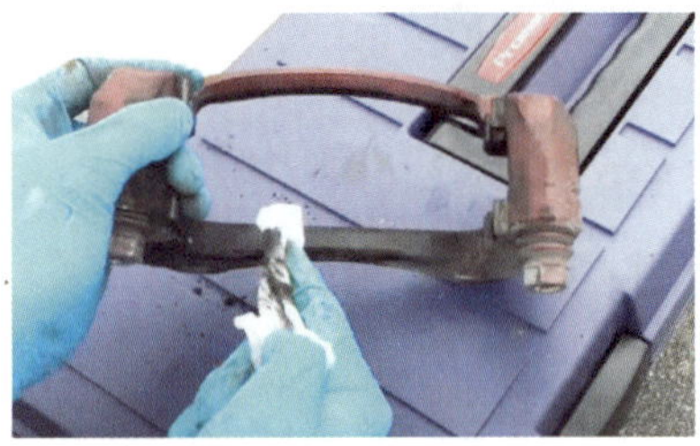

[그림 30] **분진 청소**

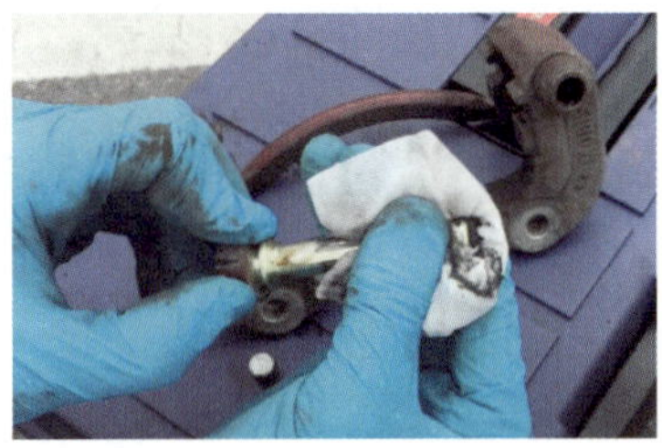

[그림 31] **가이드 핀 청소**

⑱ 캘리퍼 전용 구리스를 가이드 핀에 많이 바르면 안 되고 적당히 발라준다. 캘리퍼 전용 구리스가 없을 때는 일반 구리스를 바른다.

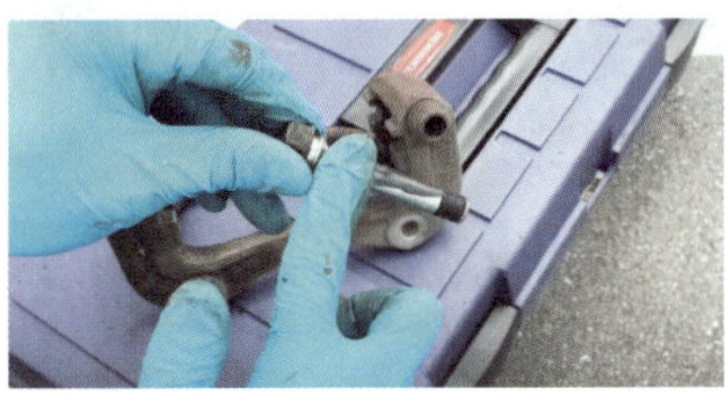

[그림 32] **가이드 핀 구리스 바르기**

⑲ 가이드 핀을 조립하고 부트를 가이드 핀에 끼워주고 작동이 잘되나 눌러본다.

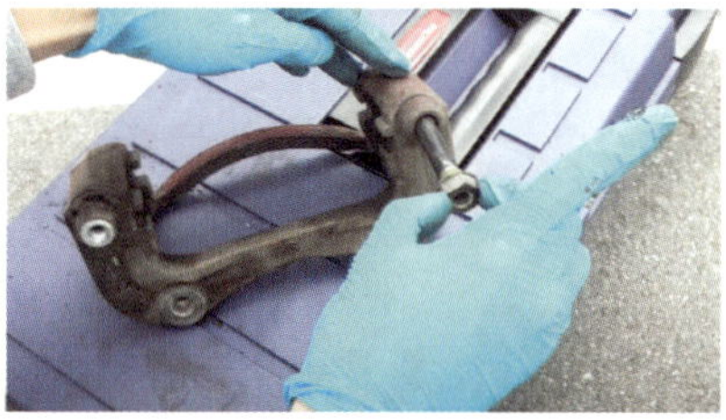

[그림 33] **가이드 핀 조립**

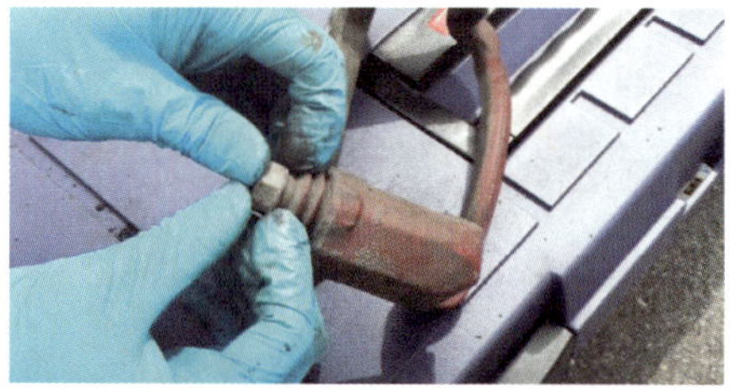

[그림 34] **부트 끼워주기**

⑳ 신품 패드 스프링을 캘리퍼 브래킷에 조립한다.

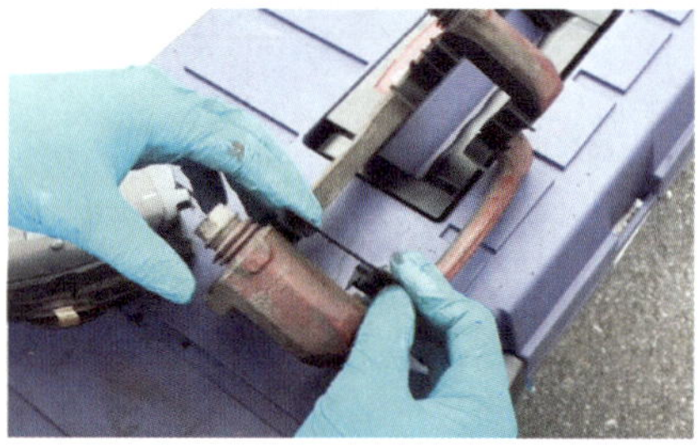

[그림 35] **패드 스프링 조립**

㉑ 캘리퍼 브래킷을 끼워주고 고정나사를 손으로 가체결 하고 라쳇 렌치로 조인 후 토크렌치로 규정토크로 체결한다.

[그림 36] **브래킷 조립**

㉒ 캘리퍼 피스톤을 리턴 시킨다. 볼 조인트 풀러를 사용해도 되고, 피스톤 전용 공구를 사용해도 된다.

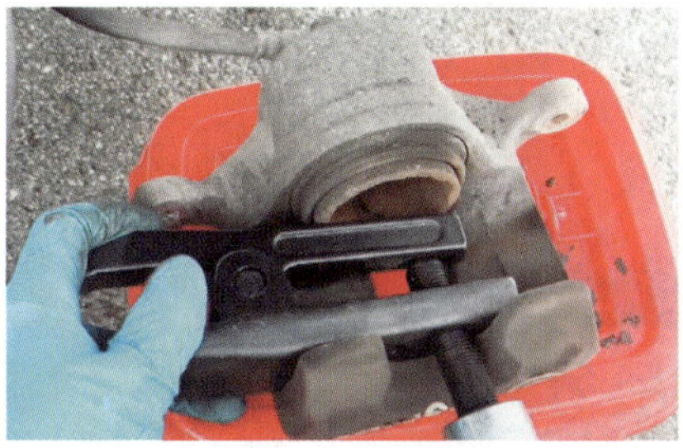

(a) 볼 조인트 풀러 사용

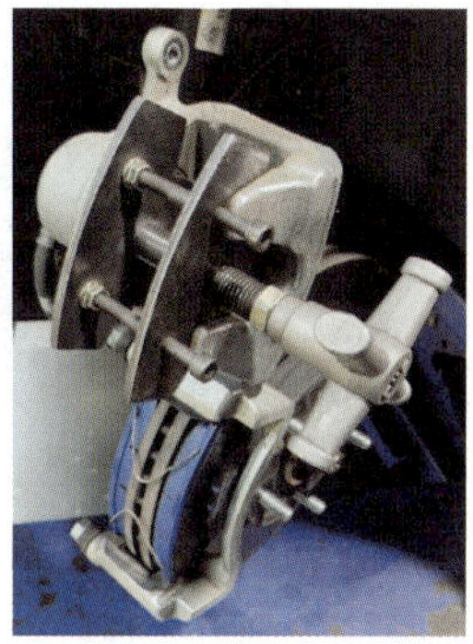

(b) 전용공구 사용

[그림 37] **캘리퍼 피스톤 리턴**

㉓ 패드 심과 인디게이터가 달려 있는 신품 패드가 안쪽으로 들어가게 조립한다. 인디게이터는 패드가 마모 한계 이상 마모되면 디스크와 닿으면서 소음이 발생하기 때문에 그 전에 패드를 교환해 주어야 한다.

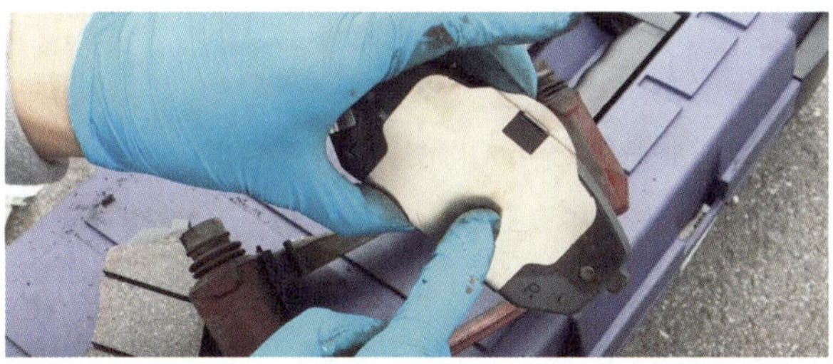

(a) 패드 심

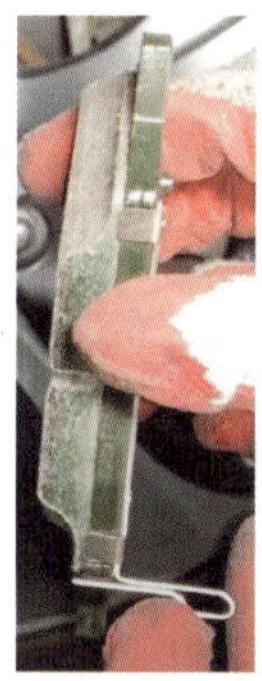

(b) 인디게이터

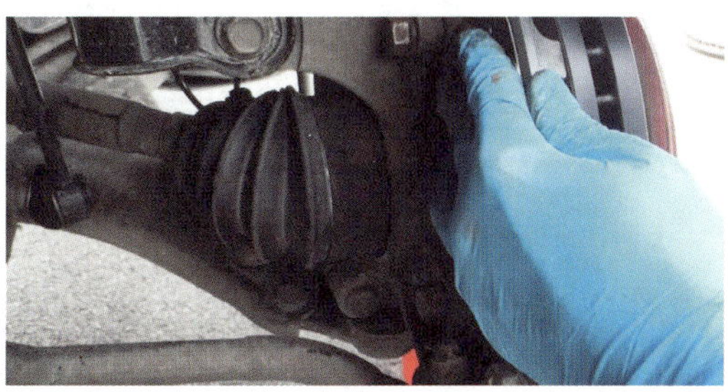

(c) 패드 조립

[그림 38] **신품 패드 조립**

㉔ 바깥쪽 패드도 조립한다.

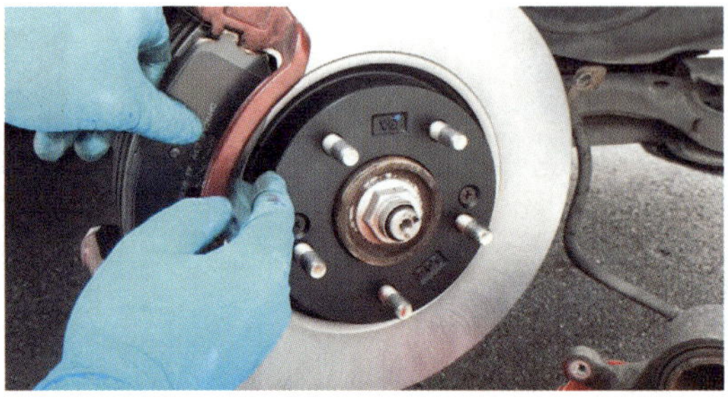

[그림 39] **바깥 쪽 패드 조립**

㉕ 탈거의 역순으로 캘리퍼를 조립하고 고정나사를 규정토크로 체결한다.
㉖ 휠 스피드 센서 배선과 브레이크 호스 고정 볼트도 탈거의 역순으로 조립한다. 클립은 손으로 눌러서 끼운다.
㉗ 반대쪽도 같은 방법으로 디스크와 패드를 교환한다.
㉘ 타이어를 조립하고 자동차를 내린다.
㉙ 시동을 걸고 브레이크 페달이 단단해질 때까지 밟아 준다.

2.2.2. 디스크 브레이크 패드 및 디스크 검사

[1] 디스크 브레이크 패드의 점검

브레이크 패드의 마모한계에 이르면 제동할 때 마모 인디게이터가 디스크와 닿으면서 브레이크 쪽에서 쇠가 긁히는 듯한 소리가 난다. 또한 마모정도에 따라 브레이크에서 비정상적인 진동이 생기기도 하고 패드가 마모된 양 만큼 브레이크액이 줄어든다. 브레이크에 센서를 달아서 마모시 계기판이 램프를 띄워주는 차량도 있다.

① 패드의 마모 또는 오일 오염을 점검하고 필요할 경우 수정 또는 교환한다. 이때 좌우 휠 패드를 동시에 교환해야 하며 브레이크 패드 세트를 섞어 놓거나 바닥에 떨어뜨리지 않도록 해야 한다. 4개의 패드 모두는 완전한 세트로 교환하도록 한다. 브레이크 패드의 마찰재가 3㎜미만일 때 교환하는 것이 좋다.
② 마모 인디케이터의 마모 및 변형을 점검한다.

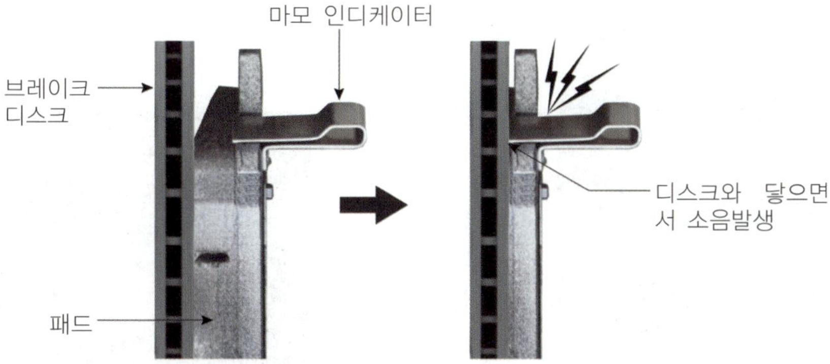

(a) 신품(안쪽패드) (b) 마모된 것

[그림 40] **마모 인디케이터 마모 및 변형점검**

[2] 디스크 런아웃 및 디스크 마모량 점검

(1) 디스크 마모량 점검

디스크 면의 균열, 홈, 긁힘 등에 대하여 점검하고 브레이크 디스크 두께를 외측 마이크로미터 또는 버니어 캘리퍼스 등으로 3군데 이상 측정하여 최소값을 읽는다. 한계값 이상이면 디스크를 교환한다.

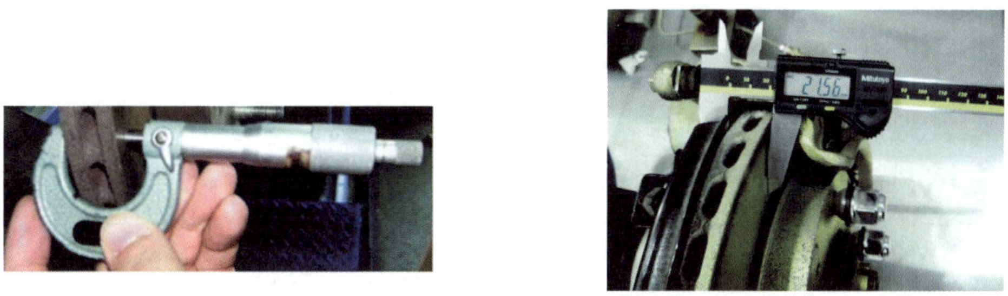

(a) 마이크로미터로 측정시 (b) 버니어 캘리퍼스로 측정시

[그림 41] **디스크 두께 점검**

(2) 디스크 런아웃 점검

다이얼 게이지 탐침을 브레이크 디스크에 수직이 되도록 설치하고 “0” 점 조정 후 디스크를 1회전 시켜 다이얼 게이지 탐침이 총 움직인 값을 읽는다. 한계값 이상일 경우 디스크를 연마 또는 교환한다.

[그림 42] 디스크 런 아웃 점검

[런아웃, 디스크 마모량 규정값 및 한계값]

차종	런아웃 한계값(㎜)	디스크 마모량	
		규정값(㎜)	한계값(㎜)
EF 소나타	0.08 이하	24	22.4
소나타 Ⅲ	0.10 이하	22	20
아반떼 XD	0.18 이하	19	17
그랜저 XG	0.08 이하	24	22.4
베르나	0.05 이하	19	17
누비라	0.06 이하	24	22
레조	0.03 이하	24	22

1. 주어진 자동차(ABS 장착차량)에서 한쪽 브레이크 디스크의 두께 및 흔들림(런아웃)을 점검하여 기록・판정하시오.

항 목	① 측정(또는 점검)		② 판정 및 정비(또는 조치)사항		득 점
	측정값	규정(정비한계)값	판정(□에 "✔" 표)	정비 및 조치할 사항	
디스크 두께			□양호 □불량		
흔들림(런아웃)					

2.3. ABS 패드 탈거

① 타이어를 탈거한다.

② 가이드 볼트를 탈거하고 캘리퍼를 탈거한다.

③ 패드를 탈거하고 패드 스프링을 탈거한다.

④ 피스톤에는 두부 상에 홈이 2개 있는 것과 또는 4개가 있는 것이 있다. 피스톤의 홈의 방향은 아래 그림처럼 1점 쇄선의 방향으로 해주면 된다. 패드에 난 돌기가 피스톤의 홈과 일치해야 한다.

[그림 43] ABS 라이닝과 피스톤

⑤ 패드교환 전용 툴로 피스톤을 시계방향으로 돌려준다. 전용 툴이 없으면 라디오 펜치를 이용해 양쪽 홈에 걸고 힘껏 눌러가면서 시계방향으로 돌린다. 피스톤에 홈이 없으면 드라이버 등으로 밀어 넣으면 들어가지만, 피스톤 상부에 홈이 있다면 절대 드라이버 등으로 강제로 밀어 넣으면 안 된다. 안이 나사타입으로 되어있어 나사가 손상이 될 수 있다.

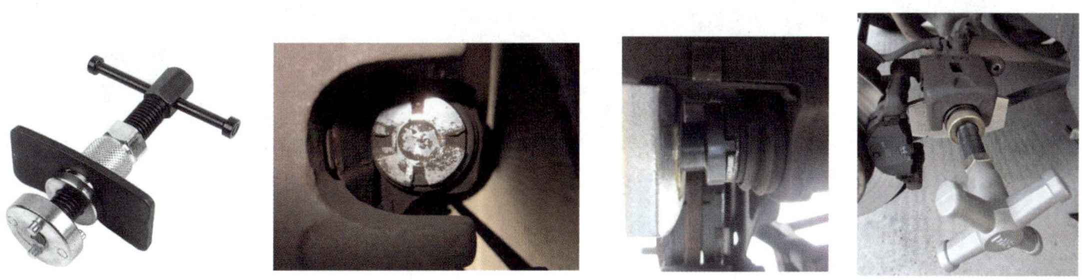

(a) ABS 전용공구 (b) 캘리퍼 피스톤 (c) 전용공구 설치 (d) 피스톤 밀어 넣기

[그림 44] ABS 전용공구로 피스톤 밀어 넣기

⑥ 패드가 리턴 되기 위한 스프링을 조립한다.

⑦ 신품 패드를 조립해 준다. 패드 한 쌍 중 한쪽에만 돌기가 돌출되어 있는데, 그

부분이 피스톤 쪽(안쪽)으로 향해야 한다.

⑧ 캘리퍼를 조립한다.

⑨ 타이어를 조립한다.

⑩ 반대쪽 브레이크 패드도 같은 방법으로 교환한 후 시동을 걸고 브레이크 페달이 단단해질 때까지 밟아 준다.

2.4. 전자파킹 브레이크(EPB) 패드 교환

2.4.1. 스캐너 사용하여 교환하는 방법

① 스타트 버튼을 두 번 눌러 주면 KEY는 ON이 된다.

[그림 45] KEY ON

② 브레이크를 밟고 변속기 레버를 D에 놓는다. 그 상태에서 스타트버튼을 꾹 누른다. 그러면 계기판에 "변속레버를 P에 위치해 주십시오"라는 화면이 뜨면 변속레버를 P에 놓는다.

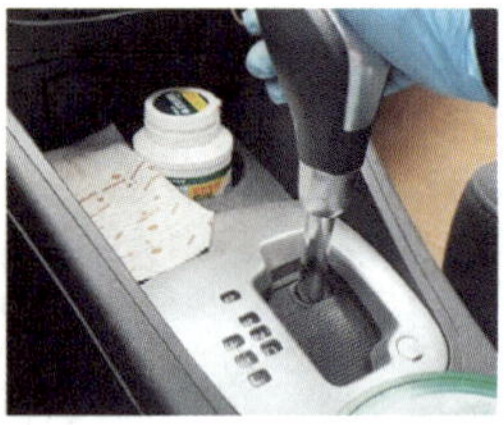

[그림 46] 변속레버 P에 설정

③ 스캐너를 설치하고 전원을 ON한다 → 샵 메니저 클릭 → 차량기록 클릭 → 차종선택 클릭 → 진단 클릭 → 진단프로그램 초기화 클릭 → 핫평선 클릭 → 전자식 파킹 브레이크 클릭 → 차량통신 진행중 클릭 → 브레이크 패드를 교환 하세요 클릭

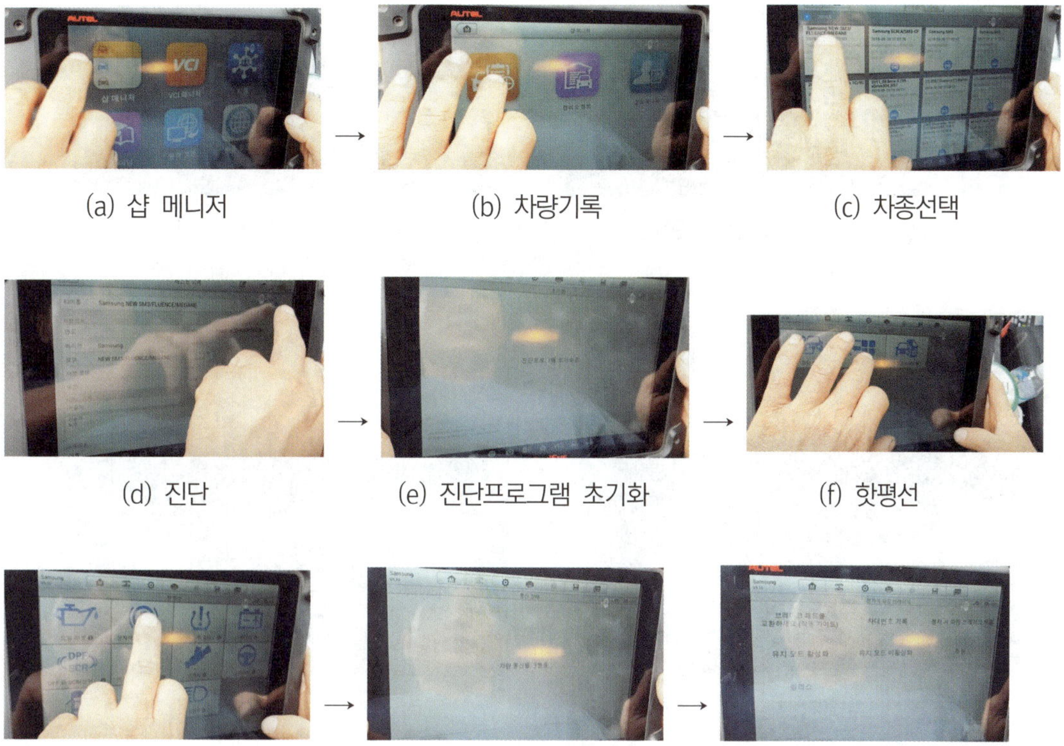

(a) 샵 메니저 → (b) 차량기록 → (c) 차종선택

(d) 진단 → (e) 진단프로그램 초기화 → (f) 핫펑선

(g) 전자식 파킹 브레이크 → (h) 차량통신 진행 중 → (i) 브레이크 패드를 교환 하세요

[그림 47] 진단기 사용법

④ 아래 그림과 같은 화면이 뜨고 계기판에 "브레이크 이상이 있습니다" 표시가 되면 이 상태로 작업을 한다.

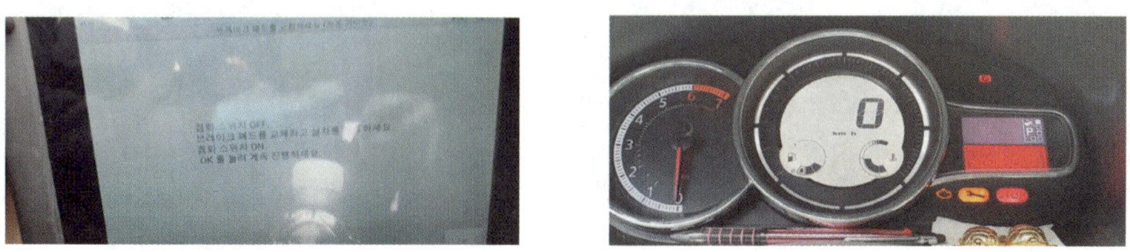

[그림 48] "주차 브레이크 이상이 있습니다" 표시

⑤ 타이어를 돌려봐서 전채 파킹이 해제되는 것을 확인하고 타이어를 탈거한다.

⑥ 가이드 볼트를 탈거한다.

⑦ 캘리퍼를 탈거한다.

[그림 49] 가이드 볼트 탈거

[그림 50] 캘리퍼 탈거

⑧ 브레이크 패드를 탈거한다.
⑨ 패드 스프링을 탈거한다.

[그림 51] 브레이크 패드 탈거

[그림 52] 패드 스프링 탈거

⑩ 실린더 안에 윤활제를 뿌려준다.
⑪ 피스톤 전용 공구를 시계방향으로 돌려서 캘리퍼 피스톤을 리턴 시키고 전용 공구를 탈거한다.

[그림 53] 윤활제 삽입

[그림 54] 피스톤 리턴

⑫ 에어로 불어서 분진가루를 청소해 준다.
⑬ 패드 스프링을 장착한다.

[그림 55] 분진가루 청소

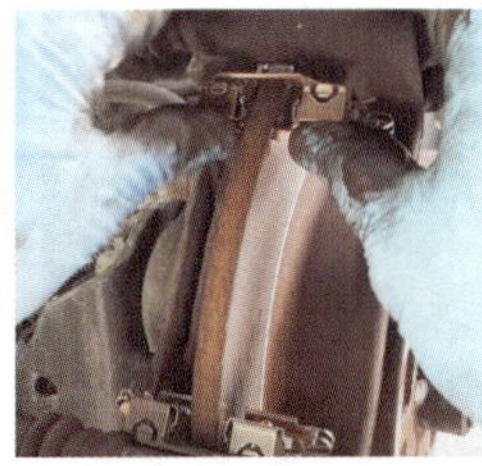

[그림 56] 패드 스프링 장착

⑭ 브레이크 패드를 비스듬히 넣으면서 조립한다.
⑮ 캘리퍼를 조립한다.

[그림 57] 패드 조립

[그림 58] 캘리퍼 조립

⑯ 가이드 볼트를 장착하고 규정토크로 조인다.
⑰ 케이블 조립 및 확인을 한다.

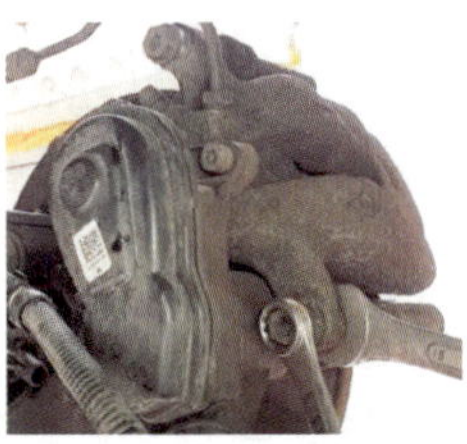

[그림 59] 가이드 볼트 장착

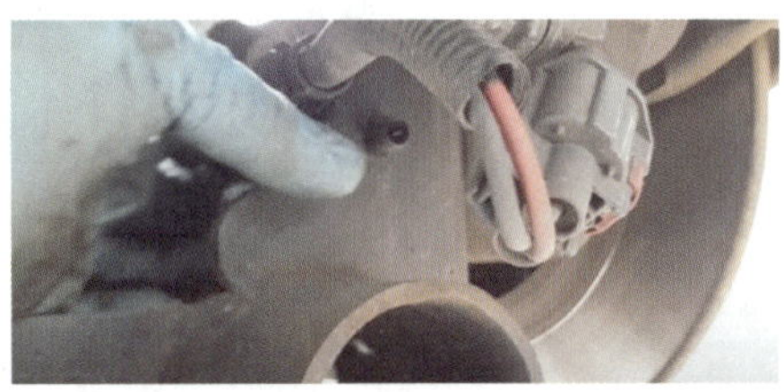

[그림 60] 케이블 조립 확인

⑱ 타이어를 조립한다.
⑲ 조립 후 아래 화면에서 스캐너 OK 버튼을 누른다. “서비스 위치에서 나갑니다” 화면이 뜨면서 작동 되는 소리가 들린다.

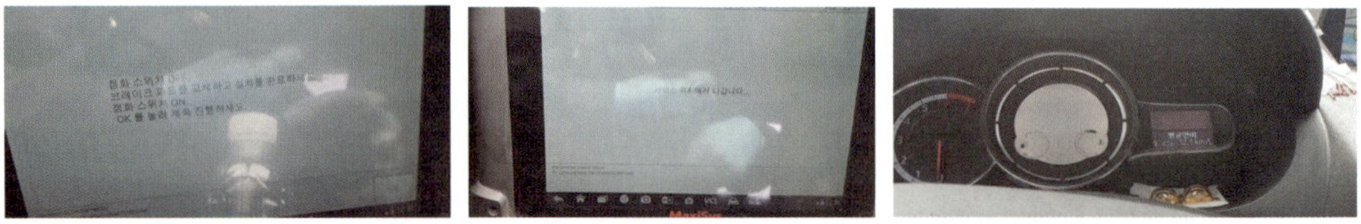

[그림 61] 작업완료

⑳ “파킹브레이크를 적용하세요” 화면이 뜨면 시동을 걸고 작동상태를 점검하면 뒤에서도 작동 되는 소리가 들린다.

[그림 62] 작동상태 점검

2.4.2. 스캐너 없이 교환하는 방법

① 차량을 들어 올려서 타이어를 탈거한다.

② 스타트 버튼을 두 번 눌러 주면 KEY는 ON이 된다.

[그림 63] KEY ON

③ 브레이크를 밟고 변속기 레버를 D에 놓는다. 그 상태에서 스타트버튼을 꾹 누른다. 그러면 계기판에 “변속레버를 P에 위치해 주십시오”라는 화면이 뜨면 변속레버를 P에 놓는다.

[그림 64] 변속레버 P에 위치

④ 사이드 브레이크를 풀어준 상태에서 작업을 한다. 지금까지 작업이 어려우면 그냥 시동 걸고 사이드 풀고 작업하면 된다.

[그림 65] **사이드 브레이크 해제**

⑤ 패드를 교환할 캘리퍼에 있는 커넥터에서 빨간 거를 뒤로 좀 밀어 주고 눌러주면서 커넥터를 탈거한다.

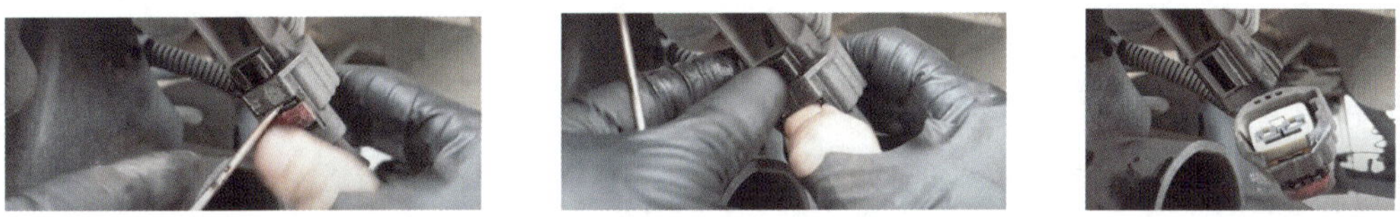

(a) 빨간 부분 뒤로　　(b) 눌러주고　　(c) 커넥터 탈거

[그림 66] **커넥터 탈거 방법**

⑥ 빨간 선은 (+)선이고 검정선은 (-)선인데 반대로 배터리 전기를 준다. 모터가 돌아가는 소리 나면 멈춘다.

[그림 67] **배터리 역으로 공급**

⑦ 가이드 고정 볼트를 탈거한다.
⑧ 캘리퍼를 탈거한다.
⑨ 피스톤을 밀어서 넣는다.

[그림 68] **피스톤 밀어서 넣기**

⑩ 피스톤이 들어가다 덜 들어가면 한번더 모터를 돌려준다. 배터리 전기를 반대로 주어 모터가 돌아가는 소리 나면 멈추면 된다.
⑪ 패드를 탈거한다.
⑫ 패드 스프링을 탈거한다.
⑬ 에어로 분진가루를 청소해 준다.
⑭ 패드 스프링을 조립한다.
⑮ 브레이크 패드를 조립한다.
⑯ 캘리퍼를 조립한다.
⑰ 가이드 고정 볼트를 체결한다.
⑱ 커넥터를 조립한다. 빨간 부분을 밀어 넣는다. 잘 안 들어가니까 힘껏 밀어 넣어 준다.
⑲ 시동을 걸어 주고 브레이크를 몇 번 밟아 준 상태에서 파킹을 풀었다 놨다를 5~6번 하면 된다.
⑳ 사이드를 풀고 바퀴가 잘 회전하는지 확인한다.
㉑ 브레이크 밟고 사이드를 당겨서 채운다. 스위치에 불이 들어온다.
㉒ 뒷바퀴 사이드가 작동하여 바퀴가 회전이 안 되는지 확인한다.
㉓ 타이어를 조립하고 차량을 내린다.

03 캘리퍼 교환

3.1. 캘리퍼 탈 · 부착

① 차량을 리프트에 진입시키고 차량을 들어올린다.

② 타이어를 탈거한다. 바퀴를 탈거한 후 작업하기 좋도록 허브를 돌려놓는다.

③ 바이스 플라이어를 사용하여 브레이크 파이프를 물어준다.

[그림 69] 허브를 돌려놓는다

[그림 70] 바이스 플라이어로 파이프 물기

④ 브레이크 파이프 고정 볼트를 탈거한다. 브레이크 캘리퍼의 파이프에 동 와셔가 끼워져 있으므로 분실하지 않도록 한다.

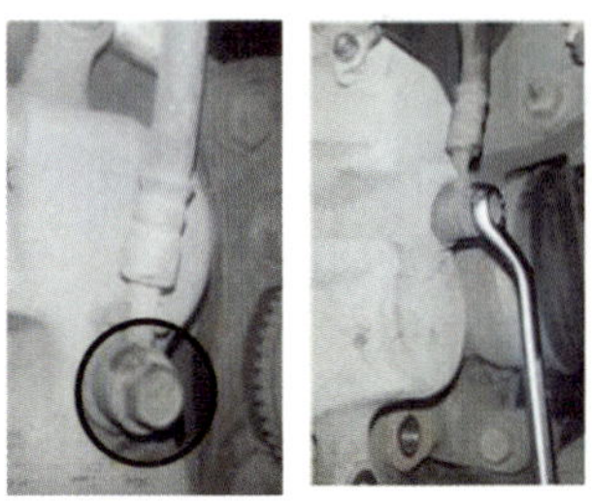

[그림 71] 파이프 고정 볼트 탈거

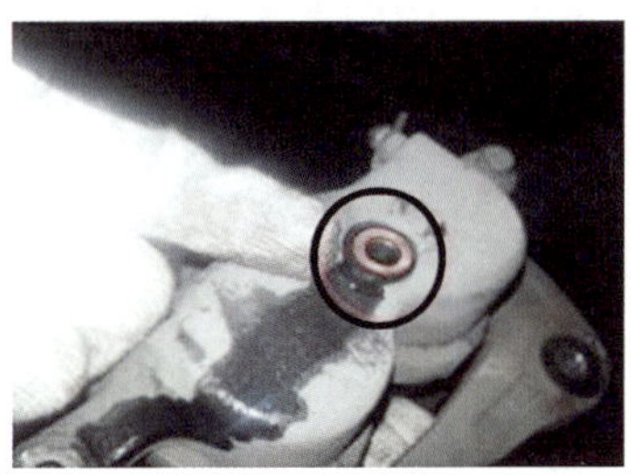

[그림 72] 동 와셔

⑤ 캘리퍼 피스톤 하단의 가이드 볼트를 탈거한다.

⑥ 캘리퍼 피스톤을 위로 들어올리고, 브레이크 패드를 탈거한다.

⑦ 브레이크 캘리퍼 브래킷 고정 볼트 2개를 풀고 캘리퍼를 탈거한다.
⑧ 신품 캘리퍼는 탈거의 역순으로 조립하고 에어빼기를 한다.

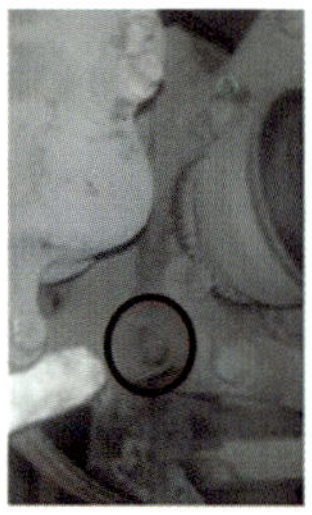
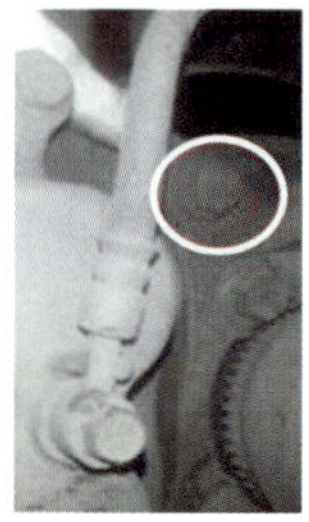

[그림 73] **브래킷 고정 볼트 탈거**

3.2. 캘리퍼 검사

① 캘리퍼의 마모, 손상, 균열 및 먼지를 점검한다.
② 피스톤의 먼지, 손상, 균열 및 외측면 마모를 점검한다.
③ 슬리트 및 핀의 마모와 먼지를 점검한다.
④ 패드 스프링 및 부트의 손상을 점검한다.
⑤ 캐리어의 손상, 먼지, 마모 및 균열을 점검한다. 이 때 피스톤 면에 샌드페이퍼를 사용하지 않도록 한다. 모든 고무 부품은 신품으로 교환하도록 한다.

04 드럼 브레이크(drum brake) 라이닝 교환

4.1. 탈거

① 차량을 리프트에 진입시키고 들어 올린다.

② 휠 및 타이어를 탈거한다.

③ ⊕드라이버(또는 전용 해머 드라이버)를 이용하여 드럼 고정 피스를 탈거한다.

④ 드럼을 해머로 가볍게 두드리며 드럼을 탈거한다.

[그림 74] 고정 피스 탈거

[그림 75] 드럼 탈거

⑤ 슈 홀드 다운핀이 밀리지 않도록 배킹판 쪽에서 한손으로 슈 홀드 다운핀을 눌러주면서 플라이어를 사용하여 홀드다운스프링 리테이너를 잡고 누른 상태에서 돌려 컵 와셔, 슈 홀드 다운 스프링, 슈 홀드 다운핀을 탈거한다. 이때, 리테이너를 잘못 잡아 튕겨져 나가는 경우가 있으니 주의하며 탈거한다.

[그림 76] 홀드다운 스프링 탈거

⑥ 상부 리턴스프링을 벌려 탈거한다.
⑦ 자동 조정 스프링 및 간극조절 스톱퍼를 탈거한다.
⑧ 슈 어저스터를 탈거한다.

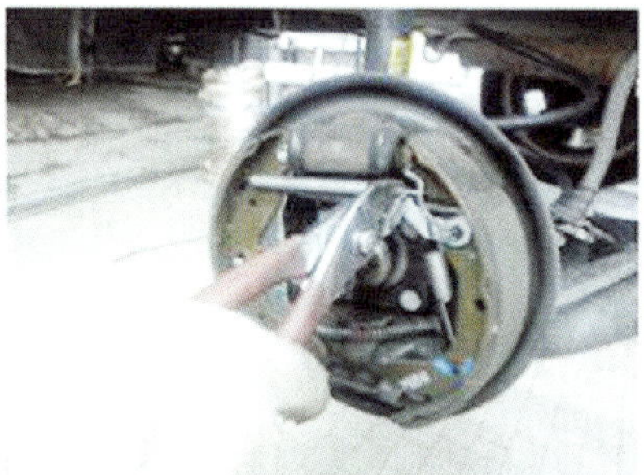

[그림 77] **상부 리턴 스프링 탈거**

[그림 78] **슈 어저스터 탈거**

⑨ 하부 리턴 스프링을 탈거한다.
⑩ 다른 한쪽 홀드다운 스프링 역시 탈거한다.
⑪ 주차브레이크 레버에서 주차브레이크 케이블을 탈거한다.

[그림 79] **하부 리턴 스프링 탈거**

[그림 80] **주차브레이크 케이블 탈거**

4.2. 조립

① 신품 라이닝 주차브레이크 레버에 주차브레이크 케이블을 연결한다.
② 라이닝 홀드다운 스프링으로 한쪽 라이닝을 고정한다.
③ 하부 리턴스프링을 먼저 걸고 다른 한쪽의 라이닝을 백 플레이트에 안착시킨 후 홀드다운스프링으로 라이닝을 고정시킨다.
④ 슈 어저스터를 끼우고 간극조절 스톱퍼를 끼운다.

⑤ 간극조절 스톱퍼 스프링 및 상부 리턴스프링을 끼운다.
⑥ ⊖드라이버를 사용하여 적절히 드럼을 끼워가며 드럼이 빽빽하게 들어갈 정도로 간극을 조정한다.

[그림 81] **간극조절 스톱퍼 조립**

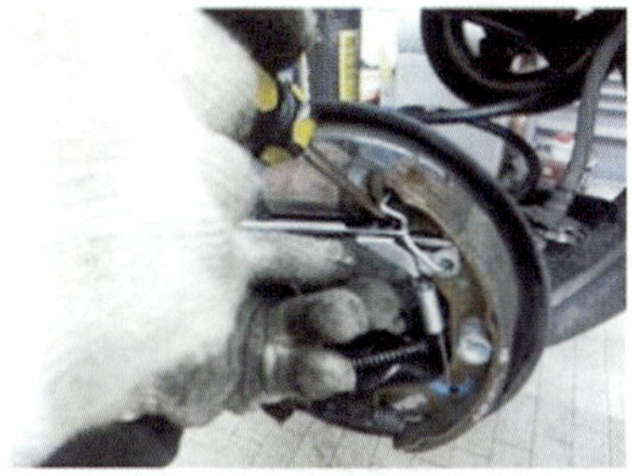

[그림 82] **간극 조정**

⑦ 고정 볼트 홈을 맞춰 브레이크 드럼을 끼운다.
⑧ ⊕드라이버를 사용하여 브레이크 드럼 고정 볼트를 체결한다.
⑨ 바퀴를 장착하고, 차량을 하강시킨다.

05 휠 실린더(wheel cylinder) 교환

① 차량을 리프트에 진입시키고 들어 올린다.
② 타이어를 탈거한다.
③ 드라이버를 이용하여 드럼 고정 피스를 탈거한다.
④ 드럼을 해머로 가볍게 두드리며 드럼을 탈거한다.
⑤ 브레이크 파이프 호스에 헝겊 등으로 감싸서 호스가 손상가지 않도록 바이스 플라이어를 사용하여 물어놓는다.

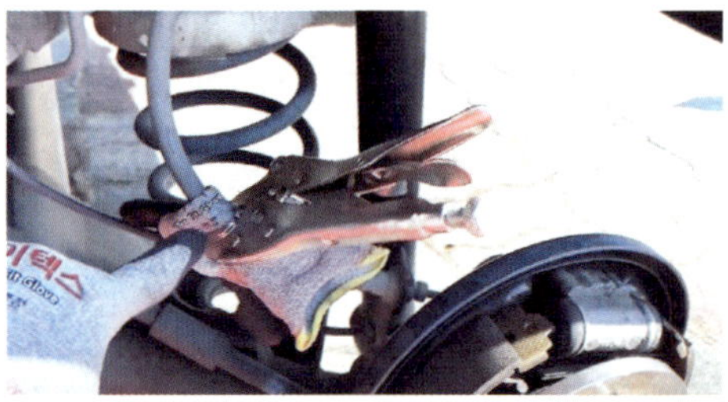

[그림 83] 바이스 플라이어로 브레이크 파이프 호스 물리기

⑥ 허브 캡을 탈거한다.

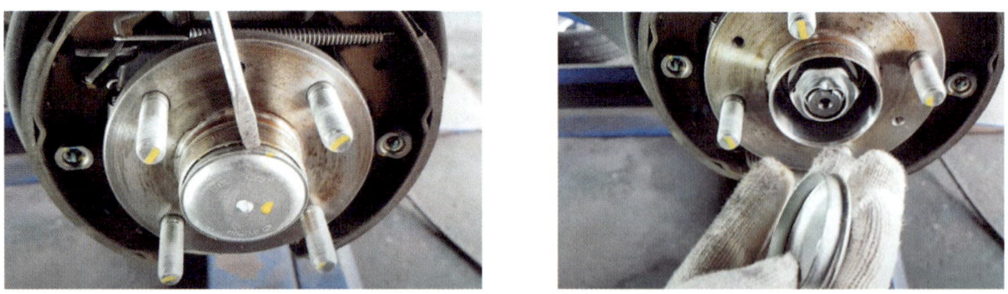

[그림 84] 허브 캡 탈거

⑦ 허브 32㎜ 볼트를 임팩으로 탈거한다.

⑧ 허브를 탈거한다.

[그림 85] **허브 볼트 탈거**

[그림 86] **허브 탈거**

⑨ 플라이어로 상부 리턴 스프링을 탈거한다.

[그림 87] **상부 리턴 스프링 탈거**

⑩ 플라이어로 자동 조정 스프링과 간극조절 스톱퍼를 탈거한다.

[그림 88] **자동 조정 스프링 및 간극조절 스톱퍼 탈거**

⑪ 플라이어를 사용하여 슈 홀드다운 스프링을 탈거한다. 한손으로는 슈 홀드 다운 핀이 뒤로 밀리지 않도록 백 플레이트 뒷면에서 핀을 눌러주고 한손으로는 슈 홀드 다운 핀 컵 와셔를 플라이어를 이용하여 눌러가면서 돌려서 슈 홀드 다운 핀에서 분리시켜 슈 홀드 다운 스프링과 함께 탈거한다.

[그림 89] 슈 홀드다운 스프링을 탈거

⑫ 반대 쪽 슈 홀드다운 스프링도 같은 방법으로 탈거한다.

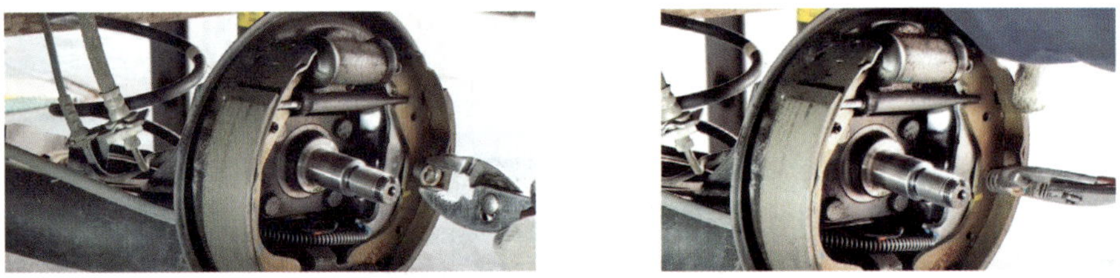

[그림 90] 반대 쪽 슈 홀드다운 스프링을 탈거

⑬ 브레이크 라이닝을 탈거한다. 슈 어저스터 및 하부 리턴스프링도 같이 탈거한다.
⑭ 주차브레이크 케이블을 탈거한다.

[그림 91] 라이닝 탈거

[그림 92] 주차브레이크 케이블을 탈거

⑮ 라이닝을 탈거하지 않고 휠 실린더 교환 작업할 수 있는 차량은 라이닝을 탈거를 하지 않는다.
⑯ 백 플레이트 뒷면의 휠 실린더에 연결된 브레이크 파이프 및 휠 실린더 고정 볼트를 탈거한다.

[그림 93] **고정 볼트 탈거**

[그림 94] **파이프 탈거**

⑰ 신품 휠 실린더 고정 볼트와 브레이크 파이프를 연결하고 브레이크 라이닝을 조립한다.
⑱ 라이닝 간극을 조절하면서 브레이크 드럼을 조립한다.
⑲ 브레이크 호스에 물어 놓았던 바이스 플라이어를 제거한다.
⑳ 드라이버를 이용하여 드럼 고정 피스를 체결한다.
㉑ 바퀴를 끼우고 휠 너트를 손으로 충분히 돌린 후 휠 고정너트를 체결한다.
㉒ 에어빼기를 한 후 차량을 하강시킨다.

06 브레이크 에어빼기

6.1. 브레이크계통 에어빼기작업

① 차량을 리프트로 상승시킨다.

② 공기빼기 작업을 위해 캘리퍼 및 휠 실린더의 에어브리더 스크류에 브레이크 액이 외부로 튀는 것을 방지하기 위하여 투명 튜브를 끼고 한쪽 끝은 용기에 담는다.

[그림 95] 앞바퀴 에어브리더 스크류

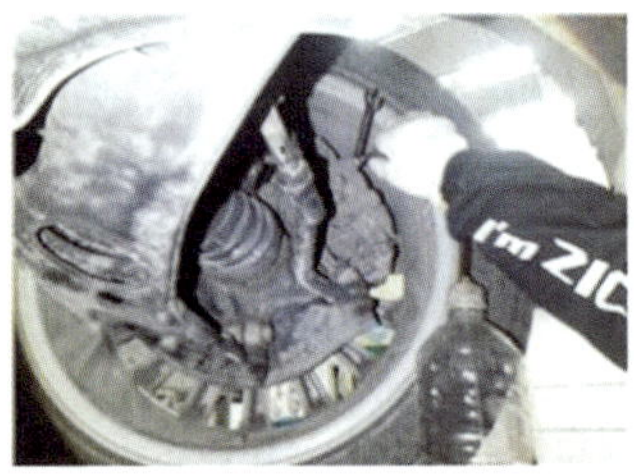

[그림 96] 앞바퀴 투명 튜브 설치

[그림 97] 뒤 바퀴 투명 튜브 설치

[그림 98] 오일 보충

③ 브레이크 오일 캡을 열어 브레이크액을 채운다.

④ 차량을 들어 올린 후 1명은 운전석에 앉아 브레이크 페달을 여러 번 나누어 밟아 잔압이 형성되도록 한 후 브레이크를 밟은 상태에서 차량 아래쪽 사람에게 신호한다.

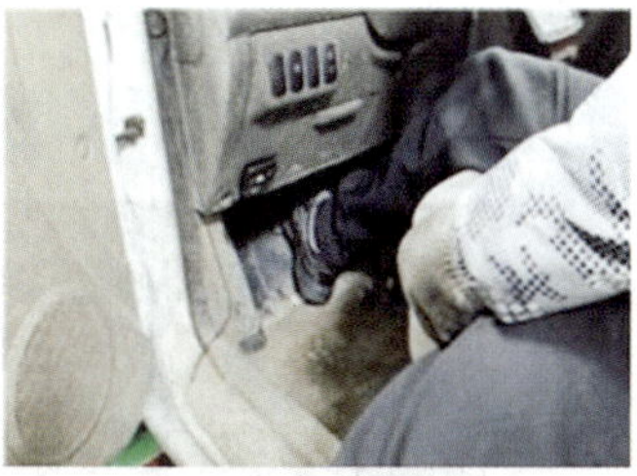

[그림 99] 브레이크페달 밟기

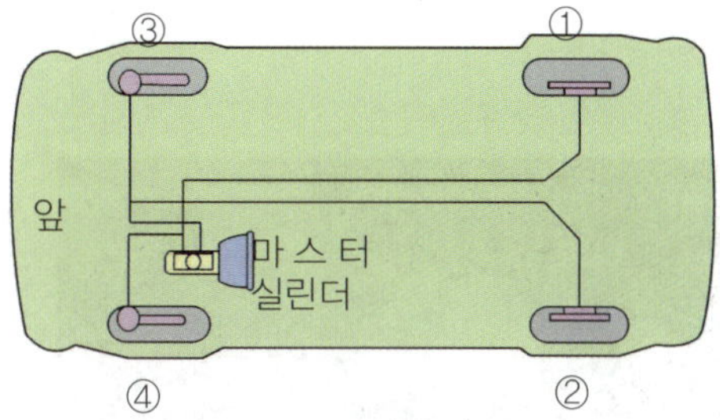

[그림 100] 공기빼기 순서

⑤ 신호를 받은 차량 아래쪽 사람은 캘리퍼 또는 휠 실린더의 에어브리더 스크류를 돌려 공기를 배출하고 잠근 후 운전석 사람에게 신호를 준다. 계통내의 공기가 모두 빠질 때 까지 ③번부터 ⑤번 항목을 수차례 반복하여 모든 바퀴의 에어빼기를 한다.

⑥ 공기빼기는 마스터 실린더에서 먼 곳 부터 실시한다.

⑦ 공기빼기가 완료 되면 에어빼기 호스를 제거하고 에어브리더 스크류를 고정한 다음 유압계통에 오일누출 유무를 점검한다.

⑧ 브레이크 오일 탱크에 규정의 오일량으로 보충한다.

⑨ 리프트를 하강 시킨다.

6.2. 브레이크 오일교환기 사용법

① 신유통에 새 브레이크액을 가득 채운다.

[그림 101] 신유 통에 브레이크액 채우기

② 자동차 리저브 탱크에 맞는 아답타를 장착하고 주입호수를 연결한다.

[그림 102] 리저브 탱크에 아답타 장착

[그림 103] 주입호수를 연결

③ 장비의 전원공급 케이블을 차량에 연결한다.

④ 신유 주입 버튼을 누른다.

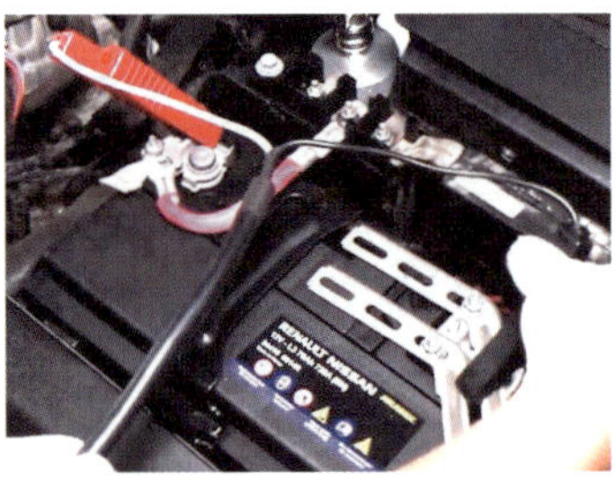

[그림 104] 장비 전원연결

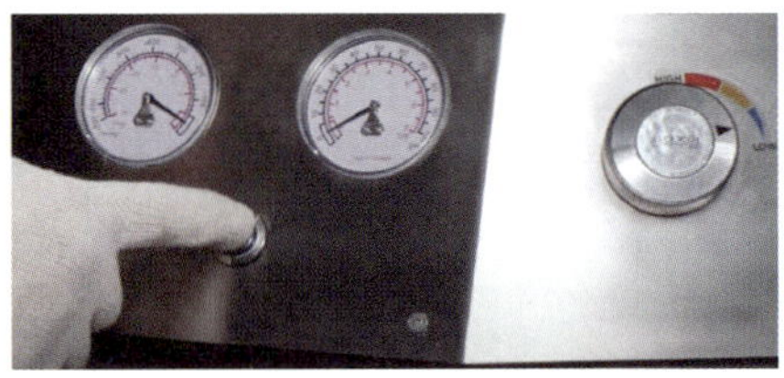

[그림 105] 신유 주입 버튼 작동

⑤ 적정 압력을 세팅한다.

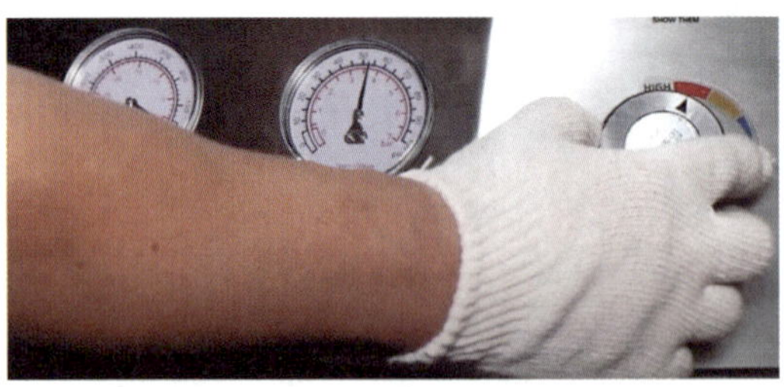

[그림 106] 적정 압력 세팅

⑥ 에어밸브를 연결 하고 에어밸브를 연다.

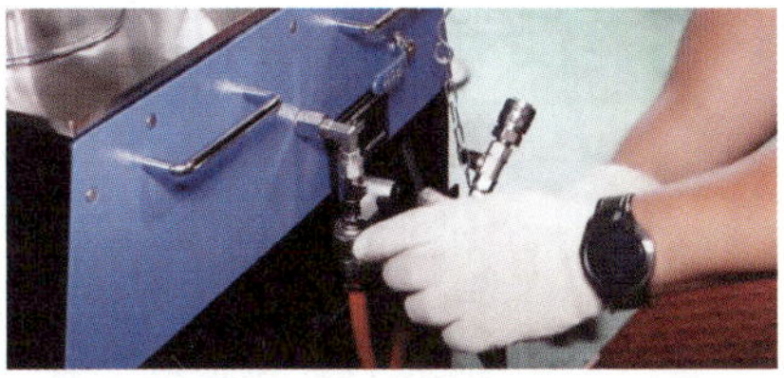

[그림 107] 에어호스 연결

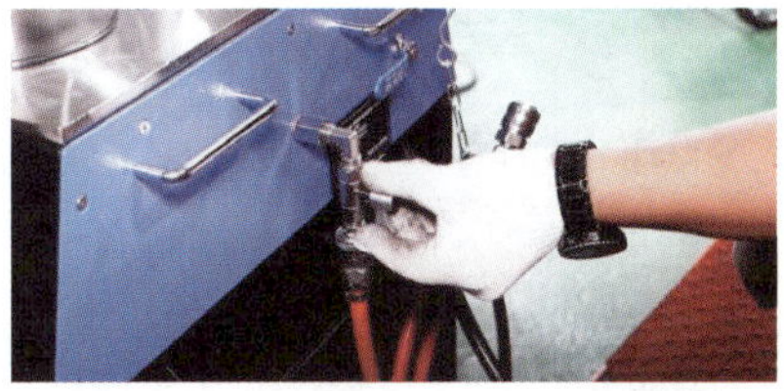

[그림 108] 에어밸브 개방

⑦ 석션 밸브를 연다.

[그림 109] 석션 밸브 열기

⑧ 자동차 조수석 뒷바퀴부터 운전석 앞바퀴까지 에어브리더 스크류를 돌려 맑은 브레이크액이 나올 때 까지 교환한다.

[그림 110] 오일 교환

⑨ 차량에서 아답타를 제거하고 리저버 탱크 캡을 닫고 장비를 철수시킨다.

6.3. ABS의 에어빼기 작업

6.3.1. 에어빼기 기본 작업

ABS에서는 특별한 에어빼기 과정은 없고, 일반 브레이크장치의 공기빼기와 동일한 방법으로 하면 된다.

① 오일탱크 캡을 연 후 브레이크 탱크에 브레이크 오일을 채운다.
② 휠 실린더 공기빼기나사에 비닐 튜브를 연결한 후 브레이크 오일 용기에 튜브를 끼운다.
③ 브레이크 페달을 여러 번 천천히 밟는다.
④ 브레이크 페달을 완전히 밟았을 때 브레이크 오일이 모두 빠질 때까지 공기빼기 나사를 푼 후 공기빼기 나사를 잠근다.
⑤ 브레이크 오일에 거품이 생기지 않을 때까지 ③, ④과정을 반복한 다음 공기빼기 나사를 조인다.
⑥ 각 바퀴에 위의 과정을 순서에 맞추어 반복 작업을 한다.

6.3.2. ABS 모듈 교환 후 에어빼기 작업

마스터 실린더나 ABS 모듈 교환 시에는 무조건 스캐너를 이용하여 ABS 펌프를 강제 구동하여 에어빼기 작업을 해야 하며 브레이크 답력이 예전과 다를 때 한번 씩 해주면 좋다. 시동이나, 키 ON 상태로 스캐너를 이용하여 ABS 모듈레이터 에서 마스터까지 역으로 에어를 제거하는 방법과 스캐너를 이용하여 모듈에서 에어를 빼면서 하는 방법이 있다. 차종마다 에어빼기 방법이 약간 씩 틀리기 때문에 자기진단기에서 지시하는 데로 실행해야 한다.

① 제조사 선택 → 차종선택 → 차종연식 선택 → 엔진종류 선택 → 제동제어 선택하고 확인버튼을 누른다 → 부가기능 선택 → HCU 공기빼기 선택

→
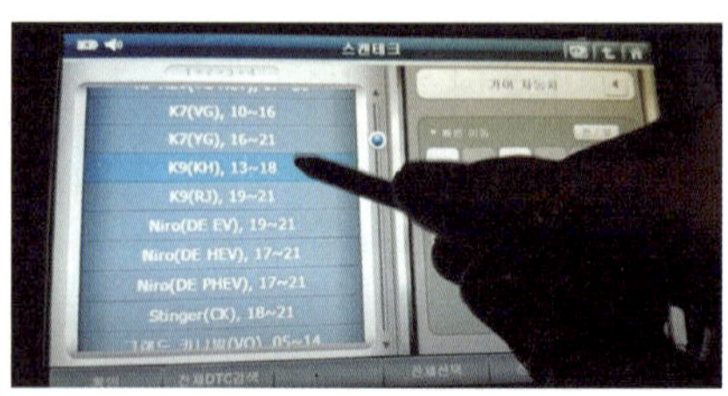

→

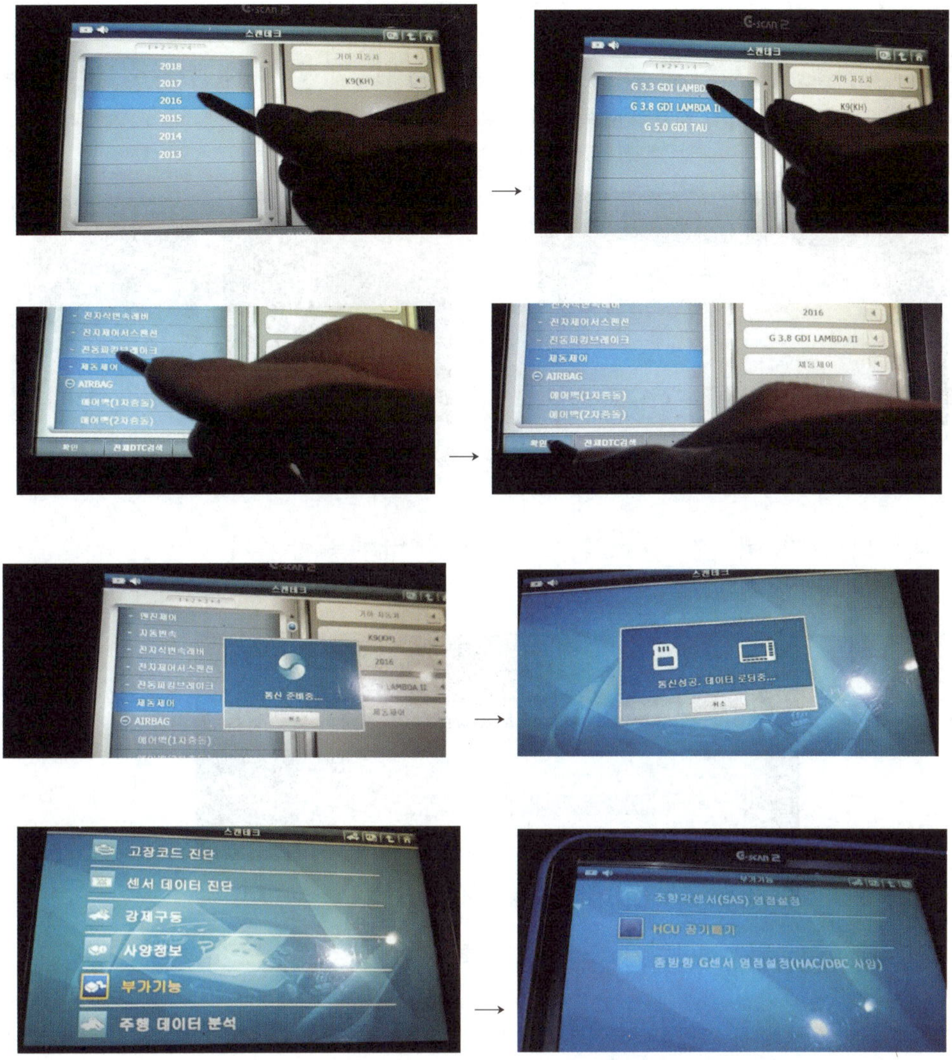

[그림 111] 스캐너 사용법

② 아래 화면이 나오고 준비가 다되었으면 확인 버튼을 누른다.

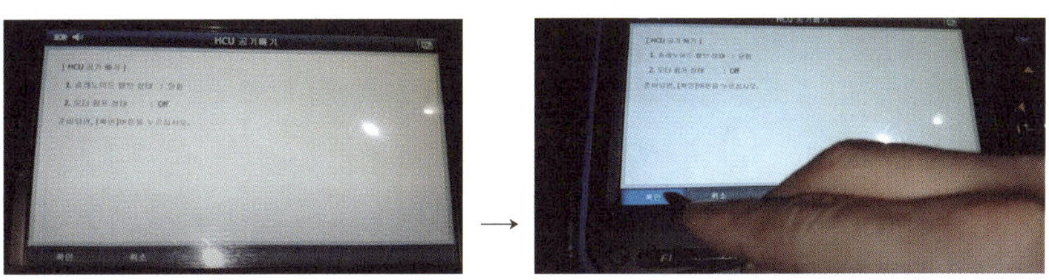

[그림 112] HCU 공기빼기 확인버튼 선택

③ 모터소리가 날 때 이때 브레이크페달을 밟아서 브레이크페달이 반력 없이 전진되면 브레이크 페달을 놓는 작업을 60초 동안 약 10여회 반복적으로 정확하게 실시한다. 이렇게 해야지만 모듈 내부의 에어가 빠진다.

[그림 113] 브레이크 페달 작동시키며 모듈 에어빼기

④ 모듈내부의 공기 빼기가 완료되었으면 확인 버튼을 누른다.

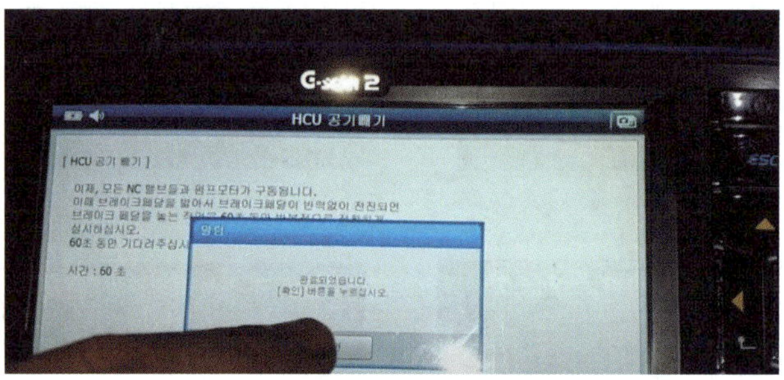

[그림 114] ABS 모듈 에어빼기 완료

⑤ ABS 모듈 에어빼기 작업이 완료되면 브레이크 에어빼기를 자동 또는 수동으로 타이어 쪽에서 다시 에어빼기를 실행한다. 실행 순서는 RR - FL - RL - FR 순서로 하면 된다.

07 마스터 실린더 교환

① 브레이크오일 레벨센서의 커넥터를 탈거한다.

② 오일탱크에서 브레이크오일을 배출시킨다.

③ 마스터 실린더에서 브레이크 파이프를 분리하고 플러그를 설치한다. 도장 면에 브레이크 오일이 묻었을 때는 즉시 세척한다.

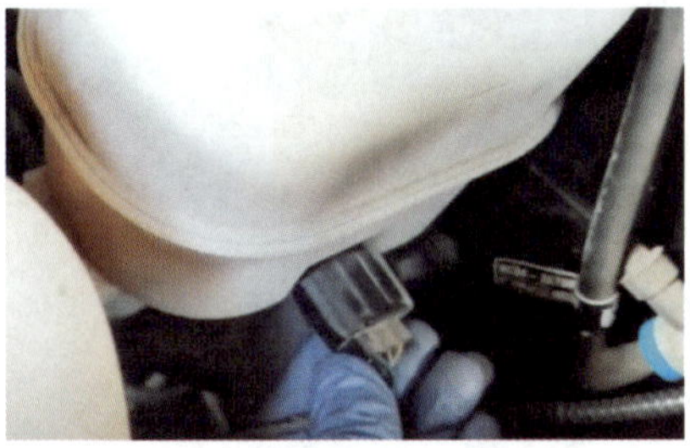

[그림 115] 레벨센서 커넥터 탈거

[그림 116] 파이프 탈거

④ 마스터 실린더 고정 너트를 풀고 프로 포셔닝밸브 설치 브래킷을 떼어낸 다음 마스터 실린더를 들어 올려 탈거한다.

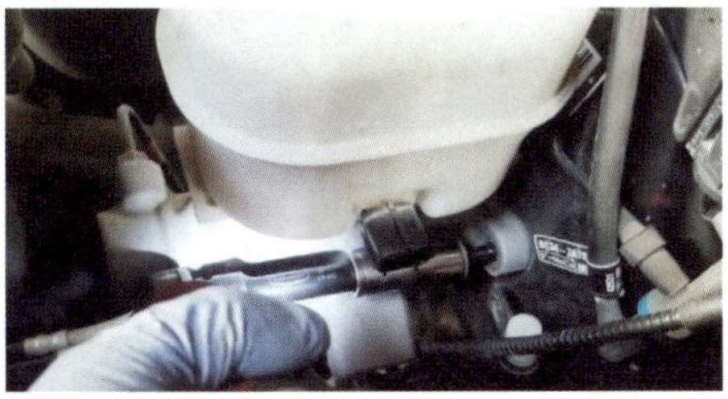

[그림 117] 마스터 실린더 고정 너트 탈거

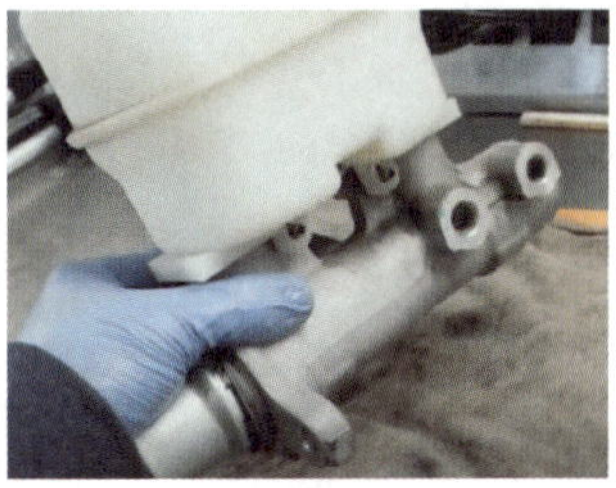

[그림 118] 마스터 실린더 탈거

⑤ 신품 마스터 실린더 보디에 신품 리저버를 장착한다. 이때 그로맷도 신품으로 교환한다.

⑥ 브레이크액 표시등 소켓에 붙어 있는 그로맷에 리저버를 끼운다.

⑦ 두 개의 너트로 브레이크 부스터에 신품 마스터 실린더를 장착한다.

⑧ 마스터 실린더에 임시로 설치했던 플러그를 분리하고 브레이크 파이프를 설치하고, 브레이크 액 수준 경고 커넥터를 연결한다.

⑨ 브레이크액을 마스터 실린더 리저버에 채운 다음 공기빼기 작업을 실시한다.

08 하이드로백 교환 및 점검

8.1. 하이드로백 탈거

① 엔진커버와 에어클리너를 탈거한다.

[그림 119] 에어크리너 탈거

② 마스터 실린더에서 커넥터를 탈거한다.

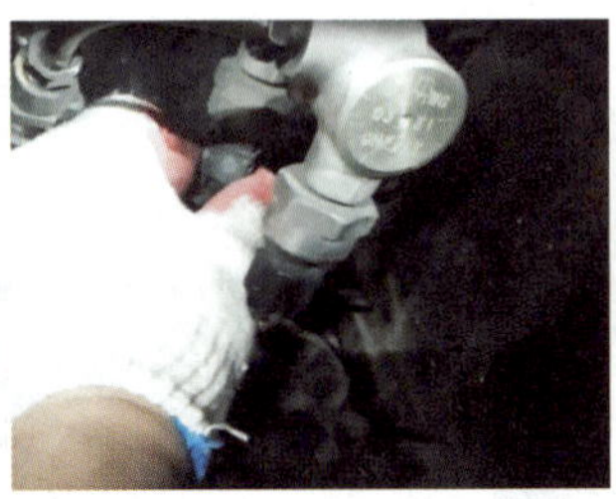

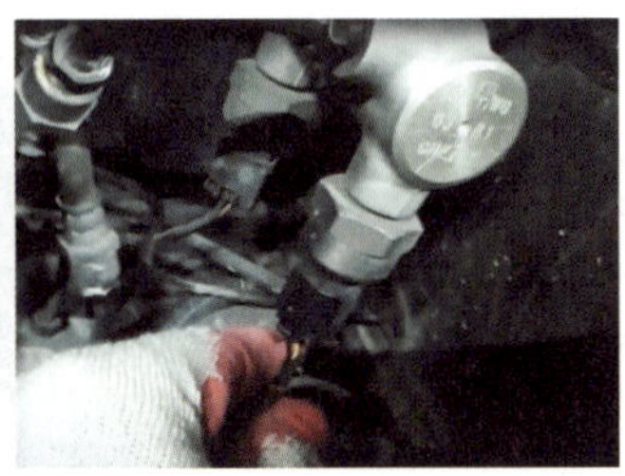

[그림 120] 커넥터 탈거

③ 마스터 실린더 고정 너트를 탈거한다. 너트 뒤에 와셔를 분실하지 않도록 주의한다.

④ 하이드로백 에서 진공호스 클램프를 분리시키고 진공호스를 탈거한다.

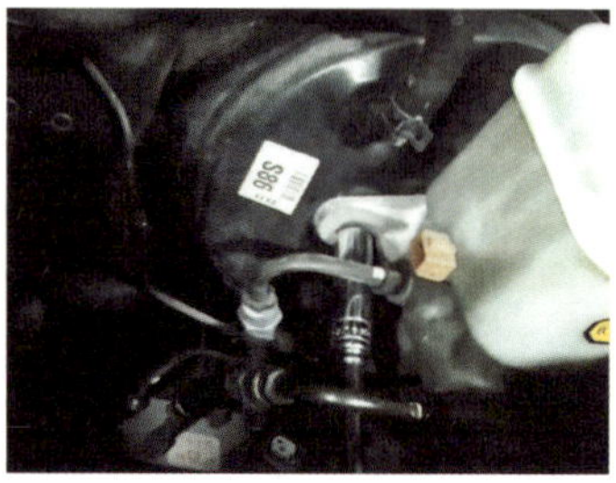

[그림 121] 마스터 실린더 고정 너트 탈거

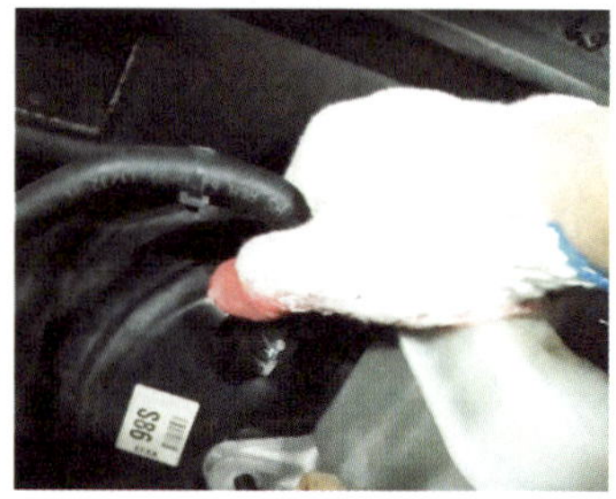

[그림 122] 진공호스 탈거

⑤ 마스터 실린더를 앞쪽으로 당겨서 하이드로백 에서 분리시킨다. 마스터 실린더를 당겨서 분리가 안 되면 리저버 탱크에 있는 오일을 배출한다. 브레이크 오일이 산성이라 플라스틱류에 차체에 묻지 않도록 주의하고, 마스터 실린더 파이프를 탈거한다.

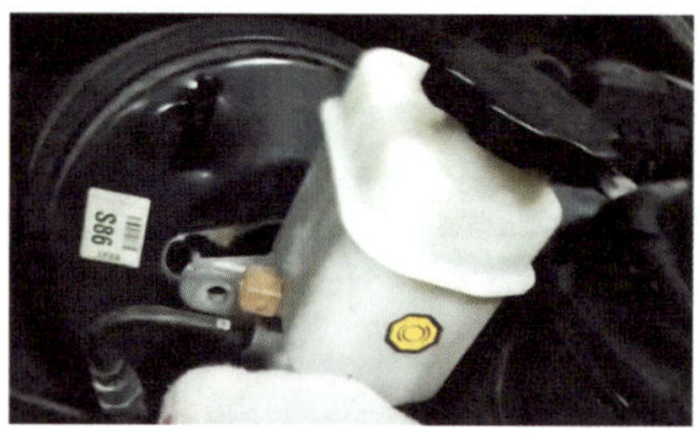

[그림 123] 마스터 실린더 분리

⑥ 브레이크 스위치 커넥터를 탈거한다.

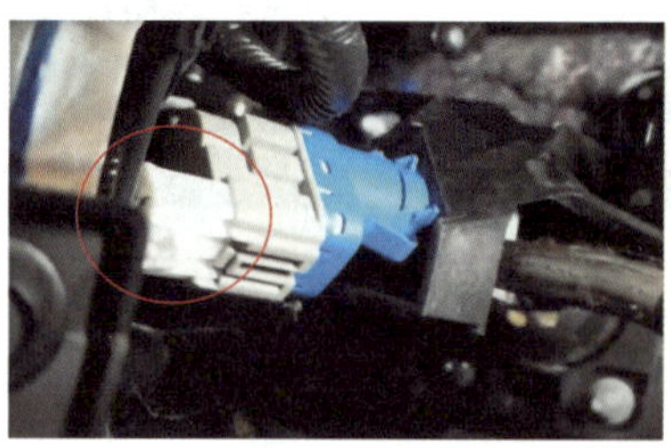

[그림 124] 브레이크 스위치 커넥터 탈거

⑦ 브레이크 스위치를 탈거한다. 록 너트 방식이 아닌 자동 조정 타입 브레이크 스위치는 왼쪽으로 돌리면 잠겨 지고 오른쪽으로 돌리면 풀어진다. 브레이크 페달을 살짝 밟은 상태에서 탈거한다.

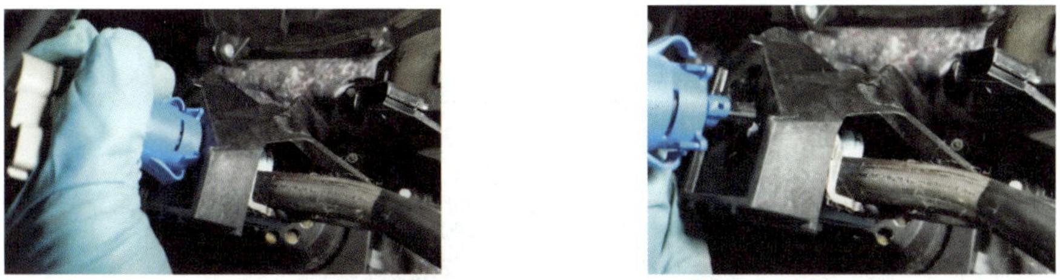

[그림 125] **브레이크 스위치 탈거**

⑧ 하이드로백 푸시로드와 페달을 연결시키는 푸시 리테이너 핀 끝부분을 눌러서 살짝 눌러 주면서 푸시 리테이너 핀을 잡아당겨 탈거한다. 푸시 리테이너 핀이 브레이크 페달에 걸려 빠지지 않으면 브레이크 페달을 살짝 밀어주면서 탈거한다. 클립 방식은 클립을 슬라이딩 방식으로 밀어서 분리하고 핀도 탈거한다.

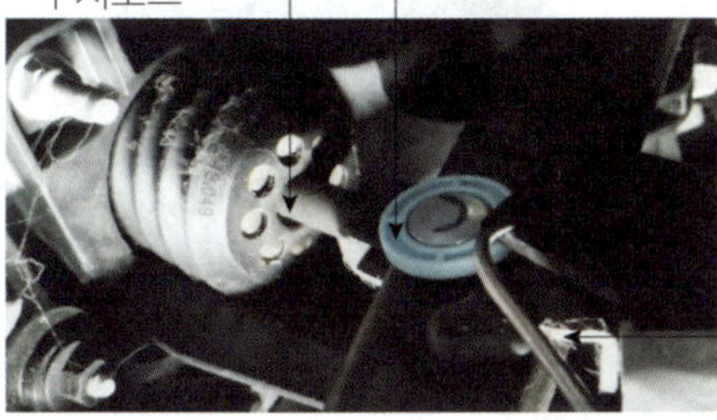

(a) 푸시로드와 페달과의 조립상태

(b) 푸시 리테이너 핀 탈거

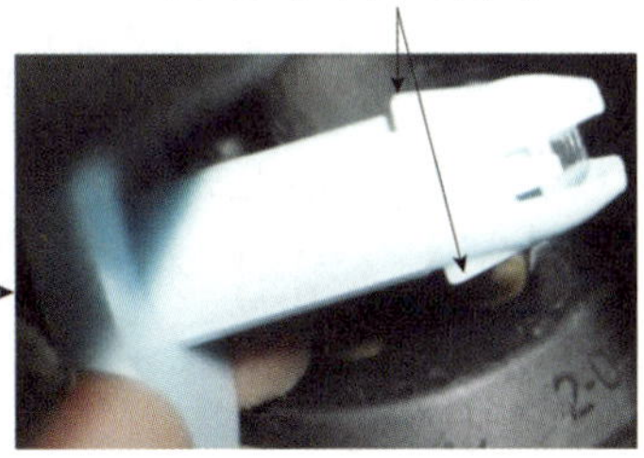

(c) 푸시 리테이터 핀

(d) 클립 방식

[그림 126] **푸시 리테이너 핀 탈거**

⑨ 하이드로백 고정 마운팅 너트를 탈거한다.

[그림 127] **마운팅 너트 탈거**

⑩ 하이드로백을 엔진룸에서 돌리면서 잡아당겨 탈거한다.

[그림 128] **하이드로백 탈거**

8.2. 하이드로백 작동시험(테스터 없이 시험하는 방법)

브레이크 부스터의 작동을 체크하기 위해 다음과 같이 시험한다.

① 엔진을 1~2분 정도 운전하다 정지시킨 다음 정상 답력으로 브레이크 페달을 수차례 밟는다. 브레이크 페달이 올라오면 부스터는 정상적으로 작동하는 것이며 페달의 높이가 변하지 않으면 부스터가 손상된 것이다.

(a) 양호 (b) 불량

[그림 129] **브레이크 부스터 시험방법**

② 엔진을 정지시킨 상태에서 브레이크 페달을 수차례 밟았을 때 페달의 높이가 변하지 않는가를 확인한 다음 브레이크 페달을 밟은 채로 엔진의 시동을 건다. 이 때 부스터가 밑으로 약간 들어가면 부스터는 양호한 상태이며 페달이 올라오면 부스터가 손상된 것으로 판단한다.

③ 엔진을 작동시킨 상태에서 브레이크 페달을 밟고 엔진을 정지시킨 다음 30초 동안 페달을 밟고 있었을 때 페달의 높이가 변화되지 않으면 부스터는 양호한 상태이며 페달이 올라오면 부스터는 손상된 것이다. 3가지 시험이 만족스러우면 부스터의 성능은 양호한 것이며 한 가지라도 조건을 만족치 않을 경우는 체크밸브, 진공호스, 부스터 등이 손상된 것이다.

(a) 엔진 정지시 (b) 엔진 시동시

[그림 130] **엔진 정지시와 엔진 시동시의 브레이크 부스터시험**

8.3. 하이드로백 장착

① 하이드로백 어셈블리를 장착할 때 필요할 경우 하이드로백 마운팅 홀더 양끝의 패킹을 교환한다.

② 하이드로백을 장착하고 마운팅 너트를 조인다.

③ 브레이크 페달과 하이드로백 푸시로드와 구멍을 일치시키고 푸시 리테이너 핀을 눌러서 끼운다. 클립 방식은 브레이크 페달과 하이드로백 푸시로드와 구멍을 일치시키고 핀을 끼우고 클립을 조립한다.

④ 마스터 실린더를 장착한다. 마스터 실린더 파이프를 탈거한 경우에는 마스터 실린더 파이프를 연결하고 리저버 탱크에 오일을 채운다.

⑤ 마스터 실린더에서 탈거한 커넥터를 연결한다.

⑥ 하이드로백에 진공호스를 연결하고 브레이크 파이프를 탈거한 경우에는 에어빼기를 하고 오일을 규정값으로 보충한다.

⑦ 에어크리너와 엔진커버를 조립한다.

⑧ 브레이크 페달을 점검 및 조정한다.

09 스톱램프 스위치 교환(록 너트 방식)

① 스톱램프 스위치 록 너트를 14㎜ 스패너로 분리한다.
② 스톱램프 스위치를 탈거한다.

[그림 131] 록 너트 분리

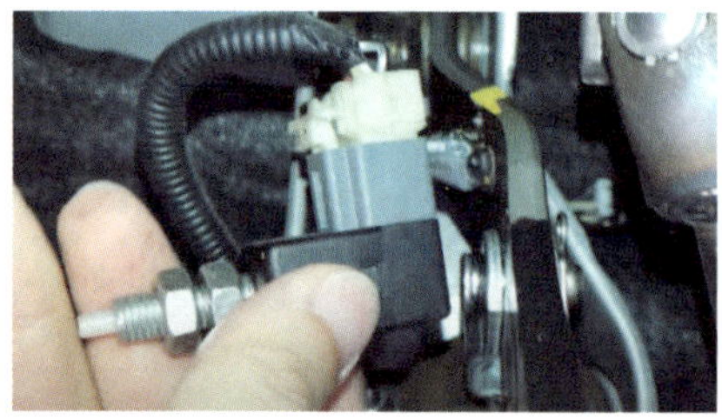
[그림 132] 스톱램프 스위치 탈거

③ 스톱램프 스위치 커넥터를 탈거한다.
④ 분리한 스톱램프 스위치에서 너트 한 개를 탈거한다.

[그림 133] 커넥터 탈거

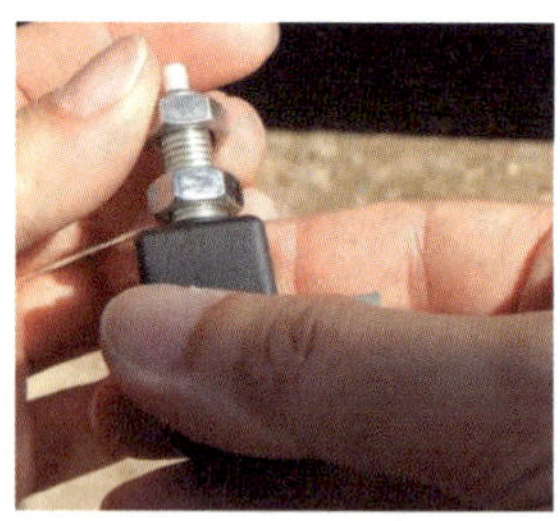
[그림 134] 너트 탈거

⑤ 탈거한 너트를 신품 스톱램프 스위치에 장착한다. 너트의 위치를 탈거한 스톱램프 스위치를 비교해가면서 맞춰준다.

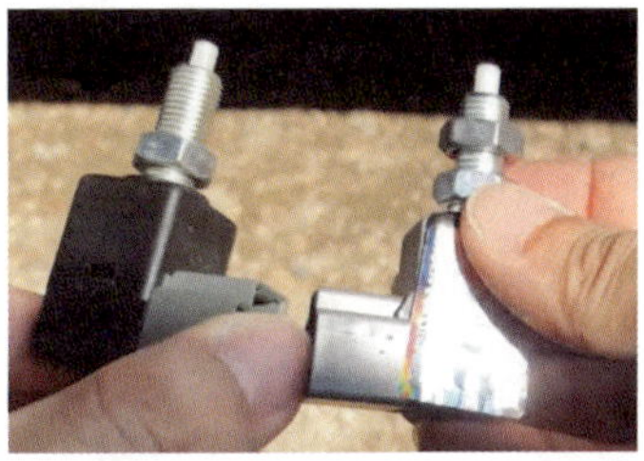

[그림 135] **탈거된 스위치와 같은 위치로 너트 조정**

⑥ 스톱램프 스위치 커넥터를 연결한다.

⑦ 스톱램프 스위치 나사산 양쪽에 홈이 있어서 장착에 유의하면서 스위치를 누른 상태로 장착해준다.

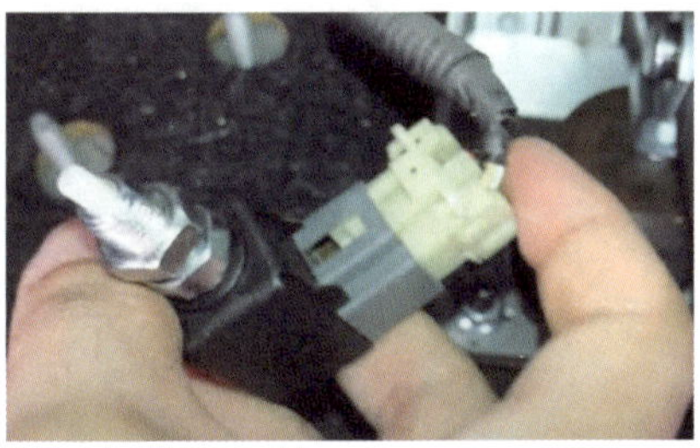

[그림 136] **커넥터 연결**

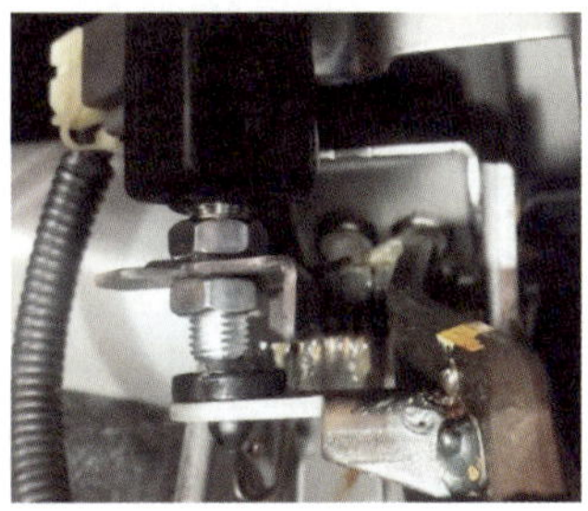

[그림 137] **스위치 장착**

⑧ 록 너트를 조여 준다.

⑨ 스톱램프 스위치 간극이 1~2㎜ 정도에 있는지 확인한다.

[그림 138] **간극확인**

⑩ 브레이크를 밟아서 브레이크 등이 정상적으로 작동 하는지 확인한다.

⑪ 정지등 스위치를 점검한다.

㉮ 정지등 스위치 터미널에 저항계를 연결 통전을 점검한다.

㉯ 플런저를 놓았을 때 통전이 되지 않거나 플런저를 놓았을 대 통전되면 정지등 스위치는 정상이다.

10 브레이크 페달

10.1. 브레이크 페달 탈거

① 스톱램프 스위치 록 너트를 분리한다.

② 스톱램프 스위치를 탈거한다.

[그림 139] 록 너트 분리

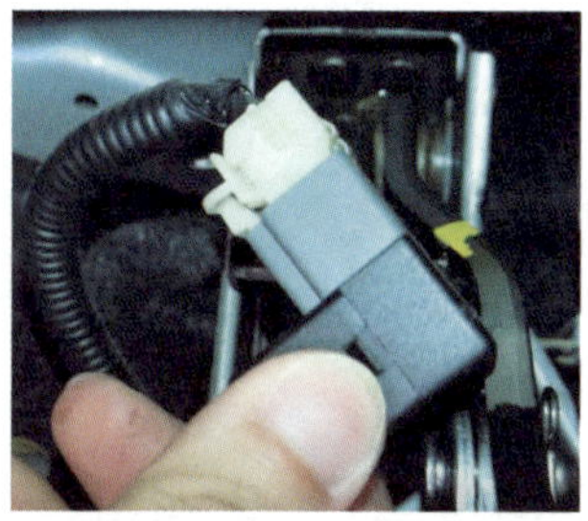

[그림 140] 스톱램프 스위치 탈거

③ 스톱램프 스위치 커넥터를 탈거한다.

④ 하이드로백 푸시로드와 페달을 연결시키는 핀을 고정시키는 클립을 분리하고 핀도 탈거 한다.

[그림 141] 커넥터 탈거

[그림 142] 핀 탈거

⑤ 브레이크 장착 브래킷의 플랜지 너트와 볼트를 탈거한다.

⑥ 브레이크 페달을 탈거한다.

[그림 143] 브레이크 페달 탈거

10.2. 장착

① 장착은 탈거의 역순이다.
② 브레이크 페달을 장착한 다음 너트와 볼트를 체결한다.
③ 브레이크 페달높이와 자유유격을 조정한다.
④ 브레이크 등 스위치를 장착한다.

10.3. 브레이크 페달의 검사 및 조정

① 부싱의 마모를 점검한다.
② 브레이크페달의 변형을 점검한다.
③ 브레이크페달 리턴 스프링의 손상을 점검한다.
④ 정지등 스위치 외측 케이스와 페달 사이의 간극(0.5~1.0㎜)이 규정치로 될 때까지 정지등 스위치를 돌려 록크 너트를 조인다. 자동 조정 타입 브레이크 스위치는 조정을 하지 않는다.
⑤ 해당 차량의 정비지침서를 참조하여 브레이크 페달 자유 유격을 측정한다.
⑥ 엔진의 시동을 걸고 브레이크 페달을 약 50kgf의 힘으로 밟았을 때 브레이크 페달과 바닥사이의 간극을 측정한다. 이 때 페달과 바닥과의 간극은 해당차량의 정비지침서를 참고로 한다.

[자유간극, 밑판간극, 작동거리 규정값]

차종	페달 높이(㎜)	자유간극(㎜)	밑판간극(㎜)	작동거리(㎜)
EF 소나타	176	3~8	44 이상	132
소나타 Ⅲ	177	4~10	44 이상	132
아반떼 XD	170	3~8	61 이상	133
그랜저 XG	176±0.3	3~8	44 이상	128
베르나	163.5	3~8	50 이상	135

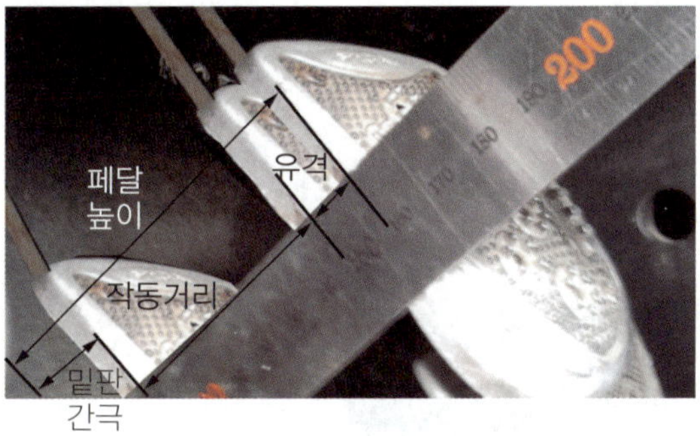

[그림 144] **유격 및 작동거리 측정**

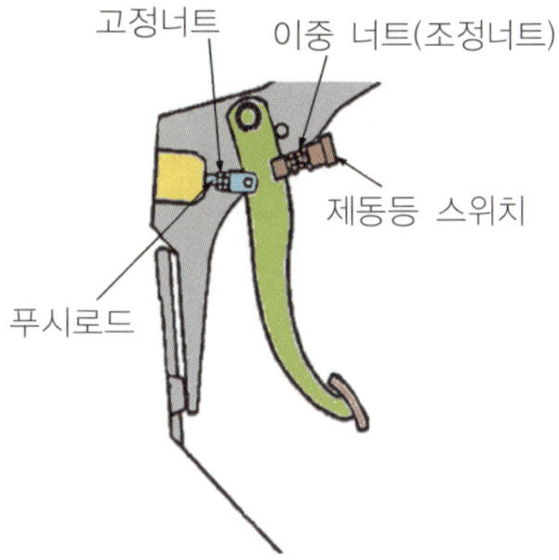

[그림 145] **유격 조정**

1. 주어진 자동차에서 브레이크 페달의 작동거리 및 유격을 점검하여 기록·판정하시오.

항 목	① 점검(또는 측정)		② 판정 및 정비(또는 조치)사항		득 점
	측정값	규정(정비한계)값	판정(□에 "✔" 표)	정비 및 조치할 사항	
작동거리			□양호 □불량		
페달유격					

11 주차 브레이크

11.1. 주차 브레이크 교환

11.1.1. 주차 브레이크 탈거

① 리어 컨솔을 분리한다.
② 조정 너트를 풀고 주차 브레이크 케이블을 분리한다.
③ 주차 브레이크 스위치 어셈블리를 분리한다.
④ 주차 브레이크 레버 어셈블리를 탈거한다.

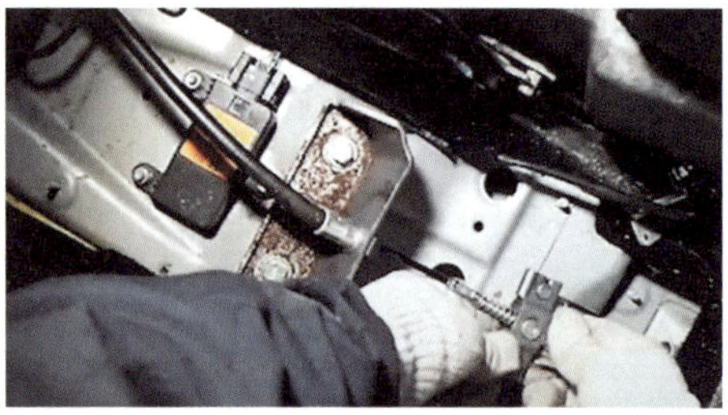

[그림 146] 주차 브레이크 레버 어셈블리 탈거

⑤ 휠 및 타이어를 탈거한다.
⑥ 브레이크 드럼을 탈거한다.
⑦ 브레이크 슈를 탈거한다.
⑧ 브레이크 슈에서 주차 브레이크 케이블을 탈거한다.
⑨ 백킹 플레이트 후방에 잇는 주차 브레이크 케이블 리테이닝 링을 탈거한다.

[그림 147] **브레이크 슈에서 주차 브레이크 케이블 분리**

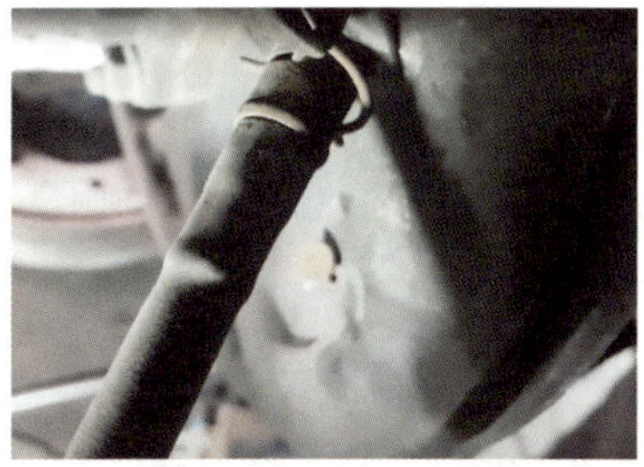

[그림 148] **주차 브레이크 케이블 리테이닝 링 분리**

⑩ 주차 브레이크 케이블 클램프를 푼 다음 주차 브레이크 케이블 어셈블리를 탈거한다.

[그림 149] **주차 브레이크 케이블 분리**

11.1.2. 주차 브레이크 검사

① 주차 브레이크 스위치의 작동을 검사한다.

② 주차 브레이크 레버 라쳇의 마모를 점검한다.

③ 주차 브레이크 케이블의 마모 또는 손상을 점검한다.

11.1.3. 주차 브레이크 장착

① 주차 브레이크 케이블의 좌우 식별표시를 확인하여 정확히 장착한다.

② 슈와 슈 연결 스프링을 장착할 때 조정기 레버를 완전히 뒤로 놓는다.

③ 그로맷을 같은 방향으로 장착한다.

④ 라체트 플레이트나 라쳇 풀의 섭동부에 해당차량의 정비지침서를 참고로 하여 규정된 그리스를 바른다.

⑤ 케이블 어저스터 장착한 다음 주차 브레이크 행정을 조정한다.

⑥ 브레이크 레버를 완전히 놓았을 때 경고등이 소등되고 한 클릭이라도 당기면 점등되는지 확인하여 작동이 불량하면 스위치를 교환한다.

⑦ 조정한 다음 주차브레이크 레버를 풀었을 때 리어 브레이크가 끌리지 않는가를 점검한다.

11.2. 레버 클릭 수(노치) 점검 및 조정

① 스프링 저울 "0"점 조정한 후 10kgf 정도로 주차브레이크 레버를 당겨서 "딸깍"소리로 클릭수(노치)를 점검한다. 주차브레이크 레버 클릭수 규정값은 6클릭~8클릭이다.

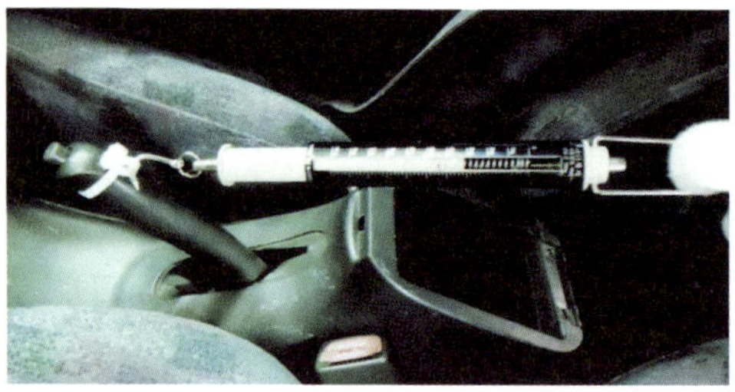

[그림 150] **주차 브레이크 레버 클릭 수 점검**

② 클릭수가 규정치와 일치하지 않으면 이퀄라이저(equalizer)의 조정 너트로 케이블 길이를 조정한다.

[그림 151] **케이블 길이 조정**

1. 주어진 자동차에서 주차브레이크 레버의 클릭 수(노치)를 점검하여 기록 · 판정하시오.

항 목	① 측정(또는 점검)		② 판정 및 정비(또는 조치)사항		득점
	측정값(클릭)	규정(정비한계)값 (클릭)	판정(□에 "✔" 표)	정비 및 조치할 사항	
주차 레버 클릭수(노치)			□양호 □불량		

12 ABS 점검

12.1. 하이드롤릭 유닛(유압조절기) 교환

① 점화스위치를 OFF시킨다.

② ABS-ECU 더블 로크 커넥터를 위쪽으로 당겨 커넥터를 분리한 후 파이프를 탈거하고 하이드롤릭 유닛 어셈블리를 탈거한다. 이때 주의할 사항은 다음과 같다.

㉮ 하이드롤릭 유닛은 무거우므로 탈거할 때 주의한다.

㉯ 하이드롤릭 유닛은 절대로 분해를 해서는 안 된다.

㉰ 하이드롤릭 유닛을 위·아래로 돌리거나 옆으로 세우지 않도록 한다.

㉱ 하이드롤릭 유닛에 충격을 주지 않도록 한다.

[그림 152] 하이드롤릭 커넥터 탈거

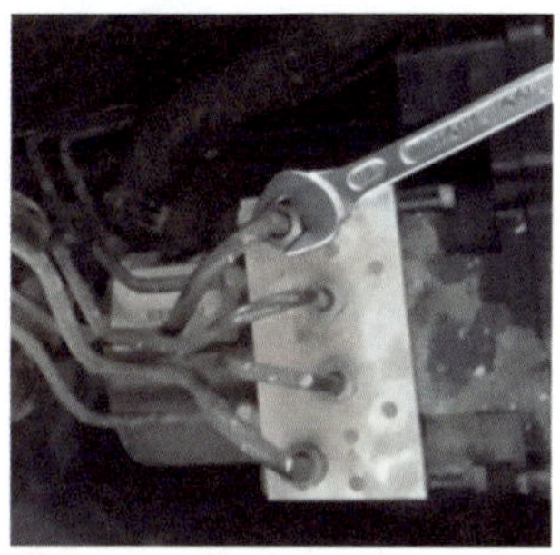

[그림 153] 하이드롤릭 파이프 탈거

[그림 154] 하이드롤릭 탈거

③ 조립은 탈거의 역순으로 한다.

④ 조립이 완료되면 자기진단기를 이용하여 에어빼기 작업을 한다.

12.2. 휠 스피드 센서 점검

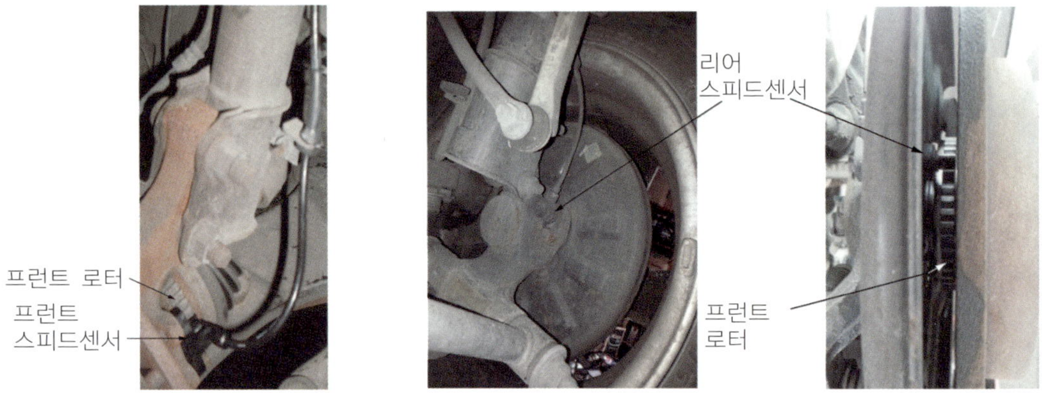

(a) 프런트 휠 스피드 센서　　　　(b) 리어 휠 스피드 센서

[그림 155] 휠 스피드 센서의 설치위치

12.2.1. 휠 스피드 센서 폴 피스 점검

폴 피스에 이물질 부착유무 및 손상유무를 점검하여 불량하면 신품으로 교환한다. 폴피스는 자력성이 있으므로 금속 물질이 쉽게 부착된다.

폴 피스가 손상된 경우에는 바퀴의 회전속도 감지 능력이 불가능하게 된다.

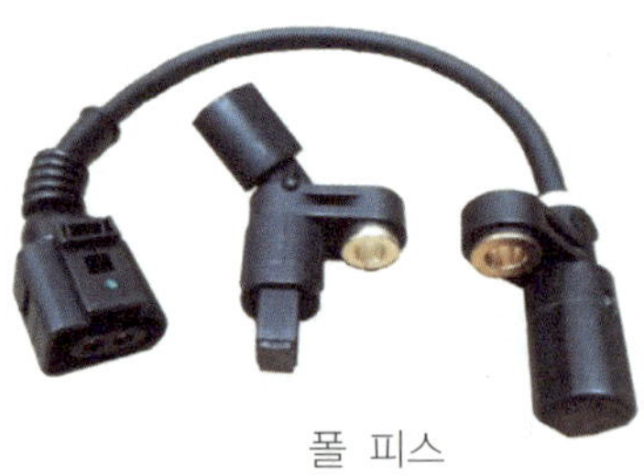

[그림 156] 폴 피스 점검

12.2.2. 휠 스피드 센서 저항 점검

① 휠 스피드 센서 단자사이의 저항값을 측정한다. 저항값이 규정값 을 벗어난 경우에는 휠 스피드 센서를 신품으로 교환한다.

측정 항목	규정값
저항	프런트 : 1.4~2.2㏀
	리어 : 1.3~2.1㏀

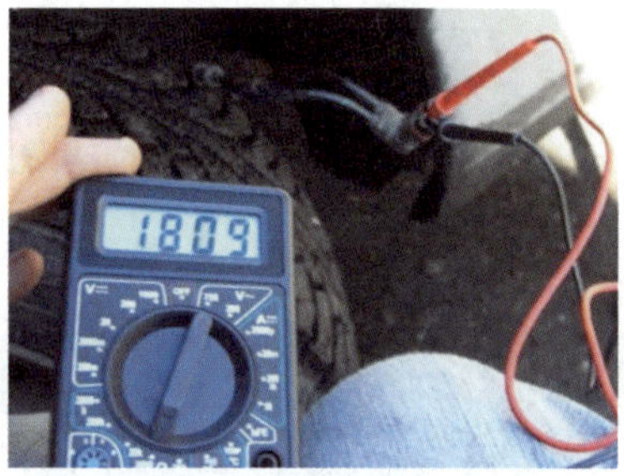

[그림 157] **휠 스피드 센서 저항점검**

② 휠 스피드 센서 케이블의 손상 및 단선을 점검한다. 케이블의 손상여부를 점검할 때 접속불량 여부를 점검하기 위해 클램프 부근으로 케이블을 당겨 보거나 구부려 보디의 케이블 클램프 부품을 떼어낸다.

③ 휠 스피드 센서의 절연저항(규정값 : 10㏁ 이상)을 측정한다.

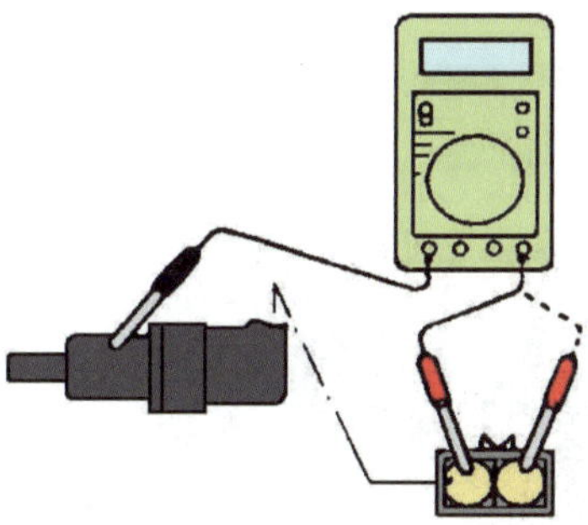

[그림 158] **휠 스피드 센서의 절연 저항 점검**

12.2.3. 휠 스피드 센서 출력전압 측정

바퀴를 초당 1/2~1회전 시키면서 측정을 하여 회로 테스터기로 측정시 70㎷이상, 오실로스코프 측정시 20㎷/p-p이상 되어야 한다.

① 바퀴를 들어 올리고 주차브레이크를 해제시킨 다음 센서 커넥터를 분리하고 회로 테스터기나 오실로 스코프를 연결한다.

② 바퀴를 초당 1/2~1회전 시키면서 측정한다.

③ 출력 전압이 규정값 보다 작을 경우는 휠 스피드 센서와 톤 휠의 간극이 클 경우나 센서가 고장이므로 조정하거나 교환한다.

측정 항목	측정 조건	규정값
출력 전압	회로 테스터기로 측정시	70mV 이상
	오실로 스코프로 측정시	20mV/pp 이상

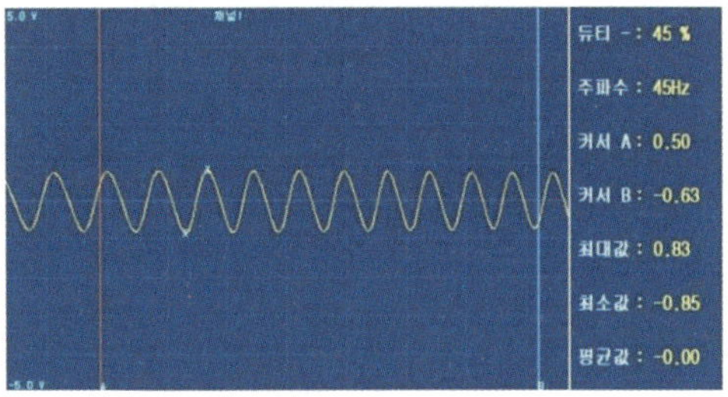

[그림 159] 양호한 파형

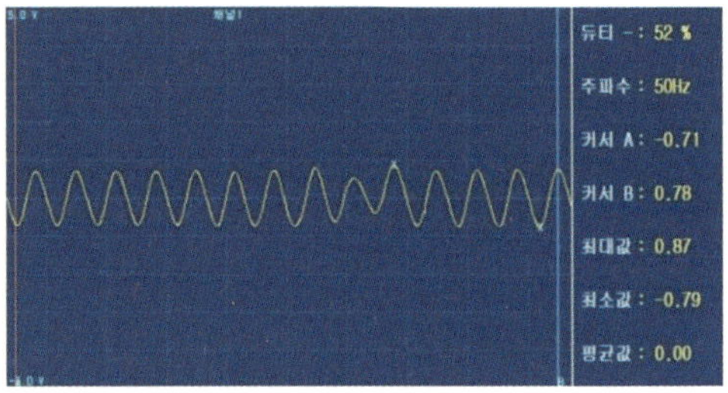

[그림 160] 톤휠 1개 불량인 경우

12.2.4. 휠 스피드 센서 톤 휠 간극 점검

[그림 161] 톤 휠 간극

① 휠 스피드 센서와 톤 휠 사이의 간극을 점검한다.

② 간극이 규정치 내에 있지 않으면 톤 휠 장착이 부정확한 경우가 있으므로 재점검 후 간극이 규정치 내에 있지 않으면 신품으로 교환한다.

[톤 휠 간극 규정값]

차종	프런트(전륜)(㎜)	리어(후륜)(㎜)
EF 소나타	0.2~1.1	0.2~0.7
아반떼	0.2~1.3	0.2~1.3
아반떼 XD	0.2~0.9	0.2~0.9
엑센트	0.2~1.1	0.2~1.2
베르나	0.2~1.2	0.2~1.2
카렌스	0.7~1.5	0.6~1.6
라비타	0.2~1.2	0.2~1.2
테라칸	0.2~1.15	0.2~0.7
싼타페	0.2~1.15	0.2~0.7
투스카니	0.2~0.9	0.2~0.9

[그림 162] 휠 스피드 센서와 톤 휠 간극 점검

1. 주어진 자동차(ABS 장착차량)에서 톤 휠 간극을 점검하여 기록・판정하시오.

<table>
<tr><th rowspan="2">항 목</th><th colspan="3">① 측정(또는 점검)</th><th colspan="2">② 판정 및 정비(또는 조치)사항</th><th rowspan="2">득 점</th></tr>
<tr><th colspan="2">측정값</th><th>규정(정비한계)값</th><th>판정(□에 "✔" 표)</th><th>정비 및 조치할 사항</th></tr>
<tr><td rowspan="2">톤휠
간극</td><td rowspan="2">□앞축

□뒤축</td><td>좌:</td><td rowspan="2"></td><td rowspan="2">□양호

□불량</td><td rowspan="2"></td><td rowspan="2"></td></tr>
<tr><td>우:</td></tr>
</table>

12.3. ABS 릴레이 점검

12.3.1. 고장진단 릴레이

고장진단 릴레이는 배터리 전압을 유압 조절기로 공급하는 역할을 하며 ABS에 이상이 생겼을 때 ABS제어모듈은 고장진단 릴레이 솔레노이드에 전류를 차단시키고 ABS제어를 한다. 점화스위치를 ON시킨 후 릴레이가 작동을 하면 초기 점검은 정상이다. 고장진단 릴레이는 ABS 모듈레이터의 릴레이 박스에 설치된다.

[전류 미 공급 시]

점검단자(저항점검)	규정값
2번과 4번 단자	80±50Ω
1번과 3번 단자	통전(거의 0Ω)
3번과 5번 단자	비통전(∞Ω)

[전류 공급 시(2번과 4번 단자에 배터리 전류 공급)]

점검단자(저항점검)	규정값
1번과 5번 단자	통전(거의 0Ω)
3번과 5번 단자	비통전(∞Ω)

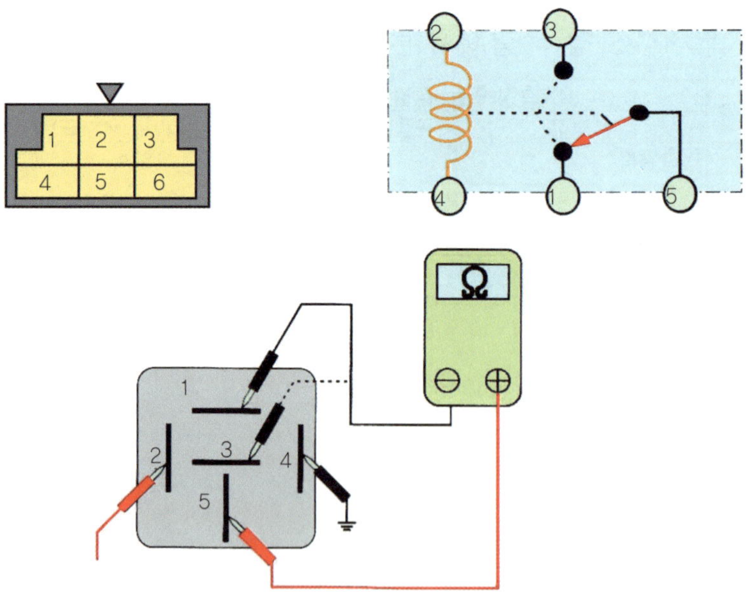

[그림 163] 고장진단 릴레이 점검

12.3.2. 모터 릴레이

배터리 전압을 ABS 모듈레이터 모터 펌프에 전원을 공급하는 역할을 하며, ABS장치에 이상이 생겼을 때 ECM은 모터 릴레이 솔레노이드 쪽 전류를 차단시키며 브레이크 오일 펌핑 을 중단시킨다.

점검 단자(저항 측정)	규정값
1번과 4번 단자	통전(약74±25Ω)
2번과 3번 단자	비통전(∞Ω)

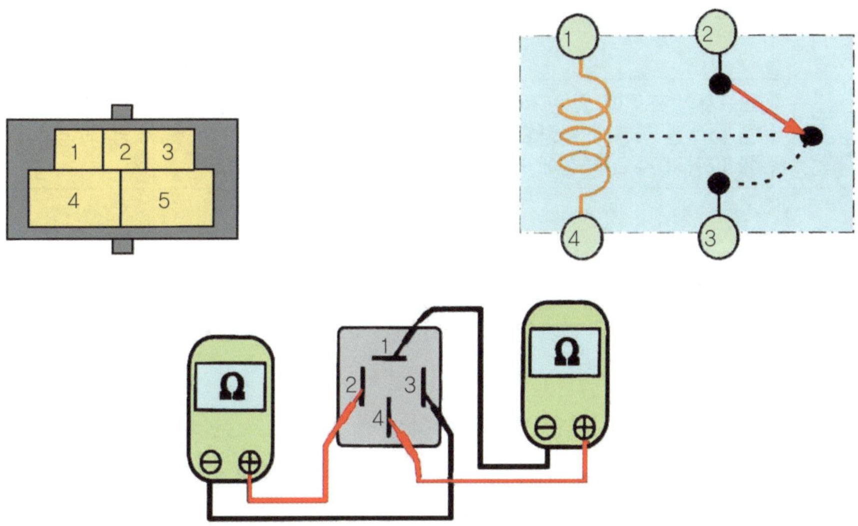

[그림 164] 모터 릴레이 점검

12.4. 휠 스피드센서 출력 파형분석

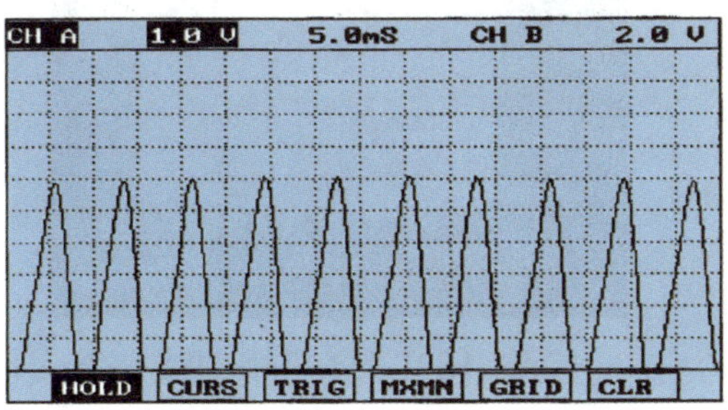

[그림 165] 정상파형 20km/h일 때

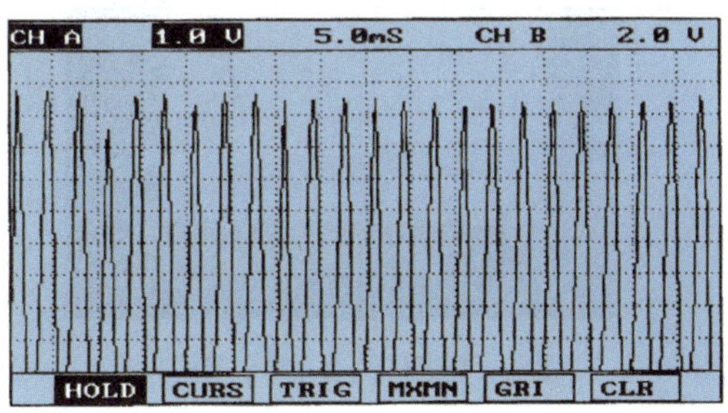

[그림 166] 정상파형 50km/h일 때

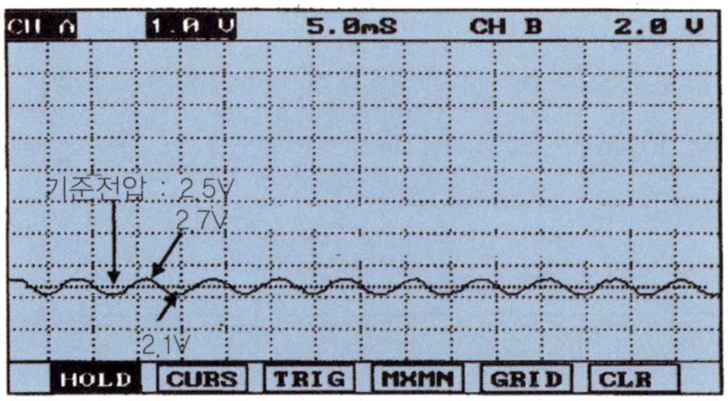

[그림 167] **최소 P/P 전압파형(20km/h : 틈새가 과다할 때)**

1. 주어진 전자차량에서 휠 스피드 센서 파형을 점검 및 측정을 하고 분석하시오.

측정 항목	파형 상태	득 점
파 형 측 정	요구사항 조건에 맞는 파형을 프린트하여 아래사항을 분석 후 뒷면에 첨부 ① 출력된 파형에 불량요소가 있는 경우에는 반드시 표기 및 설명 되어야 함. ② 파형의 주요 특징에 대하여 표기 및 설명 되어야 함.	

12.5. ABS 브레이크의 고장진단

① Hi-DS 스캐너의 ON키를 눌러 전원을 공급한다(MENU키와 ON키를 같이 누르고 있으면 전원이 OFF된다).

② 전원이 공급되면 기본 로고 화면이 나타난 후 소프트웨어 카드 로고가 나타난다.

③ 로고 화면 상태에서 엔터(ENT) 키를 누르면 기능 선택 화면이 나타난다.

④ 차종별 진단기능을 선택하는 경우에는 방향 이동키를 사용하여 커서를 차량통신에 위치시키고 엔터 키를 누르면 차량 제조회사를 선택하는 화면이 나타난다.

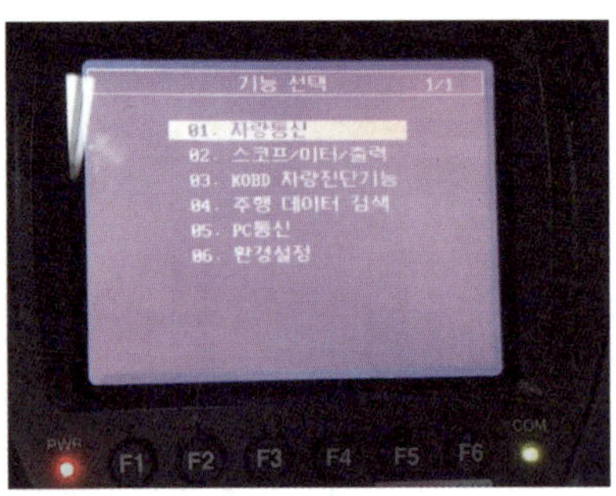

[그림 168] **기능선택 화면**

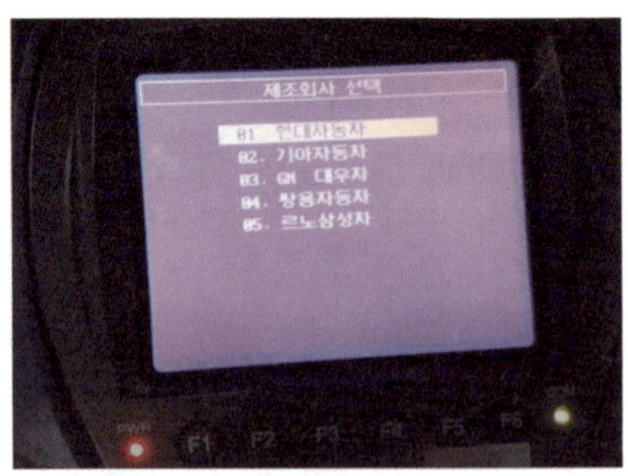

[그림 169] **제조회사 선택 화면**

⑤ 점검 대상 차량을 방향키를 이동하여 해당 제조회사를 선택하고 엔터 키를 누르면 차종을 선택하는 화면이 나타난다.

⑥ 방향 이동키를 사용하여 커서를 점검대상 차종에 위치시키고 엔터 키를 누르면 제어장치 선택 화면이 나타난다.

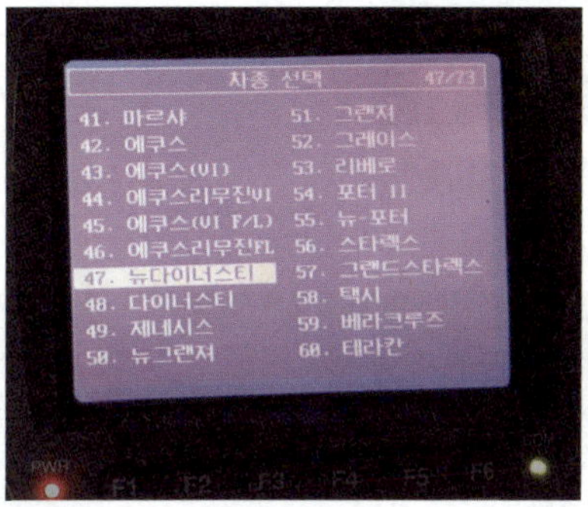

[그림 170] **차종선택 화면**

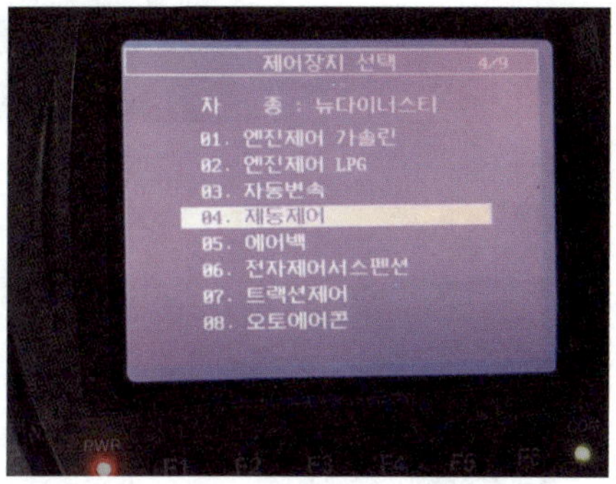

[그림 171] **제어장치 선택 화면**

⑦ 방향 이동키를 사용하여 커서를 "제동제어" 에 위치시키고 엔터 키를 누르면 사양에 대한 화면이 나타난다.

⑧ 커서를 해당 사양에 위치시키고 엔터키를 누르면 통신시작을 알리는 화면이 나온 후 진단기능 선택화면이 나타난다.

[그림 172] **사양 선택**

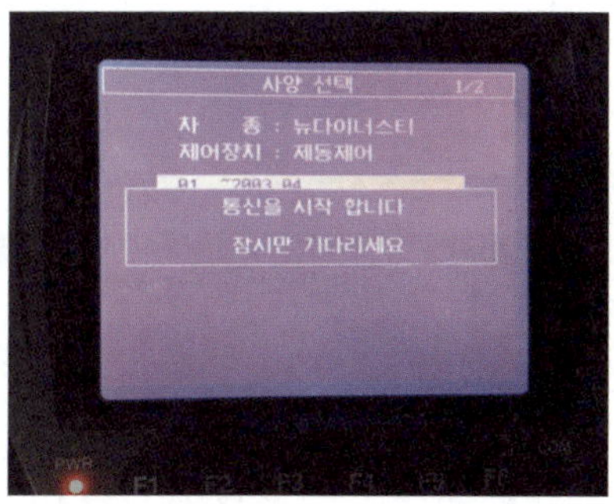

[그림 173] **통신시작**

⑨ 진단기능 선택 화면에서 방향 이동키를 사용하여 커서를 자기진단에 위치시키고 엔터키를 누르면 자기진단을 실시 중 화면이 나타난 후 자기 진단 결과 화면이 나타난다.

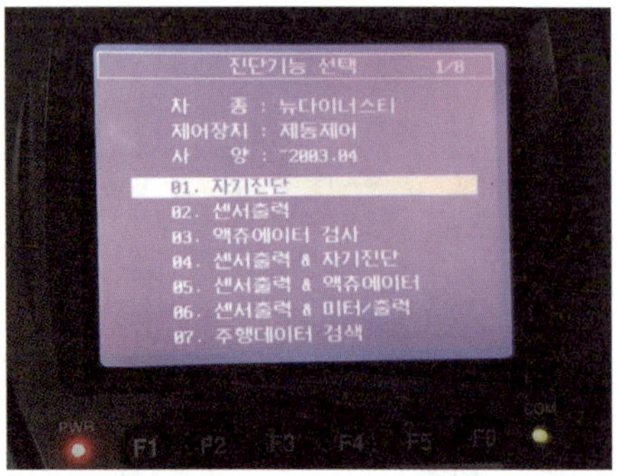

[그림 174] 진단기능 선택 화면

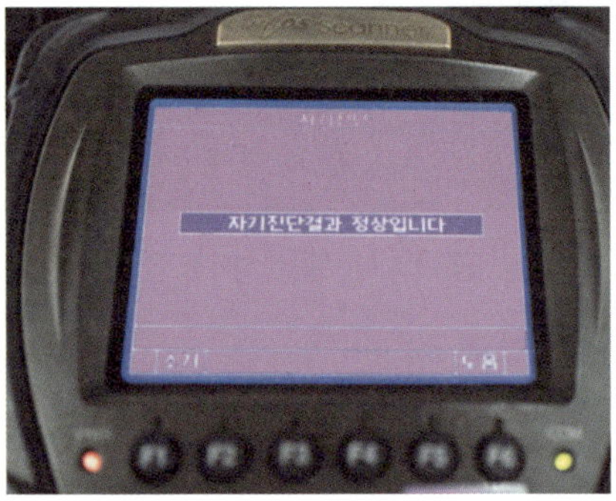

[그림 175] 정상인 경우 화면

[그림 176] 고장개소 있을 때 출력 화면

⑩ 고장개소가 있을 때 ESC 키를 누르고 센서출력을 선택하여 ENTER 키를 누르면 센서 출력 화면이 나타난다. 커서 이동키를 이용하여 고장개소 센서로 이동하여 도움(F6)에서 기준을 선택하면 기준값이 나타난다.

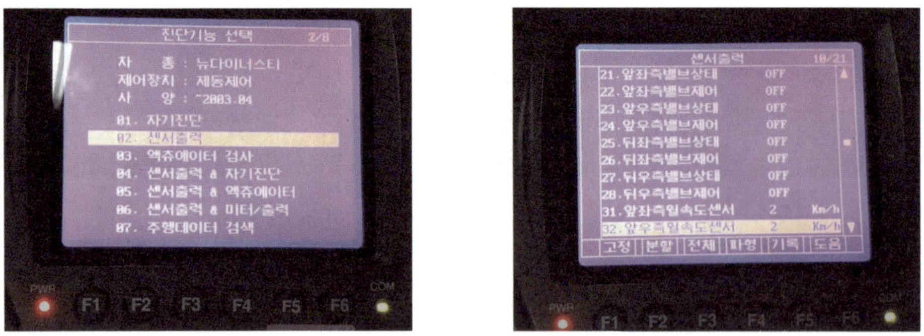

[그림 177] 센서출력

⑪ 고장개소를 기억소거시 소거(F1)를 선택하고 ENT를 누르면 된다.

1. 주어진 자동차에서 진단기(스캐너)로 ABS 자기진단을 점검하고, 기록 · 판정하시오.

항 목	① 측정(또는 점검)		② 판정 및 정비(또는 조치)사항		득 점
	이상부위	내용 및 상태	판정(□에 "✔" 표)	정비 및 조치할 사항	
ABS 자기진단			□양호 □불량		

13 제동력 테스터(ABS COMBI 테스터)

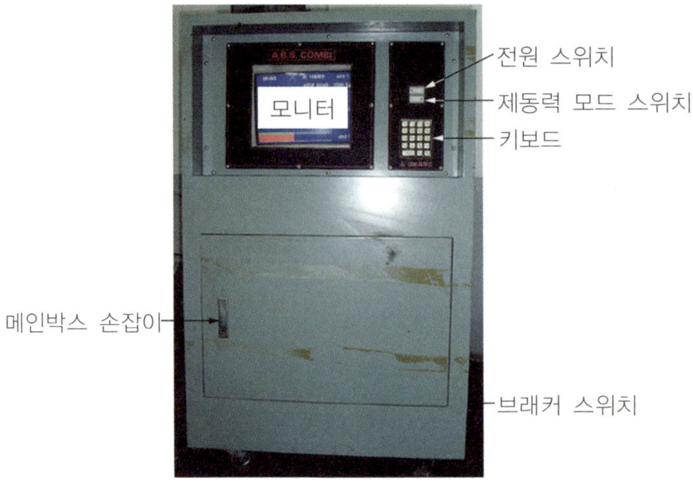

[그림 178] ABS COMBI 제동력 시험기

13.1. 지시계(모니터) 판넬

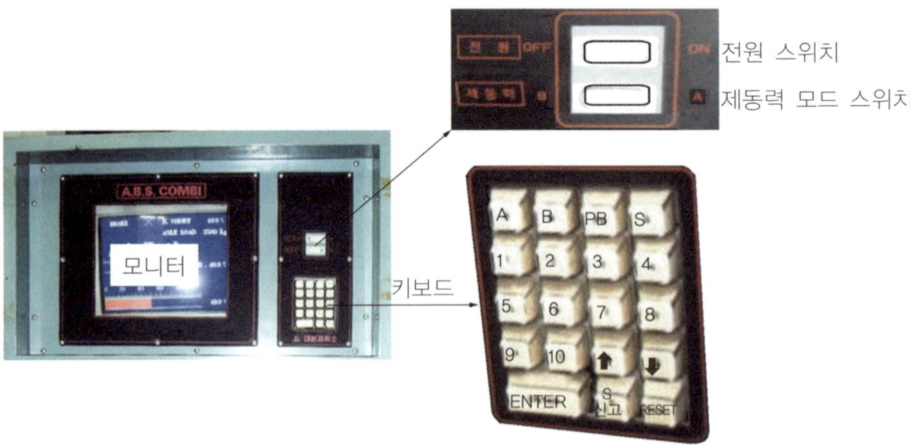

[그림 179] 컨트롤 박스

13.1.1. 제동력 모드 스위치

① A모드 스위치 : 좌우 제동력을 단순 kgf로 지시한다.

② B모드 스위치 : 좌우 제동력의 합과 차이를 %로 표시하며, 합격·불합격 판정을 나타낸다.

13.1.2. 키보드(key boad)

키보드는 축중 입력, 수동으로 검사를 할 때 종목 선택 및 취소를 입력하는 버튼이다.

① A버튼 : 사이드슬립 테스트용

② B버튼 : 주 브레이크 테스트용

③ PB버튼 : 주차 브레이크 테스트용

④ S버튼 : 스피드 미터 테스트용

⑤ 1~0버튼 : 축중 입력용

⑥ S 신고 버튼 : 스피드 미터에서 40km/h를 지시할 때 누르는 버튼

⑦ RESET버튼 : 테스트 종목 선택 및 축중 입력을 잘못하였을 때 취소하는 버튼

⑧ ⬆버튼 : 축중을 미세한 수치로 상향조정할 때 사용하는 버튼

⑨ ⬇버튼 : 축중을 미세한 수치로 하향 조정할 때 사용하는 버튼

13.2. 사용방법

① 컨트롤박스의 오른쪽 아래에 있는 브레커 스위치를 ON으로 한 다음 전원 스위치를 ON으로 한다.

② 모니터에 초기 화면이 표시될 때까지 워밍업을 시킨다.

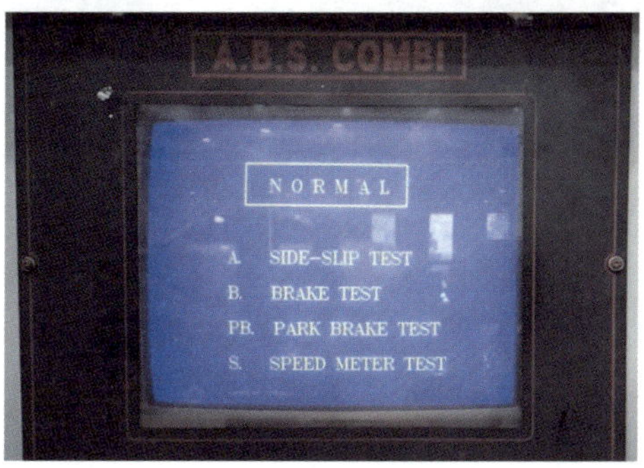

[그림 180] 초기화면

13.2.1. 브레이크 테스트- A모드 측정

① 키보드의 RESET 버튼을 누른다.
② 제동력 모드의 A버튼을 누른다.

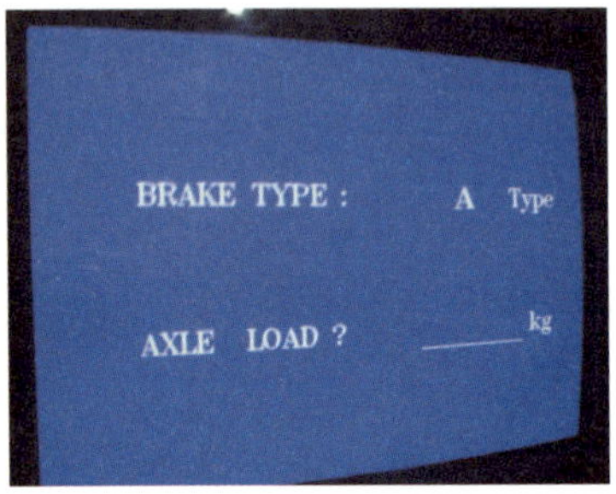

[그림 181] A모드 표시화면

③ 키보드의 B버튼(주 브레이크 테스트용) 또는 PB(주차 브레이크 테스트) 버튼을 누른다.
④ 점검할 자동차를 리프트에 진입시킨다.
⑤ 자동차의 축중을 키보드로 입력하고 ENTER를 친다.

[그림 182] 차량진입

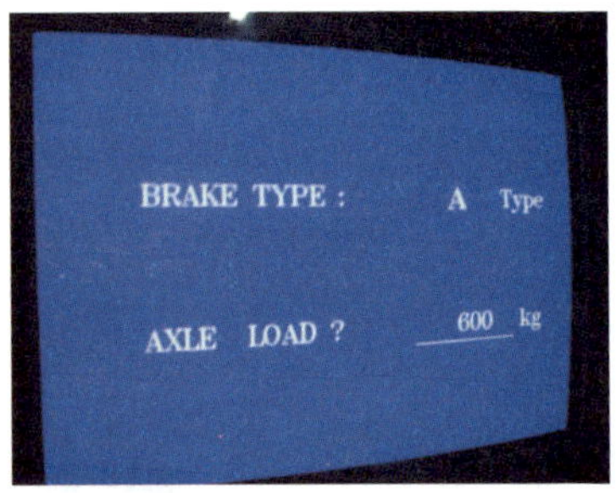

[그림 183] 축중 입력화면

⑥ 리프트가 내려가며 롤러가 구동되면 브레이크 페달을 밟는다. PB 버튼을 눌러 주차 브레이크를 점검할 때에는 주차 브레이크 레버를 당긴다. 이때 모니터에 제동력이 그래프와 수치로 표시되며 제동력 판정과 편차가 기록된다.

[그림 184] 리프트 하강 제동력 측정

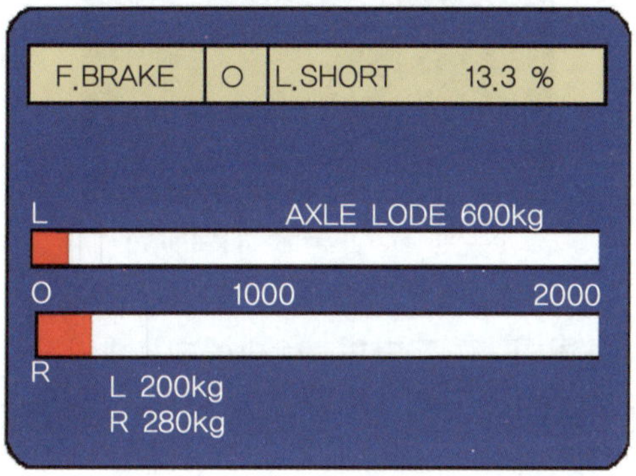

[그림 185] A-모드 제동력 측정화면

⑦ 테스트가 완료되면 RESET 버튼을 누르면 롤러의 회전이 정지되고, 리프트가 상승한다. 모니터에는 초기 화면이 나타난다.

13.2.2. 브레이크 테스트 - B모드 측정

① 키보드의 RESET 버튼을 누른다.

② 제동력 모드의 B버튼을 누른다.

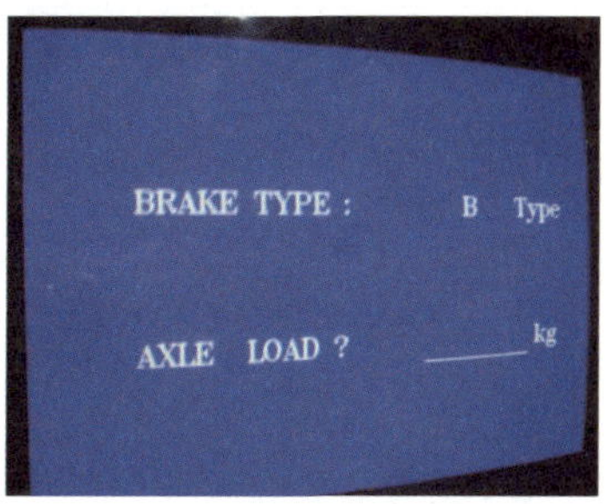

[그림 186] 제동력 B모드 화면

③ 키보드의 B버튼(주 브레이크 테스트용) 또는 PB(주차 브레이크 테스트) 버튼을 누른다.

④ 점검할 자동차를 리프트에 진입시킨다.

⑤ 자동차의 축중을 키보드로 입력하고 ENTER를 친다.

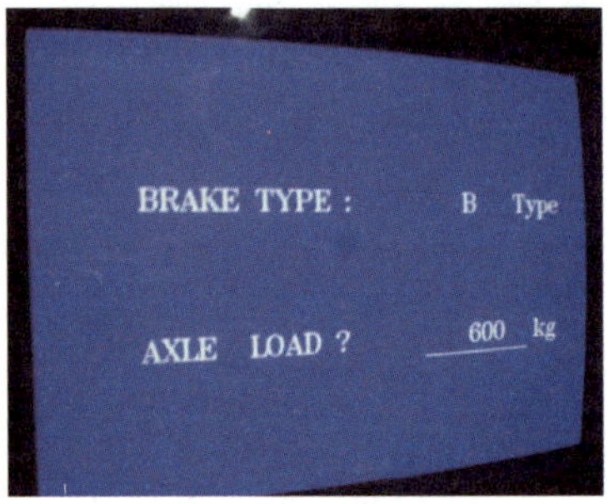

[그림 187] 축중 입력화면

⑥ 리프트가 내려가며 롤러가 구동되면 브레이크 페달을 밟는다. PB 버튼을 눌러 주차 브레이크를 점검할 때에는 주차 브레이크 레버를 당긴다. 이때 모니터에 합격(O), 불합격(X) 표시와 제동력 차이가 백분율(%)로 나타난다. 화면에 "L"은 왼쪽 바퀴를, "R"은 오른쪽 바퀴를 나타내는 것이다.

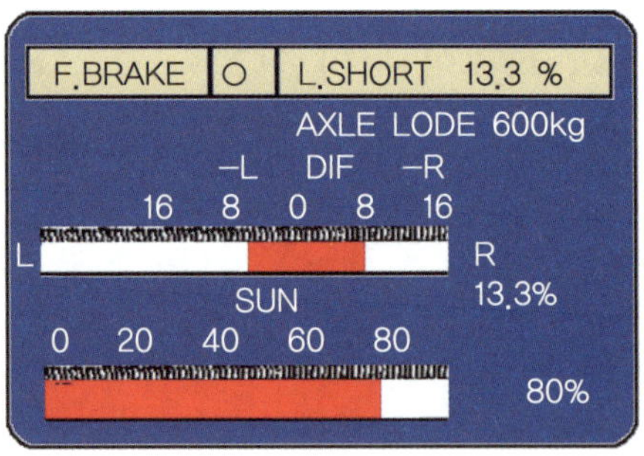

[그림 188] B-모드 제동력 측정화면

⑦ 테스트가 완료되면 RESET 버튼을 누르면 롤러의 회전이 정지되고, 리프트가 상승한다. 모니터에는 초기 화면이 나타난다.

13.3. 제동력 판정

13.3.1. 제동력 판정 기준

① 모든 축의 제동력 합이 각각 당해 축중의 50% 이상일 것

② 동일 차축의 좌·우 차륜 제동력의 편차는 당해 축중의 8% 이내일 것

③ 주차 제동력의 합은 차량 중량의 20% 이상일 것

④ 최고 속도가 80km/h 이상이고 차량 총 중량이 차량 중량의 1.2배 이하인 자동차의 각축의 제동력 합은 차량 총 중량의 50% 이상일 것

⑤ 최고 속도가 80km/h 미만이고 차량 총중량이 차량 중량의 1.5배 이하인 자동차의 각축의 제동력 합은 차량 총 중량의 40% 이상일 것

⑥ 그 밖의 자동차

㉮ 각 축의 제동력의 합은 차량 중량의 50% 이상

㉯ 각 축중의 제동력은 각 축중의 50% 이상(단, 뒷차축의 경우에는 당해 축중의 20% 이상)

13.3.2. 제동력 판정 공식

① 제동력의 총합 = $\frac{\text{앞 · 뒤, 좌 · 우 제동력의 합}}{\text{차량 중량}} \times 100$ = 50%이상 되어야 합격

② 앞바퀴 제동력의 총합 = $\frac{\text{앞, 좌 · 우 제동력의 합}}{\text{앞축중}} \times 100$ = 50%이상 되어야 합격

③ 뒷바퀴 제동력의 총합 = $\frac{\text{뒤, 좌 · 우 제동력의 합}}{\text{뒤축중}} \times 100$ = 20%이상 되어야 합격

④ 좌우 제동력의 편차 = $\frac{\text{좌차륜 제동력} - \text{우차륜 제동력}}{\text{당해 축중}} \times 100$ = 8%이하 여야 합격

⑤ 주차 브레이크 제동력 = $\frac{\text{뒤, 좌 · 우 제동력의 합}}{\text{차량 중량}} \times 100$ = 20%이상 되어야 합격

1. 주어진 자동차에서 감독위원의 지시에 따라 제동력을 측정하여 기록 · 판정하시오.

<table>
<tr><td colspan="5">① 측정(또는 점검)</td><td colspan="3">② 판정 및 조치사항</td><td rowspan="2">득
점</td></tr>
<tr><td>항 목</td><td>구분</td><td>측정값</td><td colspan="2">기준값
(□에 "✔" 표)</td><td colspan="2">산출근거</td><td>판 정
(□에 "✔"
표)</td></tr>
<tr><td rowspan="3">제동력위치
(□에
"✔" 표)
□ 앞
□ 뒤</td><td rowspan="2">좌</td><td rowspan="2"></td><td>□ 앞
□ 뒤</td><td>축중의</td><td rowspan="2">편차</td><td rowspan="2"></td><td rowspan="3">□ 양호
□ 불량</td><td rowspan="3"></td></tr>
<tr><td>제동력
편차</td><td></td></tr>
<tr><td>우</td><td></td><td>제동력
합</td><td></td><td>합</td><td></td></tr>
</table>